John O'Neill

TESLA

John O'Neill

TESLA

Die Biografie des genialen
Erfinders Nikola Tesla aus der Sicht
eines Zeitgenossen

Aus dem Amerikanischen übersetzt
von Frank Kuhnke
und kommentiert von Peter Ackermann
Mit 23 Fotos

Zweitausendeins

1. Auflage, Juni 1997.
2. Auflage, Juni 1998.
Deutsche Erstausgabe.

Titel der amerikanischen Originalausgabe
»PRODIGAL GENIUS – The Life of Nikola Tesla«.
Erschienen 1994 bei Brotherhood of Life,
Albuquerque, New Mexico, USA.

Das Umschlagfoto und die Fotografien des Bildteils stellten
freundlicherweise das Muzej Nikole Tesle, Beograd, zur Verfügung.

Umschlaggestaltung Angelo Marabese.
Satz und Herstellung
Dieter Kohler & Bernd Leberfinger, Nördlingen.
Druck Wagner GmbH, Nördlingen.
Einband G. Lachenmaier, Reutlingen.
Printed in Germany.

Dieses Buch gibt es nur bei Zweitausendeins im Versand,
Postfach, D-60381 Frankfurt am Main, Telefon 01805-23 2001
oder 069-420 8000, Fax 01805-24 2001 oder 069-417089. Ab August 1998:
Internet www.zweitausendeins.de, E-mail info@zweitausendeins.de.
Oder in den Zweitausendeins-Läden in Berlin, Düsseldorf, Essen,
Frankfurt, Freiburg, Hamburg, Köln, Mannheim, München,
Nürnberg, Saarbrücken, Stuttgart.

In der Schweiz über buch 2000,
Postfach 89, CH-8910 Affoltern a.A.

ISBN 3-86150-193-7

INHALT

VORWORT
ZUR DEUTSCHEN AUSGABE

Außergewöhnliche Menschen ziehen uns magisch an, um so mehr, wenn ihr Schaffen mit einem geheimnisvollen Nimbus umgeben ist. Zu diesen Menschen gehört zweifelsohne auch Nikola Tesla. Seine Entdeckungen und Erfindungen haben mittlerweile unseren Alltag erobert, doch vor hundert Jahren mußten seine Ideen als Phantastereien gelten. Doch nicht nur seine Ideen, auch sein Werdegang und sein Arbeitsstil waren geheimnisumwittert, genauso wie der Gegenstand seiner Arbeiten vor hundert Jahren – der elektrische Strom. Da Tesla in der scientific community als Außenseiter galt (und zum Teil noch gilt), ranken sich viele Legenden um seine Person. Auch in Deutschland ist Tesla relativ unbekannt.

Die vorliegende Biographie soll den Menschen Tesla sowie den Eindruck, den er und seine Erfindungen bei den Menschen seiner Zeit hinterließen, dem heutigen Leser vor Augen führen. John J. O'Neill, Pulitzer Preisträger und Wissenschaftsredakteur der New Yorker *Herald Tribune,* war ein Zeitgenosse Teslas und viele Jahre sein ergebener Freund, er sorgte für die Publikation zahlreicher Ideen und Gedanken Teslas. Sein Buch ist die früheste Tesla-Biographie; es erschien bereits 1944 – ein Jahr nach dem Tod des Erfinders. Man spürt darin die Bewunderung des Autors gegenüber Tesla und der Technik. Damit ist das Buch mehr als eine Biographie – es ist ein Zeitdokument.

Diese Besonderheit muß man beim Lesen beachten. Viele uns heute eigenartig anrührende Verabsolutierungen und Übersteigerungen sind aus der Euphorie gegenüber der Technik und ihren Möglichkeiten im Amerika der vierziger Jahre zu verstehen. Gerade die Elektrizität hatte zu einem enormen industriellen Aufschwung geführt –

und Tesla hatte dafür in den USA die Grundlagen geschaffen. Aus dieser Sicht heraus ist es auch verständlich, daß ähnliche Entwicklungsstränge, wie etwa bei Siemens und Halske in Berlin, keine Erwähnung finden.

Neben der Technikeuphorie atmet das Buch die ehrfürchtige und schaudernde Bewunderung des Menschen Tesla und unternimmt den Versuch seiner Analyse. Er wird als ein »Übermensch« vorgestellt, der sich selbst nach seinem eigenen Plan so geschaffen hat – es schwingt aber auch ein wenig Angst mit vor der Weltbeherrschung durch solche Genies. Der Originaltitel des Buches (»Prodigal Genius«) macht diese Ambivalenz deutlich, indem er einerseits auf die großzügigen, reichen, verschwenderischen, sprühenden Züge von Teslas Person hinweist (»prodigal«), den Erfinder andererseits aber als Genie, Geist und Dämon (»genius«) charakterisiert. Und dazu kommt noch – dies sei angemerkt, weil diese Anspielung leider unübersetzbar ist –, daß der biblische »verlorene Sohn« in englischen Bibeln als »prodigal son« erscheint.

Zu dieser Mischung aus unbestimmter Angst und Ehrfurcht mag auch Teslas Arbeitsstil beigetragen haben. Er besaß offensichtlich geistige und übersinnliche Fähigkeiten, die ihm einen völlig ungewöhnlichen Arbeitsstil erlaubten. Dies mag wohl (neben seinem Egozentrismus) auch mit dazu geführt haben, ihn in der Wissenschaftlergemeinschaft seiner Zeit in eine Außenseiterrolle zu drängen.

Immer dann, wenn Tesla in Zitaten selbst zu Wort kommt, zeigt sich ein ihm eigener realitätsnaher Weitblick, der sich von der Euphorie des Biographen abhebt. So hat die mehr als fünfzigjährige Geschichte seit dem ersten Erscheinen des Buches auch manches relativiert bzw. Realität werden lassen, was damals noch als kühne Idee am geistigen Horizont der Menschheit stand. Besonders Teslas »Welt-System« hat im heutigen Informationszeitalter eine Gestalt angenommen, die wohl auch Tesla sich nicht vorstellen konnte. Doch die technischen Basiserfindungen dazu hat er bereits am Ausgang des 19. Jahrhunderts gemacht.

Für den heutigen Leser sind zur Erleichterung des Verständnisses an einigen Stellen erläuternde Fußnoten angebracht (sie sind durchnumeriert, um sie von denen des Autors zu unterscheiden, die mit Sternchen gekennzeichnet sind). Insgesamt wurde damit sehr sparsam umgegangen, um nicht den Eindruck einer wissenschaftlich kommentierten Biographie entstehen zu lassen. Der beigefügte Anhang enthält noch einige nützliche Informationen.

Die Tesla von O'Neill zugeschriebene Frage »Wie läßt sich aus den Quellen der Natur, die so überreichlich fließen und sich doch nie erschöpfen, Energie gewinnen?«, könnte als Motto über Teslas gesamtem Schaffen stehen. Angesichts unserer heutigen ökologischen Probleme, deren Ursachen auch in der Ambivalenz der Techniknutzung liegen, ist dieser Leitsatz immer noch aktuell, wenn wir auch inzwischen gemerkt haben, daß manche Quellen der Natur eben doch auf bedenkliche Weise erschöpflich sind.

Möge das Buch aus der Zeit großer technischer Entwicklungsschübe zahlreiche Leser finden. Als lebendige Schilderung der Tesla- und der Technikbegeisterung in den vierziger Jahren unseres Jahrhunderts, geschrieben von einem Zeitzeugen des Erfinders, der dessen Wege im letzten Lebensabschnitt immer wieder kreuzte, hat es einen wichtigen Platz neben den neueren Tesla-Biographien, die Tesla und sein Werk auf der Basis umfangreicher Recherchen in den Strom der Geschichte einordnen.

ERSTER TEIL

LICHT UND KRAFT

I

Spektakulär« wäre ein zu milder Ausdruck für das seltsame Experiment mit dem Leben, von dem Nikola Teslas Dasein geprägt war; »faszinierend« würde nicht entfernt den Ergebnissen gerecht, die sein reicher Erfahrungsschatz raketengleich emporschleuderte. Teslas Lebensgeschichte ist reich an den schillernden Wandlungen eines »Übermenschen«, der eine gänzlich neue Welt erschuf; sie berichtet von einer Sicht der Welt, in der Frauen lediglich als Hindernis für einen auf seine Vervollkommnung bedachten Mann galten; sie belegt zugleich, daß selbst das erfolgreichste Leben ein schrecklicher Irrtum bleiben muß, wenn es sich der Weiblichkeit völlig versperrt.

Selbst die Gefolgschaft der Götter längst vergangener Zeiten schrieb ihren Idolen in den kühnsten Phantasien nicht die Bewältigung dermaßen gigantischer Aufgaben zu, wie Tesla sie unternahm und zum Abschluß bringen konnte. Seine Hoffnungen, seine Träume und seine Erfolge weisen geradezu olympische Maßstäbe auf, und im alten Griechenland wäre ihm ein Platz im Reich der Götter sicher gewesen. Es kann also kaum erstaunen, wenn ihn die sogenannten »Praktiker«, deren Welt nur aus der Aufrechnung von Gewinnen und Verlusten bestand, nicht verstanden und für wunderlich hielten.

Das Licht des menschlichen Fortschritts ist nicht ein kleines Flämmchen, das mit der Zeit immer heller leuchtet. In der gesamten Menschheitsgeschichte können wir immer wieder das Aufflammen brillanter und weitsichtiger Geister beobachten, die unseren unsicheren Schritten mit ihrem Intellekt den Weg in eine noch ferne Zukunft erleuchten. Um der faszinierenden Entdeckungen und Erfindungen willen, die Tesla einer erstaunten Welt bescherte, müssen wir auch ihn zu den hellsten Flammen des menschlichen Geistes rechnen, die jemals über dem Fortschritt der Menschheit gestrahlt haben.

Tesla schuf die moderne Zeit; ganz ohne Frage war er eines der größten Genies dieser Welt, aber er hinterließ weder Nachkommen noch Menschen, die das Vermächtnis dieses brillanten Geistes hätten verwalten können; obschon seine Arbeit zur Grundlage eines ansehnlichen Vermögens wurde, hatte er die beträchtlichen Einkünfte aus seinen Erfindungen stets zurückgewiesen und starb in Mittellosigkeit. Selbst als er im Menschengewimmel der Millionenstadt New York lebte, galt er als sagenumwobene Persönlichkeit, die aus einer noch fernen Zukunft oder gar aus dem mythischen Reich der Götter zu stammen schien. Er wirkte wie ein blitzeschleudernder Jupiter oder Thor; wie ein Aias, der Zeus herausfordert; wie ein Prometheus, der Energie in Elektrizität verwandelt und der Menschheit zum Geschenk macht; wie eine Aurora, die die Himmel mit elektrischem Licht erleuchtet; wie ein Herkules, der mit seinen mechanischen Schwingungsgeneratoren die Erde erschüttert; wie ein Merkur, der die Weiten des Raumes mit seinen kabellosen Strahlen durchdringt; wie ein Hermes, der die elektrische Seele der Weltkugel hervorbringt und die Erde so von Pol zu Pol in Schwingung versetzt.

Dieser Funke intellektueller Glut flammte wie ein Meteor mitten in unserer Welt auf; er erschien in den letzten Jahrzehnten des vergangenen Jahrhunderts und lebte fast bis in unsere unmittelbare Gegenwart. Der Welt des Geistes, der Wissenschaften, der Erfindungen und dem gesellschaftlichen Leben war sein Name bald gleichbedeutend mit »Magie«; Tesla selbst fand Anerkennung als Erfinder und Entdecker ohnegleichen. Er machte sich den elektrischen Strom untertan. Zu einer Zeit, in der die Elektrizität noch als nahezu okkulte Kraft galt und mit Angst, Ehrfurcht und Respekt betrachtet wurde, war er tief in die Geheimnisse dieser Kraft eingedrungen und hatte ihr dermaßen viele wunderbare Kunststückchen abgelistet, daß er in den Augen der erstaunten Welt zum großen Magier wurde. Er stand in dem Ruf, über ein schier unbegrenztes Repertoire höchst spektakulärer wissenschaftlicher Zaubertricks zu verfügen, gegen das sich die Errungenschaften fast aller zeitgenössischen Erfinder als schlichtes Spielzeug ausnahmen.

Tesla war ein Erfinder, aber als solcher beschränkte er sich nicht auf die Herstellung neuartiger Gerätschaften: Als Entdecker neuer Prinzipien stieß er auch die Pforten zu einer großen Anzahl neuer Wissensgebiete auf, die selbst heute noch erst teilweise erkundet sind. In einer einzigen Eruption seines gewaltigen Erfindungsgeistes schuf er die moderne Welt der flächendeckenden Energieversorgung; er versetzte uns ins Zeitalter der Elektrizität und legte damit das Fundament, ohne das die Industrie in aller Welt heute nicht mehr auskommen könnte. Zugleich gab er uns damit die Voraussetzungen für die Massenproduktion, die ohne seine Motoren nicht denkbar wäre und erschuf das Geschlecht der Roboter, der elektrisch-mechanischen Arbeitsknechte, die menschliche Arbeitskraft ersetzen können.[1] Wir verdanken ihm die Grundlagen der Funk- und Radioübertragung; er erfand die Radartechnologie bereits vierzig Jahre vor ihrer ersten Anwendung im Zweiten Weltkrieg; das Neonlicht und andere Formen der Gasröhrenbeleuchtung gehen genauso auf ihn zurück wie die Leuchtstofflampen; er gab uns die hochfrequenten Ströme, die in Industrie wie Medizin ihre elektronischen Wunder vollbringen; er gab uns die Funkfernsteuerung; er trug – wenn es auch nicht seine direkte Absicht war – zu unserer Überlegenheit im Zweiten Weltkrieg bei, denn der Mißbrauch seines Systems zur flächendeckenden Energieversorgung und seiner robotergesteuerten Fertigungsmethoden stellte den Politikern einen erheblichen Überschuß an Energie, Produktionskapazitäten, Arbeitskraft und Materialien zur Verfügung, ohne den die Teilnahme am verheerendsten Krieg, den ein menschliches Hirn je ersonnen hatte, kaum möglich gewesen wäre. Und was hier aufgezählt wurde, sind lediglich diejenigen Entwicklungen Teslas, von denen wir bis heute wirklich Gebrauch

[1] Dieser Satz verdeutlicht die Bedeutung der Elektrizität für die industrielle Entwicklung. Heute sind für uns elektrische und elektromechanische Maschinen im Alltag ständige Begleiter, und die Vorstellungen über einen Roboter haben sich vom reinen Arbeits*knecht* zu der einer *intelligenten* Maschine gewandelt.
(*Hinweis:* Numerierte Fußnoten sind Anmerkungen der deutschen Übersetzung.)

gemacht haben – eine Fülle weiterer Erfindungen harrt nach wie vor ihrer Anwendung.

Aber Tesla trachtete mit seinem Leben und seiner Arbeit danach, der Welt Frieden zu bringen. Sein Leben lang fühlte er sich dem Ziel verpflichtet, die Schultern der Menschheit von niederdrückenden Lasten zu befreien, eine neue Zeit des Friedens, des Überflusses und des Glücks anbrechen zu lassen. Angesichts des herannahenden Zweiten Weltkriegs, der ohne seine Entwicklungen in dieser Form nicht hätte geführt werden können, dachte er angestrengt über Möglichkeiten einer Verhinderung nach. Er bot der Welt eine Erfindung an, von der er behauptete, mit ihr könne sich jedes Land dieser Welt – wie klein es auch immer sein möge – innerhalb seiner Staatsgrenzen vollkommen schützen. Sein Angebot stieß leider auf taube Ohren.

Was allerdings weitaus bedeutender ist als all seine bemerkenswerten Entdeckungen und Erfindungen auf dem Gebiet der Elektrizität, ist seine allergrößte Erfindung: Er schuf den »Übermenschen« Nikola Tesla, das menschliche Instrument, das die Welt in die Zukunft schleudern sollte, wie ein Flugzeug mit einem Katapult in den Himmel geschleudert wird. Der Wissenschaftler und Erfinder Tesla selbst war in nicht geringerem Maße eine Erfindung wie sein Wechselstromsystem, das heute alle Welt mit Energie versorgt.

Tesla war ein »Übermensch«; ein »Übermensch« aus eigener Hand, einzig zu dem Zweck erdacht und entworfen, Wunder zu vollbringen. Und dies gelang ihm in einem weit höheren Maße, als die erstaunte Welt zu begreifen vermochte. Sein gesamtes Leben hatte er nach den Prinzipien der Ingenieurskunst gestaltet und sich damit in die Lage versetzt, selbst wie ein höchst effizienter Automat zu funktionieren, der die Geheimnisse der Naturkräfte enthüllte und zum Wohl der Menschheit nutzbar machte. Um dies zu erreichen, hatte er die Liebe und das Vergnügen gänzlich aus seinem Leben verbannt, seinen Körper vollkommen auf ein Werkzeug seines schöpferischen Geistes reduziert. Erfüllung suchte er einzig in der Vervollkommnung seiner Entwicklungen und Pläne.

Angesichts unserer heutigen Versessenheit auf Arbeitsteilung und Spezialisierung, mit der wir bestrebt sind, die Effektivität industrieller Fertigungsprozesse mehr und mehr zu steigern, sollte uns dies nachdenklich stimmen. Wie würde wohl eine Zukunft aussehen, in der Teslas Erfindung des »Übermenschen« zum Allgemeingut geworden wäre, in der das Leben eines jeden Menschen von Geburt an einzig von der Erfüllung seiner jeweiligen Spezialaufgabe bestimmt wäre?

Teslas »Übermensch« war ein Heiliger der Wissenschaft. Die Erfindungen, die dieser wissenschaftliche Märtyrer hervorbrachte, sollten allein dem Frieden, dem Glück und der Sicherheit der Menschheit dienen, aber sie haben ihr auch Mangel, wirtschaftliche Depression und fürchterliche Kriege gebracht. Was wäre wohl gekommen, wenn kriegslüsterne Politiker diese Erfindung des »Übermenschen« erkannt und für ihre Zwecke ausgenutzt hätten? Tesla war sich dieser Möglichkeiten durchaus bewußt und ging davon aus, daß eine Organisation der menschlichen Gesellschaft nach dem Vorbild des Bienenstaates solange eine große Bedrohung sei, ehe die Grundbedingungen des privaten wie des gesellschaftlichen Lebens nicht dementsprechend eingerichtet wären und für den Schutz der persönlichen Freiheit Sorge getragen sei.

Teslas »Übermensch« war eine wunderbar erfolgreiche Erfindung – zumindest für Tesla selbst. In den Augen der Welt hatte es den Anschein, als würde dieser »Übermensch« wirklich seinen Zweck erfüllen. Tesla hatte nicht nur die Liebe aus seinem Leben ausgeschlossen, er hatte auch die Frauen vollständig aus seinen Gedanken verbannt. Damit ging er weit über Platon hinaus, der einst eine von sexueller Begierde freie spirituelle Gemeinschaft von Mann und Frau empfohlen hatte. Nicht einmal diese spirituelle Gemeinschaft hatte in Teslas Gedanken Platz. Er entwarf das Konzept eines isolierten Lebens, zu dem keine Frau, kein Mann Zutritt hatte; das Konzept eines selbstgenügsamen Individuums, dem jegliche geschlechtlichen Erwägungen fremd waren; das Konzept eines Genies, das sein gesamtes Leben als Denk- und Arbeitsmaschine verbringt.

Teslas »Übermensch« sollte Wunder wirken, und Tesla selbst war davon überzeugt, daß es ihm gelungen sei, die Liebe mit Hilfe wissenschaftlicher Methoden aus seinem Leben zu eliminieren. Philosophen und Psychologen mögen dieses abnormale Leben als faszinierendes, aber gescheitertes Experiment betrachten, denn es war Tesla in der Tat nicht gelungen, die Liebe gänzlich zu eliminieren. Trotz aller gewissenhafter Unterdrückungsversuche spielte sie immer wieder eine Rolle in seinem Leben; wo sie nun in Erscheinung trat, nahm sie wahrhaft phantastische Formen an und bescherte der Welt eine Liebesgeschichte, wie sie kein Mensch je beobachtet hatte.

Teslas gesamtes Leben ist von einer Aura der Unwirklichkeit umweht – als ob er wie eine Fabelgestalt vom Olymp herabgestiegen wäre. Ein Journalist bemerkte einmal abschließend in einem Artikel über Teslas Entdeckungen: »Seine Errungenschaften wirken wie der Traum einer berauschten Gottheit.« Tatsächlich führte Teslas Erfindung des Mehrphasen-Wechselstrom-Systems unmittelbar dazu, daß man die Kräfte der Niagarafälle ins Geschirr nehmen und so die Pforte zum Zeitalter der Elektrizität aufstoßen konnte. Mit dem Wechselstrom und Hochspannungsleitungen war es endlich möglich, Tausende von Fabriken über Hunderte von Meilen hin mit dieser Energie zu versorgen und so die industrielle Massenproduktion richtig in Gang zu setzen. Jeder unserer riesigen Hochspannungsmasten, durch deren Kabel Strom in weit entfernte Städte fließt, ist ein Denkmal für Tesla; jedes Kraftwerk, jeder Dynamo und jeder Motor, der eine Maschine antreibt, erinnert uns an seine Leistung.

Schließlich gelang es Tesla sogar, seine bisherige Arbeit überflüssig zu machen: Er enthüllte das Geheimnis, auf welche Weise sich elektrische Energie drahtlos bis in die entferntesten Winkel der Erde übermitteln ließ[2] und führte sein neues System vor, mit dem er durch

[2] Das Prinzip der drahtlosen Übertragung elektrischer Energie war mindestens seit den Versuchen von Heinrich Hertz (1857–1894) bekannt. Die Schwierigkeit bestand in der Übertragung wirksamer, sogar für elektrische Maschinen nutzbarer Mengen elektrischer Energie. Hier leistete Tesla bahnbrechendes.

eine bloße Erdverbindung an jedem beliebigen Ort eine durchaus brauchbare Energiemenge »aus dem Boden saugen« konnte; vermittels eines Generators, der Blitze aussandte, die sich durchaus mit dem himmlischen Feuerwerk der Natur messen konnten, vermochte er sogar den ganzen Erdball in elektrische Schwingungen zu versetzen. Nur ein geringer Teil dieser gigantischen Entdeckung floß in unsere moderne Funk- und Radiotechnologie ein, die Tesla schon vor vierzig Jahren vorausplante, als andere den Funk noch bestenfalls für die Übermittlung der Morsezeichen in Seenot geratener Schiffe geeignet hielten.

Er stellte Lampen her, die unsere heutigen Leuchtmittel hinsichtlich ihrer Helligkeit und Sparsamkeit weit hinter sich ließen; er erfand die Neonröhre, die Leuchtstofflampe und die kabellose Beleuchtung, die wir für hypermoderne Entwicklungen halten; er nahm selbst ein Projekt in Angriff, mit dem er die gesamte Erdatmosphäre durch elektrische Ströme zum Leuchten bringen und so den Planeten in eine globale Lampe verwandeln wollte – der leuchtende Himmel sollte des Nachts den Sonnenschein ersetzen.

Wenn schon andere große Erfinder und Entdecker den Titel »Fackel des Fortschritts« verdienen, dann sollten wir Tesla eher als Feuersbrunst bezeichnen. Er war das Werkzeug, durch das die leuchtende Sonne einer helleren Zukunft ihren Strahl auf eine Welt richten konnte, die auf dieses Licht überhaupt nicht vorbereitet war. Was Wunder also, wenn diese strahlende Persönlichkeit ein seltsames und isoliertes Leben führen mußte. Der Wert dessen, was Tesla unserer Gesellschaft verfügbar machte, kann gar nicht hoch genug eingeschätzt werden. Immerhin sind wir mittlerweile dazu in der Lage, seine Persönlichkeit bis zu einem gewissen Grade zu durchdringen und zu begreifen. Tesla steht da als das synthetische Genie, als der »Übermensch aus eigener Hand«, als die größte Erfindung des größten Erfinders aller Zeiten. Aber versuchen wir ihn von menschlicher Warte aus zu betrachten, so können uns selbst seine bezaubernden und einnehmenden Manieren kaum darüber hinwegtäuschen, daß eine ausschließlich von Genies seines Schlages bevölkerte Welt ein schrecklicher Alptraum wäre.

Wenn die Natur mit einem ihrer Experimente einen Fortschritt erzielt, dann muß alles notwendigerweise so angelegt sein, das diese zunächst einmalige Errungenschaft nicht mit dem Individuum wieder verlorengeht, sondern auch an die folgenden Generationen vererbt wird. Auf die Menschheit übertragen bedeutet dies, daß wir von den sozialen Eigenarten des Menschengeschlechts – von der Fähigkeit des Individuums, mit anderen Wesen seiner Art zusammenzuwirken – Gebrauch machen müssen, wenn die Gesamtheit der Art solcher Verbesserungen teilhaftig werden soll. Tesla hatte seinen Erfindungsgeist bewußt darauf verwandt, die Liebe und die Frauen aus seinem Leben verschwinden zu lassen; während er sich zu einer intellektuellen Statur von gewaltigem Ausmaß entwickelte, war er absolut unfähig, auch nur ein wenig davon über Schüler oder leibliche Nachkommen weiterzugeben. Sein »Übermensch« war zu schwach, eine Frau zu umarmen und sich fortzupflanzen. Und die Liebe, die er in seinem persönlichen Leben zu unterdrücken suchte und von der er annahm, sie habe einzig etwas mit der Beziehung zwischen Männern und Frauen zu tun, ist eine Kraft, die in ihren vielfältigen Aspekten alle Angehörigen des Menschengeschlechts miteinander verbindet.

Indem er diese Kraft gänzlich zu unterdrücken suchte, beraubte er sich zugleich auch aller Möglichkeiten, Schüler an sich zu binden, in denen die Kraft seines überfließenden Genies hätte weiterleben können. Und so mußte es geschehen, daß er der Welt am Ende nur einen Bruchteil der schöpferischen Leistungen seines synthetischen »Übermenschen« zuteil werden lassen konnte.

Das Erschaffen eines »Übermenschen« – wie Tesla es vorgeführt hatte – war zwar ein großartiger Versuch, in die Evolution des Menschen einzugreifen und als solcher auch durchaus dem gigantischen Intellekt gemäß, aus dem er entsprungen war, aber er widersprach eben den Regeln der Natur. Dieser Versuch wird wohl noch oft wiederholt werden müssen, ehe wir begriffen haben, wie sich ein ganzes

Geschlecht solch großer Geister erschaffen läßt. Ein Geschlecht von »Übermenschen«, das gleich Tesla die verborgenen Wissensschätze der Natur zu heben weiß, in dem aber zugleich auch die vitale Kraft der Liebe lebt – einer Kraft, die Mächte zu entfesseln vermag, die den Fortschritt der Menschheit weit mehr befördern werden, als wir erahnen können.

Als dem Geistlichen Milutin Tesla und dessen Gemahlin Djouka am 9. Juli des Jahres 1856 um Schlag Mitternacht der Sohn Nikola geboren wurde, wies allerdings noch nichts auf die Geburt eines »Übermenschen« hin. Der Vater des kleinen Nikola – er war orthodoxer Priester im Dörfchen Smiljan, in der österreichisch-ungarischen Provinz Lika, im heutigen Jugoslawien[3] – hatte zuvor eine Karriere als Offizier angestrebt, sich wegen seiner Abneigung gegen das strenge Reglement des militärischen Lebens aber später dem geistlichen Amt zugewandt, das ihm seinen Anlagen weitaus gemäßer erschien. Die Mutter konnte zwar weder lesen noch schreiben, war aber nichtsdestotrotz eine Frau von brillantem Intellekt, die sich auch ohne die Hilfe des geschriebenen Wortes eine beträchtliche Bildung angeeignet hatte.

Vater wie Mutter gaben dem Kind ein wertvolles kulturelles Erbe mit auf den Weg, das ihre Familien, aus denen eine ganze Reihe von Persönlichkeiten in bedeutender Stellung hervorgegangen war, über die Generationen hin gepflegt und ausgebaut hatten. Der Vater entstammte einer Familie, deren Kinder zu gleichen Teilen in militärische wie kirchliche Dienste gingen; in der Familie der Mutter war es seit Generationen Tradition, daß die Söhne nahezu ausnahmslos zu Priestern der serbisch-orthodoxen Kirche, die Töchter Priestergattinnen wurden.

Nikola Teslas Mutter Djouka (der Name ließe sich etwa mit *Georgina* übersetzen) war unter insgesamt sieben Geschwistern die älteste Tochter. Ihr Vater war – wie auch ihr späterer Ehemann – Priester der

[3] heute Kroatien

serbisch-orthodoxen Kirche. Ihre Mutter hatte ihr schon seit geraumer Zeit schwindendes Augenlicht kurz nach der Geburt des siebten Kindes vollends verloren, so daß Djouka als älteste Tochter schon in zartem Alter den Großteil der mütterlichen Pflichten auf sich nehmen mußte. Die Hausarbeit hinderte Djouka nicht allein am Schulbesuch, sie nahm ihre Zeit dermaßen in Anspruch, daß sie nicht einmal die Gelegenheit fand, in häuslichen Studien auch nur die Anfangsgründe des Lesens und Schreibens zu erlernen. Wenn dies auch für die kultivierte Familie, der Djouka angehörte, eine höchst eigenartige Situation gewesen sein mag, so sollte Tesla doch in späteren Jahren äußern, er habe den Erfindungsgeist in weit höherem Maße von seiner leseunkundigen Mutter als von seinem studierten Vater geerbt. In der Tat hatte seine Mutter eine ganze Anzahl von Gerätschaften zur Erleichterung der Hausarbeit entwickelt; zudem war sie ein ausgesprochen praktischer Mensch, und ihr hochgebildeter Gatte tat wohl daran, ihr die geschäftlichen Belange seines Haushalts und seiner Gemeinde zu überlassen.

War diese bemerkenswerte Frau auch Analphabetin, so konnte sie sich doch auf ihr ungewöhnlich gutes Gedächtnis verlassen. Da ihre Familie stets in kultivierten Kreisen verkehrte, hatte sie einfach über das Zuhören einen erheblichen Teil des kulturellen Reichtums ihres Volkes in sich aufgenommen. So war sie etwa in der Lage, umfangreiche Bibelpassagen und Tausende von Versen aus der serbischen Nationalpoesie auswendig und fehlerfrei zu rezitieren. Sie konnte aus dem Gedächtnis das gesamte *Gorski Venac* (»Zorn der Berge«), das poetisch-philosophische Werk des Bischofs Petrowich Njegosh, wiedergeben. Daneben hatte sie noch ein künstlerisches Talent, dem sie dank ihrer geschickten Hände Ausdruck verleihen konnte. Die Schönheit ihrer Stickereien wurde landauf und landab gerühmt. Tesla zufolge müssen ihre Fingerfertigkeit und ihre Geduld so ausgeprägt gewesen sein, daß sie noch mit über sechzig Jahren ohne irgendein Werkzeug in eine Augenwimper drei Knoten machen konnte.

Die bemerkenswerten Fähigkeiten dieser lebensklugen Frau bar jeder schulischen Bildung übertrugen sich auch auf ihre fünf Kinder. Der älteste Sohn Dane – er kam sieben Jahre vor Nikola zur Welt – war der Liebling der Familie, da er bereits als Kind soviel Klugheit bewies, daß ihm einmal eine vielversprechende Karriere offenzustehen schien. In seinen frühen Jahren wurden auch an ihm die seltsamen Anzeichen deutlich, die sich bei seinem jüngeren Bruder Nikola später als ein Vorspiel zur künftigen Größe erweisen sollten.

Teslas Vater hatte zunächst – wie es für den Sohn eines Offiziers schließlich nahelag – eine militärische Karriere angestrebt, teilte allerdings nicht seines Vaters Geschmack am militärischen Leben. Ein unbedeutender Zwischenfall, bei dem er wegen nicht ordnungsgemäß polierter Uniformknöpfe getadelt wurde, veranlaßte ihn bereits, der Offiziersschule den Rücken zu kehren. Seinem Naturell nach war er wohl eher zum Dichter und Philosophen als zum Soldaten bestimmt. Er schrieb Gedichte, die auch zu seinen Lebzeiten in verschiedenen

Zeitschriften abgedruckt wurden; außerdem verfaßte er unter dem Pseudonym *Srbin Pravicich* (»Mann der Gerechtigkeit«) Artikel zu unterschiedlichen Problemen der Zeit. Neben dem Serbokroatischen sprach, las und schrieb er ebenfalls auf Deutsch und Italienisch. Es dürfte sein Interesse an Poesie und Philosophie gewesen sein, das ihn zu Djouka Mandich und ihrer Familie führte. Als die beiden im Jahr 1847 heirateten, war er siebenundzwanzig, Djouka fünfundzwanzig. Die Nähe zur Familie eines Priesters dürfte die Wahl der neuen Laufbahn durchaus beeinflußt haben, denn Milutin Tesla trat bald in das geistliche Amt ein und wurde wenig später zum Priester ordiniert.

Seine erste Priesterstelle wurde ihm in Senj zugeteilt, einer bedeutenden Hafenstadt mit allen Voraussetzungen für ein kulturelles Leben. Tesla bewährte sich auf diesem Posten, aber soweit wir wissen, rührte seine Beliebtheit unter den Gemeindemitgliedern eher von seinem Verständnis für deren Probleme und seiner angenehmen Persönlichkeit her als von einer gelehrten Auslegung theologischer und kirchlicher Fragen.

Nachdem er diese Gemeinde einige Jahre lang betreut hatte, kam es zu einem Wechsel in der Diözesanleitung. Der neu gewählte Erzbischof gab bekannt, er wolle sich von den Fähigkeiten seiner Priester überzeugen und setzte einen Preis für die beste Predigt aus, die er bei seinem offiziellen Besuch zu hören bekäme. Obschon dem Priesteramt verpflichtet, zeigte Milutin Tesla um diese Zeit ein geradezu überschäumendes Interesse für die Arbeit als zentralem Faktor gesellschaftlicher wie ökonomischer Fragestellungen. Hinsichtlich der Tauglichkeit für eine Predigt konnte ein Thema freilich kaum unzweckmäßiger ausfallen, aber Vater Tesla hatte sich schließlich noch nie durch den Hang zur Zweckmäßigkeit hervorgetan. Folglich wagte er das Unzweckmäßige, das so gut mit seiner ganzen Natur harmonierte, wählte wirklich das Thema, das ihn zu dieser Zeit am stärksten beschäftigte, und der Erzbischof konnte bei seinem offiziellen Antrittsbesuch einer Predigt über das Thema »Arbeit« lauschen.

Einige Monate später überraschte der Erzbischof die Gemeinde in Senj mit einem unangemeldeten Besuch und gab bekannt, daß Tesla von all seinen Priestern die beste Predigt gehalten habe und dafür mit dem Anrecht belohnt werde, bei allen Anlässen eine rote Schärpe zu seinem Ornat zu tragen. Kurz darauf wurde er endgültig mit einer eigenen Gemeinde betraut: nun war er für die vierzig Höfe zuständig, aus denen das Bergdorf Smiljan bestand. Noch später wurde er einer weit größeren Gemeinde in der nahegelegenen Stadt Gospic zugewiesen. Seine ersten drei Kinder – Milka, Dane und Angelina – kamen noch in Senj zur Welt; Nikola und seine jüngere Schwester Marica wurden in Smiljan geboren.

Nikola Tesla verbrachte seine frühe Kindheit also in der bäuerlich-ländlichen Umgebung eines Hochplateaus in den Velebit-Bergen, unweit der Adria. Als er zum erstenmal eine Dampflokomotive zu Gesicht bekam, war er schon über zehn Jahre alt; seine Neigung zu technischen Dingen kann also kaum unmittelbar aus der Umgebung seiner Kindheit entstanden sein.

Heutzutage heißt Teslas Heimatland Jugoslawien – »das Land der Südslawen«. Der Staat Jugoslawien umfaßt eine ganze Reihe ehemals nicht zusammengehöriger Gebiete: Serbien, Bosnien, Kroatien, Montenegro, Dalmatien und Slowenien. Die Familien Tesla und Mandich stammten ursprünglich aus Westserbien, aus dem Grenzgebiet zu Montenegro. Teslas Geburtsort Smiljan liegt in der Provinz Lika, die damals noch als Teil Kroatiens und Sloweniens zur österreichisch-ungarischen Monarchie gehörte.[4]

Der Name Tesla läßt sich über mehr als zweieinhalb Jahrhunderte zurückverfolgen; vor dieser Zeit hieß die Familie Draganic. Wie viele andere Familiennamen ist auch Tesla ein sprechender Name: das Wort *tesla* bedeutet im Serbokroatischen soviel wie »Haue« oder »Hacke«; eine Axt mit quergestellter Schneide, die von Zimmerleuten

[4] Das politische Schicksal dieser Region ist in unserem Jahrhundert sehr wechselhaft. Zum Zeitpunkt des Erscheinens dieser deutschen Ausgabe gehört Teslas Heimat wieder zu Kroatien.

dazu benutzt wurde, Baumstämme zu rechteckigen Balken zurechtzuhauen. Ursprünglich war Tesla der Spitzname eines Zweigs der Familie Draganic, dessen Mitglieder recht häufig große, breite und vorstehende Vorderzähne aufwiesen, die offenbar nicht von ungefähr an die Form der Schneide dieses Werkzeugs erinnerten.

Draganic und verschiedene Abarten dieses Namens tauchen in mehreren Zweigen von Teslas Familie recht häufig als Vornamen auf. Als Vorname wird dieser Name zumeist mit »Charlotte« übersetzt, als Nachname bedeutet er wegen der darin enthaltenen Wurzel »lieb, teuer« etwa soviel wie »Liebling«.

Soweit wir es aus Kirchenbüchern und sonstigen Urkunden nachvollziehen können, war der Mehrzahl von Teslas Vorfahren ein überdurchschnittlich hohes Lebensalter beschieden. Der Ahnherr, von dem Tesla behauptete, er habe ein Alter von einhundertvierzig Jahren erreicht, ließ sich allerdings bislang nicht nachweisen. (Teslas Vater starb mit neunundfünfzig, seine Mutter mit einundsiebzig Jahren.)

Obwohl viele von Teslas Vorfahren dunkeläugig waren, hatte er selbst graublaue Augen. Er beteuerte allerdings, auch seine Augen seien ursprünglich dunkler gewesen, hätten sich aber durch übermäßige Denkanstrengungen mit der Zeit aufgehellt. Immerhin wissen wir, daß sowohl seine Mutter als auch einige seiner Neffen graue Augen hatten. Demnach dürfte Teslas Augenfarbe wohl eher auf Vererbung als auf übermäßige Denkanstrengungen zurückzuführen sein.

Tesla wuchs zu einem sehr großen und sehr schlanken Mann heran – die Körpergröße war ein typischer Zug sowohl seiner Familie als auch seines Volkes – und maß schließlich exakt zwei Meter. Trotz dieser enormen Größe wies sein Körper vollkommen normale Proportionen auf; einzig die Hände (und hier vor allem die Daumen) wirkten ungewöhnlich lang.

Nikolas Bruder Dane war ein ausgesprochen heller Junge, und seine Eltern dankten dem Schicksal dafür, sie mit einem so wunderbaren Sohn gesegnet zu haben. Wegen des Altersunterschieds von sieben Jahren erscheint ein gerechter Vergleich beider Jungen kaum möglich, denn als Dane im Alter von zwölf Jahren an den Folgen eines Unfalls starb, war Nikola schließlich erst fünf. Der Verlust des Erstgeborenen war ein schwerer Schlag für Vater und Mutter; der Kummer und die Trauer schlugen sich in der Idealisierung der Talente des toten Sohnes nieder, und es war häufig die Rede davon, welch große Zukunft ihm noch bevorgestanden hätte. All dies war für den jungen Nikola sicherlich eine große Herausforderung.

Der »Übermensch« Tesla hat sich aus dem Wunderknaben Nikola entwickelt. Unter dem Zwang, über jegliches seinem Alter angemessene Maß hinaus die Nachfolge des teuren verstorbenen Bruders anzutreten, aber auch aus dem eigenen Bedürfnis, die vielversprechenden Ziele, die sein Bruder hätte erreichen können, nach Möglichkeit noch zu übertreffen, griff Nikola unbewußt auf seltsame Kraftquellen in seiner eigenen Persönlichkeit zurück. Die Existenz dieser Quellen wäre – wie es bei so vielen Menschen der Fall ist – ein Leben lang verborgen geblieben, hätte Nikola nicht die Notwendigkeit verspürt, sich selbst eine umfassendere Lebenssphäre zu schaffen.

Schon als Junge war er sich des Umstandes bewußt, daß er anders dachte, anderen Vergnügen nachging und andere Steckenpferde pflegte als seine Altersgenossen. Natürlich konnte er all das, was sie auch konnten; nur konnte er eben noch weit mehr. Genau diese Dinge interessierten ihn aber ganz besonders, und er konnte unter seinen Spielkameraden keine Freunde finden, die hier sein Interesse teilten. Aus diesem Grunde zog er sich allmählich von den Altersgenossen zurück, und in ihm keimte das Bewußtsein, daß er einst in seinem Leben einen ungewöhnlichen Platz einnehmen oder gar große Ziele erreichen werde. Sein noch knabenhafter Geist erkundete unaufhörlich Reiche, die er seinem Alter nach noch nicht einmal gestreift hätte; seine knabenhaften Erkenntnisse standen denen reifer Männer oft um keinen Deut nach.

Natürlich geriet auch er nicht selten in eine der mißlichen Situationen, in die kleine Jungen nun einmal üblicherweise geraten. Der früheste Zwischenfall dieser Art, an den Tesla sich späterhin noch erinnern konnte, war der Sturz in einen der großen Kessel, in denen die Landbevölkerung jener Region in einer Vorwegnahme des Verfahrens der Pasteurisierung die Milch abzukochen pflegte.

Wenig später wurde er per Zufall in eine Gebirgskapelle gesperrt, die so abgelegen war, daß sie im allgemeinen nur recht selten aufgesucht wurde. Er mußte die gesamte Nacht in dem winzigen Gebäude verbringen, ehe man seine Abwesenheit bemerkt und sein vermeintliches Versteck ausgemacht hatte.

Das Landleben bot ihm Gelegenheit genug, den Flug der Vögel zu beobachten, der die Menschen seit jeher mit Neid erfüllt hatte. Wie viele Jungen vor und nach ihm stellte er deshalb seine Nachahmungsversuche an, die natürlich zu dem erwarteten Resultat führten. Ein Regenschirm und sein reiches Vorstellungsvermögen vermittelten ihm die Idee, wie sich dieses alte Menschheitsproblem gewiß lösen lasse. Als Startplatz diente das Scheunendach. Nun war der Schirm zwar recht groß, aber lange Jahre des Gebrauchs hatten ihre Spuren an ihm hinterlassen. Er war eben nicht mehr im besten Zustand und klappte einfach um, noch ehe der Flug richtig begonnen hatte. Nikola kam ohne gebrochene Knochen davon, aber der Sturz nahm ihn doch so übel mit, daß er für sechs Wochen das Bett hüten mußte. Vielleicht hatte er tatsächlich mehr Veranlassung zu diesem Experiment als andere Jungen, die es gleichfalls gewagt hatten. In späteren Jahren gestand er ein, daß er schon damals ein seltsames Phänomen beobachtet hatte, das ihn sein Leben lang nicht verlassen sollte: Wenn er tief genug einatmete, überkam ihn ein derartiges Gefühl der Leichtigkeit, als ob sein Körper jegliche Schwere abgeworfen hätte. Also müßte es möglich sein – so schloß er damals – sich allein vermittels dieses Zustandes in die Lüfte zu erheben. Als Kind war ihm vollkommen unbewußt, das er diese Erfahrung mit den wenigsten Menschen teilen konnte.

Als Nikola fünf Jahre alt war, bekam einer seiner Spielgefährten eine Angelleine geschenkt, und die ganze Jungenbande plante sofort einen Angelausflug. Aus Gründen, die heute längst vergessen sind, hatte er sich just an diesem Tag mit seinen Freunden überworfen, und die Horde teilte ihm mit, man wolle ihn nicht dabeihaben. Man gestattete ihm nicht einmal, die Angelleine aus der Nähe zu betrachten. Aber das grundlegende Prinzip eines Hakens an einem Stück Schnur hatte er dennoch begriffen. Also bastelte er sich in kurzer Zeit seine eigene Interpretation eines Angelhakens zurecht, wobei ihm allerdings der Kniff mit dem Widerhaken entgangen war. Der Umstand, daß man beim Angeln sinnvollerweise einen Köder verwendet, war ihm gleichfalls noch unbekannt. Als er sich nun auf eigene Faust zum Angeln aufmachte, konnte sein köderloser Haken zwar keinen einzigen Fisch anlocken, aber zu seiner großen Überraschung und Freude schnappte ein Frosch nach dem Haken, der da in der Luft baumelte und blieb an der Schnur hängen. Tesla kehrte ohne Fische, dafür aber mit knapp zwei Dutzend Fröschen von seinem Ausflug zurück. Vielleicht war es ja einer dieser Tage, an denen die Fische nicht beißen wollen – seinen Spielgefährten war jedenfalls auch mit der neuen Angelleine kein Fang geglückt. Teslas Triumph war vollkommen. Als er ihnen daraufhin von seiner Technik berichtete, ahmten sämtliche Jungen Haken und Methode nach, und die Froschpopulation der Gegend schrumpfte stark zusammen.

Auch der Inhalt von Vogelnestern hatte stets Teslas Neugier erregt. In der Regel ließ er zwar die Nester und deren eventuelle Insassen in Ruhe, aber einmal erkletterte er doch eine steile Felsklippe, um einen Adlerhorst näher zu untersuchen und nahm von dort einen Jungadler mit, den er daheim in der Scheune unterbrachte. Ein richtiger fliegender Vogel – das wäre ein ideales Ziel für die Steinschleuder, mit der er meisterhaft umgehen konnte.

Etwa um diese Zeit fesselten ihn die Anwendungsmöglichkeiten des Schilfrohrs, das in der Nachbarschaft wuchs. Nachdem er das Prinzip des Blasrohrs spielerisch herausgefunden hatte, ging er einen

Schritt weiter, setzte einen Kolben in sein Blasrohr ein und verschloß das andere Ende mit einem Pfropfen aus nassem Hanf. Dann machte er sich daran, immer größere Blasrohr-Luftgewehre zu entwickeln, bis er schließlich ein Modell hatte, bei dem er sich das Ende des Kolbens auf die Brust setzte und das Rohr dann mit aller Kraft an den Körper zog. Diese Gerätschaft war so erfolgreich, daß der fünfjährige Tesla – ganz der kleine Geschäftsmann – sämtliche Spielgefährten mit Blasrohr-Luftgewehren aus eigener Produktion versorgte. Als jedoch im Dorf immer wieder Fensterscheiben zu Bruch gingen und man in den Scherben den verräterischen Hanfpfropfen fand, wurden die Blasrohre zerstört; der Einsatz der Rute verwies den angeborenen Erfindergeist in seine Schranken.

Noch vor seinem fünften Geburtstag begann Teslas schulische Laufbahn mit dem Besuch der Dorfschule. Als der Vater einige Jahre später mit einer Gemeinde in der nahegelegenen Stadt Gospic betraut wurde, mußte die Familie umziehen. Ein trauriger Tag für den kleinen Nikola – er liebte das Land, die hohen Berge und die Natur, in der er sein gesamtes bisheriges Leben verbracht hatte. Der plötzliche Wechsel in die künstliche Umgebung einer Stadt war für ihn ein richtiggehender Schock; er fand nicht zu einer harmonischen Beziehung zu seiner neuen Umwelt.

Seine ersten Erfahrungen mit dem städtischen Leben in Gospic – Tesla war nun sieben Jahre – standen unter keinem glücklichen Stern. Sein Vater war als der neue Ortsgeistliche beinahe ängstlich darauf bedacht, daß alles seinen ruhigen Gang nehmen würde. Vom Sohn erwartete er, sich jeden Sonntag im besten Anzug bei der Messe zu zeigen. Für Tesla war das freilich ein schrecklicher Zwang, und so war er heilfroh, als sein Vater ihn dazu bestimmte, vor der Messe und an ihrem Ende die Glocke zu läuten. Diese Aufgabe gab ihm die Gelegenheit, sich im Glockenturm verborgen zu halten, während sich die Gemeindemitglieder, ihre Töchter und ihre stutzerhaften Söhne in der Kirche versammelten und nach der Andacht wieder heimgingen.

Aber gleich am ersten Sonntag kam es zu einem Mißgeschick. Tesla dachte, er habe lange genug in seinem Turm ausgeharrt; er nahm an, die Kirche habe sich nun geleert und kam mit großen Sprüngen die Treppe herab. Unten stand allerdings noch eine wohlhabende Dame aus der Gemeinde, die mit einem Kleid mit weitausladender Schleppe angetan war. Sie war mit einer ganzen Schar von Dienern zur Messe erschienen und hatte den Abzug der Gläubigen abgewartet, weil sie dem neuen Priester ungestört auf den Zahn fühlen wollte. Sie war gerade im Begriff, die Kirche mit einem eindrucksvollen Schwung ihres Kleides zu verlassen, als Tesla mit seinem letzten Hüpfer genau auf der Schleppe landete und dieses Insignum der Würde zerriß. Im gleichen Augenblick gingen die Wut der aufgebrachten Dame und der Zorn seines Vaters wie ein Donnerwetter über ihn herab. Wer noch vor der Kirchenpforte stand, machte unverzüglich wieder kehrt, um sich an dem Spektakel zu ergötzen. Anschließend wagte kein Mensch mehr, noch freundlich zu diesem Knaben zu sein, der den Zorn dieser wohlhabenden Matrone erregt hatte, die das gesellschaftliche Leben der gesamten Gemeinde beherrschte. Tesla wurde fortan von den Gemeindemitgliedern regelrecht geschnitten, und dabei blieb es, bis er seinen Ruf auf spektakuläre Weise wiederherstellen konnte.

Wegen seiner gänzlichen Unerfahrenheit in städtischen Umgangsformen fühlte Tesla sich fremd und abgelehnt. Seine erste Reaktion auf diese Situation war ein völliger Rückzug. Er traute sich nicht einmal mehr aus dem Haus. Die Jungen seines Alters trugen jeden Tag feine Anzüge. Sie waren Stutzer, und er gehörte eben nicht dazu. Dabei war auch Tesla schon als kleiner Junge stets peinlich genau auf seine Kleidung bedacht; sobald sich allerdings eine Gelegenheit bot, streifte er sich Arbeitskleidung über die guten Sachen und begab sich an seine Basteleien oder auf einen Streifzug durch die Wälder. Ein Leben, bei dem er in seinem Tun und Lassen ständig auf den guten Anzug zu achten hatte, war ganz und gar nicht nach seinem Geschmack. Dafür besaß er aber Erfindungsgeist, der ihn in kaum einer Situation verließ; außerdem hatte er einige Kenntnisse über die

Natur. Beides verschaffte ihm eine gewisse Überlegenheit über die Stadtjungen.

Etwa ein Jahr nach dem Umzug nach Gospic wurde dort eine neue Feuerwehr eingerichtet. Zu diesem Zweck hatte man auch eine neue Feuerspritze bestellt, die die zwar nützliche, aber oft nicht sonderlich wirksame Eimerkette ersetzen sollte. Die Mitglieder dieser neuen Einrichtung erhielten farbenprächtige Uniformen und übten sich eingehend im Parademarsch. Schließlich kam der große Tag; die Spritze traf ein. Es handelte sich um eine Handpumpe, die von sechzehn Männern bedient wurde. Eine Parade wurde abgehalten; anschließend sollte das neue Gerät vorgeführt werden. Ganz Gospic war auf den Beinen und zog zum Fluß herab, wo die Vorführung stattfinden sollte. Natürlich war auch Tesla unter den Schaulustigen. Auf die Reden achtete er kaum; seine ganze Aufmerksamkeit galt der bunt lackierten Apparatur. Er hatte zwar keine Ahnung, wie sie funktionierte, aber er hätte sie gern auseinandergenommen und ihr Innenleben genauer untersucht.

Dann war es soweit. Die letzte Rede war gehalten; der Befehl, die Pumpe in Gang zu setzen, war erteilt. Alles wartete auf den mächtigen Wasserstrahl, der nun aus der Spritzendüse himmelwärts schießen würde. Die acht Männer auf jeder Seite der Pumpe hoben und senkten im Gleichtakt die Schwengel, mit denen die Kolben angetrieben wurden. Aber nichts geschah. Nicht einmal ein Rinnsal träufelte aus der Spritzendüse.

Die höheren Chargen der Feuerwehr fingen nun an, hektisch an diversen Stellrädern der Pumpe herumzuschrauben; nach jeder neuen Einstellung setzten die sechzehn Männer an den Schwengeln sich wieder in Bewegung. Nichts. Die Schläuche wurden überprüft, neu ausgerollt, von der Pumpe gelöst und wieder mit ihr verbunden. Nichts. Allen schweißtreibenden Anstrengungen der Männer am Schwengel zum Trotz zeigte sich kein Wasserstrahl.

Tesla stand unter der Gruppe von Bengeln, die es bei derartigen Gelegenheiten immer schaffen, sich bis in die erste Reihe vorzudrängeln. Er war bemüht, alles so genau wie möglich aus nächster Nähe zu verfolgen und dürfte damit den verärgerten Feuerwehrleuten einigermaßen auf die Nerven gegangen sein. Als einer der Feuerwehroffiziere sich zum zehnten Mal an diesen Haufen wandte, um seinem Unmut Luft zu machen und sich mehr Platz zu verschaffen, faßte Tesla ihn beim Ärmel.

»Ich weiß, was hier zu tun ist«, sagte er. »Bedient weiterhin die Pumpe!« Damit rannte er zum Fluß, streifte die Kleidung ab und sprang an der Stelle ins Wasser, an der man den Saugstutzen in den Fluß gehängt hatte. Er stellte in der Tat fest, daß der Schlauch, der vom Saugstutzen zur Pumpe führte, dort abgeknickt war; durch den Knick konnte kein Wasser strömen, und wegen der heftigen Anstrengungen der Männer am Schwengel hatte sich im Saugschlauch ein Vakuum gebildet. Als Tesla den Stutzen neu ausrichtete, füllte sich der Schlauch auf der Stelle mit Wasser. Die wiederholten erfolglosen Versuche hatten die Männer an der Spritzdüse nachlässig werden lassen, so daß sie mittlerweile nicht mehr darauf achteten, wohin sie mit ihrer Spritze zielten. Als der Wasserstrahl nun endlich gen Himmel schoß, regnete er genau auf die versammelten Stadtväter und Würdenträger herab. Diese unerwartete Wendung erregte natürlich bei dem Haufen, der sich am anderen Ende des Schlauches um die Feuerspritze versammelt hatte, die doppelte Freude. Man packte den nur spärlich bekleideten Jungen, hob ihn auf die Schultern zweier Feuerwehrmänner und trug ihn im Umzug durch die ganze Stadt. Der siebenjährige Nikola Tesla war der Held des Tages.

Als Tesla in späteren Jahren einmal von diesem Vorfall erzählte, gestand er ein, damals nicht die geringste Ahnung von der Funktionsweise der Feuerspritze gehabt zu haben. Als er jedoch mit ansah, wie sich die Männer mit der Pumpe abquälten, habe er intuitiv gewußt, daß er an der Stelle nachsehen müsse, an der der Saugschlauch in den Fluß führte. Im Rückblick auf dieses Ereignis – so sagte er – habe er verstanden, wie Archimedes sich gefühlt haben mußte, als er das Gesetz der Wasserverdrängung erkannt hatte und nun nackt, aber laut »Heureka!« rufend durch die Straßen von Syrakus gelaufen sei.

Mit sieben Jahren war Tesla erstmals in den Genuß öffentlichen Beifalls für seinen Erfindungsgeist gekommen. Darüber hinaus hatte er etwas vollbracht, was weder die stutzerhaften Stadtjungen noch deren Väter hätten schaffen können. Er hatte wieder zu sich selbst gefunden. Er war nun ein Held, und einem Helden konnte kein Mensch nachtragen, daß er einmal einer Dame auf die Schleppe getreten war und ihr Kleid ramponiert hatte.

Wann immer sich die Möglichkeit zu einem Ausflug in die Berge bot, zog Tesla los. Dort – unweit seines derzeitigen Wohnortes – konnte er das Leben in der Natur genießen, das ihm in seiner frühen Kindheit stets soviel Freude bereitet hatte. Bei solchen Gelegenheiten fragte er sich oft, ob es wohl noch das kleine Wasserrad gebe, das er an einem Gebirgsbach in der Nähe des Elternhauses in Smiljan gebaut hatte, als er noch keine fünf Jahre alt war.

Das Rad bestand aus einer ziemlich roh zurechtgemachten Baumscheibe, die einst bei Holzarbeiten übriggeblieben war. Er hatte es geschafft, in die Mitte der Scheibe ein Loch zu bohren, durch das er einen halbwegs geraden Ast hindurchschieben konnte. Die beiden Enden dieses Astes lagen in zwei gegabelten Stöckchen, die er diesseits und jenseits des Baches in das Geröll gerammt hatte. Die Baumscheibe war so angebracht, daß sie mit dem Unterteil ein wenig ins Wasser tauchte und auf diese Weise vom Bach in Rotation versetzt wurde. Er war nicht wenig stolz auf die Originalität, mit der er diese uralte Gerätschaft angefertigt hatte. Das Rad lief zwar ein wenig unrund, aber für ihn war es doch eine wunderbare Konstruktion, und er konnte sich nie daran sattsehen, wie sein Wasserrad aus dem Bach Energie bezog.

Teslas junger, geschmeidiger Geist dürfte hier eine jener Prägungen erhalten haben, die das gesamte Leben bestimmen können. Hier dürfte einer der Ursprünge der Frage liegen, mit der sich Tesla in seiner späteren Arbeit immer wieder auseinandersetzen sollte: Wie läßt sich aus den Quellen der Natur, die so überreichlich fließen und sich doch nie erschöpfen, Energie gewinnen?

In diesem schaufellosen Wasserrad finden wir gleichfalls einen frühen Hinweis auf seine spätere Erfindung der schaufellosen Turbine. Selbstverständlich hatte Tesla längst herausgefunden, daß Wasserräder üblicherweise mit Schaufeln ausgestattet sind – aber sein kleines Wasserrad hatte eben auch ohne Schaufeln funktioniert.

Seinen ersten Versuch mit einer gänzlich selbst erdachten Methode der Energiegewinnung unternahm Tesla im Alter von neun Jahren. Wenn er auch nicht gerade erfolgreich war, so zeigt er doch sehr schön Teslas Erfindungsgeist und Originalität: der Junge baute eine Maschine, die von sechzehn Käfern angetrieben wurde. Diese Sechzehn-Käferstärken-Maschine bestand aus zwei schmalen, langen Holzspänen, die er kreuzförmig zusammengeleimt hatte, so daß sie etwa wie Windmühlenflügel aussahen. Am Schnittpunkt beider Späne hatte er eine Achse befestigt, die gleichfalls aus einem Holzspan bestand und die er mit einer winzigen Transmissionsscheibe versehen hatte. Eine weitere, wesentlich größere Transmissionsscheibe war auf einer separaten Spindel montiert; als Transmissionsriemen diente ein Zwirnfaden. Die Energie zum Antrieb der Maschine lieferten sechzehn Maikäfer. Die Beschaffung der Insekten war kein Problem, da sie in dieser Gegend oft eine regelrechte Landplage waren. Nun wurden auf jedem Windmühlenflügel je vier Käfer mit einem Tröpfchen Leim festgeklebt, und zwar so, daß ihre Köpfe in die gleiche Richtung zeigten. Die Käfer schlugen heftig mit den Flügeln; ohne den Leim hätten sie sich erhoben und wären mit großer Geschwindigkeit davongebraust. Aber da sie nun einmal an der Windmühle festgeklebt waren, versetzten sie deren Flügel in äußerst rasche Drehung. Vermittels des Transmissionsriemens wurde diese Drehung auf die Spindel übertragen, die wegen der unterschiedlich großen Scheiben natürlich wesentlich langsamer rotierte, aber – so sagt Tesla – dafür ein beträchtliches Drehmoment aufwies.

Voller Stolz auf den Käfermotor und dessen stetigen Lauf – die Käfer hielten das Gerät mehrere Stunden lang ununterbrochen in Gang – rief Tesla einen Nachbarsjungen herein und führte ihm seine Errungenschaft vor. Der Nachbarsjunge – ein Offizierssohn – bestaunte für eine Weile den Motor. Doch dann entdeckte er etwas, das ihn weit mehr anzog: den Topf in dem Tesla seinen Vorrat an Maikäfern untergebracht hatte. Er öffnete den Topf, griff hinein und aß sämtliche Käfer auf. Bei diesem Anblick wurde Tesla dermaßen übel, daß er den Jungen aus dem Haus jagte und seinen Käfermotor auf der Stelle zerstörte. Noch Jahre später reagierte er auf den Anblick von Maikäfern mit Übelkeit.

Dieser Zwischenfall hat Tesla ausgesprochen verärgert, denn eigentlich hatte er geplant, die Maschine mit noch wesentlich mehr Achsen und Windmühlenflügeln zu einem Hundert-Käferstärken-Motor auszubauen.

2

Über Teslas Schulzeit können wir behaupten, daß er sich außerhalb der Schule wichtigere Dinge aneignete als im Klassenzimmer.

Im Alter von zehn Jahren wechselte er von der Volksschule zum Realgymnasium in Gospic, wo man ungewöhnlich viel Wert auf das Freihandzeichnen legte und diesem Fach ausgesprochen viel Unterrichtszeit widmete. Teslas Widerwille gegen die Zeichenstunden ging bis an den Rand der offenen Rebellion; seine Noten sahen dementsprechend schlecht aus – was aber nicht allein an seinen mangelnden Fertigkeiten lag.

Als Kind war Tesla ein Linkshänder; die Fähigkeit zum gleichmäßigen Gebrauch beider Hände gewöhnte er sich erst in späteren Jahren an. Beim Freihandzeichnen dürfte ihm die Linkshändigkeit gewisse Probleme bereitet haben, aber seine schlechten Noten rührten nicht zuletzt auch aus altruistischen Motiven her: Ein Mitschüler, den er im Zeichnen ohne weiteres hätte übertreffen können, war dringend auf ein Stipendium angewiesen; hätte dieser Schüler die schlechteren Noten erhalten, so wäre ihm der Zugang zur finanziellen Unterstützung verwehrt geblieben. Tesla versuchte ihm zu helfen, indem er hier absichtlich Klassenletzter wurde.

Sein Lieblingsfach war Mathematik, und hier konnte er sich wirklich auszeichnen. Seine ungewöhnlich guten Fertigkeiten hatten allerdings nichts mit dem Versuch zu tun, einen Ausgleich zu dem mangelnden Eifer im Freihandzeichnen zu schaffen. Eine seltsame Kraft befähigte ihn, hier ungewöhnliche Leistungen zu vollbringen. Er besaß diese Kraft seit frühester Kindheit, hatte sie aber eher als Plagegeist betrachtet und versucht, sich ihrer zu entledigen.

Sobald er an einen Gegenstand dachte, erschien ihm dieser ganz plastisch und mit allen Anzeichen der Materialität. Die Visionen waren derart realistisch, daß es Tesla oftmals schwerfiel, zwischen Vision und Wirklichkeit zu unterscheiden. Bei der Lösung mathematischer Probleme erwies sich diese ungewöhnliche Fähigkeit allerdings als äußerst hilfreich.

Wenn ihm eine algebraische oder arithmetische Aufgabe gestellt wurde, war es für ihn gleichgültig, ob er die Gleichung an der Tafel ausrechnen konnte oder im Kopf lösen mußte. Vor seinem geistigen Auge erschien eine Tafel, auf der die Gleichung geschrieben stand; nach und nach erschienen dort auch alle zur Lösung notwendigen Rechenschritte. Das ganze ging mit wesentlich höherer Geschwindigkeit vonstatten, als er es selbst mit Kreide an der wirklichen Tafel hätte nachvollziehen können. Dank dieser seltsamen Begabung war er in der Lage, jede Aufgabe im Handumdrehen zu lösen.

Zuerst zogen die Lehrer natürlich Teslas Ehrlichkeit in Zweifel und nahmen an, er würde sich eines schlauen Tricks bedienen, um dermaßen schnell antworten zu können. Nach einiger Zeit legte sich diese Skepsis, und sie gestanden ein, daß sie hier einen Schüler mit ungewöhnlichen Fähigkeiten im Kopfrechnen vor sich hatten. Tesla sprach mit keinem Menschen über seine visionäre Kraft; nur seine Mutter wußte darum und hatte in der Vergangenheit seine Versuche unterstützt, diese Mächte zu bannen. Nun, da die Visionen sich als durchaus nützlich erwiesen hatten, war er nicht mehr so ängstlich darauf bedacht, sich ihrer vollends zu entledigen. Er wünschte lediglich, sie besser kontrollieren zu können.

Die Dinge, mit denen Tesla sich außerhalb der Schule beschäftigte, interessierten ihn weit mehr als die Schulaufgaben. Er war ein geschwinder Leser und hatte ein gutes, beinahe unfehlbares Gedächtnis. Das Lernen fremder Sprachen fiel ihm sehr leicht. Neben seiner Muttersprache – dem Serbokroatischen – erwarb er geläufige Kenntnisse im Deutschen, Französischen und Italienischen. Wenn sich ihm damit auch ein Reichtum an Wissen auftat, zu dem seine Mitschüler keinen Zugang hatten, so nützte ihm dies in der Schule nur wenig. Sein Interesse galt allen mechanischen Dingen, aber handwerkliche Begabung wurde in der Schule nicht gefördert. Dessen ungeachtet eignete er sich beträchtliche Fertigkeiten in der Holz- und Metallbearbeitung an, wobei er Werkzeuge und Verfahren teilweise selbst ersonnen hatte.

Im Klassenraum einer der höheren Klassen des Realgymnasiums gab es eine kleine Ausstellung von Wasserrädern. Die Modelle waren zwar nicht funktionstüchtig, aber sie reichten aus, Teslas Begeisterung zu erwecken. Ihm fiel wieder das kleine, grob gefügte Wasserrad ein, das er einst in den Bergen von Smiljan gebaut hatte. Außerdem hatte er mittlerweile Abbildungen der Niagarafälle gesehen. Die mächtigen Energien dieses majestätischen Wasserfalls gemeinsam mit den faszinierenden Möglichkeiten, die er in den Modellen erkannte, ließen in ihm großartige Pläne aufkeimen. Nachdem die Sache ihn eine Weile beschäftigt hatte, wurde er redselig und teilte seinem Vater mit: »Eines Tages werde ich nach Amerika gehen und den Niagarafällen ihre Kraft abzwingen.« Dreißig Jahre später sollte sich diese Prophezeiung erfüllen.

Teslas Vater besaß eine reichhaltige Bibliothek. Was er aus diesen Büchern lernen konnte, interessierte ihn weit mehr als der Stoff, den man ihm in der Schule vermittelte. Am liebsten hätte er die Nachmittage ausschließlich mit Lesen verbracht. Wie bei anderen Dingen neigte er auch hier zur Übertreibung, und am Ende sprach der Vater, der fürchtete, Nikola könne sich bei dem spärlichen Licht der damals üblichen Talgkerzen die Augen verderben, ein Leseverbot aus. Tesla versuchte das väterliche Verbot zu umgehen, indem er heimlich Kerzen auf sein Zimmer mitnahm, um dort vor dem Schlafengehen noch zu lesen. Dieses Vergehen wurde jedoch bald bemerkt, und man schloß den häuslichen Kerzenvorrat kurzerhand weg. Doch Tesla ließ sich davon nicht abhalten. Er fertigte sich aus einem Stückchen Blech eine Gußform an und stellte nun seine eigenen Kerzen her. Als nächstes verstopfte er das Schlüsselloch sowie die Ritzen um seine Zimmertür und konnte so des Nachts ungestört in den Bänden lesen, die er aus den Bücherborden des Vaters entführt hatte. Später berichtete er, er habe oft die ganze Nacht hindurch gelesen, ohne daß ihm der versäumte Schlaf am nächsten Morgen Probleme bereitet hätte. Früher oder später mußte allerdings auch dies auffallen. Als es soweit war, sah er sich verschärften väterlichen Strafmaßnahmen ausgesetzt. Um diese Zeit war er etwa elf Jahre alt.

Wie auch andere Jungen seines Alters spielte er gern mit Pfeil und Bogen. Aber er baute größere Bogen, bessere Pfeile mit weit größerer Treffsicherheit und war ein hervorragender Schütze. Doch damit wollte er es nicht bewenden lassen. Er entwarf eine Armbrust – sozusagen eine Kreuzung aus einem Bogen und einem Gewehr. Der Bogen einer Armbrust ist auf einer Art Flintenschaft befestigt; die gespannte Sehne wird von einem Stift gehalten, der sich vermittels des Abzugs wegklappen läßt. Nun wird der Pfeil den Schaft entlang genau mitten auf den Bogen gelegt, so daß er mit seiner hinteren Kerbe auf der straffen Sehne ruht. Im Gegensatz zu normalen Handbögen, die senkrecht gehalten werden, ist der Bogen einer Armbrust waagerecht angebracht. Beim Spannen der Armbrust hält man sich den Schaft gegen den Bauch und zieht die Sehne mit aller Kraft in Richtung des Haltestiftes. Tesla sagte, er habe dies so oft gemacht, daß er dort, wo der Schaft gegen den Bauch drückte, regelrechte Schwielen bekommen habe. Wenn er mit seiner Armbrust einfach in die Luft schoß, geriet der Pfeil regelmäßig außer Sichtweite und ließ sich nie wiederfinden. Ein aus kurzer Entfernung abgeschossener Pfeil vermochte ein zweifingerdickes Kiefernbrett zu durchbohren.

Der Umgang mit der Armbrust erregte Tesla auf eine Art, die anderen Jungen unbekannt war. In seiner Phantasie saß er nämlich selbst auf den Pfeilen, die er gen Himmel abgeschossen hatte, und ritt auf ihnen in die blaue Leere. Das anregende Gefühl der Leichtigkeit, das ihn überkam, wenn er tief genug einatmete, ließ in ihm die Überzeugung wachsen, er selbst könnte auch durch die Lüfte fliegen. Er war sich sicher, daß es dazu nur einer Vorrichtung bedurfte, die seine geringe Restschwere überwinden und ihn wie einen Pfeil emporschleudern müßte. Der damalige Unglückssprung vom Scheunendach hatte ihn nicht dieser Illusion berauben können. Teslas Überlegungen und Schlüsse gingen stets Hand in Hand mit seiner sinnlichen Wahrnehmung. Wir können einen zwölfjährigen Jungen, der dieses weite und schwierige Feld auf eigene Faust erkundet, wohl kaum dafür tadeln, wenn er nicht erkannt hat, daß unsere Sinne uns gelegentlich täuschen – und daß wir uns noch öfter selbst täuschen, indem wir unsere Sinneswahrnehmung in der Weise auslegen, die uns gerade am besten paßt.

Was beim tiefen Einatmen geschah, nennen wir auch »Hyperventilation«. Dabei wird das Kohlendioxyd – sozusagen »chemische Asche« und für den Körper weitgehend unbrauchbar – aus den Lungen herausgepreßt und durch ein Luftgemisch ersetzt, das aus (ebenfalls unbrauchbarem) Stickstoff sowie hochgradig reaktionsfreudigem Sauerstoff besteht. Wenn der Sauerstoffgehalt in den Lungen nun über das normale Maß ansteigt, setzen Prozesse ein, von denen chemische Gleichgewichtszustände im ganzen Körper empfindlich gestört werden. Die Auswirkungen der Hyperventilation auf das Gehirn ähneln denen eines Alkoholrausches. Diesen Umstand machen sich eine ganze Reihe religiöser Kulte seit jeher zunutze, um »okkulte« oder »mystische« Erfahrungen willentlich herbeizuführen. Aber woher sollte ein zwölfjähriger Junge all das schon wissen? Er konnte lediglich beobachten, daß Vögel ganz ausgezeichnete Flieger waren. Und er war überzeugt, der Mensch würde es ihnen eines Tages gleichtun. Deshalb wollte er eine Maschine bauen, die ihn von der Bürde der Schwerkraft befreien und ihm das Reich der Lüfte erschließen sollte.

Der ganz große Einfall kam ihm, als er zum erstenmal vom Vakuum hörte. Er erfuhr, daß die Luft unter normalen Umständen mit einem Druck von vierzehn Pfund pro Quadratzoll auf jedem Gegenstand lastet.[5] Befindet sich der Gegenstand jedoch in einem Vakuum, so fällt dieser Druck weg. Er überlegte sich, daß ein Druck von vierzehn Pfund ausreichen sollte, eine leichte Walze in schnelle Rotation zu versetzten, wenn es ihm gelänge, diese Walze so anzuordnen, daß sie zur Hälfte dem Luftdruck ausgesetzt wäre und sich zur anderen Hälfte in einem Vakuum befände. Also baute er mit äußerster Sorgfalt eine hölzerne Wanne. Als nächstes paßte er eine gleichfalls hölzerne Walze so genau in die Wanne ein, daß sie das Gefäß in Längsrichtung luftdicht verschloß. Wenn er nun die Luft aus dem Unterteil der Wanne pumpte so schloß er müßte der Luftdruck die Walze auf ähnliche Weise in Rotation versetzen, wie der Bach einst sein Wasserrad angetrieben hatte. Und wenn die Walze sich drehen würde, dann brauchte er sie nur noch mit einer Achse und einem Propeller zu verbinden, sich die ganze Vorrichtung auf den Rücken zu schnallen, und er könnte sich mit Hilfe seines Vakuummotors in die Lüfte erheben. Natürlich waren diese Überlegungen fehlerhaft, aber das konnte er zu dieser Zeit noch nicht wissen.

In Anbetracht des Umstandes, daß hier ein zwölfjähriger Autodidakt am Werk war, hätte kein erfahrener Handwerker die Vorrichtung präziser anfertigen können. Als Tesla seine Vakuumpumpe –

[5] Das ist der Luftdruck von einer Atmosphäre (1 at). Vergleiche auch die Umrechnungsangaben für die angelsächsischen Maßeinheiten am Ende des Buches.

eine normale Luftpumpe, deren Ventile er umgedreht hatte – an den Apparat anschloß, stellte er fest, daß er in der Tat luftdicht gearbeitet war. Er pumpte die Luft aus der Wanne und beobachtete gespannt, wie sich die Walze verhalten würde. Aber davon abgesehen, daß er von der angestrengten Pumperei einen lahmen Rücken bekam, tat sich zunächst nichts. Er gönnte sich eine kurze Pause. Vor lauter Erregung atmete er tief und kräftig durch. Mit der Hyperventilation stellte sich abermals das beglückende, berauschende Gefühl äußerster Leichtigkeit ein, das ihn in eine Stimmung versetzte, die er bei seinem Experiment als höchst befriedigend empfinden mußte.

Plötzlich versetzte die Walze sich – wenn auch nur langsam – in Drehung! Das Experiment war gelungen! Der Vakuummotor funktionierte! Er würde fliegen!

Tesla war fast verrückt vor Freude. Er geriet in einen ekstatischen Zustand. Da er keinen Menschen ins Vertrauen gezogen hatte, war niemand zugegen, mit dem er seine Freude hätte teilen können. Das Experiment sollte sein Geheimnis bleiben; folglich mußte er auch die Freudenaufwallungen allein ertragen. Die Walze hörte nicht auf, sich langsam zu drehen. Das war keine Halluzination. Es war vollkommen real. Allerdings wollte die Rotation sich einfach nicht beschleunigen, und das war schon etwas enttäuschend. In seiner Vision hatte Tesla vor sich gesehen, wie sich die Walze mit enormer Geschwindigkeit drehte; doch das hier war ausgesprochen langsam. Aber die Sache war wenigstens – so schloß er – vom Ansatz her völlig richtig. Wenn er den Apparat noch ein Stück genauer arbeiten würde, so würde die Walze sich bestimmt auch schneller drehen. Tesla stand wie gebannt da und beobachtete für eine knappe halbe Minute, wie sie im Schneckentempo rotierte. Dann blieb sie stehen. Das brach den Zauber und beendete den geistigen Höhenflug fürs erste.

Nun untersuchte er den ganzen Aufbau noch einmal genau und hatte bald die vermeintliche Ursache des Problems herausgefunden. Da das Vakuum – so dachte er sich – die eigentliche Energiequelle des Motors ist, kann die Bewegung eigentlich nur aufhören, weil das

Vakuum erschöpft ist. Vielleicht war die Pumpe ja undicht. Er zog am Pumpenkolben. Der kam ihm ohne Widerstand entgegen – ein sicheres Anzeichen dafür, daß in der Tat das Vakuum in der Wanne verloren war. Also pumpte er abermals die Luft aus der Wanne. Und abermals versetzte sich die Walze für eine knappe halbe Minute in langsame Drehung. Als sie wieder stehenblieb, fing er noch einmal von vorn an, hörte diesmal aber nicht auf, die Pumpe zu bedienen. Er konnte die Walze rotieren lassen, solange er wollte – vorausgesetzt, er ließ die Hände nicht von der Pumpe.

Soweit er sehen konnte, lag er mit seiner Theorie vollkommen richtig. Er untersuchte die Pumpe noch einmal mit besonderer Sorgfalt und brachte ein paar Änderungen an, die ihm ein kräftigeres Vakuum ermöglichen sollten. Seine besondere Aufmerksamkeit galt dabei dem Ventil, weil er nach Mitteln und Wegen suchte, hier für eine bessere Dichtung zu sorgen. Er arbeitete wochenlang an diesem Projekt, aber trotz aller Mühe kam niemals mehr als eine langsame Rotation der Walze dabei heraus.

Schließlich kam die Einsicht wie ein Blitz über ihn: Das Vakuum erschöpfte sich, weil die Luft an der Walze vorbei in die Wanne einströmte. Und dieser Luftstrom mußte zugleich auch die Ursache für die langsame Drehung sein. Sobald der Druck wieder ausgeglichen war, blieb der Luftstrom aus, die Walze stand still. Er wußte nun, daß seine Theorie falsch gewesen sein mußte. Wenn das Vakuum stabil bleibt – so hatte er gedacht – und keine Luft an der Walze vorbeiströmt, so müßte der äußere Luftdruck auf die andere Hälfte der Walze eine vergleichbare Kraft ausüben, wie sie der Bach auf sein Wasserrad ausgeübt hatte. Erst später lernte er, daß der Luftdruck die Walze gar nicht in Bewegung versetzen konnte, weil er nicht tangential auf sie wirkt, sondern auf jeden Punkt ihrer Oberfläche die gleiche Kraft ausübt.

Obwohl das mißlungene Experiment für Tesla zunächst eine große Enttäuschung war, sollte es langfristig kein völliger Fehlschlag bleiben. Die Beobachtung, daß die Kraft der vorbeiströmenden Luft ausgereicht hatte, eine Walze in Rotation zu versetzen, führte viele Jahre später zur Entwickung der Tesla-Turbine. Diese Dampfturbine – Tesla bezeichnete sie als »Westentaschenkraftwerk« – sollte hinsichtlich des Verhältnisses von Materialgewicht und erzeugter Energie sämtliche Rekorde brechen.

Die Natur schien es gut mit dem jungen Tesla zu meinen. Es machte den Eindruck, als würde sie eigens für ihn immer wieder ihre spektakulären Schauspiele inszenieren, nur um ihm damit Beispiele für ihre geheimen, unerhörten Kräfte zu geben.

Eines Tages im Winter begab Tesla sich mit ein paar Freunden auf einen Streifzug durch die Berge. Am Tag zuvor hatte es gestürmt und geschneit; der Pappschnee war ideal zum Bauen von Schneemännern. Man brauchte nur einen kleinen Schneeball über den Boden zu rollen, und er erreichte ohne weiteres Zutun schnell eine derartige Größe, daß er sich nur noch mit Mühe bewegen ließ. Als die Jungen sich genug mit dem Bauen von Schneemännern und Schneehütten abgegeben hatten, machten sie sich daran, Schneebälle den Abhang hinunterzuwerfen. Die meisten Bälle waren Blindgänger – sie blieben im weichen Schnee stecken, noch ehe sie an Masse zugelegt hatten. Ein paar von ihnen rollten auch ein Stück weiter, nahmen an Umfang zu, und blieben dann erst stecken. Ein einziger Schneeball fand allerdings genau die richtigen Bedingungen vor: Er rollte, nahm an Umfang zu, verwandelte sich in eine Schneewalze, die immer mehr Schnee in sich aufnahm und am Ende zur Lawine wurde. Ehe die Jungen es geahnt hatten, schoß nun eine ungeheure Schneemenge den steilen Abhang herab. Die Macht der Lawine riß Schnee, Bodenkrume und Bäume mit sich und fegte den gesamten Hang regelrecht leer. Mit einem Donner, der die Berge erschütterte, ging sie im Tal nieder. Die Jungen bekamen große Angst, weil sie befürchteten, von der Erschütterung könne auch der Schnee weiter oben am Berg ins Rutschen geraten und sie alle unter sich begraben.

Der tiefe Eindruck, den dieses Erlebnis auf Tesla machte, sollte deutliche Spuren in seinem späteren Denken hinterlassen. Er hatte mitangesehen, wie ein unscheinbarer Schneeball eine verheerende Lawine ausgelöst hatte, bei der Tausende von Tonnen Schnee zu Tal gedonnert waren. Er war davon überzeugt, daß die Natur gigantische Kräfte bereithielt, die sich vermittels einer unscheinbaren Auslösekraft zu wohltätigen wie auch zu zerstörerischen Zwecken freisetzen ließen. In seinen späteren Forschungen suchte er immer wieder nach solchen Auslösern.

Schon als Junge war Tesla ein sehr eigenständiger Denker und zögerte keinen Augenblick, seine Ideen im größtmöglichen Maßstab anzudenken. Jeden neuen Einfall trieb er bis zu den äußersten Dimensionen voran, weil er ihm ein mögliches Mittel zur Erkundung des ihn umgebenden Kosmos war. Dies wird auch an einer Episode im folgenden Sommer deutlich: Tesla war allein in den Bergen unterwegs, als plötzlich dicke, schwarze Wolken aufzogen. Dann zuckte ein Blitz nieder, und fast im gleichen Augenblick setzte ein Wolkenbruch ein.

Bei dieser Gelegenheit setzte sich im Kopf des dreizehnjährigen Jungen ein Gedanke fest, mit dem er sich beinahe sein gesamtes Leben lang immer wieder beschäftigen sollte. Er hatte den Blitz gesehen, und dann hatte er beobachtet, wie der Regen losbrach. Also schloß er, der Blitz müsse den Regenguß ausgelöst haben. Diese Idee ließ ihn nicht mehr los, und er war fest davon überzeugt, daß die Elektrizität den Regen beeinflußte. Wer also in der Lage wäre, Blitze zu erzeugen, hätte damit auch Macht über den Regen. Es würde keine Trockenzeiten mehr geben, in denen das Getreide verdorrte; Wüsten ließen sich in blühende Felder verwandeln; es stünden Nahrungsmittel in Hülle und Fülle zur Verfügung, und nirgendwo in der Welt müßte noch ein Mensch hungern – Grund genug also, Blitze zu erzeugen.

Teslas Beobachtungen und die Schlüsse, die er daraus gezogen hatte, wären wohl eines reiferen Geistes würdig gewesen, und selbst unter den Erwachsenen hätte es schon eines Genies bedurft, einen derartigen Plan zur Beeinflussung des Wetters zu entwickeln. Leider hatte die Sache aber einen Haken. Tesla hatte zunächst den Blitz, dann erst den Regen beobachtet. Wäre er der Sache genauer auf den Grund gegangen, so hätte er feststellen müssen, daß es sich in den höheren Schichten der Atmosphäre genau umgekehrt verhielt: als erstes hatte der Regen eingesetzt, dann zuckte der Blitz aus der Wolke. Nur von der Erde aus gesehen wirkte es anders, weil der Blitz die Entfernung zwischen Wolke und Boden in weniger als dem Hunderttausendstel einer Sekunde zurücklegte, während der Regen für die gleiche Strecke immerhin ein paar Sekunden brauchte.

Damals keimten in Teslas Geist Pläne heran, die dreißig Jahre später zum Projekt gereift waren. In den Bergen von Colorado sollte er dereinst wirklich Blitze erzeugen, mit denen er Wolken zum Abregnen zwingen wollte. Es ist ihm allerdings nie gelungen, die Patentbehörde der USA von der Anwendbarkeit dieser Ideen zu überzeugen.

Als Tesla ein Junge war, kannte die Reichweite seiner Gedanken keine Grenzen. Auf diese Weise erbaute er sich ein Reich des Intellekts, das dem reifen Geist späterer Tage Raum genug bot, seinen Ideen ohne gedankliche Hindernisse nachzuhängen.

Die Ausbildung am Realgymnasium von Gospic schloß Tesla 1870 im Alter von vierzehn Jahren ab. Er hatte bewiesen, daß er wirklich das Zeug zu einem Gelehrten hatte. Einmal war es allerdings vorgekommen, daß sein Mathematiklehrer die Leistungen eines ganzen Jahres im Zeugnis mit weniger als »ausreichend« bewertet hatte. Tesla fühlte sich ausgesprochen ungerecht beurteilt, sprach auf der Stelle beim Direktor vor und forderte, man solle ihn doch einmal in aller Strenge prüfen. Die Prüfung fand in Gegenwart des Direktors und des Mathematiklehrers statt; Tesla ging daraus mit der denkbar besten Note hervor.

Wegen seiner hervorragenden schulischen Leistungen und weil er in der Stadt im Ruf stand, über ein umfassenderes Wissen als seine Altersgenossen zu verfügen, fragte der Leiter der öffentlichen Bibliothek von Gospic bei ihm an, ob er nicht einen Katalog der dort vorhandenen Bücher erstellen wolle. Den Bücherschatz seines Vaters hatte er schon fast durchgearbeitet; die Möglichkeit des unmittelbaren Zugangs zu einer weit reicheren Sammlung kam ihm also sehr gelegen, und er machte sich mit Begeisterung an die Arbeit. Aber kaum hatte er damit angefangen, da zog er sich eine langwierige Krankheit zu, die immer wieder in Schüben auftrat. Wenn er sich dann zu schwach fühlte, um die Bibliothek aufzusuchen, und daheim das Bett hüten mußte, konnte er auf eine Auswahl von Büchern zurückgreifen, die er von dort mitgebracht hatte. Schließlich erreichte die Krankheit ein kritisches Stadium, und die Ärzte hatten kaum noch Hoffnung, sein Leben zu retten.

Teslas Vater wußte um die zarte Gesundheit seines Sohnes; nach dem Tod seines Erstgeborenen hatte er alles Menschenmögliche versucht, von diesem Kind Schaden abzuwenden. Er war hocherfreut über die brillanten Leistungen, mit denen Nikola sich auf allen Gebieten hervortat, sah aber in der unerhörten Intensität, mit der er sich auf seine Unternehmungen stürzte, zugleich auch eine Bedrohung. In Nikolas Hang zur Ingenieurskunst sah er eine bedenkliche Entwicklung, da dieses Gebiet seinen Kräften zuviel abverlangen würde – nicht nur wegen der Natur dieser Arbeit, sondern auch wegen der langen Studienjahre, die zuvor nötig wären. Würde der Junge aber in das Priesteramt eintreten, dann wäre kaum mehr als die Ausbildung notwendig, die er gerade auf dem Realgymnasium hinter sich gebracht hatte. Aus diesen Überlegungen heraus hielt der Vater es für das beste, wenn sein Sohn die kirchliche Laufbahn einschlagen würde.

Doch die Krankheit warf ihren düsteren Schatten über alle Zukunftspläne. Als das kritische Stadium eintrat und die Kräfte des Jungen ihren Tiefpunkt erreicht hatten, sah es aus, als hätte ihn der Lebenswille gänzlich verlassen. Es schien nichts mehr zu geben, das Nikola auch nur mit einer Spur von Begeisterung erfüllen konnte. Genau zu dieser Zeit fiel sein teilnahmsloser Blick eines Tages auf eins der Bücher aus der Bibliothek. Dieses Buch – ein Band mit Erzählungen von Mark Twain – fesselte seine Aufmerksamkeit und brachte seinen Lebenswillen zurück. Der Junge überstand die Krise, sein Zustand besserte sich, und am Ende wurde er wieder gesund. Tesla hat das Buch stets als seinen Lebensretter betrachtet, und als er Mark Twain in späteren Jahren persönlich begegnete, schloß er sofort Freundschaft mit dem Autor.

Im Jahr 1870 – Tesla war nun fünfzehn – setzte er seine Ausbildung am Höheren Realgymnasium im kroatischen Karlovac fort. Ohne einen glücklichen Zufall wäre ihm der Besuch dieser weit entfernten Schule kaum möglich gewesen: Eine Cousine seines Vaters war in Karlovac mit dem Oberst Brankovic, einem Armeeoffizier im Ruhestand, verehelicht und hatte das Angebot gemacht, Nikola könne während der Schulzeit bei ihr und ihrem Gatten wohnen. Aber sein Leben in Karlovac stand unter keinem Glücksstern. Schon kurz nach seiner Ankunft zog er sich die Malaria zu, die von den Mücken aus dem sumpfigen Umland der Stadt übertragen wurde. Noch Jahre später sollte er immer wieder unter Symptomen dieser Krankheit leiden.

Mit seinem dreijährigen Aufenthalt in Karlovac verband Tesla in erster Linie ein nagendes Hungergefühl. Im Haus seiner Tante kamen zwar köstlich zubereitete Speisen in Hülle und Fülle auf den Tisch, aber die Frau vertrat die Ansicht, der Junge solle wegen seiner angegriffenen Gesundheit keine schweren Mahlzeiten zu sich nehmen. Ihr Gatte hingegen – obschon seiner Natur nach eher ein bärbeißiges Rauhbein – versuchte immer wieder, Tesla ein ordentliches Stück vom Braten zuzustecken, wenn er sich selbst mit einem Nachschlag versorgte. Aber angesichts der Beharrlichkeit seiner Ehefrau mußte der Oberst kapitulieren. Sie wachte sorgsam darüber, daß auf dem Teller des Jungen nur papierdünn geschnittene Bratenscheiben landeten und rügte ihren Gatten regelmäßig: »Niko ist von zarter Gesundheit, und wir müssen wirklich darauf achten, daß er seinen Magen nicht zu sehr belastet.«

Der Unterricht am Höheren Realgymnasium dagegen fesselte ihn so sehr, daß er die eigentlich vierjährige Schulzeit in nur drei Jahren beenden konnte. Er legte einen geradezu gefährlichen Lerneifer an den Tag – wohl nicht zuletzt deshalb, weil er auf diese Weise seine Aufmerksamkeit von den eher unerfreulichen Lebensbedingungen im Hause seiner Gastgeber ablenken konnte. Den nachhaltigsten Eindruck von all den Lehrern in Karlovac hinterließ bei ihm der Physiklehrer, ein gewitzter Mann und eigenständiger Denker, der gern selbst experimentierte und ihn mit den Versuchen, die er mit seinen Laborgerätschaften vorführte, immer wieder faszinierte. Tesla konnte von seinem Unterricht gar nicht genug bekommen. In ihm wuchs der Wunsch, seine gesamte Zeit fortan der Untersuchung der Elektrizität zu widmen. Er war sich vollkommen sicher, daß kein anderes Forschungsgebiet ihm tiefere Befriedigung verschaffen könnte. Der Entschluß war gefaßt; Tesla hatte seine endgültige Laufbahn gewählt.

Kurz vor dem Ende des Schuljahres schrieb sein Vater ihm, er solle keinesfalls sofort nach Hause fahren, sondern erst einmal einen ausgiebigen Jagdurlaub machen. Genau das wollte Tesla nicht tun. Er brannte darauf, nach Gospic zurückzukehren und seine Eltern mit der guten Nachricht zu überraschen, daß er die Schule bereits vor der Zeit abgeschlossen hatte. Außerdem wollte er ihnen den Entschluß mitteilen, sein Leben fortan dem Studium der Elektrizität zu widmen. Der Empfang fiel allerdings ganz anders aus, als er es sich vorgestellt hatte. Die Eltern, nach wie vor darauf bedacht, seine Gesundheit mit allen Mitteln zu schützen, machten sehr besorgte Gesichter. Zunächst einmal hatte Tesla sich nicht an die väterliche Anweisung gehalten. Der Grund für diese Anweisung hatte nicht in dem Brief gestanden: In Gospic herrschte gerade eine Cholera-Epidemie. Dazu kam jetzt noch Teslas offen bekundeter Wunsch nach einer beruflichen Laufbahn, die seiner zarten Gesundheit ihrer Ansicht nach zuviel abverlangen würde. Er mußte mitansehen, wie die Eltern sich seinen Plänen auf das heftigste widersetzten. Dies allein hätte schon ausgereicht, ihn unglücklich zu machen, aber obendrein sah er nun noch eine Situation auf sich zukommen, die weit schlimmer war als die Aussicht, sich wider Willen in die Arme der Kirche werfen zu müssen – nach dem Schulabschluß hatte er seine dreijährige Pflichtzeit beim Militär abzudienen. Zwei gewichtige Gründe also, die seinen Zielen im Wege standen und ihn daran hindern wollten, seinem brennenden Interesse an den Geheimnissen der Elektrizität und deren verborgenen Kräften unverzüglich nachzugehen.

Noch ärger – so dachte er sich – hätte er es nicht treffen können. Aber hier irrte er. Es sollte nicht lange dauern, und er würde vor einem weitaus ernsteren Problem stehen. Am Tag nach seiner Ankunft – der Streit um Widersetzlichkeit und Berufswunsch war noch ganz frisch – erkrankte er an der Cholera. Wegen des knappen Essens in Karlovac und der Anforderungen, die die Schule an ihn gestellt hatte, war er untergewichtig und geschwächt in Gospic eingetroffen; zudem litt er immer noch unter den Folgen der Malaria. Nun kam noch die Cholera dazu. Angesichts dieser tödlichen Bedrohung galt es allein, sein nacktes Leben zu retten; alle anderen Probleme mußten in den Hintergrund treten. Tesla überstand das kritische Stadium der Krankheit, aber die Cholera hatte ihn dermaßen geschwächt, daß sein Gesundheitszustand mehr als bedenklich war. Neun Monate lang blieb er ans Bett gefesselt und erlitt zahlreiche Rückfälle, von denen er sich Mal für Mal schlechter erholte.

Das Leben hielt keinen Ansporn mehr für ihn bereit. Würde er alles überstehen, so müßte er zur Armee, und selbst wenn ihm dies Joch erspart bliebe, würde man ihn immer noch ins Priesterseminar zwingen. Es war ihm gleichgültig, ob er überlebte oder nicht. Wäre es allein nach ihm gegangen, so hätte er sich bereits von früheren Rückfällen nicht mehr erholt. Eine Kraft, die über sein Bewußtsein hinausging, ließ ihn all dies – wenn auch ohne sein Zutun – überstehen. Die Rückfälle traten immer häufiger und mit steigender Heftigkeit auf. Es hatte schon an ein Wunder gegrenzt, daß er den gerade vergangenen überlebt hatte; nun bahnte sich abermals ein Schub der Krankheit an, und Tesla versank zunehmend in Bewußtlosigkeit. In diesem Moment betrat sein Vater das Krankenzimmer und setzte alles daran, die Lebensgeister seines Sohnes aufzurütteln und ihm etwas von der Hoffnung und Lebensfreude zu vermitteln, von der er wußte, daß sie seine Genesung mehr als alle ärztliche Kunst befördern würden. Doch vergebens.

»Ich könnte ... gesund werden, ... wenn du mir erlaubst ... die Ingenieurskunst ... zu studieren.« Er konnte kaum verstehen, was der erschöpfte junge Mann da geflüstert hatte. Selbst diese geringe Anstrengung hatte Teslas geschwundene Kräfte schon über Gebühr erschöpft; nun drohte er wieder in Besinnungslosigkeit zu versinken. Der Vater, der fürchtete, daß dies das Ende sein könnte, beugte sich über ihn herab und ergriff ihn bei den Schultern.

»Nikola«, herrschte er ihn an, »du darfst nicht von uns gehen. Du mußt leben. Du wirst die Ingenieurskunst erlernen. Hörst du mich? Du wirst die beste technische Schule der Welt besuchen und ein bedeutender Ingenieur werden. Nikola, du mußt wieder zu uns kommen. Du mußt zu uns kommen und ein bedeutender Ingenieur werden.«

Der erschöpfte Kranke öffnete langsam die Augen. Wo zuvor nichts als die Mattheit des nahenden Todes zu sehen war, leuchtete nun wieder der Schimmer des Lebens. Eine kaum wahrnehmbare Bewegung huschte über seine Züge; genug, um ein Lächeln anzudeuten. Wenn es auch ein schwaches Lächeln war, so war es doch ein Lächeln, und obschon es ihm eine große Anstrengung abforderte, hielt der Kranke die Augen geöffnet.

»Gott sei gepriesen«, sagte der Vater. »Du hast es gehört, Nikola. Du wirst eine Technikerschule besuchen und ein bedeutender Ingenieur werden. Hast du mich verstanden?«

Nikola war zu schwach, als daß er hätte sprechen können, aber das Lächeln wurde noch ein wenig deutlicher.

Wieder hatte er eine Krise überstanden, die ihn nahe genug an den Rand des Todes gebracht hatte. Die Rettung aus dieser Situation erschien ihm fast wie ein Wunder. Ihm war – so berichtete er später –, als seien von diesem Augenblick an die Lebenskräfte seiner geliebten Eltern und Geschwister in ihn geströmt und hätten ihn dem Reich der Schatten entrissen.

Nun konnte er sogar wieder flüstern. »Ich will wieder gesund werden«, sagte er leise. Er atmete so tief ein, wie es sein schwacher Köper eben zuließ, um sich wieder einmal das anregende Gefühl zu verschaffen, das er aus der Vergangenheit kannte. Es war das erste Mal seit den neun Monaten, in denen er krank darniedergelegen hatte. Mit jedem Atemzug fühlte er sich kräftiger. Es war, als ob es ihm von Minute zu Minute besser ginge.

Innerhalb kürzester Zeit konnte er wieder essen; nach nur einer Woche konnte er sich bereits im Bett aufsetzen. Ein paar Tage später war er wieder auf den Beinen. Sein größter Traum hatte sich erfüllt. Während die Genesung zügig voranschritt, kehrte auch sein guter Appetit zurück. Mittlerweile war es Frühsommer. Er würde sich den Sommer über darauf vorbereiten, im Wintersemester das Studium an der technischen Hochschule aufzunehmen.

Aber nicht nur er, auch seine Familie hatte während der Anspannungen der Krankheitsmonate eine Sache vollkommen vergessen. Nun kam es ihnen wieder jäh zu Bewußtsein: Der Einberufungsbefehl. Drei Jahre Armeedienst. Sollte diese Katastrophe seine bemerkenswerte Genesung wieder zunichte machen – gerade nun, da er fast am Ziel seiner Wünsche war? Sich dem Befehl zu widersetzen, hätte Gefängnis – und obendrein einen noch längeren Militärdienst – bedeutet. Was sollte er nur tun?

Wir wissen nicht in allen Einzelheiten, was nun geschah. Tesla bemerkte zu diesem Punkt seiner Laufbahn nur, sein Vater habe ihm nahegelegt, sich zu einem ausgedehnten Jagdaufenthalt in die Berge zurückzuziehen. Außerdem würde ein Jahr in den Bergen seiner Gesundheit guttun. Jedenfalls verschwand Nikola – mit seiner Jagdkleidung angetan und mit Büchern und Schreibzeug versehen. Wo er das Jahr verbrachte, weiß kein Mensch; vermutlich dürfte er sich als Fahnenflüchtiger in einer entlegenen Berghütte versteckt haben.

Diese Situation wäre für jeden anderen schon gravierend genug gewesen. Im Falle Teslas kam noch hinzu, daß die Familie seines Vaters traditionell militärisch orientiert war und eine ganze Reihe höherer Offiziere der österreichisch-ungarischen Armee stellte. Hätte es sich herumgesprochen, daß sich ein Mitglied gerade dieser Familie dem Militärdienst widersetzt hatte und fahnenflüchtig geworden war, so wäre der Skandal perfekt gewesen. Mit dem Hinweis auf genau diesen Umstand und auf die empfindliche Gesundheit des jungen Mannes konnte Teslas Vater seine Verwandten an höherer Stelle davon überzeugen, daß es im Interesse aller wäre, wenn man sowohl von der Einberufung als auch von etwaigen Strafmaßnahmen Abstand nehmen würde. Dies war allerdings nicht von heute auf morgen erledigt, und es sollte einige Zeit dauern, bis er seine Absichten durchgesetzt hatte.

Der einjährige Zwangsaufenthalt in den Bergen gab Tesla die Gelegenheit, sich ungestört seinen Phantasien zu widmen und einige gigantische Pläne zu entwerfen. Bei einem dieser Pläne ging es um den Bau und den Betrieb einer Rohrpostleitung, die Europa und Amerika miteinander verbinden sollte. Die Röhre sollte auf dem Meeresgrund liegen; als Transportgefäße sollten kugelförmige Behälter dienen, die vom Wasserdruck durch die Leitung gepreßt wurden. Tesla erkannte bald, daß im Reibungswiderstand des Wassers an den Röhrenwänden ein entscheidendes Hindernis lag; die Höhe des erforderlichen Drucks hätte das Projekt gänzlich unpraktikabel gemacht. Weil er aber nun einmal nur zu seinem eigenen Vergnügen an der Sache arbeitete, schloß er diesen Faktor gezielt aus seinen Berechnungen aus und war so in der Lage, ein sehr interessantes interkontinentales Hochgeschwindigkeits-Rohrpostsystem zu entwickeln. Das Problem des Reibungswiderstands geriet allerdings nicht gänzlich in Vergessenheit; Tesla kam Jahre später bei der Entwicklung seiner neuartigen Dampfturbine wieder darauf zurück.

Ein weiteres Projekt, das Tesla dort nur zu seinem Vergnügen entwarf, wies noch größere Maßstäbe auf und erforderte weitaus mehr Vorstellungsvermögen. Er dachte darüber nach, rings um den Äquator einen Ring – ähnlich dem Ring des Saturn – zu bauen. Während der Ring des Saturn jedoch vornehmlich von Staubpartikeln gebildet wird, sollte dieser Ring um die Erde aus massiven Werkstoffen bestehen.

Tesla hatte sich immer gern mit der Mathematik beschäftigt, und dieses Projekt bot ihm die ausgezeichnete Gelegenheit, seine sämtlichen mathematischen Fertigkeiten einmal anzuwenden. Bei dem geplanten Ring sollte es sich um eine starre Struktur handeln, die vermittels eines die gesamte Erde umfassenden Gerüstsystems gebaut werden sollte. Nach der Fertigstellung des Ringes würde man dann die Gerüste entfernen, der Ring würde nun über dem Erdboden schweben und sich mit der gleichen Geschwindigkeit wie die Erde drehen.

Tesla sagte sich, daß dieses Projekt wirklich einen gewissen Nutzen habe, sofern man nur die entsprechenden Mittel zur Erzeugung einer Gegenkraft fände, mit der sich die Rotation des Ringes anhalten ließe. Stünde der Ring objektiv still, dann würde er sich subjektiv in Relation zum Erdboden mit einer Geschwindigkeit von tausend Meilen pro Stunde drehen. Damit stünde dann eine »bewegte« Plattform zur Verfügung, mit deren Hilfe ein Mensch an nur einem einzigen Tag um die gesamte Erde reisen könnte.

Bei diesem Projekt – so räumte er später ein – habe er mit dem gleichen Problem zu kämpfen gehabt, wie seinerzeit Archimedes, als er sagte: »Gebt mir einen Hebel von ausreichender Länge und einen festen Punkt, und ich hebe die Welt aus den Angeln.« »Der Hebel und der feste Punkt waren freilich genauso unerreichbar wie die Kraft, die den hypothetischen Ring um die Erde hätte zum Stillstand bringen können«, sagte Tesla. Es gab noch eine ganze Reihe weiterer Faktoren, die er bei diesem Projekt außer acht lassen mußte, aber er hatte zumindest alles so eingerichtet, daß seine Entwürfe einer kosmischen Ingenieurskunst an keiner Stelle den ihm bekannten mathematischen Prinzipien widersprachen.

Bei bester Gesundheit und frei von der Gefahr einer drohenden Einberufung kehrte Tesla nach Gospic zurück und verbrachte noch eine kurze Zeit in seinem Elternhaus, ehe er nach Graz aufbrach, wo er sich – wie sein Vater es versprochen hatte – für das Studium der Elektrotechnik einschreiben wollte. Dieser Augenblick war der entscheidende Wendepunkt seines Lebens. Tesla hatte die Träume und Spiele der Kinderzeit hinter sich gelassen und war bereit, sich nun ernsthaften Aufgaben zu widmen. Er hatte den göttlichen Baumeister gespielt und in seiner Phantasie die Erde umgestaltet. Was er mit seiner Arbeit dereinst wirklich erreichen sollte, stand den phantastischen Träumen des Jungen allerdings kaum nach.

3

Tesla war in dem sicheren Wissen, daß namenlose Kräfte ihn auf ein noch unbekanntes Schicksal vorbereiteten, zum Mann herangewachsen. Er vermochte diesen Umstand eher zu spüren, als ihn genauer zu erkennen oder gar in Worte zu fassen. Er sah weder sein Ziel klar vor sich liegen, noch wußte er, auf welchen Wegen er dorthin gelangen würde. Aber ihm war vollkommen klar, in welchem Bereich seine Lebensaufgaben lagen, und so wandte er die ihm bekannten physikalischen Gesetzmäßigkeiten dazu an, sein Leben wie eines seiner Projekte so durchzugestalten, daß es den höchsten Anforderungen an Effektivität entsprach. Natürlich konnte er zu dieser Zeit noch keinen umfassenden Lebensplan entwickeln, aber es gab immerhin schon bestimmte Elemente, die er intuitiv aus seinen Überlegungen ausschloß. Er vermied sämtliche Tätigkeiten und Interessen, die seine Absichten hätten behindern können. Er hatte sein Leben ausschließlich einem einzigen Zweck gewidmet: der Wissenschaft. Für Freizeitvergnügungen oder Liebschaften gab es da keinen Platz.

Mit dieser Lebensphilosophie versehen brach Tesla 1875 als Neunzehnjähriger nach Österreich auf, um sich am Polytechnikum von

Graz für das Studium der Elektrotechnik einzuschreiben. Er ging mit der festen Absicht dorthin, fortan all seine Energie der Beherrschung der seltsamen, beinahe okkulten elektrischen Kräfte zu widmen und sie der Menschheit nutzbar zu machen.

Seinem ersten Versuch, diese Philosophie in die Praxis umzusetzen, war zwar Erfolg beschieden, aber er führte ihn gleichwohl geradewegs in eine Katastrophe. Tesla hatte sich mit einer derartig enthusiastischen Hingebung in die Studien gestürzt, daß er die Bedürfnisse seines Körpers darüber völlig vernachlässigte. Er ging des Abends erst um elf Uhr zu Bett, gönnte sich jede Nacht nur vier Stunden Ruhe, die er zum Teil noch mit Lesen verbrachte, und begab sich am nächsten Morgen in aller Herrgottsfrühe wieder an seine Studien.

Dieser straffe Lebensplan ermöglichte es ihm, am Ende des ersten Jahres bereits in neun Fächern Prüfungen abzulegen – nahezu das doppelte der Leistung, die man offiziell von ihm erwartete. Sein Fleiß beeindruckte die Dozenten der Fakultät sehr; der Dekan der technischen Fakultät sandte Teslas Vater einen Brief, in dem es hieß: »Ihr Sohn ist ein Stern allerersten Ranges.« Aber die Anstrengung hatte seine Gesundheit in Mitleidenschaft gezogen. Eigentlich war es sein sehnlichster Wunsch gewesen, dem Vater mit guten Leistungen einen handfesten Beweis seiner Dankbarkeit zu liefern. Als er nun nach seinem ersten Studienjahr mit den bestmöglichen Noten nach Gospic zurückkehrte, hoffte er dort auf einen freudigen Empfang und ein Lob für seine hervorragende Arbeit. Statt dessen zeigte der Vater nur mäßiges Interesse an seinen Studienfortschritten, war dafür aber umso mehr um seine Gesundheit besorgt und schalt ihn dafür, daß er diese so leichtfertig aufs Spiel gesetzt habe, nachdem er vor nicht allzulanger Zeit noch knapp dem Tode entronnen sei. Was Tesla erst einige Jahre später erfuhr: Der Vater hatte schon zu Beginn des Studienjahres vom Dekan einen Brief mit der Bitte erhalten, er möge seinen Sohn doch nach Hause zurückrufen, da dieser anderenfalls in Gefahr stünde, sich durch übermäßig viel Arbeit geradewegs umzubringen.

Als Tesla zum zweiten Studienjahr in das Polytechnikum zurückkehrte, hatte er sich dazu durchgerungen, seine Studien auf die Fächer Physik, Mechanik und Mathematik zu beschränken. Ein glücklicher Entschluß, denn so konnte er einer Situation, die im Verlauf des Studiums auftreten sollte, weit mehr Zeit schenken und machte damit den ersten Schritt zu seiner ersten und vielleicht bedeutendsten Erfindung.

Zu Anfang seines zweiten Studienjahres traf ein neuartiges elektrisches Gerät im Institut ein: eine Gramme-Maschine, die sich sowohl als Dynamo als auch als Motor einsetzen ließ. Trieb man sie mit mechanischer Energie an, so erzeugte sie elektrischen Strom; speiste man sie hingegen mit elektrischem Strom, so wandelte sie diesen als Motor in Bewegungsenergie um. Bei der Gramme-Maschine handelte es sich um eine Gleichstrommaschine.[6]

Als Professor Poeschl das Gerät vorführte, war Tesla von dessen Leistung ausgesprochen beeindruckt. Mit einer Ausnahme – die heftige Funkenentwicklung am Kommutator gefiel ihm überhaupt nicht. Tesla berichtete dem Professor von seinem Einwand.

»Das liegt nun einmal in der Natur dieser Maschine«, entgegnete Professor Poeschl. Wir werden die Funkenentwicklung wohl noch ein gutes Stück weit einschränken können, aber solange wir einen Kommutator benutzen, wird sie sich nicht gänzlich vermeiden lassen. Und da der elektrische Strom seiner Natur nach in eine Richtung fließt, ein Magnet aber zwei Pole besitzt, die jeweils eine entgegen-

[6] Eine Gramme-Maschine besteht aus einem, mit einer Drahtwicklung versehenen Eisenring, der zwischen den beiden Polen eines Magneten um seinen Mittelpunkt drehbar gelagert ist. Dreht man den Ring in einem Magnetfeld, wird in der Drahtwicklung ein Strom induziert, den man entsprechend abgreifen kann (Generator). Legt man an die Drahtwicklung um den Gramme-Ring einen Strom, so dreht sich der Ring im Magnetfeld (Motor). Verschiedenste Konstruktionen solcher Maschinen sind in den Physiklehrbüchern zu Beginn des Jahrhunderts (auch vielfach als Demonstrationsmodelle) beschrieben (z. B. I. Frick: Physikalische Technik oder Anleitung zu Experimentalvorträgen sowie zur Selbstherstellung einfacher Demonstrationsapparate. Braunschweig, Friedrich Vieweg und Sohn, 1907, Zweiter Band, Erste Abteilung, S. 560ff. – hier finden sich auch schon Gramme-Maschinen für Wechsel- und Drehstrom beschrieben).

gesetzte Flußrichtung bewirken, müssen wir uns eines Kommutators bedienen, um die Flußrichtung des elektrischen Stromes, den diese rotierende Vorrichtung erzeugt, im gegebenen Augenblick umzukehren.«

»Das liegt auf der Hand«, hielt Tesla ihm entgegen. »Die Art des von uns benutzten Stromes schränkt die Möglichkeiten der Maschine ein. Wenn wir nun vom Gleichstrom abkommen würden, könnten wir auf den Kommutator verzichten.«

Schon vor dem Eintreffen der Gramme-Maschine hatte Tesla sich mit der Theorie des Dynamos und des Motors auseinandergesetzt. Er war davon überzeugt, daß es auf irgendeine Weise möglich sein mußte, das ganze System zu vereinfachen. Er hatte das eigentliche Problem aber nie richtig zu packen bekommen und war auch keineswegs sicher, ob er es lösen konnte. Erst bei Poeschls Vorführung kam ihm schlagartig der zündende Einfall.

Bei den ersten Quellen für elektrischen Strom hatte es sich um Batterien gehandelt, die eine geringe, wenn auch gleichmäßige Leistung abgaben. Als man nun daran ging, mechanische Energie in Elektrizität umzuwandeln, beschränkte man sich natürlich zunächst auf das, was man von den Batterien her kannte: den Gleichstrom. Aber wenn bei einem Dynamo die Spulen durch das Magnetfeld wirbelten, entstand ein Strom ganz anderer Art: dieser Strom floß abwechselnd erst in die eine, dann in die entgegengesetzte Richtung. Der Kommutator war eine findige Vorrichtung, mit deren Hilfe man diesen Nachteil mechanisch erzeugten Stroms umgehen und ihn wieder in einen Gleichstrom umwandeln konnte.

Teslas Idee bestand nun darin, daß man sowohl bei Generatoren als auch bei Motoren auf den Kommutator verzichten könnte, wenn man den ursprünglichen Wechselstrom gar nicht erst in Gleichstrom umwandelte. Mit diesem Gedanken hatten sich schon andere Wissenschaftler vor ihm beschäftigt, aber der blitzartige, visionäre Moment der Erkenntnis, in dem er sich der Richtigkeit und Durchführbarkeit seiner Lösung gewiß wurde, war durchaus bemerkenswert. Er konnte seiner Vision zwar nicht alle wichtigen Einzelheiten entnehmen, die zum gewünschten Resultat führen würden, aber er verspürte die überwältigende Gewißheit, daß er in der Lage war, das Problem wirklich zu lösen. Aus diesem Grund machte er sich mit großem Selbstvertrauen daran, dem Professor seine Einwände gegen die Gramme-Maschine mitzuteilen. Er hatte nicht im entferntesten damit gerechnet, hier einen regelrechten Sturm der Kritik zu entfesseln.

Professor Poeschl wich immerhin von seinem Vorlesungsplan ab und widmete die folgende Vorlesung Teslas Einwänden. Mit methodischer Gründlichkeit pflückte er seine Vorschläge auseinander und wies Punkt für Punkt deren Unmöglichkeit nach. Der Vortrag wirkte so überzeugend, daß selbst Tesla still wurde. Er endete mit den Worten: »Herr Tesla wird in Zukunft sicherlich noch große Dinge vollbringen, aber hier wird ihm kein Erfolg beschieden sein. Genausogut könnte er sich daran machen, eine stationäre Zugkraft, wie z. B. die Gravitationskraft, in eine gleichmäßige Drehung umzuwandeln. Was er will, ist ein Perpetuum Mobile – ein Prinzip, das allen Grundsätzen widerspricht.«

Obwohl Poeschl ihn zum Schweigen gebracht hatte, war Tesla nicht überzeugt. Er fühlte sich zwar geehrt, weil der Professor sich eine ganze Vorlesungsstunde mit seinen Einwänden befaßt hatte; aber wie so oft in solchen Fällen hatte es sich um eine höchst trügerische Form der Ehre gehandelt. Poeschl war einzig von dem Verlangen erfüllt, den vermeintlich Geehrten nach allen Regeln der Kunst zu widerlegen. Und Tesla war von Poeschls Autorität so beeindruckt, daß er eine Zeitlang sogar bezweifelte, ob er seine Vision denn auch richtig gedeutet hatte. Sie war doch ebenso klar und deutlich gewesen wie die Bilder, die er bei der Lösung mathematischer Gleichungen vor sich sah und die sich noch nie als falsch erwiesen hatten. Aber vielleicht war er in diesem Fall ja tatsächlich zum Opfer einer Halluzination geworden, die seinem Wunschdenken entsprungen war. Was Professor Poeschl sonst lehrte, war auf solide Faktenkenntnis gegründet. Vielleicht hatte der Mann mit seiner Ablehnung des Wechselstrom-Prinzips ja wirklich recht.

Tief in seinem innersten Wesen beharrte Tesla jedoch in der festen Überzeugung, sein Einfall müsse richtig sein. Die Kritik konnte ihn nur vorübergehend daran irremachen, und bald beschäftigte er sich wieder so intensiv wie zuvor mit dem Gedanken. Ganz allmählich machte er sich klar, daß Professor Poeschl in diesem Fall – im Gegensatz zu seinem üblichen Verfahren – lediglich bewiesen hatte, daß er nicht in der Lage war, von dem wirklichen Sachverhalt auszugehen. Damit gab es in diesem Punkt keinen Unterschied zwischen ihm und jedem beliebigen Menschen außerhalb des Institutes, und er hatte nicht das Recht, sich bei dem fraglichen Thema auf seine Autorität als Gelehrter zu berufen. Außerdem kam noch dazu – so überlegte Tesla –, daß seine abschließende Bemerkung über die Unmöglichkeit der Umwandlung der Gravitationskraft in eine Drehbewegung schlicht unrichtig war. Drehte sich denn nicht der Mond dank der Gravitationskraft um die Erde, die Erde um die Sonne?

»Ich war damals nicht in der Lage, die Richtigkeit meiner Ansicht zu beweisen«, sagt Tesla. »Aber ich wußte instinktiv – ich weiß nicht, wie ich es sonst nennen soll –, daß ich recht hatte. Nun ist der Instinkt ein Faktor, der über das Wissen hinausgeht. Wir alle verfügen zweifellos über jene feineren Hirnfasern, die dem bewußten Denken unzugänglich sind, und die uns Wahrheiten auch dann erkennen lassen, wenn wir sie nicht logisch ableiten können.«

Nachdem er Begeisterung und Selbstvertrauen wiedergegefunden hatte, ging Tesla das Problem mit frischen Kräften erneut an. Seine bildliche Vorstellungskraft, die ihm in der Kindheit einmal Sorgen bereitet hatte – die Fähigkeit, gedankliche Abläufe gewissermaßen in dreidimensionale Gegenstände umzusetzen –, erwies sich nun als eine große Hilfe. Er war nun in der Lage, der intellektuellen Prügel des Professors geschmeidig auszuweichen und die Sache methodisch zu durchdenken.

Im Geiste konstruierte er eine Maschine nach der anderen. Dank seiner visionären Kraft sah er die Entwürfe so deutlich vor sich, daß er Drähte und Spulen mit Händen greifen, die rasch wechselnden Ströme genau verfolgen konnte. Aber keiner der Gedanken-Apparate wollte sich in Rotation versetzen. Für den Rest des Studienjahres widmete Tesla sich fast ausschließlich seinem Problem. Im vergangenen Jahr hatte er so viele Prüfungen abgelegt, daß er nun genügend Zeit dafür fand.

Es machte in der Tat den Eindruck, daß sein Projekt zum Scheitern verurteilt war, denn am Ende des Jahres war er noch keinen Schritt weitergekommen. Man hatte seinen Stolz verletzt und ihn in die Verteidigung gezwungen. Er wußte damals noch nicht, daß ihm aus den Fehlschlägen seiner Gedanken- und Laborversuche das Rohmaterial für eine weitere Vision erwachsen sollte.

Mittlerweile hatte sich Teslas Leben in Graz tiefgreifend verändert. War sein erstes Jahr von intellektueller Arbeitswut geprägt, mit der er seine Gesundheit um Haaresbreite zugrundegerichtet hätte, so hatte er sich im zweiten Jahr mehr Zeit genommen, das Erlernte zu verdauen und sich sogar mehr Freizeit gegönnt. Als Ausgleich zu seiner Arbeit hatte er sich dem Kartenspiel hingegeben. Sein scharfer Geist und seine hochentwickelten analytischen Fähigkeiten ließen ihn öfter gewinnen als verlieren; wenn er gewonnen hatte, gab er das Geld nach dem Spiel stets dem Verlierer zurück; hatte er verloren, so behielten seine Mitspieler den Einsatz freilich für sich. Neben dem Kartenspiel entwickelte er auch eine Leidenschaft für das Schach- und das Billardspiel und brachte es hier ebenfalls zu bemerkenswerten Leistungen.

Der Hang zum Kartenspiel sollte Tesla nach seinem zweiten Jahr in Graz in eine mißliche Situation bringen. Der Vater hatte ihm Geld geschickt, mit dem er die Kosten einer Reise nach Prag und die Matrikelgebühren an der dortigen Universität bestreiten sollte. Anstatt direkt nach Prag aufzubrechen, kehrte Tesla erst noch nach Gospic und zu seiner Familie zurück. Dort fand er sich recht schnell bei einer Partie Karten mit einigen Jugendlichen aus dem Ort wieder und mußte feststellen, daß sein übliches Glück ihn verlassen hatte. Er verlor die gesamte Summe, die für den Besuch der Prager Universität bestimmt war. Als er der Mutter von seinem Mißgeschick berichtete, bekam er keinerlei Kritik zu hören. Vielleicht – so dachte sich die Frau – wollte ihn das Schicksal ja auf diese Weise vor Überarbeitung und gesundheitlichem Ruin bewahren. Ein wenig Muße und Entspannung würden seiner Gesundheit in jedem Fall zuträglich sein; zudem wäre der Verlust von Geld leichter zu verschmerzen als gesundheitlicher Schaden. Es gelang ihr, von Freunden Geld zu leihen, das sie ihm mit den Worten überreichte: »Das ist für dich. Amüsiere dich gut.« Tesla nahm die abgebrochene Partie sofort wieder auf, fand seine alte Glückssträhne wieder und konnte nicht nur die von der Mutter geliehene Summe, sondern auch nahezu das gesamte zuvor verlorene Studiengeld zurückgewinnen. Diesmal gab er den Gewinn nach dem Spiel nicht an die Verlierer zurück. Er kehrte heim, gab seiner Mutter das vorgestreckte Geld und verkündete, in Zukunft nie wieder Karten zu spielen.

Anstatt wie geplant das Studium in Prag aufzunehmen, ging Tesla 1878 auf ein lukratives Angebot ein, das ihm ein technischer Betrieb in Maribor – in der Nähe von Graz – gemacht hatte. Er erhielt dort monatlich sechzig Gulden und nach beendeter Arbeit noch eine zusätzliche Prämie; im Vergleich mit den damals üblichen Löhnen eine durchaus großzügige Bezahlung. Im Verlauf dieses Jahres lebte er sehr bescheiden und konnte einige Ersparnisse zurücklegen.

Von den Ersparnissen konnte er einen einjährigen Aufenthalt in Prag bestreiten, wo er an der Universität seine mathematischen und physikalischen Studien vertiefte. Die große gedankliche Herausforderung der Wechselstrommaschine nahm ihn auch in Prag wieder in Anspruch. Er hatte schon eine ganze Reihe von Verfahren ohne Erfolg in Erwägung gezogen, und obwohl alles für Professor Poeschls niederschmetternde Kritik zu sprechen schien, war er einfach nicht gewillt, seine Theorie aufzugeben. Er vertraute fest darauf, daß er noch eine Lösung des Problems finden würde. Er wußte, daß die Wissenschaft der Elektrizität noch jung und im Wachsen begriffen war, und in seinen tiefsten Schichten war er fest davon überzeugt, daß er einst die bedeutende Entdeckung machen würde, die diese noch jugendliche Wissenschaft in einen zukünftigen Riesen verwandeln könnte.

Tesla hätte seine Studien gar zu gern weiter fortgesetzt, aber kurz nach seinem Abschluß an der Universität von Prag starb sein Vater. Nun war er gezwungen, wieder Arbeit anzunehmen und sich um seinen Lebensunterhalt zu kümmern. Um jene Zeit fand das unlängst von Alexander Graham Bell in Amerika erfundene Telephon begeisterte Aufnahme in Europa, und Tesla erfuhr, daß auch in Budapest eine Telephonzentrale eingerichtet werden sollte. Da der Leiter dieses Unternehmens ein Freund der Familie war, machte die Sache einen vielversprechenden Eindruck.

Ohne die Lage in Budapest erst genauer abzuklären, machte Tesla sich dorthin auf den Weg. Seine jugendliche Hoffnung und die Selbstgewißheit, die frischgebackenen Universitätsabsolventen nun einmal zu eigen ist, ließen ihn ohne weiteres mit einem Ingenieursposten bei dem Telephonprojekt rechnen. Er mußte nach seiner Ankunft bald feststellen, daß es dort überhaupt keinen Posten gab und man auch nicht daran dachte, eigens für ihn einen einzurichten, denn das ganze Projekt befand sich erst im Planungsstadium.

Da ihn die Finanznot drückte, mußte er allerdings unverzüglich irgendeine Arbeit annehmen. Was dabei herauskam, war weit weniger, als er erwartet hatte. Der Lohn war so gering, daß er die Summe später niemals erwähnte; offenbar reichte er gerade aus, ihn nicht verhungern zu lassen. Er hatte eine Anstellung als Konstruktionszeichner im zentralen Telegraphenamt der ungarischen Regierung gefunden, die damals gerade das Gerichtswesen mit der neuartigen Technik ausstattete.

Es sollte nicht lange dauern, bis Teslas Vorgesetzte seine überragenden Fähigkeiten bemerkten. Er wurde bald befördert und hatte nun die Aufgabe, neue Telephonverbindungen zu planen und die entsprechenden Berechnungen anzufertigen. Als die Budapester Telephonvermittlungszentrale 1881 fertiggestellt war, betraute man ihn mit der Leitung.

Mit dieser Position war Tesla ausgesprochen zufrieden. Als Vierundzwanzigjähriger trug er die volle Verantwortung für diese neuartige technische Einrichtung. Sein Erfindungsgeist fand endlich eine Herausforderung, und er brachte an der Vermittlungsstelle zahlreiche Verbesserungen an. In diesem Zusammenhang machte er auch seine erste richtige Erfindung: einen Telephonverstärker. Heute würden wir wohl eher von einem Lautsprecher reden – das Gerät war in der Tat ein Vorläufer der Klangerzeuger in unseren modernen Radioapparaten. Die Erfindung wurde zwar nie patentiert oder in einer allgemein zugänglichen Veröffentlichung beschrieben, aber Tesla versicherte, hinsichtlich des eigenständigen Entwurfs, der sinnreichen Einrichtung und der Leistungsfähigkeit habe dieses Gerät seinen späteren, bekannteren Erfindungen in nichts nachgestanden. Teslas Hauptinteresse galt allerdings nach wie vor dem Problem des Wechselstrommotors, dessen Lösung ihn auch weiterhin beschäftigen sollte.

Er war ein unermüdlicher Arbeiter, verwandte all seine Energie auf die Bewältigung eines stets zum Bersten gefüllten Tagesplanes und beklagte ständig, daß der Tag zu wenige Stunden, die Stunde zu wenige Minuten und die Minute zu wenige Sekunden habe, die zudem noch viel zu schnell verstrichen. Er gönnte sich täglich nicht mehr als fünf Stunden Ruhe (nur zwei davon waren dem Schlaf vorbehalten) und brauchte so allmählich seine Reserven auf. Schließlich meldete sich die Natur zu Wort, und er mußte seine Arbeit unterbrechen.

Was für eine Krankheit er sich eigentlich zugezogen hatte, vermochten die Ärzte nicht genauer zu sagen. Sicher war nur, daß es wieder einmal um Leben und Tod ging. Die höchst eigenartigen Symptome hatten einen bedeutenden Fachmann auf den Plan gerufen, der allerdings nur erklären konnte, die medizinische Wissenschaft könne nichts tun, um Tesla zu helfen. Eines dieser Symptome war eine akute Übersensibilität der Sinnesorgane. Teslas Sinne waren immer schon ausgesprochen scharf gewesen, aber nun waren sie so empfindlich, daß es für ihn eine Qual bedeutete. Das Ticken einer Uhr im übernächsten Zimmer hörte sich für ihn an, als ob jemand mit einem Hammer auf einen Amboß schlagen würde. Wenn sich das Gepolter eines draußen vorbeifahrenden Wagens auf seinen Stuhl übertrug, schien es seinen ganzen Körper zu erschüttern; es war so unerträglich, daß er sein Bett auf Gummipolster stellen mußte, um es von jeglichen Vibrationen abzuschirmen. Ein normales Gespräch klang wie Donnergetöse. Die geringste Berührung fühlte sich an wie ein heftiger Schlag. Jeder noch so kleine Sonnenstrahl schien in seinem Kopf eine Explosion auszulösen. In der Dunkelheit verursachten ihm Gegenstände, die gut ein Dutzend Fuß von ihm entfernt waren, ein schauerliches Gefühl auf der Stirn. Sein Körper wurde beständig von Zittern und Zuckungen heimgesucht. Sein Puls – so sagte er – war im einen Augenblick kaum zu spüren, im nächsten stieg er auf mehr als hundertfünfzig Schläge pro Minute an.

Er wandte seine gesammelte Willenskraft auf, um diese geheimnisvolle Krankheit zu besiegen und zur Normalität zurückzufinden. Schließlich lag noch eine große Aufgabe vor ihm: der Wechselstrommotor. Im Verlauf dieser qualvollen Monate spürte er intuitiv, wie die Lösung des Problems immer näher kam; er wußte, daß er weiterleben mußte, um den Augenblick zu erleben, in dem sie klar und deutlich aus seinem Unterbewußtsein emporsteigen würde. Aber während dieser Monate war er nicht in der Lage, sich auf irgendein Projekt zu konzentrieren.

Als er den Höhepunkt der Krankheit überwunden hatte und die Symptome nachließen, kehrte mit der Gesundheit auch der alte Drang zurück, sich wieder in die einmal gestellten Aufgaben zu stürzen. Dies galt vor allem für sein größtes Problem. Es war mittlerweile zu einem Teil seiner selbst geworden. Er hatte nicht länger die

Wahl, entweder daran zu arbeiten oder es ruhen zu lassen. Er wußte: gäbe er auf, dann wäre das sein Tod. Und selbst ein Scheitern würde ihn umbringen. Es war, als wäre er von einem unsichtbaren Netz umgeben, das sich ständig enger um ihn legte. Das Gefühl, daß die Lösung zum Greifen nah sein mußte, erfüllte ihn mit Freude und Bedauern zugleich; er fürchtete, daß ein Erfolg in seinem Leben eine große Leere zurücklassen würde.

Doch ungeachtet seiner optimistischen Gefühle hatte er es nach wie vor mit einem großen, ungelösten Problem zu tun.

Als die Empfindlichkeit seiner Sinnesorgane auf ein normales Maß zurückgegangen war und er die Arbeit wieder aufgenommen hatte, unternahm er eines Spätnachmittags im Februar 1882 in Begleitung eines ehemaligen Klassenkameraden namens Szigeti einen Spaziergang durch einen der Budapester Parks. Während ein wunderbarer Sonnenuntergang den Himmel mit seinen flammenden Farben überzog, gab Tesla sich einer seiner Lieblingsbeschäftigungen hin: dem Rezitieren von Poesie. Als Junge hatte er viele Bände mit Gedichten und Dramen auswendig gelernt, und nun stellte er zu seiner Freude fest, daß seine Erinnerungsfähigkeit nicht unter der qualvollen Krankheit gelitten hatte. Eines der Werke, die er von Anfang bis Ende rezitieren konnte, war Goethes Faust.

Beim Anblick des wunderbaren Sonnenuntergangs kamen ihm die folgenden Verse in den Sinn:

> Sie rückt und weicht, der Tag ist überlebt,
> Dort eilt sie hin und fördert neues Leben.
> O daß kein Flügel mich vom Boden hebt,
> Ihr nach und immer nach zu streben.

Tesla, hochaufgeschossen und von hagerer Gestalt, aber mit einem Feuer in den Augen, das sich gut zu den feurigen Farben des Himmels fügte, untermalte den Klang der vorgetragenen Verse mit Bewegungen der Arme und des gesamten Körpers. Er schaute zu dem farbenprächtigen Schauspiel am Himmel empor, als ob er den rotglühenden

Sonnenball anreden wollte, der dort seinen Weg durch das Himmelsgewölbe vollendete.

Plötzlich jedoch verharrte der eben noch so bewegte Tesla in seiner Pose, als ob er in Trance gefallen wäre. Obwohl Szigeti ihn zu wiederholten Malen ansprach, bekam er keine Antwort. Erst als der erschrockene Freund sich daran machte, die starre Gestalt durch Rütteln und Schütteln wieder zu Bewußtsein zu bringen, begann Tesla lebhaft zu reden.

»Paß auf!«, sagte er, und stieß die Worte hervor wie ein aufgeregtes Kind. »Paß auf, wie ich sie umkehre!« Er starrte immer noch die Sonne an, als ob ihn der Himmelskörper in eine hypnotische Trance versetzt hätte.

Szigeti versuchte einen Zusammenhang zwischen den Goetheversen und diesem »Paß auf! Paß auf, wie ich sie umkehre!« herzustellen. Was meinte er damit? Etwa die Sonne? Wollte er etwa den Lauf der fast untergegangenen Sonne umkehren und sie wieder zum Zenit aufsteigen lassen?

»Wir sollten uns einen Augenblick ausruhen«, sagte er und versuchte Tesla dazu zu bewegen, sich auf eine Parkbank zu setzen. Doch der lehnte ab.

»Siehst du es denn nicht?«, rief er aufgeregt. »Sieh doch nur, wie gleichmäßig er läuft. Und jetzt drehe ich am Schalter – und kehre die Richtung um. Siehst du, jetzt läuft er andersherum. Genauso gleichmäßig. Und nun paß auf! Ich schalte ihn aus – ich schalte ihn wieder ein. Keine Funkenentwicklung. Es gibt kein Teil, aus dem Funken sprühen könnten.«

»Aber ich sehe überhaupt nichts«, entgegnete Szigeti. »Was soll das? Die Sonne sprüht doch keine Funken! Ist dir nicht gut?«

»Du verstehst nicht«, unterbrach ihn der immer noch aufgeregte Tesla und wandte sich mit einer Geste um, als ob er den Freund segnen wollte. »Ich rede von meinem Wechselstrommotor. Ich habe das Problem gelöst. Kannst du ihn nicht genau hier vor mir sehen, wie er fast geräuschlos läuft? Das liegt an dem rotierenden Magnetfeld.

Sieh doch nur, wie sich das Magnetfeld dreht und den Anker mit sich reißt. Ist das nicht wunderschön? Ist das nicht erhaben? Ist das nicht einfach? Ich habe das Problem gelöst. Jetzt kann ich zufrieden sterben. Aber ich muß leben. Ich muß mich sofort an die Arbeit machen und den Motor bauen, und dann will ich ihn der Welt schenken. Nie wieder wird die Menschheit von harter Arbeit gebeugt sein. Mein Motor wird sie befreien. Er wird alle Arbeit der Welt erledigen.«

Nun verstand Szigeti. Tesla hatte ihm schon zuvor von seinen Versuchen berichtet, das Problem des Wechselstrommotors zu lösen. Deshalb begriff er nun auf der Stelle die volle Bedeutung dessen, was der Wissenschaftler ihm gerade mitgeteilt hatte. Allerdings hatte Tesla ihm gegenüber nie die Fähigkeit erwähnt, Gedanken visualisieren zu können, und so mußte er ihm zunächst einmal erklären, wie die Vision im einzelnen beschaffen war, die ihn plötzlich bei der Betrachtung der Sonne überkommen hatte.

Er hatte sich mittlerweile etwas beruhigt, aber der ekstatische Zustand, der nicht von ungefähr an ein religiöses Erweckungserlebnis gemahnte, hatte ihn noch nicht völlig verlassen. Tesla schien zu schweben. Während seiner Vision hatte er vor Aufregung tiefe Atemzüge gemacht, und die Hyperventilation hatte ihm wieder einmal das Gefühl äußerster Leichtigkeit verschafft.

Nun las er einen Zweig auf und machte sich daran, eine Skizze seines Motors in den Staub des Weges zu zeichnen. Nachdem er die technischen Prinzipien seiner Entdeckung erläutert hatte, begriff der Freund umgehend die Schönheit dieses Entwurfs, und beide sprachen bis spät in die Nacht hinein noch über die Möglichkeiten der Wechselstrommaschine.

Das Konzept des rotierenden Magnetfeldes war in der Tat von majestätischer Schönheit. Die Welt der Wissenschaft besaß damit nun ein neuartiges Prinzip von erhabener Größe, dessen verblüffende Simplizität und Nützlichkeit einer ungeahnten Fülle von Anwendungsmöglichkeiten Raum bot. Tesla hatte vollbracht, was Professor Poeschl vor wenigen Jahren noch für unmöglich erklärt hatte.

Bis zu diesem Zeitpunkt hatte die Konstruktion eines Wechselstrommotors tatsächlich ein schier unlösbares Problem gebildet. Da sich das von einem Wechselstrom erzeugte Magnetfeld ständig umpolte, hatte es bei bisherigen Versuchen den Anker des Motors nicht in Rotation versetzt, sondern lediglich vibrieren lassen.

Bis zu diesem Zeitpunkt hatte man allerdings auch nur mit Wechselstrommotoren experimentiert, die auf der Basis eines Gleichstrommotors gebaut waren und nur einen einzigen Stromkreislauf besaßen. Der Anker mußte folglich ein Verhalten aufweisen, das dem einer einzylindrigen Dampfmaschine ähnelte: Wie bei einem Zylinder handelte es sich bei den beiden Extrempunkten der Bewegung um Totpunkte.

Tesla hatte das Problem gelöst, indem er zwei Stromkreise verwendete, deren Phasen jeweils um eine halbe Wellenlänge versetzt waren.[7] Er hatte also gewissermaßen die Dampfmaschine mit einem zweiten Zylinder versehen. Bei zweizylindrigen Dampfmaschinen sind die Zylinder über eine Welle miteinander verbunden, so daß ihre Bewegungszyklen gegeneinander versetzt sind. Wenn der eine sich an einem der Totpunkte befindet, produziert der andere gerade die maximale Leistung und hält die Welle so in Bewegung.

Dieses Beispiel vereinfacht die Sache allerdings auf unzulässige Weise, denn was Tesla hier entwickelt hatte, war wesentlich weitreichender und grundlegender. Er hatte entdeckt, wie sich ein rotierendes Magnetfeld erzeugen ließ; ein magnetischer Wirbelwind, der sich durch unerhörte Eigenschaften auszeichnete. Es war ein vollkommen neues Konzept. Bei den Gleichstrommotoren hatte man ein

[7] Unter Phase versteht man bei Schwingungen den zeitlichen Abstand eines Schwingungszustandes vom festgelegten Nullpunkt. Wenn zwei Schwingungen »in Phase schwingen«, dann haben gleiche Schwingungszustände beider Schwingungen gleiche Abstände vom Nullpunkt. Indem Tesla zwischen beiden Wechselströmen eine Phasendifferenz der halben Schwingungsdauer festlegte, erreichte er, daß beide Ströme entgegengesetzt gerichtete magnetische Felder aufbauen. Durch eine alternierende Anordnung der von den beiden Strömen durchflossenen Spulen umläuft ein gleichgerichtetes Feld in den Spulen den Rotor.

feststehendes Magnetfeld verwendet, das den Anker nur vermittels eines mechanischen Tricks in Rotation versetzen konnte: auf einem zylindrischen Anker waren verschiedene Wicklungen angebracht, die über den Kommutator nacheinander mit Strom versorgt wurden. Tesla hingegen hatte ein rotierendes Magnetfeld erzeugt, das den genau eingepaßten Anker ohne zusätzliche elektrische Kontakte in Drehung versetzte. Das rotierende Magnetfeld übetrug seine Energie ohne Kontakte oder Drähte entlang der magnetischen Feldlinien auf eine einfache geschlossene Spule auf dem isolierten Anker, der dadurch sein eigenes Magnetfeld aufbaute, das nun von dem magnetischen Wirbelwind innerhalb der Feldspulen mitgerissen wurde.[8] Der Kommutator war dadurch überflüssig geworden.

Aber obwohl er sein bislang größtes wissenschaftliches Problem gemeistert hatte, fingen die Schwierigkeiten für Tesla nun erst richtig an. Die folgenden zwei Monate verbrachte er allerdings noch in ekstatischer Hochstimmung und beschäftigte sich mit seinem neuen Spielzeug. Auf reale Modelle aus Kupfer und Eisen konnte er vollkommen verzichten; er entwarf sie in großer Vielfalt in seiner geistigen Werkstätte. Ein ununterbrochener Strom von Einfällen floß durch seinen Geist. Die Ideen strömten ihm derartig schnell zu – so sagte er –, daß er gar nicht die Zeit fand, sie schriftlich festzuhalten. In diesem Zeitraum entwickelte er sämtliche Motorentypen, die wir später mit seinem Namen verbinden sollten.

Er arbeitete ein vollständiges Wechselstromsystem aus – mit Motoren, Generatoren, Transformatoren und allem sonstigen Zubehör.

[8] Das ist das Prinzip des sogenannten Kurzschlußläufers. Das sich ändernde Magnetfeld der Statorspulen erzeugt durch den von Michael Faraday (1791–1867) gefundenen Effekt der magnetischen Induktion in der Rotorspule (die im Extremfall nur aus einer Windung besteht) einen Strom, der wiederum ein Magnetfeld aufbaut. Dieses ist nach der Lenzschen Regel (nach Heinrich Friedrich Emil Lenz [1804–1865]) so gerichtet, daß beide Magnetfelder sich abstoßen. Da das Statorfeld umlaufend ist, versetzt es den Rotor in Bewegung. Werner von Siemens (1816–1892) ging bei seinen Generatoren genau umgekehrt vor: er ließ in dem von den Statorspulen umgebenen Raum ein Magnetfeld rotieren und griff an den Statorspulen den dadurch induzierten Strom ab.

Dabei vervielfachte er noch die Wirksamkeit des ursprünglichen Zweiphasensystems, indem er es auf drei und mehr gegeneinander verschobene Stromkreisläufe erweiterte. Es war die Geburtsstunde seines berühmten Mehrphasen-Wechselstromsystems.

Seine geistigen Entwürfe führte er mit aller Sogfalt aus. Größe und Form der einzelnen Bauteile wurden ebenso genau erwogen wie Materialart und -stärke. Dann unterzog er die Geräte vor seinem geistigen Auge einem mehrwöchigen Dauertest und untersuchte sie anschließend sorgfältig auf etwaige Spuren von Verschleiß. Sein ungewöhnlicher Geist ging eben auf ungewöhnliche Weise vor. Bei jeder dieser »geistigen Maschinen« vermochte er sich stets an das unscheinbarste Detail zu erinnern.

Aber diese Zeit allerhöchster Glücksgefühle sollte bald schon zu Ende gehen. Die Telephonzentrale, der er vorstand und die von einem Freund der Familie namens Puskas betreut wurde, wurde verkauft. Puskas kehrte nach Paris zurück und fragte bei Tesla an, ob er ihn nicht der Pariser Niederlassung seiner Gesellschaft als Mitarbeiter empfehlen solle. Auf diesen Vorschlag ging Tesla mit Freuden ein. Von Paris aus – so dachte er sich – würden sich seine Erfindungen ohne Probleme in alle Welt verbreiten lassen.

Der angehende »Übermensch« Tesla fuhr also nach Paris. Er reiste mit leichtem Gepäck, aber sein Kopf war zum Bersten angefüllt mit der wunderbaren Entdeckung des rotierenden Magnetfeldes und den zahllosen Verbesserungsmöglichkeiten, die sich daraus ergaben. Wäre Tesla ein ganz normaler Erfinder gewesen, so hätte er einen Ausdruck zur Schau getragen, dem jedermann entnehmen konnte, daß dieser Mensch zwar etwas ungeheuer Wichtiges wußte, aber über die Natur seiner Erfindung absolutes Stillschweigen bewahren wollte. Er hätte Angst gehabt, jemand könne ihn seines Geheimnisses berauben. Aber Tesla verhielt sich genau umgekehrt. Er hatte der Welt etwas zu geben, und er wollte, daß sie davon erfuhr. Er wollte die ganze faszinierende Geschichte seiner Erfindung verkünden und dabei kein technisches

Detail verschweigen. Gerissenheit und Verschlagenheit waren ihm fremd – und so sollte es sein Leben lang bleiben. Er wollte sein Leben und seine Errungenschaften der gesamten Menschheit widmen; angesichts dieses höchsten Ziels war er kaum an der Gunst des Augenblicks interessiert. Sein Mehrphasen-Wechselstromsystem war ein Geschenk, das dem ganzen Menschengeschlecht zugute kommen sollte. Er wußte zwar, daß sich mit dieser Erfindung ein Vermögen machen ließ, aber ihm war unklar, wie er das anstellen könnte. Er vertraute fest auf ein höheres Schicksal, das ihm für sein Geschenk in irgendeiner Form ausgleichende Gerechtigkeit widerfahren lassen würde. Welche Art von Gerechtigkeit das sein würde, beschäftigte ihn vorläufig aber weitaus weniger als die Frage, bei wem er auf ein offenes Ohr für seine Erfindung stoßen könnte.

Mit seiner zwei Meter großen Gestalt, seinem stillen Betragen, seiner stets sorgfältigen Kleidung und seinem unerschütterlichen Selbstvertrauen verbreitete er überall den Eindruck, als würde er rufen: »Ich wette, ihr könnt mir kein elektrisches Problem vorlegen, das ich nicht lösen kann!« Eine Haltung, die nicht allein aus seinen fünfundzwanzig Jahren entsprang, sondern seinen Fähigkeiten vollauf angemessen war.

Durch Puskas Empfehlungsschreiben fand er eine Stellung bei der Continental Edison Company, einer französischen Gesellschaft, die die Produktion und Installation von Motoren, Generatoren und Beleuchtungsanlagen nach Patenten Edisons organisierte.

Er bezog eine Wohnung am Boulevard St. Michel; soweit sein Gehalt dazu ausreichte, nahm er sein Abendessen in den besten Cafés ein. Er lernte viele Amerikaner kennen, die gleichfalls in seinem Metier arbeiteten. Wo immer er einen geduldigen Zuhörer fand, der ein gewisses Verständnis für das Thema Elektrizität aufbrachte, erläuterte er ihm sein System von Wechselstromgeneratoren und -motoren.

Ob sich jemand unberufen seiner Erfindung bemächtigte? Diese Gefahr bestand in keinem Augenblick. Tesla konnte sich abmühen wie er wollte – kein Mensch war an seiner Erfindung interessiert. Den einzigen ahnungsweisen Erfolg erzielte er, als sein Werkmeister Dr. Cunningham ihm vorschlug, er solle doch eine Kapitalgesellschaft gründen.

Während ihm die große Idee des Wechselstromsystems im Kopf herumging und er über Möglichkeiten ihrer Verwirklichung nachdachte, dürfte es ihm schwergefallen sein, sich den ganzen Tag lang gezwungenermaßen mit Gleichstrommaschinen auseinanderzusetzen. Immerhin erfreute er sich mittlerweile wieder bester Gesundheit. Er stand jeden Morgen vor fünf Uhr auf, nahm ein halbstündiges Bad in der Seine und machte sich dann nach Ivry auf, wo vor den Pforten von Paris seine Arbeitsstätte lag – wenn er kräftig ausschritt, immerhin ein Fußmarsch von einer Stunde. Dort traf er gegen halb sieben ein und nahm im Verlauf der folgenden Stunde ein gehaltvolles Frühstück zu sich, das ihn gleichwohl nie davor bewahren konnte, noch vor der Mittagszeit von störenden Hungergefühlen geplagt zu werden.

Als Jungingenieur hatte er es bei der Continental Edison Company mit vielfältigen Aufgaben zu tun. Nach kurzer Zeit ernannte man ihn zum »reisenden Notfallkommando«; wo immer etwas mit den elektrischen Anlagen in Frankreich oder Deutschland im argen lag, mußte er die Probleme vor Ort inspizieren und beheben. Tesla erfüllte diese Aufgabe äußerst gewissenhaft und studierte dabei eingehend die Schwierigkeiten, denen er in den einzelnen Kraftwerken begegnete. Schon bald war er in der Lage, seiner Gesellschaft detaillierte Vorschläge zur Verbesserung der Generatoren vorzulegen. Es wurde ihm gestattet, seine Ideen an einigen Generatoren anzubringen, und sie erwiesen sich als voller Erfolg. Danach beauftragte man ihn mit der Entwicklung automatischer Spannungsregler, die man gerade dringend brauchte. Auch diese Aufgabe meisterte er mehr als zufriedenstellend.

Ein Zwischenfall im Bahnhof von Straßburg hatte die Gesellschaft in eine unangenehme Situation gebracht, die zum Verlust größerer

Geldsummen zu führen drohte. Die Continental Edison Company hatte dort eine Beleuchtungsanlage samt Kraftwerk errichtet; bei der feierlichen Eröffnung in Gegenwart Kaiser Wilhelms I. hatte ein Kurzschluß zu einer Explosion geführt, bei der eine Wand des Gebäudes vollkommen zertrümmert wurde. Die deutsche Regierung wollte nun mit der Anlage nichts mehr zu schaffen haben. Anfang des Jahres 1883 wurde Tesla nach Straßburg entsandt, um das Kraftwerk zu reparieren und die Unstimmigkeiten zu schlichten. Die Behebung des technischen Defekts forderte ihm keine besondere Leistung ab, aber im Umgang mit den deutschen Behörden mußte er ein hohes Maß an diplomatischem Verhalten und gutem Menschenverstand beweisen.

Während die Arbeiten am Kraftwerk gute Fortschritte machten, ergab sich endlich die Gelegenheit, ein wirkliches Modell des Zwei-Phasen-Wechselstrommotors zu bauen; seit jenem denkwürdigen Tag in Budapest hatte Tesla schließlich im Geist eine Vielzahl von Motorentypen entworfen. Zu diesem Zweck hatte er von Paris eigens Baumaterialien mitgebracht; in unmittelbarer Nähe des Bahnhofs fand er eine geeignete Werkstatt. Allerdings mußte er feststellen, daß ihm weit weniger Zeit zur Verfügung stand, als er gehofft hatte, denn trotz seiner handwerklichen Fertigkeiten erwies sich der Bau des Motors als ein recht langwieriges Unternehmen. Er ging äußerst pedantisch vor und arbeitete jedes Bauteil auf den Tausendstel Zoll genau, ehe er es sorgfältig polierte.

Schließlich hatte er alle nötigen Einzelteile beisammen. Für keines der Teile hatte er eine Konstruktionszeichnung benötigt; dem Bild, das vor seinem geistigen Auge stand, konnte er jedes noch so kleine Detail entnehmen. Dieses geistige Bild war für ihn weitaus aussagekräftiger als jede Blaupause, und er wußte stets, welche Maße er für jedes Einzelteil berechnet hatte. Es war auch nicht notwendig, die Teile während der Arbeiten einmal probehalber zusammenzusetzen. Er war sich eben sicher, daß sie passen würden.

Nun ging die Arbeit schnell von der Hand. Zunächst setzte Tesla den Generator zusammen, der ihm den zweiphasigen Wechselstrom liefern sollte; dann kam der Motor selbst an die Reihe. Es gab nicht den geringsten Unterschied zwischen der Maschine, die er vor seinem geistigen Auge gesehen hatte und der Maschine, die nun vor ihm stand. So gesehen konnte ihm das Modell keinerlei neue Erkenntnisse bieten. Seit ihm der Motor ein Jahr zuvor bei dem Sonnenuntergang in Budapest mit großer Deutlichkeit erschienen war, hatte er diesen ersten Entwurf sowie auch eine Vielzahl von Varianten im Geiste gründlich überprüft.

Die Geräte waren fertig; Tesla setzte den Generator in Betrieb. Nun war es an der Zeit, seine Theorie der letzten großen Prüfung zu unterziehen. Setzte der Motor sich in Bewegung, wenn er den Schalter umlegen würde, dann hätte er den letzten Beweis für die Richtigkeit seiner Gedanken erbracht. Geschähe nichts; würde der Anker sich nicht drehen, sondern nur in Vibration geraten, dann wäre seine Theorie widerlegt. Er wäre einem Hirngespinst aufgesessen, hätte sich nicht von den Fakten, sondern von seinem Wunschdenken leiten lassen.

Er legte den Schalter um. Der Anker geriet auf der Stelle in Bewegung, erreichte im Nu seine Höchstgeschwindigkeit und drehte sich fast lautlos. Nun betätigte Tesla den Schalter, der den Motor umpolen sollte. Der Anker blieb sofort stehen und drehte sich dann in der entgegengesetzten Richtung. Teslas Theorie der Wechselstrommaschinen war damit umfassend bewiesen.

Bei dem getesteten Modell hatte es sich um einen Motor gehandelt, den Tesla auf der Basis eines Zwei-Phasen-Wechselstroms betrieben hatte. Er brauchte keine weiteren Versuche, um sich davon zu überzeugen, daß sein Drei-Phasen-System noch weit besser, sein einphasiges System fast ebensogut funktionieren würde. Aber anhand seines Modells könnte er nun die Vision, die er so lange gehegt hatte, aller Welt nahebringen.

Dieser letzte Test hatte für Tesla weit mehr als den erfolgreichen Abschluß einer Erfindung bedeutet. Er bedeutete zugleich auch einen

Triumph seiner ungewöhnlichen Methode, neue Erkenntnisse allein vermittels der einzigartigen Fähigkeit zur Visualisierung von Gedanken zu gewinnen und so die Richtigkeit einer Konstruktion zu überprüfen, noch lange bevor sie materielle Gestalt angenommen hatte. Dieser Erfolg vermittelte ihm ein grenzenloses Selbstbewußtsein; von nun an könnte er jedes Ziel erreichen, das er sich setzen würde.

Das Selbstbewußtsein kam nicht von ungefähr. Tesla hatte gerade sein sechsundzwanzigstes Lebensjahr vollendet; ihm war, als habe Professor Poeschl erst gestern verkündet, daß seine Pläne für den Wechselstrommotor aus scheinbar unwiderleglichen Gründen auf ewig zum Scheitern verdammt seien. Und nun hatte er in der Praxis bewiesen, was der gelehrte Mann nicht für möglich gehalten hatte.

Tesla hatte ein vollständiges neues elektrisches System auf der Basis von Wechselstrom entwickelt, das den bis dahin üblichen Gleichstromsystemen weit überlegen war. Aber was sollte er nun damit anfangen? Die Geschäftsleitung der Continental Edison Company hatte sich beharrlich geweigert, seine Theorien über den Wechselstrom auch nur anzuhören. Er hatte das bestimmte Gefühl, auch sein funktionstüchtiges Modell könnte daran nichts ändern. Aber bei seinem Aufenthalt in Straßburg hatte er einige neue Freundschaften geschlossen – unter anderem auch mit Monsieur Bauzin, dem Straßburger Bürgermeister, der Teslas Begeisterung über die kommerziellen Möglichkeiten des neuen Systems teilte und sich von der Gründung einer Generatoren- und Motorenfabrik Ruhm und Wohlstand für seine Stadt versprach.

Bauzin lud einige wohlhabende Straßburger Bürger zu einer Vorführung des Motors ein und erläuterte ihnen gemeinsam mit Tesla die Möglichkeiten und Vorzüge des neuartigen Systems. In technischer Hinsicht wurde die Veranstaltung zwar zu einem Erfolg; ansonsten war sie aber ein völliger Fehlschlag. Keiner der Anwesenden zeigte auch nur eine Spur von Interesse. Tesla war niedergeschlagen. Er konnte nicht begreifen, wie die größte Erfindung auf dem Feld der Elektrizität mit all ihren kommerziellen Chancen auf derartig einhellige Ablehnung stoßen sollte.

Bauzin versicherte ihm, daß er in Paris zweifellos mehr Anerkennung finden würde. Da sich die offizielle Abnahme der fertigen Anlage im Bahnhof noch hinauszögerte, konnte Tesla erst im Frühjahr 1884 dorthin zurückkehren. In der Zwischenzeit malte er sich seine triumphale Ankunft in Paris aus. Man hatte ihm eine beträchtliche Belohnung zugesagt, falls er die Probleme in Straßburg zur Zufriedenheit beilegen könnte; für seine Verbesserungen an Generatoren und Motoren sowie für die Entwicklung der automatischen Regler hatte man ihm gleichfalls ein nicht geringes Entgelt versprochen. Womöglich würde es ihm diese Summe ermöglichen, ein wirklichkeitsgerechtes Modell seines Wechselstromsystems zu bauen, mit dem er dessen Überlegenheit über das Gleichstromsystem in der Praxis belegen könnte. Dann würde es sicherlich kein Problem sein, das nötige Kapital aufzubringen.

Als er schließlich nach Paris zurückkehrte und im Büro seiner Gesellschaft um die Auszahlung der versprochenen Gelder bat, schickte man ihn von Pontius zu Pilatus. Um bei den fiktiven Namen zu bleiben, die Tesla hier später stets benutzte, muß sich die Sache etwa folgendermaßen abgespielt haben: Der Abteilungsleiter Mr. Smith, der Tesla die Aufträge erteilt hatte, behauptete nun, keinerlei Verfügungsgewalt über finanzielle Arrangements zu haben; dies läge einzig in der Hand seines Kollegen Mr. Brown. Mr. Brown räumte zwar ein, die Finanzen der Gesellschaft zu verwalten, fügte aber hinzu, er habe weder das Recht, Projekte in Auftrag zu geben, noch dürfe er Gelder ohne die Anweisung seines Vorgesetzten Mr. Jones auszahlen. Mr. Jones wiederum erklärte, daß derartige Dinge allein in den Händen seiner Abteilungsleiter lägen und daß er sich in deren Entscheidungen nicht einzumischen pflege. Nachdem Tesla diese unselige Runde durch die Büros mehrfach ohne Erfolg absolviert hatte, gab er enttäuscht auf. Er entschloß sich, dort weder sein

Angebot hinsichtlich des Wechselstromsystems zu erneuern, noch das Modell des Motors vorzuführen. Statt dessen kündigte er die Stellung umgehend.

Es steht vollkommen außer Frage, daß man Tesla für seine Leistungen eine Summe von etwa 25000 Dollar schuldete. Hätte die Firmenleitung ein wenig Instinkt bewiesen (oder auch nur eine Spur von Ehrgefühl besessen), so hätte sie sicherlich versucht, ihn wenigstens mit 5000 Dollar abzufinden. Auf solch einen Vorschlag wäre Tesla, der das Geld dringend brauchte, sicherlich eingegangen – wenn er ihm auch den üblen Nachgeschmack hinterlassen hätte, hier nicht zu knapp betrogen worden zu sein.

Mit einem solchen Vorschlag hätte die Continental Edison Company sich Tesla zweifellos auch weiterhin als Mitarbeiter sichern können. Auf diese Weise wäre ihr nicht nur der größte Erfinder der Welt erhalten geblieben, sie hätte auch den Verlust eines Angestellten vermieden, der sich bisher als ausgesprochen nützlich erwiesen hatte.

Wegen ein paar tausend Dollar hatte die Gesellschaft also einen Mann verloren, dessen Arbeit ihr alljährlich ein Vielfaches dieser Summe hätte einbringen können. Aber was weit schwerer wog: Sie hatte die Chance auf eine der bedeutendsten und profitabelsten Erfindungen verspielt, die auf dem Gebiet der Elektrizität je gemacht wurden.

Der Produktionsleiter Charles Batchellor, ein ehemaliger Assistent und enger persönlicher Freund Edisons, drängte Tesla jedoch, nach Amerika zu gehen und dort für Edison zu arbeiten. Dort würde man ihm ebenfalls die Möglichkeit bieten, Verbesserungen an den Generatoren und Motoren anzubringen. Tesla entschloß sich, dieser Empfehlung zu folgen. Bis auf wenige Stücke, auf die er nicht verzichten wollte, verkaufte er seine Bücher und sonstigen Habseligkeiten. Auf diese Weise bekam er ein knappes Reisegeld zusammen und erstand die Fahrkarten für Eisenbahn und Schiffspassage. Sein gesamtes Gepäck bestand aus einem schmalen Kleiderbündel und ein paar Sachen, die er in die Manteltaschen gestopft hatte.

Die letzten Stunden vor der Abreise waren ziemlich hektisch, und als er gerade den Zug besteigen wollte, vermißte er sein Kleiderbündel. Sofort griff er in das Jackett, um nachzusehen, ob die Brieftasche mit den Fahrkarten und seinem Geld wenigstens da wäre. Erschrocken mußte er feststellen, daß auch sie fehlte. Er hatte noch ein wenig Kleingeld in den Taschen. Wieviel genau, wußte er nicht, und jetzt hatte er auch nicht die Zeit, es nachzuzählen. Der Zug setzte sich langsam in Bewegung. Was sollte er tun? Verpaßte er den Zug, dann verpaßte er auch seinen Dampfer – aber ohne Fahrkarten konnte er ohnehin beides vergessen. Er lief neben dem anfahrenden Zug her und versuchte, einen Entschluß zu fassen. Dank seiner langen Beine konnte er zunächst gut mithalten, aber allmählich legte die Lokomotive an Tempo zu. Dann sprang er auf. Sein Kleingeld reichte gerade für den Fahrschein. Im Hafen versuchte er, den skeptisch dreinblickenden Vertretern der Schiffahrtsgesellschaft seine Misere begreiflich zu machen, und als bis zum Zeitpunkt der Abreise kein anderer Passagier auf den reservierten Platz Anspruch erhoben hatte, ließ man ihn schließlich an Bord.

Für einen Menschen von Teslas Ansprüchen war eine lange Schiffsreise ohne angemessene Kleidung kaum vorstellbar. Er hatte damit gerechnet, daß sich die Überfahrt angesichts seines knappen Gepäcks schon unbequem genug gestalten würde. Nun wurde sie vollends zur Mühsal. Und zu alledem gesellte sich noch die unangenehme Erinnerung an die jüngst erlittene Enttäuschung und Ablehnung.

Aber niemand auf dem Dampfer schien Notiz von ihm zu nehmen. Er erkundete das Schiff von Heck bis Bug und schloß bei dieser Gelegenheit Bekanntschaft mit einigen Besatzungsmitgliedern. Die Mannschaft war aufgebracht. Aus ähnlichen Gründen wie Tesla – er empfand Sympathie für die Männer, da man offenbar auch sie ungerecht behandelte. Die Unruhe unter der Mannschaft hatte einen Punkt erreicht, an dem schon der kleinste Funke eine gewaltige Explosion auslösen konnte. Als Tesla sich eines Tages gerade unter Deck in den Mannschaftsquartieren aufhielt, war es dann soweit. Es kam zu Handgreiflichkeiten. Der Kapitän, seine Offiziere sowie einige ihnen loyale Besatzungsmitglieder versuchten der Lage Herr zu werden, indem sie Belegnägel als Schlagstöcke einsetzten. Im Handumdrehen brach eine riesige Schlägerei los, bei der jeder auf jeden losging. Und Tesla steckte mittendrin.

Wäre er nicht jung, groß und kräftig gewesen, hätte seine zukünftige Laufbahn in diesem Augenblick ein abruptes Ende nehmen können. Aber die Länge seiner Arme stand in bestem Verhältnis zu seiner Körpergröße. Er konnte allein mit der Faust genausoweit auslangen wie seine Gegner mit ihren Belegnägeln; zudem überragte er sie um Haupteslänge und hatte einen besseren Überblick. Er schlug oft und hart zu, ohne zu wissen, wer genau hier Freund oder Feind war. Als die Schlacht vorüber war, war er jedenfalls noch auf den Beinen – was man von einer ganzen Anzahl der Besatzungsmitglieder nicht behaupten konnte. Den Offizieren war es zwar gelungen, eine Meuterei – denn so sahen sie die Sache – zu verhindern, aber auch sie hatten erhebliche Blessuren davongetragen. Immerhin war Tesla nun seiner Kleidungssorgen zumindest teilweise enthoben. Am Tisch des Kapitäns würde er mit Sicherheit nicht speisen dürfen.

Den Rest der Reise verbrachte er mit der Pflege seiner Wunden, schaute brütend dem Kielwasser des Dampfers nach und ärgerte sich, daß New York nicht schnell genug näher kam. Bald würde er im Land der unbegrenzten Möglichkeiten sein und den berühmten Mr. Edison kennenlernen. Er sollte früh genug erfahren, daß mit den unbegrenzten Möglichkeiten auch einige unangenehme Überraschungen auf ihn warteten.

4

Als Tesla im Sommer 1884 aus dem Gebäude der Einwanderungsbehörde in Castle Garden auf Manhattan trat, bestand sein gesamter Besitz aus vier Cent, einem Band selbstverfaßter Gedichte, ein paar technischen Aufsätzen, die er geschrieben hatte, Notizen zur Konstruktion einer Flugmaschine und einigen mathematischen Berechnungen zur Lösung einer extrem komplizierten Integralgleichung. Außerdem hatte er noch die Adresse eines Freundes und Batchellors Empfehlungsschreiben an Edison in der Tasche. In diesem Brief Batchellors hieß es: »Ich kenne zwei bedeutende Männer. Einer davon bist du – der andere dieser junge Mann hier.«

Mangels Fahrgeld mußte sich Tesla zu Fuß auf den weiten Weg zur Wohnung seines Freundes machen. Der erste Mensch, mit dem er sprach, war ein Polizist, bei dem er sich nach dem Weg erkundigte. Der Mann war ausgesprochen mürrisch, und die Art, in der er Auskunft gab, ließ Tesla abermals einen bevorstehenden Streit befürchten. Obwohl er die englische Sprache ausgezeichnet beherrschte, konnte er von dem Gemurmel des Polizisten kein Wort verstehen und zog in die Richtung los, die der Beamte ihm mit seinem Knüppel gewiesen hatte.

Während er darüber nachdachte, wie er von seinen vier Cent die Kosten für eine Mahlzeit und ein Bett bestreiten sollte, falls er seinen Freund nicht finden könnte, kam er zufällig an einer Werkstatt vorbei. Dort sah er einen Mann, der sich mit einer elektrischen Maschine abmühte, die ihm bekannt vorkam. Er trat ein, als der Mann angesichts einer scheinbar unmöglichen Reparatur gerade aufgeben wollte.

»Lassen Sie mich das erledigen«, sagte er. »Ich werde das schon in Ordnung bringen.« Ohne ein weiteres Wort zu verlieren machte er sich an die Arbeit. Der Fehler war nicht leicht zu finden, aber am Ende war die Maschine wieder funktionstüchtig.

»Sie sind genau der Mann, den ich für diese neumodischen Apparate brauche«, sagte der Werkstattbesitzer. »Suchen Sie vielleicht Arbeit?«

Tesla bedankte sich für das Angebot und erklärte, er befinde sich gerade auf dem Weg zu einer Arbeitsstelle. Daraufhin wollte der Mann ihm zwanzig Dollar in die Hand drücken. Tesla hatte die Angelegenheit lediglich als einen kleinen Gefallen betrachtet, für den er keinerlei Lohn erwarten konnte, aber der Mann bestand darauf, daß die Reparatur gut und gerne ihre zwanzig Dollar wert sei. Nie zuvor war Tesla ein unerwarteter Gewinn gelegener gekommen. Unterkunft und Verpflegung waren nun zumindest für die nächsten Tage gesichert. Mit Hilfe der Auskünfte von Passanten (diesmal fielen sie weit freundlicher aus) fand er die Wohnung seines Freundes und blieb als Übernachtungsgast dort. Am folgenden Morgen suchte er Edisons Hauptquartier in der South 5th Avenue (heute West Broadway) auf.

Dank Batchellors Empfehlungsschreiben wurde er problemlos zu Edison vorgelassen, den zu dieser Zeit gerade einige Fragen im Zusammenhang mit einem neuen Beleuchtungssystem samt Generator heftig in Anspruch nahmen. Der Generator befand sich mitten in der Stadt in der Pearl Street und sollte von dort aus ein relativ kleines Einzugsgebiet mit Strom versorgen.

Bei dieser ersten Begegnung machte Edison einen tiefen Eindruck auf Tesla. Er bewunderte ihn dafür, daß er als Mann von vergleichsweise geringer Bildung auf dem Gebiet der Elektrizität dermaßen viel bewirkt hatte. Tesla fragte sich, ob er selbst mit seiner umfangreichen Ausbildung nicht wertvolle Zeit vertan hatte. Wäre er vielleicht schon viel weiter, wenn er sich wie Edison von Anfang an der praktischen Arbeit gewidmet hätte? Er sollte jedoch schon nach wenigen Tagen begreifen, daß es sich bei seinen Universitätsjahren um eine weise Investition gehandelt hatte.

Edison war seinerseits weitaus weniger von Tesla angetan. Er war der Typ von Erfinder, der seine Resultate nach dem Verfahren von Versuch und Irrtum erzielte. Tesla hingegen dachte jedes Problem genau durch und hatte es bereits im Geiste gelöst, ehe er sich an die

»eigentliche Arbeit« begab. In technischer Hinsicht redeten die beiden Männer also in vollkommen verschiedenen Sprachen. Und was weit wichtiger war: Edison war ein unerschütterlicher Anhänger des Gleichstroms. In jenen Tagen führten die Meinungsverschiedenheiten zwischen den Vertretern der Gleichstrom- und der Wechselstromschule oft zu hitzigen Auseinandersetzungen. Die Diskussion nahm nicht selten den Charakter religiöser oder politischer Debatten an; die Verfechter der einen Richtung suchten die Verfechter der anderen Richtung jeweils für alle nur denkbaren unangenehmen Begleiterscheinungen verantwortlich zu machen. Als Tesla also Edison begeistert sein Mehrphasensystem erläuterte und die Ansicht äußerte, daß ein Wechselstromsystem die einzige praktikable Methode zur Licht- und Energieversorgung bilde, konnte der letztere nur lachen. Er selbst stützte sich ausschließlich auf den Gleichstrom und teilte Tesla unverblümt mit, daß er am Wechselstrom nicht im geringsten interessiert sei. Jede Beschäftigung mit diesem zukunftslosen Bereich sei reine Zeitvergeudung; außerdem sei der Wechselstrom im Gegensatz zum sicheren Gleichstrom nachgerade lebensgefährlich. Im Verlauf dieses Gesprächs konnte Tesla kein Bein auf den Boden bekommen. Es war gar schlichtweg unmöglich, Edison zu genauerem Zuhören zu bewegen. In technischer Hinsicht lagen eben Welten zwischen den beiden Männern.

Dies konnte jedoch nichts daran ändern, daß Tesla wegen Batchellors Hinweis auf die wertvolle Arbeit, die er in Europa an Edisons Gleichstrommaschinen geleistet hatte, ohne viel Aufhebens eingestellt wurde. Zunächst betraute man ihn mit kleineren Routinearbeiten; ein paar Wochen später fand er dann die Gelegenheit, seine Fähigkeiten zu zeigen. Edison hatte auf dem Dampfschiff *Oregon* – dem schnellsten und modernsten Passagierdampfer seiner Zeit – eine Lichtanlage eingebaut. Nachdem die Anlage einige Monate lang ihren Dienst getan hatte, waren beide Generatoren gleichzeitig ausgefallen. Es war unmöglich, sie auszubauen und durch neue Geräte zu ersetzen; die Reparaturen mußten an Bord ausgeführt werden. Aber außerhalb der fabrikeigenen Werkstatt – so hatte man Edison mitgeteilt – seinen die Reparaturarbeiten schlicht unmöglich. Das Schiff lag deshalb nun schon einige Tage über den planmäßigen Reisetermin hinaus im Hafen fest, und Edison geriet allmählich in eine äußerst unangenehme Lage.

Edison gab Tesla den Auftrag, doch einmal an Ort und Stelle nachzusehen, was hier getan werden könne. Am frühen Nachmittag versah sich Tesla mit den aller Wahrscheinlichkeit nach benötigten Werkzeugen und begab sich an Bord der *Oregon*. Er stellte fest, daß einige der Ankerwicklungen infolge von Kurzschlüssen durchgebrannt waren und daß die Verkabelung der Geräte auch sonst diverse blanke Stellen aufwies.

Mit Unterstützung der Schiffsmaschinisten machte er sich an die Arbeit; die Reparaturen dauerten bis weit in die Nacht hinein, und um vier Uhr morgens funktionierten beide Generatoren so gut wie am ersten Tag. Als er eine Stunde später wieder in der Werkstatt in der Fifth Avenue eintraf, konnte er im Licht des frühen Morgens erkennen, wie eine Gruppe von Männern gerade das Gebäude verließ. Es handelte sich um Edison, den inzwischen aus Paris zurückgekehrten Batchellor und ein paar weitere Angestellte, die gleichfalls die Nacht durchgearbeitet hatten und sich jetzt auf dem Heimweg befanden.

»Ah, unser Pariser Freund macht einen Streifzug durchs Nachtleben«, bemerkte Edison.

»Ich komme gerade von der *Oregon* zurück«, entgegnete Tesla. »Beide Generatoren laufen wieder.«

Edison schüttelte verwundert den Kopf und wandte sich wortlos um. Dann hörte Tesla ihn zu Batchellor sagen: »Batchellor, da hast du mir einen verdammt guten Mann geschickt.«

Nach diesem Ereignis stieg Tesla in der Hierarchie der Edison-Mitarbeiter um einige Stufen auf und wurde fortan häufiger mit Entwicklungsaufgaben und der Lösung vertrackter Probleme betraut. Die Arbeit interessierte ihn, und er verbrachte täglich über achtzehn Stunden in der Werkstatt; selbst an Sonntagen war er von halb elf am

Vormittag bis um fünf am folgenden Morgen dort zu finden. Edison bemerkte Teslas Fleiß, nahm ihn beiseite und sagte: »Ich hatte schon jede Menge hart arbeitender Assistenten; aber Sie stellen wirklich alle in den Schatten.« Tesla hatte eine ganze Reihe von Möglichkeiten herausgefunden, mit denen sich der Wirkungsgrad der Generatoren erhöhen ließ. Er erläuterte Edison seine Vorschläge und betonte dabei ausdrücklich, daß sie bei höherer Energieausbeute zu geringeren Betriebskosten führen würden. Diesen Nutzen begriff Edison sofort, und er sagte: »Wenn Sie das wirklich schaffen, könnten dabei glatt fünfzigtausend Dollar für Sie rausspringen.«

In den folgenden Monaten entwickelte er vierundzwanzig Generatortypen, bei denen er die damals üblichen Feldmagneten mit langen Spulenkernen durch die wesentlich effektivere kurzspulige Bauweise ersetzte; zudem versah er die Geräte mit einigen automatischen Kontrollvorrichtungen, die sogleich patentiert wurden. Als die Arbeiten abgeschlossen waren und einige der neuen Maschinen in Versuchen alle Erwartungen erfüllt hatten, bat er um seine fünfzigtausend Dollar. Edison erwiderte ihm nur: »Tesla, ich sehe schon, daß Sie unseren amerikanischen Humor noch nicht so recht verstehen.« Tesla war schockiert. Was er für ein ernstgemeintes Versprechen gehalten hatte, sollte also nur ein derber Scherz gewesen sein. Für die Entwicklungsarbeit und die unzähligen Überstunden sah er keinen Penny. Man zahlte ihm lediglich den ohnehin nicht großzügig bemessenen Wochenlohn. Tesla kündigte auf der Stelle. Das war im Frühjahr 1885.

Im Verlauf des knappen Jahres, das er für Edison gearbeitet hatte, hatte sich Tesla in den einschlägigen Kreisen einen ausgezeichneten Ruf erworben. Man bot ihm sofort ein lukratives Geschäft an; eine Gruppe von Geldgebern wollte unter seinem Namen eine Gesellschaft gründen. Es sah ganz so aus, als würde sich hier endlich die Chance für das Wechselstromsystem bieten, und Tesla schlug ein. Aber als er seine Wechselstrompläne vorbrachte, zeigten die Geldgeber sich wenig interessiert. Er sollte für sie einen zweckmäßigeren

Typus der Bogenlampe entwickeln, der zur Beleuchtung von Straßen und Fabrikhallen geeignet war. Binnen Jahresfrist war die gewünschte Lampe fertig; Tesla sicherte sich einige Patente auf die Erfindung, und die Produktion konnte beginnen.

In technischer Hinsicht hatte sich das Unternehmen als ein voller Erfolg erwiesen, aber was die Finanzen anging, mußte Tesla hier abermals einige schmerzhafte Erfahrungen machen. Während der Entwicklungsphase hatte man ihm ein vergleichsweise geringes Gehalt gezahlt; seinem Vertrag zufolge sollte er danach hauptsächlich in Form von Aktienanteilen entlohnt werden. Er erhielt auch tatsächlich einen beeindruckend anzuschauenden Anteilsschein – um anschließend festzustellen, daß man ihn nicht nur auf eine für ihn undurchschaubare Weise sämtlicher Rechte an der Gesellschaft enthoben hatte, sondern auch obendrein noch seinen Ruf als Erfinder und Ingenieur übel beleumdete. Als er seine Anteile zu Bargeld machen wollte, mußte er lernen, daß die Aktien neugegründeter Unternehmen nur einen geringen Marktwert besitzen. Gegen die Finanzleute der alten wie der neuen Welt hegte er fortan tiefes Mißtrauen.

Was nun folgte, war der wohl unerfreulichste Abschnitt in Teslas Leben. Ohne festes Einkommen war er vom Frühjahr 1886 bis zum Frühjahr 1887 dazu gezwungen, sich als Tagelöhner zu verdingen. »Ich mußte«, so sagte er »ein Jahr bitterer Tränen durchleben. Zu all meinen Enttäuschungen kam nun noch die materielle Armut hinzu.« Die Lage auf dem Arbeitsmarkt war zu jener Zeit äußerst schlecht. Ein offenes Ohr für sein Wechselstrom-Projekt konnte Tesla nirgendwo finden; außerdem mußte er nun noch hart dafür kämpfen, sich wenigstens Brot und Unterkunft leisten zu können. Von den Hungerlöhnen, die man ihm zahlte, war selbst der einfachste Lebensunterhalt kaum zu bestreiten. In späteren Jahren sollte Tesla nie über diesen Lebensabschnitt sprechen. Die Erfahrungen dürften dermaßen unangenehm gewesen sein, daß er sie gänzlich aus seiner Erinnerung verbannt hatte. Er führte kleinere elektrische Reparaturarbeiten durch und hob sogar für zwei Dollar am Tag Gräben aus. Die persönliche Erniedrigung durch solche Arbeiten kam ihn dabei weniger hart an als der Umstand, daß er hier seine Fähigkeiten nutzlos verschleudern mußte. Seine gesamte Studienzeit – so sagte er – sei ihm damals wie ein schlechter Witz erschienen.

Als er zu Anfang des Jahres 1887 im Straßenbau arbeitete, erregte er die Aufmerksamkeit seines Bauführers, der gegen seine üblichen Gepflogenheiten unter dem Druck äußerer Umstände selbst zur Schaufel greifen mußte. Tesla berichtete dem Mann von seinen Erfindungen und seinen großen Hoffnungen für das Wechselstromsystem und beeindruckte ihn damit tief. Über diesen Bauleiter – so sagte Tesla – habe er A. K. Brown von der Western Union Telegraph Company kennengelernt, der sich für das Projekt interessierte und mit Unterstützung eines Freundes das nötige Geld aufbrachte.

Diese beiden Männer standen als Organisatoren und Geldgeber hinter der Tesla Electric Company, die im April 1887 in der South Fifth Avenue 33–55, unweit der Bleecker Street und der Werkstatt Edisons, ein Laboratorium eröffnete. Edison hatte Teslas Wechselstromprojekt unwirsch abgewiesen, und nun machte ihm Tesla in seiner unmittelbaren Nachbarschaft mit einem eigenen Labor Konkurrenz. Auf engstem Raum sollte sich hier die große Schlacht der Elektroindustrie über die Frage der zukünftigen Stromversorgung abspielen. Edison, zu jener Zeit bereits ein berühmter Mann, war ein überzeugter Verfechter des Gleichstroms. Er betrieb nicht nur in verschiedenen Städten seine Gleichstromgeneratoren, sondern hatte mit J. P. Morgan auch einen finanzstarken Geldgeber hinter sich. Zudem war der Gleichstrom in technischer Hinsicht weitaus weniger komplex als Teslas Wechselstromsystem. Aber gerade diese Komplexität – hier war Tesla sich vollkommen sicher – verbürgte dessen unbegrenzte Einsatzmöglichkeiten.

Teslas schlimme Zeit war vorüber. Aber er sollte bald erfahren, daß nicht allein technische Fakten über Ablehnung oder Annahme des Wechselstromsystems entschieden, sondern vielmehr finanzielle Erwägungen, Gefühle und Vorurteile. Dem menschlichen Faktor kam hier eine weit wichtigere Rolle zu als der wissenschaftlichen Wahrheit. Gleichwohl sollte Tesla doch bald einige seiner größten Hoffnungen und Träume verwirklicht sehen; seinen Anstrengungen sollte der allergrößte Erfolg beschieden sein.

Da er nun endlich angemessene Arbeitsbedingungen vorfand, schoß Teslas Genie wie ein Meteor durch den Himmel der Elektrizität. Sobald die Tesla Electric Company ihre Pforten geöffnet hatte, begab er sich an die Entwicklung einer Vielzahl dynamoelektrischer Geräte. Mit Berechnungen oder dem Anfertigen von Blaupausen mußte er seine Zeit nicht vertun. Jedes noch so kleine Detail eines jeden Apparates stand ihm klar und deutlich vor Augen. So war er in der Lage, innerhalb kürzester Zeit die Geräte anzufertigen, anhand derer er die Prinzipien seines mehrphasigen Wechselstromsystems demonstrieren konnte. Das Modell des Induktionsmotors, das er seinerzeit in Straßburg gebaut hatte, hatte die Richtigkeit seiner Annahmen zur Genüge belegt.

Nun führte er in dem neuen Labor all die Apparate aus, die er schon in Budapest während der zwei Monate nach seiner bemerkenswerten Entdeckung des rotierenden Magnetfeldes entworfen hatte. Er nahm – so sagte er – an den Maschinen, die er damals im Geiste konstruiert hatte, nun nicht die geringste Veränderung vor. Als die Geräte fertiggestellt waren, erwiesen sie sich ohne Ausnahme als funktionstüchtig. Seit er die ersten Pläne entworfen hatte, waren inzwischen fünf Jahre vergangen. Während dieser Zeit hatte Tesla auch nicht eine Zeichnung zu Papier gebracht. Sein Erinnerungsvermögen war so enorm, daß er die Apparate allesamt aus dem Kopf nachbauen konnte.

Mit größtmöglicher Geschwindigkeit stellte Tesla nun drei vollständige Gerätegruppen her – jeweils eine für ein-, zwei- und dreiphasigen Wechselstrom – und unternahm nebenher noch Versuche mit vier- und sechsphasigen Systemen. Jede dieser drei Gerätegruppen bestand aus den Generatoren zur Erzeugung des jeweiligen

Stromtypus, den Transformatoren zur Verminderung und Vermehrung der Spannung, verschiedenen Vorrichtungen zur automatischen Regelung der Maschinen sowie den Motoren, die den Strom wieder in Bewegungsenergie umsetzten. Außerdem entwickelte er Verfahren, mit denen sich die drei Systeme untereinander verbinden ließen, und brachte einige Veränderungen an, durch die er die Vielfalt der Nutzungsmöglichkeiten noch wesentlich vergrößerte. Wenige Monate nach der Eröffnung des Laboratoriums konnte er Professor W. A. Anthony von der Cornell University zu einem Test der Geräte einladen. Anthony berichtete anschließend, der Wirkungsgrad der Wechselstrommotoren entspräche dem der besten Gleichstrommotoren.

Tesla hatte nicht nur die Maschinen gebaut, die er zuvor vor seinem geistigen Auge gesehen hatte, er hatte auch die ihnen zugrundeliegende mathematische Theorie entwickelt. Diese Prinzipien sind so fundamental, daß sie nicht allein für Geräte gelten, die mit dem in Amerika üblichen 60-Hertz-Wechselstrom betrieben werden – sie betreffen die gesamte Bandbreite hoch- und niederfrequenter Ströme. Bei Edisons Gleichstrom hatten sich Versuche, die Energie mit einer höheren Spannung als 220 Volt zu übertragen, als unzweckmäßig erwiesen; beim Wechselstrom war es nun möglich, Ströme von mehreren tausend Volt zu erzeugen und in die Fernleitungen einzuspeisen. Derartige Hochspannungen, die erst beim Endverbraucher wieder heruntertransformiert wurden, ließen sich wesentlich wirtschaftlicher übertragen.

Tesla bemühte sich, sein gesamtes System aus Generatoren, Leitungen und Motoren unter einem einzigen Patent zusammenzufassen. Seine Patentanwälte Duncan, Curtis & Page reichten den Antrag am 12. Oktober 1887 – sechs Monate nach der Eröffnung des Laboratoriums und fünfeinhalb Jahre, nachdem Tesla das Prinzip des rotierenden Magnetfeldes entdeckt hatte – bei der zuständigen Behörde ein.

Das Patentamt weigerte sich jedoch, eine derartig »umfassende

Anwendung« anzuerkennen und bestand darauf, das es sich hier um sieben getrennte Erfindungen handele, für die jeweils mehrere Einzelpatente zu vergeben seien. Zwei Gruppen dieser Einzelpatente wurden dann am 30. November und am 23. Dezember eingereicht. Dabei handelte es sich um derartig eigenständige Erfindungen auf dem noch jungfräulichen Gebiet der Elektrizität, daß das Patentamt die Rechte ohne weitere Probleme innerhalb von sechs Monaten offiziell anerkannte.*

Nachdem man Tesla diese grundlegenden Patente erteilt hatte, stand der noch weitgehend unbekannte Erfinder plötzlich im Mittelpunkt des Interesses der Ingenieurszunft. Die Bedeutung seiner epochalen Entdeckungen sprach sich schnell herum, und so wurde er am 16. Mai 1888 vom American Institute of Electrical Engineers zu einem Vortrag eingeladen; man betrachtete Tesla nun endgültig und offiziell als »anerkannt«. Tesla nahm die Einladung an und widmete sich von ganzem Herzen der Vorbereitung des Vortrages, mit dem er – da war er sicher – die Fachwelt von der Überlegenheit seines umfassenden Wechselstromsystems über den Gleichstrom überzeugen würde.

Der Vortrag avancierte zu einem Klassiker auf dem Gebiet der Elektrotechnik. Tesla erläuterte darin die Theorie des Wechselstroms sowie dessen vielfältige Anwendungsmöglichkeiten – er stellte die Grundlagen vor, auf denen nahezu das gesamte Stromnetz unseres Landes entstehen sollte. Seit jenen Tagen hat es auf dem Gebiet der Elektrotechnik keine Neuentwicklung gegeben, die sich auch

* Die Patentnummern lauten 381,968; 381,969; 381,970; 382,279; 382,280; 382,281 und 382,282; sie betreffen seine Ein- und Mehrphasenmotoren, das Übertragungssystem und die Mehrphasentransformatoren. Im April 1888 beantragte er fünf weitere Patente zur drei- und vieradrigen Übertragung vierphasiger Wechselströme, die gleichfalls erteilt wurden; sie erhielten die Patentnummern 390,413; 390,414; 390,415; 390,721 und 390,820. Im Laufe dieses Jahres wurden ihm außerdem noch achtzehn weitere Patente erteilt; sie tragen die Nummern 401,520; 405,858; 405,859; 416,191; 415,192; 416,193; 416,194; 416,195; 418,248; 424,036; 433,700; 433,701; 433,702; 433,703; 445,207; 445,067; 459,772 und 464,666.

nur annähernd mit der Großartigkeit von Teslas Leistung messen könnte.

Mit seinem Vortrag und den Erfindungen und Entdeckungen, die darin zur Sprache kamen, war Tesla in den Augen der Fachwelt zum hochrangigsten Erfinder auf diesem Gebiet, zum Vater des Wechselstroms aufgestiegen.

Es ist kaum vorstellbar, welch ein ungeheurer Entwicklungsschub in jenen wenigen Monaten aus Teslas Laboratorium hervorgegangen war. Tesla hatte eine wahre Flutwelle von Neuerungen angeregt und das Land damit an die Pforte eines Zeitalters gebracht, das in größtem Umfang von der Elektrizität Gebrauch machen sollte. Es dauerte freilich noch einige Jahre, bis sich die entsprechenden wirtschaftlichen Grundlagen herausgebildet hatten. Die Fachwelt blickte begeistert, befremdet und bestürzt auf die Erfindungen, die ihr da in schneller Folge aus Teslas Labor zuflossen; sie empfand nichts als Bewunderung für das überströmende Genie, das hier in ihren Reihen emporgewachsen war.

Teslas System zur Energieübertragung bediente sich der Hochspannungstechnik; die Kraftwerke, die bislang nur einen Wirkungsradius von höchstens einer halben Meile hatten, waren damit von den Fesseln überregionaler Bedeutungslosigkeit befreit. Der Wechselstrom, mit dem Tesla seine Motoren antrieb, ließ sich vermittels der zwei- und dreiphasigen Leitungssysteme, die er gleichfalls entwickelt hatte, auf höchst wirtschaftliche Weise über Hunderte von Meilen übertragen.

Wir können die enorme Bedeutung dieser Entwicklung für eine flächendeckende Stromversorgung weit besser verstehen, wenn wir einen Blick auf die Probleme werfen, mit denen Edison bei seinem Gleichstromsystem zu kämpfen hatte. Dort wurde der Strom von relativ kleinen Generatoren erzeugt und den Kunden über unterirdisch verlegte Kupferkabel ins Haus geliefert. Ein Teil des Stroms, den man im Kraftwerk in die Leitungen einspeiste, kam allerdings gar nicht erst beim Kunden an, sondern ging wegen des Leitungswiderstandes in Form unerwünschter Wärmeenergie verloren.

Die elektrische Energie ist stets durch zwei Werte bestimmt: durch die Stromstärke (die Elektrizitätsmenge), die wir in Ampere messen, und ihre Spannung (sozusagen der »Druck«, mit dem der Strom fließt), wir messen sie in Volt. Der durch den Leitungswiderstand auftretende Verlust ist nun unabhängig von der Spannung. Von jedem Ampere geht gleich viel verloren – egal, ob es mit einer Spannung von 100, 1000 oder 100000 Volt durch die Leitung fließt.[9] Wenn die Stromstärke eine feste Größe bildet, läßt sich die Gesamtmenge der zu übertragenden Energie also nur über die Spannung beeinflussen. Anders ausgedrückt: Wenn wir einen Strom von einem Ampere mit einer Spannung von 100000 Volt übertragen, ist die Strommenge 100000 mal größer, als wenn wir den gleichen Strom mit einer Spannung von nur einem Volt übertragen würden.

Dieser Effekt kommt zustande, weil der Wärmeverlust durch den Leitungswiderstand mit dem Quadrat der Stromstärke ansteigt – der doppelte Amperewert läßt ihn auf das Vierfache, der dreifache Amperewert auf das Neunfache, der vierfache Amperewert auf das Sechzehnfache steigen. Damit sind der Stromstärke, die wir übertragen können, natürlich deutliche Grenzen gesetzt; große Stromstärken würden nicht nur zu erheblichen Verlusten führen, sondern das gesamte Kabelsystem zum Glühen bringen.

Der Wärmeverlust führt allerdings auch zu einem leichten Spannungsabfall. Bei den von Edison verwendeten Gleichstromsystemen wurde dieser Spannungsabfall empfindlich spürbar; auf einer Leitungslänge von etwa einer halben Meile gingen ungefähr 30 Volt verloren. Man versuchte dies einigermaßen auszugleichen, indem man statt der standardmäßigen 110 Volt im Kraftwerk 120 Volt in die Leitungen einspeiste. Wer in der Nähe des Kraftwerks wohnte, hatte es

[9] Dies ist genau der Sachverhalt, den wir als Ohmsches Gesetz kennen. Bezeichnet man die Spannung mit U, die Stromstärke mit I, dann ist das Verhältnis $U/I = R$ der Widerstand des stromführenden Leiters, der von der Spannung unabhängig ist.

nun ständig mit Überspannungen zu tun, während die Kundschaft in einer halben Meile Entfernung lediglich mit 90 Volt versorgt wurde. Edisons erste Kohlefadenlampen waren für eine Spannung von 110 Volt ausgelegt und zeigten hier schon nicht den allerbesten Wirkungsgrad. Wurden sie lediglich mit 90 Volt versorgt, so war die Lichtausbeute natürlich alles andere als zufriedenstellend.

Diese Situation führte dazu, daß die Kraftwerke nur ein jeweils recht begrenztes Gebiet versorgen konnten. Das typische Edison-Kraftwerk hatte einen Wirkungsradius von etwa einer halben Meile. Zur flächendeckenden Stromversorgung einer größeren Stadt wäre es also notwendig gewesen, auf jeder Quadratmeile des Stadtgebietes ein eigenes Kraftwerk zu errichten; wollte man halbwegs befriedigende Ergebnisse erzielen, so hätte dieses Netz sogar wesentlich dichter ausfallen müssen. Außerhalb von Städten sah es selbstverständlich noch weitaus problematischer aus. Es war abzusehen, daß die Elektrizität sich angesichts dieser Lage nur mit Mühe zur universellen Energiequelle entwickeln konnte.

Teslas Wechselstromsystem – das Edison so vehement abgelehnt hatte – erlöste die Elektrizität aus dieser mißlichen Situation. Und dies nicht nur, weil seine Wechselstrommotoren eheblich unkomplizierter und flexibler waren. Mit seinen Transformatoren – einfachen Geräten, die aus zwei Drahtwicklungen auf einem gemeinsamen Eisenkern bestanden – ließ sich die von den Generatoren produzierte Elektrizität zunächst in einen Strom von hoher Spannung und geringer Stärke, bei den Endverbrauchern dann wieder in einen Strom von geringerer Spannung und größerer Stärke umwandeln. Die Gesamtmenge der Energie blieb dabei von dem Herauf- und Heruntertransformieren weitgehend unbeeinflußt.

Kupferkabel von mehreren Meilen Länge sind eine kostspielige Angelegenheit. Mit dem Kabelquerschnitt liegt zugleich auch die Energiemenge fest, die man durch das Kabel leiten kann. Edisons Gleichstromsystem bot keine praktisch verwertbare Möglichkeit, den Strom mit Hilfe von Transformatoren umzuwandeln. Man war auf die einmal gewählte Spannung festgelegt; und wenn hinsichtlich der Stromstärke die Leistungsgrenze der Kabel erreicht war, ließ sich das System nicht mehr erweitern.

Bei Teslas Verfahren hingegen konnte die übertragene Energiemenge wesentlich vergrößert werden, indem man die Stromspannung hochtransformierte, mit der Stromstärke jedoch unterhalb der Leistungsgrenzen des Kabels blieb. Mit Teslas Mehrphasen-Wechselstromsystem ließ sich also ungleich mehr Energie übertragen als mit dem von Edison bevorzugten Gleichstrom.

Damit war endlich eine Situation gegeben, in der die Entfernung zwischen Kraftwerk und Kunden im Prinzip keine Rolle mehr spielte. Es war nun möglich, Kohlenkraftwerke in unmittelbarer Nachbarschaft der Zechen zu errichten und den Strom auch über große Entfernungen sehr kostengünstig zu den Endverbrauchern zu bringen; man konnte nun Wasserkraftwerke bauen, auch wenn die Energiequellen weit außerhalb einer Stadt lagen.

Tesla hatte die Riesenkräfte der Elektrizität vom Schürzenzipfel der Kraftwerke entbunden und ihnen geographische Freiheit geschenkt. Nun konnten sie über unermeßliche Weiten hinweg ihre Wunder wirken. Er hatte die Fundamente zu unserer flächendeckenden Stromversorgung und unseren Hochspannungsleitungen gelegt. Was er geschaffen hatte, war in wirtschaftlicher Hinsicht reines Dynamit. Es fehlte nur noch der Mann, der Feuer an die Lunte legen würde.

5

Seit seinem spektakulären New Yorker Vortrag vor dem American Institute of Electrical Engineers stand Tesla weltweit im Mittelpunkt des Interesses seiner Zunft. Niemand hegte den leisesten Zweifel, daß diese Erkenntnisse eine neue Epoche der Elektrizität anbrechen, eine neue Industrie entstehen lassen würden. Aber wie sollte das geschehen? Bislang gab es nur wenige Produzenten, die einen Vorteil daraus schöpfen konnten. Teslas Erfindungen glichen einem zehnpfündigen Diamanten: kein Mensch bezweifelte seinen Wert; aber wer war schon in der Lage, soviel Geld aufzubringen?

Bis zu diesem Zeitpunkt hatte Tesla noch nicht darüber nachgedacht, wie sein System kommerziell zu nutzen wäre. Er steckte mitten in einer Phase experimenteller Arbeiten, die längst noch nicht abgeschlossen war. Bevor er sich den kommerziellen Aspekten seiner Erfindungen widmen wollte, wollte er diese Arbeiten erst zu Ende gebracht haben. Er ging davon aus, daß kein Weg an der Gründung einer eigenen Generatoren-, Motoren- und Transformatorenfabrik vorbeiführen würde. Aber eine solche Fabrik würde seine ganze Aufmerksamkeit in Anspruch nehmen und ihn an der Fortführung der ursprünglichen experimentellen Arbeit hindern, die ihn so sehr faszinierte und die er keinesfalls unterbrechen wollte. Soweit es nach ihm ging, konnte die Vermarktung der Erfindungen getrost verschoben werden – zumindest solange die Finanzierung seiner derzeitigen Arbeit gesichert war.

George Westinghouse, der Leiter der Westinghouse Electric Company in Pittsburgh, war ein Mann mit Visionen. Auch er hatte sich als Erfinder zahlreicher elektrischer Geräte hervorgetan; mit seiner pneumatischen Bremse für Züge hatte er sogar einige Berühmtheit erlangt. Und er war ein Mann, der wußte, wie er seine eigenen Erfindungen zu Geld machen konnte. Als er von Teslas Entdeckungen erfuhr, begriff er sofort, welche kommerziellen Möglichkeiten in der haushohen Überlegenheit des Wechselstroms lagen. Er war eben ein praktisch denkender Geschäftsmann, und als solcher hatte er sich stets die Wahl zwischen den Systemen offengehalten.

Edison dagegen, der Leiter der Edison General Electric Company, war hier äußerst festgelegt. Seine eigentliche Erfindung war die Glühlampe gewesen. Nachdem er diese Erfindung bis zur Produktionsreife weiterentwickelt hatte, mußte er einen Weg finden, sie auch kommerziell zu nutzen. Wenn er den Leuten Glühlampen verkaufen wollte, mußte er sie auch mit dem notwendigen Strom beliefern. Aus diesem Grunde hatte er sich daran gemacht, Kraftwerke zu bauen und Versorgungssysteme einzurichten. Mittlerweile war noch ein weiterer Lampentyp auf dem Markt – die Bogenlampe –, an dem er aber nur ein geringes Interesse zeigte. Die Edison-Kraftwerke lieferten durchweg Gleichstrom mit niederer Spannung. Bei den damals gebräuchlichen Elektromotoren handelte es sich ebenfalls um Gleichstrommodelle, und kaum ein technisch bewanderter Mensch hielt es für möglich, daß es jemals Wechselstrommotoren geben könne. Nach Edisons Ansicht wies deshalb das Gleichstromsystem eine ganze Reihe höchst praktischer Vorzüge auf.

Westinghouse hatte niemals ein bestimmtes Lieblingsprojekt gepflegt und war deswegen auch nicht darauf angewiesen, sich zu dessen Förderung ausschließlich auf ein System zu stützen. Als er von Teslas Wechselstromsystem erfuhr, war er deshalb in der Lage, vorurteilsfrei und objektiv darüber nachzudenken. Einen Monat nach Teslas Vortrag hatte er seinen Entschluß gefaßt. Er bat Tesla in einem knappen Brief um ein Treffen in dessen Labor.

Die beiden Erfinder waren sich nie zuvor begegnet, aber beiden waren die Arbeiten ihres jeweiligen Gegenübers durchaus vertraut. Der 1846 geborene Westinghouse war zehn Jahre älter als Tesla. Von gedrungener Gestalt, beleibt und bärtig, war er dafür bekannt, seine Geschäfte mit einer an Taktlosigkeit grenzenden Direktheit zu regeln. Der zweiunddreißigjährige Tesla hingegen war hochaufgeschossen, schlank und von dunklem Typ; ein gutaussehender Mann mit weltmännischem Betragen. Als die beiden sich in Teslas Laboratorium gegenüberstanden, hätte man sich kaum größere Gegensätze denken können; aber beiden waren drei Dinge gemein: sie waren Erfinder, sie waren Ingenieure, und sie liebten die Elektrizität. In Teslas Laboratorium gab es Generatoren, Transformatoren und Motoren, anhand derer er seine Entdeckungen unter Betriebsbedingungen erläutern konnte. In solch einer Umgebung mußte Westinghouse sich sofort heimisch fühlen. Es dauerte nicht lange, und er hatte eine sehr hohe Meinung von Tesla und dessen Erfindungen.

Westinghouse war von ihm so angetan, daß er keine Zeit verlieren wollte. Was nun geschah, hat Tesla dem Autor persönlich berichtet:

»Ich biete Ihnen eine Million Dollar für die Wechselstrompatente und eine Gewinnbeteiligung obendrein«, schlug Westinghouse dem verblüfften Tesla vor. Der wäre zwar beinahe vor Überraschung umgefallen, aber seine weltmännischen Manieren ließen ihn die Ruhe bewahren.

»Wenn Sie mir für jede verkaufte Pferdestärke einen Dollar zahlen, bin ich einverstanden«, entgegnete er.

»Eine Million Dollar in bar, pro Pferdestärke einen Dollar Gewinnbeteiligung«, wiederholte Westinghouse.

»Das klingt durchaus annehmbar«, sagte Tesla.

»Gemacht und Hand drauf.« Westinghouse besiegelte das Geschäft. »In ein paar Tagen erhalten Sie den Scheck und den Vertrag.«

Hier waren zwei bedeutende Männer aneinandergeraten, die gleichermaßen Zukunftsvisionen größten Ausmaßes hatten und einander vollkommen vertrauten. Anders ist es nicht zu erklären, daß sie einen derartigen Handel ohne die übliche Feilscherei um Detailfragen abschließen konnten.

Es ging hier zweifellos um die größte Summe, die in jener Zeit jemals für eine Erfindung gezahlt worden war. Aber während Tesla stets dazu neigte, das vollständige System des mehrphasigen Wechselstoms als eine einzige Erfindung zu betrachten, hatte er Westinghouse doch die Rechte an zwanzig bereits erteilten Patenten verkauft, denen noch weitere zwanzig Patente folgen sollten. Mit den insgesamt vierzig Patenten, die der Vertrag umfaßte – und jedes davon war grundlegender Natur – hatte Westinghouse also nur 25000 Dollar pro Patent zahlen müssen. Er hatte en gros eingekauft und dabei ein gutes Geschäft gemacht.

Außerdem traf Westinghouse mit Tesla die Vereinbarung, daß dieser »gegen ein hohes Gehalt« für ein Jahr nach Pittsburgh kommen und ihn als technischer Berater bei der Vermarktung der Wechselstromanwendungen unterstützen sollte. Durch das großzügige Angebot des Industriemagnaten und den Verkauf der Patente war Tesla aller Sorgen um die wirtschaftliche Nutzung seiner Erfindungen enthoben. Da er nun keine eigene Firma zu gründen brauchte, deren Leitung einen bedeutenden Teil seiner Zeit in Anspruch nehmen würde, konnte er es sich leisten, dem Projekt dieses eine Jahr zu opfern.

Die wunderbar funktionierenden Geräte, die Tesla Westinghouse im Laboratorium vorgeführt hatte, waren für einen Wechselstrom von 60 Hertz ausgelegt. Bei seinen Forschungen war er darauf gestoßen, daß sich mit dieser Frequenz der höchste Wirkungsgrad erreichen ließ. Bei höheren Frequenzen konnten die Geräte zwar etwas leichter gebaut werden, dafür traten aber einige Konstruktionsprobleme auf, und was man an ohnehin billigem Eisen einsparen konnte, wurde durch den geringeren Wirkungsgrad wieder zunichte gemacht. Bei niedrigeren Frequenzen nahm der Materialbedarf dermaßen zu, daß die Geräte trotz des höheren Wirkungsgrades einfach zu plump ausfielen.

Tesla ging also nach Pittsburgh und hoffte, alle anstehenden Probleme innerhalb eines Jahres lösen zu können. Hier traf er allerdings auf Ingenieure, die es gewohnt waren, unter den Bedingungen der Massenproduktion zu arbeiten und nun eine ganze Reihe von Anforderungen an die Konstruktion des neuen Motors stellten: Zum ersten sollte er ruhig und zuverlässig laufen, zum zweiten wirtschaftlich zu betreiben sein, zum dritten mit möglichst geringem Materialaufwand gebaut werden können, zum vierten möglichst einfach herzustellen sein. Mit diesen und weiteren Problemen hatte sich zwar auch Tesla schon auseinandergesetzt, aber er hatte ihnen nicht die gleiche Bedeutung beigemessen wie die Westinghouse-Ingenieure. Außerdem beharrte er unerbittlich auf dem 60-Hertz-Wechselstrom, während die Ingenieure, die Erfahrungen mit Wechselströmen von 133 Hertz hatten, sich nicht sicher waren, ob die niedrigere Stromfrequenz für den neuen Motor wirklich besser geeignet wäre. Es kam jedenfalls zu einigen Auseinandersetzungen zwischen dem in erster Linie an grundlegenden Prinzipien interessierten Erfinder und den Technikern, die das Problem eher vom praktischen Gesichtspunkt der Konstruktion aus betrachteten. Ganz besondere Schwierigkeiten bereitete ihnen die Aufgabe, einen möglichst kleinen Motor für den Betrieb mit einphasigem Wechselstrom herzustellen. Bei der Konstruktion dieses Gerätes mußte man einige Kunstgriffe anwenden, mit deren Hilfe auch bei einphasigem Strom einige wesentliche Charakteristika zweiphasiger Ströme erzeugt werden konnten.

Unter derartigen Arbeitsbedingungen fühlte Tesla sich ausgesprochen unwohl. Er verließ Pittsburgh in dem Gefühl, daß man seinen Rat hier nicht annehmen wollte. Westinghouse hingegen verließ sich fest darauf, daß die Situation sich schon von selbst klären würde, und versuchte ihn zum Bleiben zu überreden. Viele Jahre berichtete Tesla, er habe ihm bei dieser Gelegenheit ein Jahresgehalt von 24000 Dollar, eine Drittelbeteiligung am Nettogewinn seiner Firma und ein eigenes Laboratorium angeboten, wenn er bleiben und die Entwicklung seines Systems auch weiterhin leiten würde. Aber Tesla war inzwischen zum wohlhabenden Mann geworden und brannte darauf, seine ursprüngliche Forschungsarbeit wieder aufzunehmen. Er lehnte das Angebot ab.

Die Entwicklungsarbeiten nahmen auch ohne Tesla ihren Fortgang, und bald lagen für alle Typen und Größen von Generatoren und Motoren Konstruktionszeichnungen vor. Die Produktion konnte beginnen. Tesla war höchst zufrieden, daß man seinen 60-Hertz-Standard übernommen hatte, obwohl sich gezeigt hatte, daß dieser bei der Konstruktion kleinerer Geräte gewisse Probleme mit sich brachte.

Bei der Rückkehr in sein New Yorker Laboratorium behauptete Tesla, er habe während dieses einen Jahres in Pittsburgh nicht einen nennenswerten Beitrag zur Wissenschaft der Elektrizität geliefert. »In Pittsburgh war ich nicht frei«, erklärte er. »Ich war von anderen abhängig und konnte nicht arbeiten. Um wirklich kreative Arbeit leisten zu können, muß ich vollkommen frei sein. Als ich diese Situation hinter mir gelassen hatte, strömten mir wieder wahre Niagarafälle von Ideen und Erfindungen zu.« In den folgenden vier Jahren verwandte er einen Großteil seiner Zeit auf die Weiterentwicklung des Mehrphasen-Wechselstromsystems. Fünfundvierzig Patente in Amerika und ein Mehrfaches dieser Zahl im Ausland waren der Lohn dieser Arbeiten.

Zwei Riesengestalten überragten alle anderen Erfinder ihrer Zeit: Edison und Tesla. Aus den Werkstätten dieser beiden Genies – in unmittelbarer Nachbarschaft an der South Fifth Avenue in New York gelegen – waren welterschütternde Entwicklungen hervorgegangen. Und nun brach zwischen den Ideen dieser Männer der offene Kampf aus.

Zwischen Edison, der sich ausschließlich auf den Gleichstrom stützte, und den Anhängern des Wechselstroms war es schon zuvor zu einigen Auseinandersetzungen gekommen. Die Thomson-Houston Company und die Westinghouse Electric Company hatten sich mit dem Betrieb umfangreicher Beleuchtungsanlagen aus Glüh- und Bogenlampen auf diesem Gebiet schon ausgiebig umgetan, noch bevor das Tesla-System entwickelt war. Und Edison hatte bereits mehrfach zum Schlag gegen seine Konkurrenten ausgeholt und sie mit der Behauptung angegriffen, Wechselstrom sei wegen der verwendeten Hochspannungen eine lebensgefährliche Angelegenheit. Teslas Weiterentwicklung des Wechselstromsystems goß nun Öl auf die Flammen.

Als die Gefängnisbehörden des Staates New York den elektrischen Stuhl einführten und zum Tode verurteilte Häftlinge mit Wechselstrom von hoher Spannung hinrichteten – das Verfahren wurde als »Elektrokution« bezeichnet –, war sich Tesla sicher, daß Edison das Projekt angeregt haben mußte, um den Wechselstrom in Mißkredit zu bringen. Die Wahl der Gefängnisbehörden kam den Verfechtern des Gleichstroms ganz ohne Frage recht gelegen, aber sie dürfte auf einer anderen Überlegung beruht haben: Die zur Tötung eines Menschen erforderlichen hohen Stromspannungen ließen sich vermittels des Gleichstroms nur auf recht unpraktikable Weise erzeugen, während dem Wechselstrom hier kaum Grenzen gesetzt waren. Dies ändert jedoch nichts an dem Umstand, daß ein Gleichstrom von der entsprechenden Spannung und Stärke genauso tödlich war wie der verwendete Wechselstrom. Aber der »Stromkrieg« war nun ausgebrochen. Und wie in allen Kriegen zählten klare Fakten auch hier weit weniger als Meinungen und Gefühle.

Als George Westinghouse sich daran begeben hatte, Teslas Patente kommerziell auszubeuten, stand ihm das Ziel vor Augen, dereinst ganz Amerika mit Elektrizität zu versorgen. Damit hatte er sich eine Aufgabe gestellt, zu deren Bewältigung die Ingenieurskunst allein nicht ausreichte – es bedurfte dazu auch eines riesigen Kapitals. Die Westinghouse Electric Company expandierte zwar auf ungeahnte Weise, aber dies geschah genau zu einer Zeit, in der das Land am Rande einer Phase wirtschaftlicher Depression stand. Binnen kurzem steckte Westinghouse bis über den Kopf in Schwierigkeiten.

Hinzu kam noch, daß jene Zeit von dem Kampf der Geldmagnaten um die Kontrolle der industriellen Strukturen des Landes geprägt war. Es war eine Zeit der Firmenfusionen; eine Zeit, in der ehedem unabhängige, kleinere Unternehmen allein aus finanziellen Interessen zu Großbetrieben zusammengelegt wurden – nicht selten auch gegen den Willen ihrer Inhaber.

Eine solche Fusion – in aller Stille vorbereitet und in gegenseitigem Einvernehmen beschlossen – brachte auch die Thompson-Houston Company und die Edison General Electric Company zusammen. Aus dem Zusammenschluß dieser wichtigsten Konkurrenten von Westinghouse Electric ging die heute noch existierende General Electric Company hervor. Für George Westinghouse bedeutete dies eine erhebliche Bedrohung seiner finanziellen Interessen. Mit der kommerziellen Nutzung von Teslas Patenten war es Westinghouse gelungen, sein Unternehmen innerhalb kürzester Zeit zu vergrößern. Dabei hatte er freilich Gelder festlegen müssen und ein gutes Stück seiner finanziellen Beweglichkeit eingebüßt. Diese Schwachstelle trieb auch ihn wenig später in die Klauen einer Fusion, bei der es um die Zusammenlegung verschiedener kleinerer Firmen mit seiner Gesellschaft ging. Es war eine Finanzlage eingetreten, die eine Reorganisation der Westinghouse Electric Company erforderlich machte; aus dem Zusammenschluß mit der U. S. Electric Company und der Consolidated Electric Light Company sollte das Unternehmen unter dem neuen Namen Westinghouse Electric and Manufacturing Company hervorgehen.

Die Finanzberater, denen bei dieser Reorganisation eine strategisch wichtige Rolle zukam, drängten Westinghouse, einige seiner Pläne und Projekte über Bord zu werfen, die nach ihrer Ansicht unklug waren und der finanziellen Konsolidierung der neu zu gründenden Gesellschaft im Weg standen.

Eine ihrer Empfehlungen lautete, sich unbedingt der Vereinbarung mit Tesla zu entledigen, in der er diesem Tantiemen von einem Dollar pro Pferdestärke für jedes nach seinen Patenten hergestellte Gerät zugesagt hatte.[*,10] Die Finanzberater rechneten Westinghouse vor, daß ihm aus dieser Vereinbarung Forderungen in mehrfacher Millionenhöhe entstehen würden, wenn sich sein Geschäft mit Teslas Patenten in den nächsten Jahren auch nur annähernd so gut entwickelte, wie er annahm. Angesichts der derzeit kritischen finanziellen Situation der Firma erschien ihnen diese mögliche Belastung als eine ernsthafte

* Für diese Vereinbarung gibt es zwar keinerlei direkte Belege, aber der Autor konnte zwei Quellen erschließen, die indirekt auf ihre Existenz hinweisen. Eine stimmt mit dem weiter oben geschilderten Gespräch vollkommen überein; in der anderen heißt es, bei der Summe von einer Million Dollar habe es sich – was Tesla dem Autor später bestätigte – um eine Vorauszahlung auf die Lizenzgebühren gehandelt, der keine weiteren Tantiemen mehr folgen sollten.

[10] Die fehlenden Quellen sind auch bis heute nicht vollständig aufgefunden. Bezüglich der Zahlung von einem Dollar pro Pferdestärke gibt es eine andere Quellenlage. Entsprechend den historischen Westinghouse-Aufzeichnungen sollte Tesla 2,50 Dollar an jeder Pferdestärke verkaufter Elektrizität verdienen (Vereinbarung vom 7. Juli 1888 zwischen der Westinghouse Electric Company und der Tesla Electric Company. Zitiert nach M.Cheney: Nikola Tesla. Düsseldorf: Omega-Verlag 1995, S. 60).

Bedrohung für die wirtschaftliche Stabilität der neu zu gründenden Gesellschaft.

Westinghouse lehnte die Vorschläge entschieden ab. Er beharrte darauf, daß die Vereinbarung über Lizenzgebühren mit allen Gepflogenheiten im Einklang stand. Außerdem würden die zu zahlenden Tantiemen seiner Ansicht nach den Gewinn der Gesellschaft keineswegs schmälern, weil es sich hier nicht um Produktionskosten handelte, sondern um Gelder, die man ohnehin auf die Kunden abwälzen werde. Weil er selber ein Erfinder ersten Ranges war, bewies er eben auch bei seinen Geschäften mit anderen Erfindern einen ausgeprägten Sinn für Gerechtigkeit.

Aber die Berater blieben hartnäckig bei ihren Forderungen. Sie trieben Westinghouse mit der Behauptung in die Enge, er habe Tesla mit der Zahlung von einer Million Dollar bereits mehr als genug abgefunden und damit überdies die Finanzlage seiner Gesellschaft auf das äußerste gefährdet sowie die Interessen seiner Bankiers verletzt. Jedes weitere Beharren auf der Tantiemenvereinbarung – so argumentierten sie – würde die angestrebte Konsolidierung der Finanzen unnötig gefährden und könne dazu führen, daß man ihm dringend benötigtes Kapital entziehen würde.

Man wollte Westinghouse in dieser Frage einfach keine Wahl lassen. Schweren Herzens mußte er die notwendigen Verhandlungen mit Tesla in die Wege leiten.

Nichts wäre ihm unangenehmer gewesen. Aber trotz allem blieb er seinem ausgeprägten Realitätssinn treu. Er hatte sich noch nie gescheut, den Umständen offen und unverblümt gegenüberzutreten. »Ich biete Ihnen eine Million Dollar auf die Wechselstrompatente und Tantiemen obendrein« – mit diesen Worten hatte er seinerzeit kurz und knapp die Vereinbarung mit Tesla zuwege gebracht. Nun stand er vor dem Problem, sie widerrufen zu müssen. Damals wußte er das Geld hinter sich. Sein Geld. Nun würde Tesla am längeren Hebel sitzen. Tesla konnte sich auf einen vollkommen gültigen Vertrag über viele Millionen Dollar berufen und dafür schlimmstenfalls sogar vor

Gericht ziehen. Vor nicht allzulanger Zeit hatte Edison erfolgreich gegen einige Firmen prozessiert, die seine Patentrechte an der elektrischen Beleuchtung verletzt hatten, und diese Firmen damit in den Ruin gestürzt; seit diesem Prozeß hatte die gesamte Welt der Industrie stets einen gesunden Respekt vor Patentrechten bewiesen.

Westinghouse hatte keinen Grund zu der Annahme, Tesla könne auch nur das leiseste Interesse an einer Stornierung des Vertrages zeigen oder sich mit geringeren Tantiemen zufriedengeben. Er wußte genau, daß die Auseinandersetzungen mit seinen Ingenieuren in Pittsburgh Teslas Stolz verletzt hatten und daß er nun aller Wahrscheinlichkeit nach nicht gerade versöhnlicher Stimmung war. Andererseits war ihm aber auch klar, daß er immerhin derjenige war, der Teslas Ideen zum Durchbruch verholfen hatte. Die meiste Zuversicht schöpfte er jedoch aus dem Umstand, daß er den Vertrag seinerzeit mit bestem Gewissen geschlossen hatte – er hoffte deshalb, nun auch mit dieser wesentlich unangenehmeren Situation guten Gewissens fertig werden zu können. Vielleicht könnte er Tesla anstelle des Vertrages ja eine leitende Stellung in seiner Firma anbieten. Die Vorzüge eines solchen Arrangements wären nicht von der Hand zu weisen.

Der Wert von Teslas Vertrag läßt sich unmöglich in eine genaue Summe umrechnen. Die Patente betrafen jeden Bereich des Wechselstromsystems; die Tantiemen wären für die Ausrüstung von Kraftwerken wie auch für den Verkauf von Motoren fällig geworden. Die Elektrizitätswirtschaft steckte zu jener Zeit noch in den Kinderschuhen, und niemand konnte das enorme Geschäftsvolumen vorausahnen, das dieser Industriezweig einmal erreichen sollte.*

* Nach den jüngsten verfügbaren Daten wurden 1941 in den Vereinigten Staaten Generatoren mit einer Gesamtleistung von 162000000 Pferdestärken betrieben; fast jeder dieser Generatoren erzeugte Wechselstrom. Setzen wir hier für die Zeit zwischen 1891 und 1941 einen linearen Zuwachs der Leistung an, so können wir für das Jahr 1905 – das Jahr, in dem die ersten Tesla-Patente ausliefen – eine Gesamtleistung von etwa zwanzig Millionen Pferdestärken annehmen. Diese Schätzung dürfte allerdings zu hoch gegriffen sein.

Nach den Ergebnissen einer von T. Commerford Martin unter den Betreibern der wichtigsten Kraftwerke der USA durchgeführten Umfrage lag die Gesamtleistung im

Einen Mann, der mit derartigen Summen rechnen konnte, auf einen geringeren Betrag herunterzuhandeln oder ihn gar zur Auflösung seines Vertrags zu bewegen, war ein schier auswegloses Unterfangen. Wie umtriebig oder gerissen ein Geschäftsmann auch immer sein mochte – vor dieser Aufgabe mußte er kapitulieren.

Nicht so Westinghouse. Er rief Tesla an und verabredete sich mit ihm in eben dem Laboratorium in der South Fifth Avenue, in dem beide vier Jahre zuvor ihren Vertrag geschlossen hatten. Ohne erst nach Ausflüchten zu suchen oder um die Sache herumzureden, stellte er Tesla die veränderte Situation dar.

»Das Schicksal der Westinghouse Company«, fügte der Strommagnat aus Pittsburgh hinzu, »hängt ganz allein von Ihrer Entscheidung ab.«

»Nehmen wir einmal an, ich würde auf der Erfüllung des Vertrages bestehen«, fragte Tesla. »Was würden Sie dann tun?«

»In diesem Fall wären mir die Hände gebunden«, entgegnete Westinghouse. »Sie müßten dann selbst mit meinen Bankiers verhandeln.«

»Und wenn wir den Vertrag auflösen, könnten Sie Ihre Gesellschaft retten?« hakte Tesla nach. »Sie würden dann die Kontrolle über die Firma behalten und weiterhin daran arbeiten, mein Wechselstromsystem der Welt zugänglich zu machen?«

»Ich halte Ihr Wechselstromsystem nach wie vor für die bedeutendste Erfindung, die jemals auf dem Gebiet der Elektrizität gemacht

Jahre 1902 bei 1620000, im Jahr 1907 bei 6900000 Pferdestärken (*Electrical World* vom 14.3.1914). Diese Zahlen lassen für das Jahr 1905 auf einen Wert von etwa 5000000 Pferdestärken schließen. Zu dieser Zeit besaßen allerdings viele Fabriken noch eigene Kraftwerke auf der Basis dampfkraftbetriebener Generatoren. Da diese bei der zitierten Umfrage nicht berücksichtigt wurden, würde sich unser Schätzwert vielleicht auf 7000000 Pferdestärken erhöhen. Bei einer Lizenzgebühr von einem Dollar pro Pferdestärke hätte Tesla bis 1905 demnach sieben Millionen Dollar an Tantiemen bezogen. Aus dem Verkauf der von diesen Kraftwerken angetriebenen Motoren wären noch weitere Tantiemen fällig geworden. Setzen wir hier nur drei Viertel der Gesamtleistung an, so kämen wir auf zusätzliche fünf Millionen Dollar – insgesamt hätten sich die fälligen Tantiemen damit auf zwölf Millionen Dollar belaufen.

wurde«, sagte Westinghouse. »Ich muß eingestehen, daß die gegenwärtigen Probleme durch meine Anstrengungen entstanden sind, dieses System der Welt zugänglich zu machen. Aber ich will unter keinen Umständen von dem ursprünglichen Vorhaben abweichen, in diesem Land eine flächendeckende Versorgung mit Wechselstrom aufzubauen.«

»Mr. Westinghouse«, sagte Tesla nun, indem er sich zu seiner vollen Größe aufrichtete und dem Strommagnaten aus Pittsburgh ein strahlendes Lächeln schenkte, »Sie haben sich als Freund erwiesen. Sie haben an mich geglaubt, als niemand von meinen Ideen hören wollte. Sie waren mutig genug, mir eine Million Dollar zu zahlen, als niemand eine solche Summe in mein Projekt zu investieren wagte. Sie haben sich hinter mich gestellt, als es Ihren Technikern an visionärer Kraft fehlte, und sie nicht die großen Dinge vor sich sahen, von denen Sie und ich fest überzeugt sind. Sie haben sich wirklich stets als Freund erwiesen. Die Wohltaten, die unsere Kultur von meinem Wechselstromsystem empfangen wird, bedeuten mir weit mehr als das Geld. Mr. Westinghouse: Sie werden Ihre Firma retten und meine Erfindungen weiterentwickeln. Hier haben wir beide Exemplare unseres Vertrags – ich werde sie auf der Stelle zerreißen. Meine Tantiemen sollen unseren Plänen nicht im Weg stehen. Sind Sie damit zufrieden?«

Mit diesen Worten zerriß Tesla beide Verträge und warf die Fetzen in den Papierkorb. Dank dieser großmütigen Geste konnte Westinghouse guten Mutes und guten Gewissens nach Pittsburgh zurückkehren. Er würde weiterhin der reorganisierten Westinghouse Electric and Manufacturing Company vorstehen und seinen Einfluß darauf verwenden, das Versprechen einzulösen, das er Tesla gegeben hatte.

Wo wir uns auch in der Geschichte umblicken: zu keiner Zeit und an keinem Ort wurde der Freundschaft je ein großmütigeres Opfer dargebracht. Tesla hatte auf zwölf Millionen Dollar in Form noch nicht gezahlter Tantiemen verzichtet, obwohl Westinghouse selbst aus diesem Verzicht lediglich indirekte Vorteile erwuchsen.

Es ist allerdings auch nicht von der Hand zu weisen, daß dieser finanzielle Engpaß möglicherweise zu einem der größten Rückschläge für den wissenschaftlichen und industriellen Fortschritt führen sollte, den die Menschheit je erlebt hat. Einige Jahre später fand sich Tesla – er hatte noch lange nicht den Höhepunkt seiner überragenden intellektuellen Fähigkeiten erreicht und strömte nur so von großartigen Erfindungen über, die seiner frühesten Entdeckung der Geheimnisse des Wechselstroms an Bedeutung nicht nachstanden – nämlich in einer Situation wieder, in der er vollkommen mittellos dastand und sich jeglicher Möglichkeit zur Fortführung seiner Arbeit beraubt sah. Nicht wenige der Erkenntnisse, die er in jenen Tagen gewann, sollten der Welt unwiderruflich verloren gehen.

Viele Jahre später wurde er anläßlich einer Ehrung durch das Institute of Immigrant Welfare um eine Ansprache gebeten. Das großmütige Opfer, das er einst auf dem Altar der Freundschaft dargebracht hatte, lag mittlerweile fast ein halbes Jahrhundert zurück; Tesla hatte erleben dürfen, wie die von ihm erschlossene Energiequelle den Vereinigten Staaten und großen Teilen unserer Welt Wohlstand und Reichtum gebracht hatte. Er hatte Zeiten der Armut durchgemacht, in denen er nicht die Mittel hatte, seine Erfindungen auszuführen und sich dafür auch noch dem Spott der Zeitgenossen ausgesetzt sah. Weil er in jenen Tagen nicht einmal seine laufenden Rechnungen begleichen konnte, hatte man ihn wiederholt dazu gezwungen, von Hotel zu Hotel zu ziehen. Doch trotz all dieser schlimmen Erfahrungen hegte er keinen Groll gegen Westinghouse, zu dessen Gunsten er seinerzeit auf zwölf Millionen Dollar an Tantiemen verzichtet hatte. Nichts konnte die warmen, freundschaftlichen Gefühle trüben, die er diesem Mann gegenüber stets empfunden hatte. Dies wird aus der Grußadresse deutlich, die der mittlerweile achtzigjährige Tesla am 12. Mai des Jahres 1938 dem Institute of Immigrant Welfare zusandte, da er nicht persönlich zu dem feierlichen Diner im Hotel Bilmore erscheinen konnte:

»In meinen Augen ist George Westinghouse stets der einzige Mensch auf dieser Welt gewesen, der sich unter den gegebenen Umständen meines Wechselstromsystems annehmen und die Schlacht gegen die Mächte des Vorurteils und des Geldes gewinnen konnte. Er war ein Pionier von überragender Gestalt; ein wahrhafter Edelmann, zu dem Amerika stets voller Stolz aufblicken kann und dem die gesamte Menschheit unermeßlichen Dank schuldet.«

6

Als Tesla im Jahr 1889 von der Westinghouse-Fabrik in Pittsburgh in sein New Yorker Laboratorium zurückkehrte, erwartete ihn eine vollkommen neue Welt. Seinem großartigen Wechselstromsystem hatte er auf den Weg geholfen, aber dabei hatte es sich lediglich um ein kleines Beispiel der Wunder gehandelt, die noch ihrer Enthüllung harrten. Tesla brannte darauf, dieses neue Reich zu erkunden.

Jeder andere Zeitgenosse hätte hier absolutes Neuland betreten und sich allein der Hoffnung hingeben können, dort blind umherzutappen und höchstens per Zufall auf mehr oder weniger bedeutende Dinge zu stoßen. Doch Tesla hatte bereits recht genaue Vorstellungen von dem, was hier vor ihm lag. Als er an jenem schicksalhaften Februarnachmittag des Jahres 1882 in Budapest die Vision des rotierenden Magnetfeldes empfangen hatte, hatte sich ihm zugleich auch wie in einem Erleuchtungserlebnis das Geheimnis des Kosmos enthüllt. Er hatte das gesamte Universum in seiner unendlichen Vielfalt und seinen Myriaden von Erscheinungsformen als eine Symphonie elektrischer Schwingungen vor sich gesehen. Er hatte einen Blick in die Harmonien des Weltalls getan und erkannt, daß sie auf einer unermeßlich reichen Klaviatur elektrischer Schwingungen erklangen. Sein 60-Hertz-Wechselstrom war lediglich ein einzelner Ton aus einer der tieferen Oktaven; in den hohen Tonlagen erklang das Licht mit seinen vielen Milliarden Schwingungen pro Sekunde.

Tesla hatte eine ganze Folge von Versuchen im Sinn, mit denen er diese Bandbreite elektrischer Schwingungen erkunden wollte, die zwischen seinem Wechselstrom und dem sichtbaren Licht lagen. Er wollte die Frequenz seiner Ströme erhöhen und so in diesen unbekannten Bereich vorstoßen. Wer vermochte sich die Möglichkeiten auszumalen, die die Klaviatur der Schwingungen noch bereithielt, wenn schon ein unscheinbarer Ton aus einer der tieferen Oktaven zu einer Entdeckung vom Range des rotierenden Magnetfeldes geführt hatte? Und es galt, hier noch Tausende von Oktaven zu erkunden. Er wollte ein Instrument entwerfen, auf dem sich elektrische Schwingungen aller Frequenzen erzeugen und eingehend studieren ließen. Dann würde er in der Lage sein – so hoffte er – das Leitmotiv der Symphonie elektrischer Schwingungen zu begreifen, die durch die gesamte Schöpfung tönte.

Der dreiunddreißigjährige Tesla war mittlerweile ein wohlhabender Mann. Für die ersten Früchte seines Erfindergeistes hatte er von der Westinghouse Company eine Million Dollar bezogen. Mit der Hälfte der Summe hatte er A. K. Brown und dessen Partner ausbezahlt, die seine Experimente finanziert hatten. Nun war er frei von Geldsorgen, und es sollten noch weit größere Erfindungen folgen. Außerdem verließ er sich zu jener Zeit noch fest auf die Tantiemen in Millionenhöhe, die ihm aus seinen Wechselstrompatenten zufließen würden. Bei seinen Versuchen, zum Nutzen der Menschheit die Geheimnisse der Natur zu ergründen, konnte er zukünftig in finanzieller Hinsicht aus dem vollen schöpfen. Er hatte das Gefühl, dies sei sein eigentlicher Auftrag. Er wußte, daß er wie kein zweiter mit Talent, Fähigkeit und visionärer Kraft gesegnet war; es lag in seiner Verantwortung, die wissenschaftlichen Erkenntnisse aufzuspüren, die in den geheimsten Winkeln des Universums verborgen lagen. Und er war dazu ausersehen, diese Erkenntnisse vermittels seines gewaltigen Geistes in Kräfte zu verwandeln, die der Menschheit ein glücklicheres, helleres Leben schenken und sie von der Mühsal der Arbeit befreien sollten.

Dürfen wir dies für anmaßend halten? Falls es sich hier wirklich um Anmaßung gehandelt haben sollte, so war sie doch vollkommen frei von selbstsüchtigen Motiven. Es war Tesla absolut gleichgültig, was er dachte – solange er in seinem Denken die Objektivität bewahrte und seine Gedanken sich in vorzeigbare Fakten umwandeln ließen. Und selbst wenn er sich allen anderen Menschen gegenüber für überlegen hielt – entsprach das nicht den Tatsachen? Wenn er sich als einen Mann mit schicksalhafter Bestimmung betrachtete – konnte er für diese Annahme nicht Beweise erbringen? Hatte es für Tesla denn jemals praktischer Versuche bedurft, um sich der Lösung eines Problems zu vergewissern? Hatte er nicht schon als junger Mann erklärt, er wolle einen Wechselstrommotor bauen – und war es ihm nicht trotz der heftigsten Einwände seines Professors gelungen, dieses »unlösbare« Problem zu lösen? Hatte er es nicht geschafft, die Gleichstromgeneratoren Edisons, zu dem alle Welt als großes Genie aufschaute, noch wesentlich zu verbessern? Und hatte er selbst nicht ein System zur Erzeugung, Übermittlung und Anwendung elektrischer Energie geschaffen, das dem Edison-Gleichstrom haushoch überlegen war? Wie hätte Tesla jede dieser Fragen zustimmend beantworten sollen, ohne dabei den Eindruck mangelnder Bescheidenheit zu erwecken?

Dabei wies seine Haltung auch nicht die geringste Spur von Egoismus auf. Es war die Haltung eines Mannes, der von alles überragendem Vertrauen auf sich selbst und auf seine Vision erfüllt war. Ein Mann von derartigen Fähigkeiten, der überdies mit einem solchen Selbstvertrauen und dem nötigen finanziellen Hintergrund ausgestattet war, mußte einfach unbegrenzte Möglichkeiten vor sich sehen. Mit diesem Selbstverständnis war Tesla gegen Ende des Jahres 1889 in sein Labor an der New Yorker Fifth Avenue zurückgekehrt.

Um die wirkungsvollste Frequenz für sein Mehrphasen-Wechselstromsystem zu finden, hatte Tesla bereits eine große Bandbreite unterschiedlicher Wechselströme eingehend untersucht. Hochfrequente Ströme mußten seinen Berechnungen zufolge äußerst interessante Charakteristika aufweisen; sämtliche Beobachtungen an den von ihm entworfenen elektrischen Maschinen hatten diese Annahme bislang bestätigt. Je höher die verwendeten Frequenzen waren – so hatte er festgestellt – umso weniger Eisen brauchte er zum Bau der Geräte. Nun wollte er untersuchen, mit welchen ungewöhnlichen Wirkungen die sehr hohen Frequenzen aufwarten würden, die sich über Elektromagneten ohne Eisenkern erzeugen ließen.

Als er seinerzeit in Budapest nach der Entdeckung des rotierenden Magnetfeldes im Geiste die unterschiedlichen Eigenschaften von Wechselströmen untersucht und dabei die gesamte Bandbreite von extrem niederfrequenten Strömen bis hin zum sichtbaren Licht bedacht hatte, war er auf nahezu unbetretenes Terrain vorgedrungen. Die ältesten Forschungen auf diesem Gebiet stammten von James Clerk Maxwell, der im Jahr 1873 – also nur neun Jahre vor Tesla – in Cambridge seine wunderbare Theorie über die elektromagnetischen Eigenschaften des Lichts vorgelegt hatte. Den Maxwellschen Gleichungen zufolge mußte es diesseits wie jenseits des sichtbaren Lichts einen weiten Bereich elekromagnetischer Schwingungen geben – Schwingungen mit sehr großen, respektive sehr kleinen Wellenlängen. Und während Tesla im Jahr 1887 mit dem Bau funktionstüchtiger Modelle seines Mehrphasen-Systems beschäftigt war, konnte der deutsche Professor Heinrich Hertz die Maxwellschen Theorien in einigen Punkten belegen und hatte damit unserer heutigen Einheit für die Frequenz seinen Namen aufgeprägt. Es war ihm gelungen, vermittels des Entladungsfunkens einer Induktionsspule Wellenlängen von einigen Metern zu erzeugen, deren Energie in einer gewissen Entfernung von der Spule aufzufangen und in Form einer etwas kleineren Funkenentladung nachzuweisen.

Hertz' Forschungen bekräftigten Teslas Theorie, daß nahezu jede Frequenz auf der weiten Skala zwischen den niederfrequenten Wechselstömen und dem sichtbaren Licht interessante Entdeckungen in sich bergen müßte. Tesla war davon überzeugt, daß er – wenn es ihm nur gelänge, die Frequenz elektrischer Schwingungen in ausreichendem Maße zu steigern – eine Lichtquelle herstellen könnte, die einen weitaus höheren Wirkungsgrad als die Edison-Glühlampe aufweisen würde. Diese Glühlampe konnte nämlich nur fünf Prozent der aufgewandten elektrischen Energie in Licht verwandeln; die restlichen fünfundneunzig Prozent gingen in Form unerwünschter Wärmestrahlung verloren.

Tesla begann seine neuen Forschungen mit dem Bau von bis zu 384-poligen Drehstromgeneratoren, die Ströme mit Frequenzen von bis zu 10000 Hertz erzeugen konnten. Er stellte fest, daß diese hochfrequenten Ströme faszinierende Möglichkeiten für eine höchst effektive Energieübertragung boten, die sein praktikables 60-Hertz-System noch bei weitem übertrafen. Aus diesem Grunde beschäftigte er sich in einer parallelen Forschungsreihe auch mit dem Bau von Transformatoren, mit denen sich die Spannung derartiger Ströme erhöhen und erniedrigen ließ.

Ein Gerät, das den von Tesla 1890 entworfenen Generatoren zur Erzeugung hochfrequenter Wechselströme sehr glich, sollte von F. W. Alexanderson mehr als zwei Jahrzehnte später zu einer leistungsstarken Sendeanlage weiterentwickelt werden. Damit gab es erstmals eine so praktikable Methode für die drahtlose transatlantische Nachrichtenübertagung, daß die amerikanische Regierung unverzüglich darum bemüht war, die entsprechenden Kenntnisse nicht ins Ausland gelangen zu lassen und den Vereinigten Staaten damit eine weltweite Vormachtstellung in der Rundfunktechnik sicherte.

Die von Tesla entwickelten Hochfrequenztransformatoren erwiesen sich als höchst spektakuläre Geräte. Sie enthielten nicht die geringste Spur von Eisen – es hatte sich sogar herausgestellt, daß die Verwendung von Eisen ihre Funktion beeinträchtigte. Es handelte sich bei diesen Geräten um Luftspulen-Transformatoren, die im wesentlichen aus konzentrischen Primär- und Sekundärwicklungen bestanden. Vermittels dieser Transformatoren – sie wurden später als Tesla-Spulen bekannt – konnte er extrem hohe Spannungen erzeugen. Bei seinen ersten Versuchen war es ihm gelungen, Funken auf einer Entfernung von wenigen Zoll überspringen zu lassen, aber bald war er soweit, flammende Entladungsblitze zu produzieren. Bei der Arbeit mit derartig hohen Spannungen war er mit der Schwierigkeit konfrontiert, daß die herkömmlichen Isolationstechniken für seine Apparate nicht mehr ausreichten. Er löste das Problem, indem er sie komplett in ein Ölbad eintauchte und so die Luft vollständig von den Spulen fernhielt. Dieses Verfahren war eine Entdeckung von großer kommerzieller Bedeutung; es wird noch heute zur Isolation von Hochspannungsgeräten verwendet.

Den Drehstromgeneratoren waren bei der Erzeugung hochfrequenter Ströme allerdings gewisse Grenzen gesetzt, und so sah Tesla sich gezwungen, einen vollkommen anderen Generatorentypus zu entwickeln. Dabei ging er von einem Prinzip aus, das im Grunde alles andere als neu war: In Drehstromgeneratoren wird Strom erzeugt, indem man einen Draht kreisförmig an einer Reihe magnetischer Pole vorbeibewegt. Nun war bekannt, daß sich der gleiche Effekt erreichen ließ, wenn man den Draht in einer oszillierenden Bewegung einem einzigen magnetischen Pol annähert und wieder entfernt. Bislang war nur niemand auf den Gedanken gekommen, auf der Basis dieses Prinzips einen Generator zu entwerfen. Tesla baute einen Generator dieser Art, der sich für seine Bedürfnisse auch als äußerst zweckmäßig erwies. Weil sich sonst aber keine Anwendungsmöglichkeiten für das Gerät fanden, gewann er den Eindruck, daß er hier nur unnötig seine Zeit verschwendet hatte. Der Generator wurde von einem bestechend einfachen ventillosen Einzylindermotor angetrieben, der sowohl für den Betrieb mit Druckluft als auch für den Betrieb mit Dampfkraft ausgelegt war und in seiner Funktionsweise einem kleinen zweitaktigen Bootsmotor ähnelte. Zu beiden Seiten des Zylinders führten Stangen vom Kolben durch den Zylinderkopf hinaus, an deren Enden jeweils eine Flachspule befestigt war. Die

Kolbenstöße bewegten diese beiden Spulen in einem elektromagnetischen Feld hin und her, dem seinerseits durch den Dämpfungseffekt zugleich die Funktion eines Schwungrades zukam.

Mit diesem Gerät war Tesla in der Lage, eine Oszillationsbewegung von bis zu 20000 Schwingungen pro Minute zu erzeugen. Da diese Schwingungen überdies eine bemerkenswerte Gleichförmigkeit aufwiesen, kam er auf den Gedanken, daß man das Prinzip auch umkehren konnte: Ließe sich bei seinem 60-Hertz-Wechselstromsystem eine vergleichbar konstante Frequenz sicherstellen, dann könnte man damit entsprechend angepaßte Synchronmotoren betreiben. Baute man diese Synchronmotoren etwa in Uhrwerke ein, dann stünde überall dort, wo Wechselstrom verfügbar wäre, auch stets die exakte Zeit zur Verfügung. Mit diesem Gedanken hatte er die Grundlage unserer modernen Elektrouhren geschaffen. Und wie bei so vielen seiner höchst zweckmäßigen und nützlichen Entwicklungen verzichtete er auch hier auf jeglichen Patentschutz und zog daraus keinerlei finanzielle Vorteile.

Bei den Arbeiten an seinem mehrphasigen Wechselstromsystem hatte Tesla die grundlegende Bedeutung zweier Faktoren erkannt: Kapazität und Induktivität. Wenn wir die elektrische Kapazität eines Wechselstromkreises mit einer Quelle vergleichen, entspricht die magnetische Induktivität in diesem Bild am ehesten einem Vorratsbehälter. Teslas Berechnungen hatten nahegelegt, daß sich mit Strömen von ausreichend hoher Frequenz bei relativ geringen Kapazitäts- und Induktivitätswerten Resonanzerscheinungen erzeugen lassen müßten. Um elektrische Resonanz zu erzeugen, muß ein Stromkreis genau abgestimmt werden. Die mechanischen Gegenstücke zu elektrischen Resonanzerscheinungen sind uns allen bekannt: Sie liegen etwa vor, wenn ein Pendel infolge leichter, aber zeitlich genau abgestimmter Stöße in weite Schwingung versetzt wird oder wenn der Rhythmus einer im Gleichschritt marschierenden Kompanie Soldaten gar eine Brücke zum Einsturz bringt. Jede noch so kleine Schwingung verstärkt hier die Wirkung der vorangegangenen Schwingungen; der Prozeß schaukelt sich auf und am Ende werden enorme Kräfte freigesetzt.

Das Verhalten eines elektrischen Schwingkreises wird hinsichtlich der Kapazität durch einen Kondensator, hinsichtlich der Induktivität durch eine Spule bestimmt. Ein Kondensator besteht für gewöhnlich aus zwei sich gegenüberliegenden Metallplatten, die mit einer dünnen Isolationsschicht voneinander getrennt sind. Um einen geschlossenen Schwingkreis herzustellen, werden diese Platten mit den beiden Polen einer Spule kurzgeschlossen. Nun geschieht folgendes: Wenn der Kondensator einmal aufgeladen wurde, gibt er solange Strom an die Spule ab, bis er vollständig entladen ist. Dort wird die elektrische Energie in ein Magnetfeld umgewandelt, das sich solange aufbaut, wie der Strom aus dem Kondensator fließt. Ist der Kondensator entladen, dann bricht das Magnetfeld zusammen und stetzt in der Spule wieder die elektrische Energie frei, die zu seinem Aufbau benötigt wurde. Jetzt fließt der Strom in umgekehrter Richtung in den Kondensator zurück und lädt ihn mit entgegengesetzten Vorzeichen abermals auf. Der Prozeß kann wieder von vorn beginnen; er wiederholt sich so oft, bis die elektrische Energie durch den unvermeidlichen Wärmeverlust vollends aufgebraucht ist. Um Resonanz zu erzeugen, kann man den geschlossenen Schwingkreis über die Induktionsspule wie in einem Transformator ständig mit neuer Energie versorgen. Sind die Werte von Kondensator und Spule auf die Frequenz des zugeführten Wechselstroms abgestimmt, dann erfolgen die Impulse dieses Stroms in einem genauen zeitlichen Verhältnis zum Wechsel der Stromrichtung im Schwingkreis. Jeder Impuls des zugeführten Stroms verstärkt die Schwingungsaktivität zwischen Kondensator und Spule, und die Amplitudenwerte der Schwingungen bauen sich in ungeheurem Maß auf. Mit anderen Worten: Es lassen sich hochfrequente Ströme mit enormen Spannungen erzielen.

Jahre später erläuterte Tesla in einem Vortrag seine Überlegungen zu elektrischen Resonanzerscheinungen:

> Zunächst gilt es, die Frage zu beantworten, ob ungedämpfte Resonanzeffekte überhaupt möglich sind. Theorie wie auch praktische Versuche zeigen, daß derartige Resonanzen in der Natur nicht vorkommen; sobald die Schwingungen eine gewisse Heftigkeit erreichen, nehmen sowohl im schwingenden Körper als auch in dem ihn umgebenden Medium die Reibungsverluste rasch zu und weisen den Oszillationsprozeß, der sich anderenfalls ungehemmt aufschaukeln könnte, in seine Grenzen. Wir müssen dies als eine glückliche Fügung der Natur betrachten, denn es ist nicht abzusehen, welchen Gefahren ein unerfahrener Experimentator gegenüberstünde, wenn er ungedämpfte Resonanzen erzeugen könnte. Bis zu einem gewissen Grade sind Resonanzen aber eben doch möglich. Es ist nur so, daß die Unvollkommenheiten der Konduktivität und die mangelnde Elastizität des Mediums – oder allgemeiner ausgedrückt: die Reibungsverluste – deren Effektivität begrenzen. Je kleiner wir diese Verluste halten können, um so überzeugender werden die erzielten Wirkungen sein.

Tesla hatte die Prinzipien elektrischer Abstimmung auf seine Spulen angewandt und herausgefunden, daß er auf diese Weise äußerst starke Resonanzeffekte erzielen und damit sehr hohe Spannungen produzieren konnte. Ohne diese Prinzipien wäre unsere moderne Rundfunktechnologie und deren damalige Vorläuferin – man sprach in jenen Tagen noch von »drahtloser Nachrichtenübermittlung« – nicht möglich geworden. Tesla hatte sie bereits in Theorie und Praxis angewandt, als die Männer, die später auf diesem Gebiet Lob und Ehre ernten sollten, gerade einmal ihre ersten Lektionen in Sachen Elektrizität hinter sich brachten.

Bei seiner Suche nach einer Möglichkeit zur Erzeugung hochfrequenter Ströme, die weit über den Wirkungsgrad mechanischer Generatoren hinausging, stieß Tesla auf eine Entdeckung, die Lord Kelvin im Jahre 1856 – ein Jahr vor Teslas Geburt – in England gemacht hatte, für die sich bis dahin allerdings noch keine Anwendungsmöglichkeit gefunden hatte. Vor Kelvins Entdeckung hatte man angenommen, bei der Entladung eines Kondensators würde die

Elektrizität solange gleichmäßig von einer Platte zur anderen fließen, bis ein Gleichgewichtszustand erreicht war. Bei dieser Annahme hatte man sich auf ein heute noch vielfach verwendetes (wenn auch nicht ganz richtiges) Modell gestützt und sich elektrische Ladungen wie das Wasser in einem System kommunizierender Röhren vorgestellt. Kelvin konnte zeigen, daß dieser Prozeß weit interessanter und komplexer war und eher an das Verhalten einer gespannten Feder erinnerte, die plötzlich gelöst wird. Er wies nach, daß die elektrische Ladung in schneller Bewegung zwischen den Platten des Kondensators hin und her floß, bis sie sich in den auftretenden Wärmeverlusten aufgebraucht hatte. Bei diesem Ladungswechsel entstanden enorm hohe Frequenzen; der Prozeß konnte sich innerhalb einer Sekunde zu Hunderten von Millionen Malen ereignen.

Indem Tesla den Entladungseffekt von Kondensatoren in seinen Schwingungskreisen ausnutzte, hatte er der Wissenschaft ein vollkommen neues Gebiet erschlossen, das mindestens ebenso bedeutungsvoll war wie sein mehrphasiger Wechselstrom. Er entwickelte nun bemerkenswert einfache Verfahren zur automatischen Aufladung von Kondensatoren mit Gleich- und Wechselströmen und entlud diese über seine Luftspulen-Transformatoren – die Tesla-Spulen. Auf diese Weise konnte er enorm hohe Spannungen erzeugen, die in der Frequenz der Kondensatorentladung oszillerten. Die Eigenschaften dieser hochfrequenten Ströme waren anders als alles, was er bislang beobachtet hatte. Wieder einmal hatte er sich als Pionier auf einem neuen Forschungsgebiet mit noch ungeahnten Möglichkeiten erwiesen. Wie besessen stürzte er sich in seinem Laboratorium in die Arbeit und gönnte sich jede Nacht nur fünf Stunden Ruhe, von denen lediglich zwei dem Schlaf vorbehalten waren.

Im Jahr 1890 gab er bekannt, daß er bei solchen hochfrequenten Strömen einen Wärmeeffekt auf den menschlichen Körper beobachtet hatte und schlug vor, sie zu therapeutischen Zwecken einzusetzen. Auch hier ging er der Forschung als Pionier voran, aber weil er auch in diesem Fall keinerlei Patentrechte beantragt hatte, fanden sich bald in aller Welt Nachahmer, die die Erfindung für sich selbst beanspruchten. Als man fünfunddreißig Jahre später hochfrequente Ströme vermittels einer Vakuumröhre erzeugen konnte und dabei auf den gleichen Effekt stieß, wurde die vermeintlich neue Entdeckung als ein Wunder der Medizin angepriesen. Mit seiner ursprünglichen Arbeit hatte Tesla jedoch auch die Grundlagen für eine große Zahl von Anwendungen geschaffen, mit denen heute etwa in industriellen Verfahrenstechniken Hitze auf der Basis hochfrequenter Schwingungen erzeugt wird.

Als er seine Forschungen im Mai 1891 im Columbia College Vertretern des American Institute of Electrical Engineers vorstellte, konnte er in einer Demonstration eine Funkenstrecke von fünf Zoll Länge erzeugen – dazu bedurfte es einer Spannung von etwa 100000 Volt. Aber weit wichtiger waren noch seine Vorführungen elektrischer Flammen und verschiedener neuartiger Beleuchtungsmethoden. Er hatte elektrische Lampen entworfen, wie sie kein Experimentator vor ihm in seinen kühnsten Träumen für möglich gehalten hätte.

Innerhalb der Fachwelt galt dieser Vortrag als Sensation. Seit Tesla vor der gleichen Gesellschaft die Funktion seines Mehrphasen-Wechselstromsystems erläutert hatte, war er kein unbeschriebenes Blatt mehr. Die inzwischen offenkundige wirtschaftliche Bedeutung dieses Systems hatte nicht nur die Ingenieure begreifen lassen, daß es sich hier um einen intellektuellen Entwurf allerersten Ranges handelte. Die Experimente mit hochfrequenten Strömen von hoher Spannung waren allerdings noch weit spektakulärer. Die knisternden Funkenentladungen, die aufblitzenden Hochspannungsflammen, die strahlend hellen neuartigen Lampen, die faszinierenden Effekte, die Tesla mit seinen Strömen erzeugen konnte – angesichts dieser unglaublichen Phänomene verschlug es seinen verblüfften Zuschauern die Sprache.

Ein Mann, der innerhalb von nur zwei Jahren mit zwei derartig bahnbrechenden Entdeckungen an die Öffentlichkeit trat, mußte mehr als genial sein. Die Nachrichten über die neuen Errungenschaften verbreiteten sich wie ein Lauffeuer um die ganze Welt. Teslas Ruhm stand nun auf einem zweifachen Fundament.

Aber der weltweite Ruhm, in dessen Genuß Tesla nun kam, hatte auch nachteilige Seiten. Hätte Tesla nicht einiges Vergnügen an dem Spektakel der Heldenverehrung gehabt, das nun um seine Person entfacht wurde, wäre er sicherlich ganz der »Übermensch« geblieben, der er sein wollte. Doch schließlich waren erst fünf Jahre vergangen, seit er hungrig und ohne einen Penny in der Tasche durch die Straßen von New York gelaufen war. Es war in der Tat erst fünf Jahre her, daß er gemeinsam mit den unzähligen Arbeitslosen um einen der wenigen, harten und schlechtbezahlten Jobs anstehen mußte, während ihm der Kopf nur so von den bedeutenden Erfindungen dröhnte, die er der Welt zu schenken hatte. Damals wollte ihn kein Mensch anhören – und nun feierte ihn die intellektuelle Elite des Landes als Genie ohnegleichen.

Für das New York des Jahres 1891 war Teslas Gestalt eine aufsehenerregende Erscheinung. Ein schlanker, großgewachsener, gutaussehender junger Mann von dunklem Typ, der sich seltsam, doch sorgfältig kleidete, perfekt Englisch sprach und stets einen Hauch der in jenen Tagen höchst bewunderten europäischen Kultur um sich verbreitete – wer immer ihm begegnete, war von seiner außergewöhnlichen Persönlichkeit beeindruckt. Hinter dem stillen, in sich gewandten Auftreten und der extremen Bescheidenheit, die schon an übertriebene Schüchternheit grenzte, verbarg sich der Geist jenes Genies, das mit seinen Vorführungen alle Welt in seinen Bann geschlagen hatte. Zwar verstand kaum jemand wirklich etwas von diesen Dingen, aber die elektrischen Wunder waren eben in aller Munde. Und der Mann, der sie getan hatte, war nicht einmal fünfunddreißig Jahre alt, hatte soeben seine erste Million verdient und war außerdem noch Junggeselle.

Solch ein Mann mußte im lebenslustigen New York der frühen neunziger Jahre einfach zu einer schillernden Gestalt werden. Es gab nicht gerade wenige Mütter, die ihre heiratsfähigen Töchter nur gar zu gern mit dieser guten Partie vekuppelt hätten. Die Spitzen der Gesellschaft betrachteten ihn als eine Zierde ihrer Salons. Wer in Industrie und Wirtschaft Rang und Namen hatte, wollte sich seiner Bekanntschaft vergewissern. Und die intellektuelle Elite sah in seinen unglaublichen Errungenschaften einen nie versiegenden Quell der Anregung.

Mit Ausnahme der formellen Diners speiste Tesla stets allein; ein Essen unter vier Augen, noch in Gesellschaft einer Frau, kam für ihn unter gar keinen Umständen in Frage. Wie sehr eine Frau ihn auch anschwärmte oder seine Gunst zu gewinnen suchte – Tesla hielt beharrlich an seiner unpersönlichen Haltung fest. Im Waldorf-Astoria und im Delmonico's waren ständig besondere Tische für ihn reserviert. Sie befanden sich nicht im großen Speisesaal, sondern in abgetrennten Räumen, weil es ihm äußerst unbehaglich war, dort die Blicke aller anderen Gäste auf sich zu ziehen.

Trotz der Ehrungen, mit denen man ihn nun überhäufte, hatte Tesla nur einen einzigen Wunsch: Er wollte auch weiterhin ungestört seine Versuchsreihen fortsetzen. Schließlich galt es, ein Reich des Wissens zu erkunden, dessen Ausmaße sich noch längst nicht absehen ließen. Die Hochspannung seines Forschungseifers konnte sich durchaus mit der Hochspannung seiner elektrischen Ströme messen; das Tempo, in dem er neue Ideen entwickelte, stand der Impulsgeschwindigkeit seiner Hochfrequenzen kaum nach.

Ihm war bereits klar, daß er sich vor allem auf drei große Forschungs- und Anwendungsgebiete konzentrieren wollte: Auf ein Verfahren zur drahtlosen Energieübertragung, das sein eigenes Mehrphasen-System noch in den Schatten stellen sollte; auf ein völlig neues Beleuchtungssystem; auf ein Verfahren zur drahtlosen Nachrichtenübermittlung. Da hier keine streng voneinander getrennten Forschungsbereiche vorlagen, wollte er die drei Aufgaben parallel in Angriff nehmen. Was sie miteinander verband, war der Umstand, daß es sich bei jedem der von ihm so geliebten Wechselströme um nur einen Ton auf der unermeßlichen Klaviatur kosmischer Schwingungen handelte. Und Tesla wollte hier nicht wie ein Violinist nur jeweils einen Ton dieser Skala spielen, er wollte als Klaviervirtuose volltönende, harmonische Akkorde erklingen lassen. Noch zufriedener wäre er freilich gewesen, hätte er in der Rolle des Dirigenten allen Instrumenten des symphonischen Orchesters zugleich die Vielfalt ihrer Klänge entlocken können. Seine Instrumente waren die elektrischen Geräte, die er sorgfältig auf die Schwingungen der jeweiligen Ströme oder auf die Schwingungen ihrer jeweiligen Umgebung abgestimmt hatte. Die Einsicht, daß er von seinen kühnsten Zielen noch weit entfernt war, setzte seinen Geist unter äußersten Druck und ließ ihn ein Arbeitstempo vorlegen, bei dem jeder gewöhnliche Mensch früher oder später einen vollständigen körperlichen Zusammenbruch erlitten hätte.

Der spektakuläre Vortrag, in dem er im Februar 1891 im Columbia College vor dem American Institute of Electrical Engineers Funktionsweise und Effekte hochfrequenter Ströme hoher Spannungen vorgestellt hatte, schlug genauso heftig ein wie sein vorhergegangener Wechselstrom-Vortrag. Mit beiden hatte er die Pforten zu völlig neuen Forschungsgebieten und deren praktischen Anwendungsmöglichkeiten aufgestoßen. Was er in nur einem dieser Vorträge an Ergebnissen vorgestellt hatte, wäre allein schon ausreichend gewesen, ihm als Arbeitsfrucht eines gesamten Menschenlebens dauernden Ruhm zu verschaffen. Zwei solcher Sensationen – noch dazu in rascher Folge – hätte niemand für möglich gehalten. Doch Tesla hatte den Höhepunkt seiner Karriere offenbar immer noch nicht erreicht; es sah ganz so aus, als würde noch viel wichtige Arbeit vor ihm liegen.

Amerika und Europa überschütteten ihn nun mit der Bitte um weitere Vorträge, doch Tesla entschuldigte sich stets mit dem Hinweis auf den enormen Zeitdruck, den ihm seine Arbeit auferlegt hatte. Die gesellschaftlichen Auftritte, die man ihm nun abforderte, sollten seine Zeit nicht minder belasten. Jede Gruppierung, jede Organisation war bemüht, ihm auf alle nur denkbaren Arten Ehre zu erweisen – und sich damit natürlich auch in seinem Ruhm zu sonnen. Gegen die Aufdringlichkeit solcher Leute, die in ihm lediglich eine schillernde Gestalt sahen, wußte er sich gut zu wehren, aber die »Großwildjäger« jener Tage hatten bald seine Achillesferse gefunden: Wer ihm aufgeweckte Fragen zu seiner Arbeit stellte und ein offenes Ohr für die Träume hatte, in denen er zukünftige Wunder vor sich sah, konnte seiner Aufmerksamkeit sicher sein.

In diesen feineren Netzen hatte Tesla sich bald vollkommen verstrickt. Er fand sich bei einer nicht abreißenden Folge gesellschaftlicher Anlässe als Ehrengast wieder und richtete im Gegenzug vornehme Diners im Waldorf-Astoria aus; anschließend lud er seine Gäste regelmäßig zu einem Besuch des Laboratoriums an der South Fifth Avenue ein. Wenn Tesla sich auf etwas eingelassen hatte, gab es keine halben Sachen. Bei den Diners überließ er nichts dem Zufall; die Speisefolge plante er genauso sorgfältig wie die Bedienung und die Dekoration der Tische. Ob es sich um Fisch, Fleisch oder Geflügel handelte – alles mußte von erlesener Qualität sein; auf den Tisch kamen nur die hervorragendsten Weine der allerbesten Anbaugebiete. Die Tesla-Diners standen stets im Mittelpunkt des Interesses, und wer das Glück hatte, zu einem solchen Essen als Gast geladen zu sein, durfte sich zu einer besonders erlesenen Gruppe der New Yorker Gesellschaft zählen. Tesla saß seinen Diners als überaus sorgsamer Gastgeber vor – oder genauer gesagt: Er legte das Verhalten eines absoluten Monarchen aus alter Zeit an den Tag. Er bestand darauf, jede aufgetragene Speise als erster zu kosten, und es kam nur selten vor, daß er bei dieser Gelegenheit nicht eine Sauce oder einen Wein fand, den er als seiner Gäste unwürdig erachtete und zurückwies.

Wenn die Tafel aufgehoben war, pflegte er die Gäste in sein Laboratorium zu geleiten, und was die Gesellschaft hier an Vorführungen zu sehen bekam, war noch weitaus spektakulärer als das Diner. Tesla hatte ein Gespür für dramatische Auftritte; die seltsamen Apparaturen, mit denen das Laboratorium in Fülle ausgestattet war, schufen den rechten Hintergrund für die phantastischen Demonstrationen offenkundig überirdischer Kräfte: Gegenstände setzten sich in wirbelnde Bewegung, ohne daß eine Hand sie berührt hätte; Vakuumröhren und Glaskugeln leuchteten in so ungewöhnlichen Farben auf, als wäre eine ferne Sonne in die Behältnisse gebannt; knisternde Funken und zischende Flammen schossen aus riesigen Spulen; der schweflige Ozongeruch der elektrischen Entladungen ließ bei den Betrachtern den Eindruck entstehen, als würden sie sich in der Kammer eines Magiers befinden, der in direkter Verbindung mit den brodelnden Abgründen der Hölle stand. Diese Illusion wurde noch verstärkt, wenn Tesla Ströme von vielen hunderttausend Volt durch seinen Körper fließen ließ und in der Hand gehaltene Glühbirnen zum Leuchten, Drähte zum Schmelzen brachte.

Der faszinierende Gedanke, daß man den menschlichen Körper hochfrequenten Strömen von unerhörter Spannung aussetzen könnte, ohne daß er dabei Schaden nehmen würde, war Tesla bereits bei seinen geistigen Experimenten gekommen, noch ehe er den Sachverhalt im Laboratorium überprüfen konnte. Daß die üblichen niederfrequenten Wechselströme einem Menschen einen höchst schmerzhaften Schlag versetzen können, hatte er am eigenen Leibe erfahren müssen. Lichtwellen hingegen verursachen nicht den leisesten Schmerz, wenn sie auf den Körper treffen. Der Unterschied zwischen beiden – so dachte er sich – war im wesentlichen eine Frage der Frequenz. Der Wechselstrom schwang mit 60 Impulsen pro Sekunde; die Lichtwellen erreichten ein Milliardenfaches dieses Wertes.

Irgendwo zwischen diesen beiden Extremen mußte also der Punkt liegen, an dem elektromagnetische Schwingungen keinen Schlag mehr versetzen würden. Tesla nahm an, daß dieser Punkt dem unteren Ende der Skala wesentlich näher sein mußte als dem oberen. Seiner Ansicht nach ließen sich bei dem Schaden, den ein Stromschlag verursachte, zwei Faktoren unterscheiden: Zum einen führte der Hitzeeffekt zur Zerstörung von Gewebe; die Schwere dieser Verbrennungen war allein von der Stromstärke abhängig. Zum anderen reizte jeder einzelne Impuls des Stroms die Nerven; in welchem Maße diese

Nervenreizung als Schmerz wahrgenommen wurde, hing von der Frequenz des Stromes ab.

Unsere Nerven – so wußte Tesla – können in der Sekunde bis zu 700 Stimuli wahrnehmen und weiterleiten. Liegt diese Zahl höher, so empfinden wir nichts. Unsere Nerven verhalten sich also in dieser Hinsicht nicht viel anders als unsere Ohren, die Luftschwingungen oberhalb von 15000 Hertz nicht mehr hören können, oder unsere Augen, die für die kurzwelligen Farben jenseits des violetten Lichts blind sind.

Als Tesla seine Generatoren zur Erzeugung hochfrequenter Wechselströme fertiggestellt hatte, konnte er seine Theorie mit Strömen von bis zu 20000 Hertz überprüfen. Er hatte richtig vermutet: Seine Nerven waren nicht in der Lage, die raschen Impulse zu unterscheiden, wenn er kurzfristig die Pole des Generators berührte. Aber obwohl er keinen Schmerz empfand, waren hier noch so hohe Stromstärken im Spiel, daß es leicht zu einer Zerstörung des Gewebes kommen konnte.

Wandelte er diese Ströme vermittels seines neuentwickelten Luftspulentransformators um, dann konnte er ihre Spannung um ein Hunderttausendfaches steigern und ihre Stärke dementsprechend soweit vermindern, daß eine Verbrennung ausgeschlossen war. Ihm stand nun ein hochfrequenter Strom zur Verfügung, der weder einen unangenehmen Schlag erzeugen noch zu Gewebeschäden führen würde. Er prüfte diese Annahme mit aller gebotenen Vorsicht: Er ließ den Strom nacheinander durch zwei Finger einer Hand, durch einen Arm, durch beide Arme und zuletzt von Kopf bis Fuß durch den gesamten Körper fließen. Kam es dabei zu einer Funkenentladung, so fühlte sie sich an wie ein Nadelstich. Aber auch das ließ sich vermeiden, wenn er dafür sorgte, daß der Funke nicht direkt auf seine Haut übersprang, sondern auf ein Stück Metall, das er etwa in der Hand hielt.[11]

[11] Bei diesen Versuchen kam Tesla noch ein weiterer Effekt zugute – der Skineffekt. Darunter wird die Tatsache verstanden, daß hochfrequente Ströme nur in einer dünnen Oberflächenschicht des Leiters fließen. Mit zunehmender Frequenz des Wechselstromes wird

Die Energie dieser Ströme – sie entspricht dem Produkt von Stromstärke und -spannung – war gleichwohl so hoch, daß sie spektakuläre Effekte erzeugen konnte. Der Strom, der durch seinen Körper floß, ließ Metallstangen schmelzen, Bleiplatten explodieren und Glühbirnen oder Leuchtstofflampen aufleuchten.

Die europäischen wissenschaftlichen Gesellschaften waren nach wie vor darum bemüht, Tesla zu Vorträgen zu bewegen. Schließlich nahm er einige der Einladungen nach Europa an. Er stellte äußerst hohe Anforderungen an das Niveau seiner Vorträge und verwandte viel Zeit auf deren Vorbereitung. Das vorgestellte Material mußte stets neu sein; ein gerade vorgeführtes Experiment wollte er keinesfalls wiederholen. Jede vorgebrachte Behauptung hatte er zuvor so oft überprüft, bis er sie mit absoluter Exaktheit formulieren konnte. Die Vorträge dauerten in der Regel zwei bis drei Stunden und waren randvoll mit immer wieder neuen und respekteinflößenden Darbietungen aus dem reichen Schatz seiner Entdeckungen. Außerdem führte er stets eine große Zahl selbst entworfener und im eigenen Laboratorium angefertigter Geräte vor, anhand derer er seine Ausführungen erläuterte. Ein Tesla-Vortrag war deshalb für die Welt der Wissenschaft ein Ereignis allerersten Ranges. Wer das Glück hatte, daran teilnehmen zu können, durfte sich eines beeindruckenden Erlebnisses gewiß sein.

Tesla hatte zwei Termine vereinbart. Am 3. Februar 1892 wollte er in London einen Vortrag vor der Institution of Electrical Engineers halten, am 15. Februar wollte er in Paris vor der International Society of Engineers reden. Er hatte sich unter anderem auch deshalb zu der Reise entschlossen, weil er bei dieser Gelegenheit seine Familie in

dieser aus dem Inneren auf die Leiteroberfläche gedrängt. Deshalb konstruiert man für hochfrequente Ströme sogenannte Litzen. Bei ihnen erreicht man den Leiterquerschnitt durch das einem Drahtseil ähnelnde Verdrillen vieler dünner Drähte, auf deren Oberfläche der Strom fließt. Bei Teslas Versuchen floß der Strom also auch nur in den obersten Schichten seiner Haut, so daß eine Schädigung anderer Organe ausgeschlossen war. Der Skineffekt wurde Ende des 19. Jahrhunderts/Anfang des 20. Jahrhunderts theoretisch begründet (Gustav Mie 1900) und 1903 von Dolezalek experimentell nachgewiesen.

Gospic besuchen konnte; den letzten Briefen von dort war zu entnehmen, daß es um die Gesundheit seiner Mutter nicht gut bestellt war.

Der Vortrag in England wurde ein voller Erfolg. Die englischen Fachzeitschriften hatten – wie wir noch sehen werden – Tesla die Anerkennung als Entdecker des rotierenden Magnetfeldes streitig gemacht und auch die praktische Bedeutung seines mehrphasigen Wechselstromsystems herunterzuspielen gesucht. Dies entsprach allerdings kaum der wirklichen Haltung der Fachwelt; sowohl Ingenieure als auch Wissenschaftler waren in ihrer Mehrheit von Teslas Entdeckungen begeistert und zollten ihnen ausgiebig Beifall.

Als Tesla in London eintraf, hatte er die Gelegenheit, sich vielerorts mit berühmten Männern auszutauschen. So traf er etwa auf Sir James Dewar, der ihn gemeinsam mit einem Komitee gleichfalls berühmter Wissenschaftler darum bat, seinen Vortrag noch einmal für die Royal Institution zu wiederholen; in diesem Haus hatte einst der unsterbliche Michael Faraday seine Grundlagenforschungen über Elektrizität und Magnetismus betrieben. Doch Tesla konnte bekanntermaßen bis zum Starrsinn an einmal gefaßten Plänen festhalten, und so wies er auch hier alle Bitten entschieden ab. Allerdings hatte er nicht damit gerechnet, daß ihm der Schotte Dewar hinsichtlich des Starrsinns durchaus gewachsen war. Dewar führte ihn zu Faradays Stuhl – für die englische Wissenschaft stand dieses Möbel fast im Ansehen eines Heiligtums – und nötigte ihn dazu, doch auf diesem Thron Platz zu nehmen. Dann beförderte er eine fast ebenso bedeutende Reliquie zutage: Eine Flasche Whisky aus Faradays persönlicher Hinterlassenschaft, die man nun schon seit beinahe einem Vierteljahrhundert verwahrt hatte. Davon bot er Tesla ein halbes Glas an – und trug den Sieg davon. Tesla gab nach und willigte ein, den Vortrag am folgenden Abend zu halten.

Bei der Versammlung der Royal Institution unter dem Vorsitz des bedeutenden englischen Physikers Lord Rayleigh kam alles zusammen, was in der Welt der Wissenschaft Rang und Namen hatte. Nachdem Rayleigh Teslas Darbietung von Experimenten, die Laien wie Fachleuten gleichermaßen ihre Hochachtung abringen mußten, verfolgt hatte, brachte er eine kaum zu überbietende Laudatio auf den Erfinder aus.

Unter anderem sagte er, Tesla besitze eine große Gabe zur Entdeckung grundlegender wissenschaftlicher Prinzipien und empfahl ihm nachdrücklich, all seine Anstrengungen auf eine bedeutende Idee zu konzentrieren.

In dem darauffolgenden persönlichen Gespräch stritt Tesla zwar jede besondere Begabung für die wissenschaftliche Forschung ab; dies dürfte aber aus reiner Bescheidenheit geschehen sein, da er sehr wohl um seine hervorragenden Fähigkeiten in der Entwicklung fundamentaler Erkenntnisse wußte. Gleichwohl gestand er Rayleigh zu, die Konzentration auf eine bedeutende Idee sei eine Anregung, die er ernsthaft in Erwägung ziehen wolle. Es ist allerdings zweifelhaft, ob Rayleigh ihm hier wirklich einen guten Rat gegeben hatte. Teslas Geist vermochte einen Bereich von geradezu kosmischem Ausmaß zu umspannen und war darauf eingestellt, immer wieder mit Riesenschritten in unbekannte Regionen vorzudringen. Mit dem gleichen Recht hätte Rayleigh einem Entdeckungsreisenden empfehlen können, sich häuslich niederzulassen, obwohl er doch dazu geschaffen war, neue Territorien zu erkunden, zu erschließen und für eine Besiedlung vorzubereiten.

Zwei Wochen später hielt Tesla in Paris seine geplanten Vorträge vor der Gesellschaft für Physik und der International Society of Engineers. Es war sein zweiter Parisbesuch, seit er acht Jahre zuvor die Stellung bei der Continental Edison Company aufgegeben und die Stadt verlassen hatte. Kurz nachdem er im Herbst des Jahres 1889 von Pittsburgh nach New York zurückgekehrt war – man hatte ihm um diese Zeit gerade die amerikanische Staatsbürgerschaft erteilt – hatte er sich aus Anlaß der Weltausstellung schon einmal kurz in Paris aufgehalten. Seit jenen Tagen hatte sich der Ruhm seines Mehrphasen-Wechselstromsystems in ganz Europa verbreitet; nun wurde er noch durch die spektakulären Arbeiten mit hochfrequenten Strömen verstärkt. Wie schon zuvor in London bereitete man ihm auch in Paris einen Empfang, der eines Helden würdig gewesen wäre.

Es wäre sicherlich interessant zu erfahren, was der Firmenleitung der Continental Edison Company wohl durch den Kopf ging, als man dort erfuhr, welche bedeutenden Beiträge zu Forschung und Technik aus der Werkstatt ihres ehemaligen Mitarbeiters, den sie seinerzeit durch ihre Pfennigfuchserei verloren hatten, hervorgegangen waren. Als Tesla ihnen 1883 sein Angebot unterbreitet hatte, hätten sie sein komplettes System ohne Frage für weit weniger als die Summe kaufen können, die Westinghouse ihm fünf Jahre später dafür gezahlt hatte.

Tesla überschüttete seine Zuhörer mit einer Flut neuer und faszinierender Erkenntnisse über die Elektrizität. Er überwältigte sie mit einer derartigen Fülle spektakulärer Vorführungen, daß sie nach dem Vortrag nicht mehr zu sagen wußten, was Tesla ihnen im einzelnen gezeigt hatte.

Die Vortragsreihe des Jahres 1892 stand unter dem Titel »Experimente mit hochfrequenten Wechselströmen von hoher Spannung«; nicht wenige der dort dargestellten Entdeckungen haben erst in jüngster Zeit praktische Anwendung im Alltagsleben gefunden und gelten heute als »zeitgenössische« Erfindungen. Beispiele dafür wären etwa das Neonlicht (und andere Lampen auf Edelgasbasis) oder die Leuchtstoffröhren. Ein großer Teil der von Tesla vorgeführten Geräte harrt nach wie vor einer Nutzung; hierzu zählt die Karbonknopflampe, die nur einen einzigen Zuleitungsdraht braucht und auf die wir noch näher eingehen werden. Schließlich wären hier noch einige der zuletzt von ihm entwickelten Vakuumröhren zu nennen, die große Mengen jener geheimnisvollen Strahlung produzierten, die bei uns als X-Strahlen bekannt sind und in Europa – nach dem Mann, der unabhängig von Tesla und auch etwas später damit experimentierte – Röntgenstrahlen genannt werden.

Die Vortragsprotokolle hatten einen Umfang von jeweils etwa 40000 Wörtern; sie verzeichneten ganze Listen von Gerätschaften, die im Verlauf der Vorträge vorgeführt wurden. Erwähnt werden unter anderem »drahtlose« Lampen – leuchtende Röhren, die sich ohne Kabel betrieben ließen – und Motoren, die nur eine einadrige Stromzuführung brauchten oder gleichfalls ohne Kabel auskamen. Die bedeutendste dieser Errungenschaften dürfte allerdings eine Elektronenröhre gewesen sein, die nach Teslas Aussagen eine drahtlose transatlantische Nachrichtenübermittlung ermöglichen würde. Dabei handelte es sich in der Tat um den Prototyp jener Röhren, die wir heute in Radioapparaten, Sendern und anderen elektronischen Geräten verwenden.[12] Auf jede dieser Erfindungen werden wir in Kürze noch genauer eingehen.

Seiner ursprünglichen Planung zufolge wollte Tesla nach Abschluß der Vortragsreihe seiner alten Heimatstadt Gospic lediglich einen kurzen Besuch abstatten, aber die Umstände zwangen ihn dazu, früher als erwartet zu dieser Reise aufzubrechen. Nach dem letzten Auftritt fand er in seinem Pariser Hotel eine Nachricht vor, aus der hervorging, daß seine Mutter inzwischen schwer erkrankt war. Er begab sich auf der Stelle zum Bahnhof und erreichte dort gerade noch einen Zug, der in Richtung Balkan abfuhr. Unterwegs traf er telegraphische Anordnungen über weitere Transportmöglichkeiten und konnte so die Reisezeit zusätzlich noch ein wenig verkürzen. Er traf am Nachmittag in Gospic ein; am Abend starb seine Mutter.

[12] Heute findet man in den Radiogeräten im allgemeinen keine Elektronenröhren mehr, sie sind den Halbleiterbauelementen gewichen. Ihr Nachteil waren die relativ hohen Betriebsspannungen (ca. 380 Volt) und die große Wärmeentwicklung. Diese ergab sich dadurch, daß die für den Betrieb der Röhre notwendigen freien Elektronen durch Erhitzen der Kathode erzeugt wurden. Damit waren auch entsprechend große Gehäuse für die Geräte notwendig. Neben diesen Nachteilen haben Elektronenröhren aber den großen Vorteil, daß man große Ströme quasi leistungsfrei steuern kann (nur durch Potentialschwankungen am Steuergitter). Deswegen finden solche Röhren bei Anlagen mit großen Leistungen – wie es beispielsweise Sender von Radiostationen sind – auch heute noch Anwendungen.

Wegen der unerhörten Spannung, unter der Tesla während der schlaflosen Fahrt von Paris nach Gospic gestanden hatte, war eine Strähne seines Haares über Nacht ergraut. Innerhalb eines Monats sollte sie von allein wieder ihre ursprüngliche, tiefschwarze Farbe annehmen.

Unmittelbar nach dem Tod der Mutter zog Tesla sich eine Krankheit zu, die seine Kräfte für viele Wochen lähmte. Als er wieder genesen war, stattete er seiner Schwester Marica einen zweiwöchigen Besuch in Plaski ab. Von dort aus fuhr er dann nach Belgrad weiter, wo er als Nationalheld empfangen wurde.

Während der durch die Krankheit erzwungenen Wochen der Untätigkeit hatte Tesla Bilanz gezogen und war zu dem Ergebnis gekommen, daß er mit seinen Lebensgewohnheiten in der letzten Zeit durchaus unzufrieden war. Jeder andere an seiner Stelle hätte die Ehrungen, mit denen man ihn in den vergangenen zwei Jahren überhäuft hatte, beglückt entgegengenommen. Doch Tesla erneuerte seinen längst gefaßten Entschluß, nicht zum Opfer menschlicher Schwächen zu werden. Seine Lebensplanung hatte es ihm ermöglichen sollen, die körperlichen und geistigen Grenzen zu überwinden, die normalen Menschen gesetzt waren. Nun konnte er rückblickend sehen, daß er in der Tat übermenschliche Leistungen vollbracht hatte, solange er an seinen übermenschlichen Zielen festgehalten hatte. Er mußte jedoch auch feststellen, daß die gesellschaftlichen Aktivitäten, in die er sich seit seinem New Yorker Vortrag des Jahres 1891 aufgrund der Schmeicheleien der Großwildjäger verstrickt hatte, seine Zeit beträchtlich einschränkten und seiner schöpferischen Leistungsfähigkeit im Wege standen. Der »Übermensch« war hinter den allseits bewunderten Mann zurückgetreten; zwei wertvolle Jahre waren weitgehend verloren. Dazu kam noch das gänzlich unproduktive Jahr, das er bei Westinghouse in Pittsburgh verbracht hatte. Nach diesem einen Jahr hatte er beschlossen, nie wieder für jemand anderen zu arbeiten. Nun beschloß er, seinen zeitraubenden gesellschaftlichen Verpflichtungen ein Ende zu setzen.

Es fiel ihm sicherlich nicht leicht, die guten Vorsätze in die Tat umzusetzen. Die Europareise hatte seinen Ruhm noch vermehrt, und anläßlich seiner Rückkehr nach New York waren triumphale Begrüßungsfeierlichkeiten geplant. Aber er blieb dem einmal gefaßten Entschluß treu und lehnte alle Einladungen ab. Er zog sich in das Hotel Gerlach zurück und führte dort das Leben eines Einsiedlers. All die überschüssige Energie, die er während der langen Abstinenz von seiner täglichen, harten Arbeitsroutine aufgespart hatte, verwandte er nun auf das neue Forschungsprogramm, mit dem er abermals die wissenschaftlichen Wunder bislang gänzlich unbetretener Gebiete erkunden wollte.

7

Auf der Weltausstellung von Chicago – weil sie anläßlich der Feierlichkeiten zum vierhundertsten Jahrestag der Entdeckung Amerikas veranstaltet wurde, hieß sie auch kurz »Kolumbus-Ausstellung« – fand Teslas mehrphasiges Wechselstromsystem seine erste große öffentliche Anwendung. Es war das erste Mal, daß auf einer Weltausstellung die Möglichkeit elektrischer Beleuchtung gegeben war, und die Architekten des Geländes suchten sich in Außenbereichen und Hallen gegenseitig mit spektakulären Beleuchtungseffekten zu übertreffen. Der Zuschlag für die Installation sämtlicher Lichtanlagen und die Stromversorgung der Ausstellung ging an die Westinghouse Electric Company, die hier ihrerseits eine willkommene Gelegenheit sah, die vielfältigen Anwendungsmöglichkeiten des Tesla-Systems zu demonstrieren und deshalb ausschließlich Wechselstromanlagen einrichtete.

War die Weltausstellung von Chicago schon in ihrer Gesamtheit ein Denkmal für Tesla, so bot sich ihm dort noch zusätzlich die

Gelegenheit zu einer eigenen Ausstellung, in der er seine jüngsten Errungenschaften präsentieren konnte. Eins der Exponate war das »wirbelnde Metallei«. Dieses Ei lag auf einer samtüberzogenen runden Platte; sobald man den Strom einschaltete, richtete es sich wie durch Geisterhand auf und fing an, sich mit hoher Geschwindigkeit wie ein Kreisel auf dem spitzen Ende zu drehen. Das Publikum war selbstverständlich von dem vermeintlichen Zaubertrick hingerissen, begriff jedoch recht wenig von der Absicht Teslas, anhand dieses Modells die Wirkungsweise eines von mehrphasigem Wechselstrom erzeugten Drehfeldes zu demonstrieren. Unter den übrigen Exponaten fanden sich freischwebend aufgehängte Glaskolben, die auf nicht minder geheimnisvolle Weise Licht ausstrahlten. Wenn eine dieser Lampen in Teslas Hand aufleuchtete, war das Wunder natürlich perfekt.

Die spektakulärste Vorführung war allerdings der Auftritt, bei dem er eine Million Volt durch seinen Körper strömen ließ – einen jener hochfrequenten Wechselströme mit geringer Stärke, die er mit seinen Generatoren und Transformatoren erzeugen konnte. Seit Edison den Wechselstrom in aller Öffentlichkeit als lebensgefährlich denunziert hatte, waren mittlerweile acht Jahre vergangen, und nun mußte er mit ansehen, wie man bei der Weltausstellung Teslas System seinem Gleichstrom vorzog. Für Tesla war es natürlich die Geste des endgültigen Sieges, als er sich nun viele Minuten lang den höchsten jemals erzeugten Stromspannungen aussetzte, ohne dabei auch nur den geringsten Schaden zu nehmen. Mit diesem bühnenreifen Auftritt nahm Tesla die Herzen des Publikums im Sturm, aber angesichts des weltweiten Ruhms, den ihm die Vorführung einbrachte,verblaßte bedauerlicherweise seine weit größere Bedeutung als Erfinder des mehrphasigen Wechselstroms.

Die nächste bedeutende Anwendung fand das Wechselstromsystem bei dem Projekt, die ungeheure Energie der Niagarafälle nutzbar zu machen.* Die ersten Pläne für eine Nutzung der Niagarafälle

* Wie zweckmäßig das Wechselstromsystem war, hatte sich schon vor dem Niagara-Projekt und der Weltausstellung – jedoch ohne Teslas Wissen – in Europa gezeigt. Dort

gingen bereits auf das Jahr 1886 zurück, aber das Projekt hatte sich zunächst nur recht zäh entwickelt. Schließlich wurde es einer New Yorker Gruppe übertragen, die daraufhin die Cateract Construction Company gründete und Edward Dean Adams mit deren Leitung betraute. Die potentielle Leistung der Niagarafälle wurde auf vier bis acht Millionen Pferdestärken geschätzt, und Adams hatte die feste Absicht, sein Projekt im größtmöglichen Maßstab aufzuziehen. Zu diesem Zweck organisierte er die International Niagara Commission, die die besten Möglichkeiten zur Nutzung der Fälle erkunden sollte, und ernannte den berühmten englischen Physiker Lord Kelvin zu ihrem Vorsitzenden. Außerdem wurde für den besten Vorschlag ein Preis in Höhe von 3000 Dollar ausgesetzt.

Tesla hatte schon dreißig Jahre zuvor als kleiner Junge vorausgesagt, daß er eines Tages die Gewalt der Niagarafälle zähmen werde. Nun war die Gelegenheit da. Und dank der Erfindungen, die er in den letzten Jahren gemacht hatte, besaß er auch die notwendigen Mittel, seine jugendliche Prahlerei in die Tat umzusetzen und die Wasserkraft der Fälle in elektrischen Strom umzuwandeln.

Als Westinghouse von dem Preis erfuhr, den Adams auf das Projekt ausgesetzt hatte, reagierte er jedoch eher ungehalten. »Diese Leute wollen allen Ernstes dreitausend Dollar für Informationen zahlen, die gut und gerne hunderttausend wert sind«, sagte er. »Wenn sie bereit sind, die Sache als echte Geschäftsleute anzugehen, werden wir ihnen auch unsere Pläne vorlegen.« Daß Westinghouse hier hartnäckig an seinen geschäftlichen Vorstellungen festhielt, stellte natürlich für Teslas Wechselstrompläne ein gewisses Hindernis dar. Ein weit größeres Hindernis bildete allerdings der Umstand, daß Lord Kelvin zu den überzeugten Verfechtern des Gleichstroms zählte.

hatte man bereits im Jahre 1891 eine Testanlage errichtet, bei der Wechselstrom mit einer Spannung von 30000 Volt von einem Wasserkraftwerk in Lauffen am Neckar in das 175 Kilometer entfernte Frankfurt geleitet wurde; mit dem Strom betrieb man dort anläßlich einer Elektrizitätsausstellung ein Beleuchtungssystem aus Glüh- und Bogenlampen sowie einen Tesla-Motor.

Schließlich wurden etwa zwanzig Pläne für das Projekt eingereicht, aber nicht einer fand die Billigung der International Niagara Commission; der Preis wurde nicht vergeben. Die großen Elektrizitätsgesellschaften – Westinghouse, Edison General Electric und Thomson-Houston – hatten sich bislang nicht an dem Wettbewerb beteiligt. Sie sollten sich hier erst 1890 einschalten.

Die frühesten Planungen für das Projekt hatten den Einsatz von Wasserrädern vorgesehen, deren mechanische Energie ohne weitere Umwandlung an Ort und Stelle verwertet werden sollte. Es hatte sich allerdings recht schnell herausgestellt, daß die Verwendung von Wasserrädern nur dann sinnvoll war, wenn man mit ihnen Generatoren betreiben und den so erzeugten Strom auf das Umland verteilen würde. Das zweiundzwanzig Meilen entfernte Buffalo würde als große Industriestadt einen guten Abnehmer darstellen; man hoffte auch auf Mittel und Wege, den Strom nach New York zu übertragen und damit das reiche Umland dieser Stadt zu versorgen. Für den Gleichstrom stellten schon die zweiundzwanzig Meilen bis Buffalo eine unüberbrückbare Entfernung dar. Für Teslas Wechselstromsystem hingegen bedeutete diese Strecke nicht das geringste Problem; selbst die Stromlieferung nach New York schien hier nicht ausgeschlossen.

Die Cataract Construction Company hatte sich also für ein hydroelektrisches System entschieden und bat nun Westinghouse Electric und General Electric um Vorschläge und Angebote zu insgesamt drei Generatoreinheiten von je 5000 Pferdestärken Leistung. Beide Gesellschaften reichten Pläne zur Errichtung eines Systems auf der Basis von Teslas mehrphasigem Wechselstrom ein. General Electric – die Nachfolgerin der Edison Electric Company – hatte sich mittlerweile gleichfalls Lizenzrechte zur Nutzung von Teslas Patenten gesichert und schlug ein Dreiphasen-System vor; Westinghouse Electric gab einem Zweiphasen-System den Vorzug. Neben der Ausschreibung zum Bau des Kraftwerks wurden auch noch Angebote zum Bau der Hochspannungsleitung zwischen dem Niagara-Kraftwerk und der Stadt Buffalo ausgeschrieben.

Dies alles erfolgte zu Beginn des Jahres 1895, und im Oktober gab Adams die Ergebnisse der Ausschreibungen bekannt: Der Zuschlag für den Bau des Kraftwerks ging an Westinghouse, der Zuschlag für den Bau der Hochspannungsleitung an General Electric. 1896 stellte General Electric das Leitungssystem fertig, und die Industrie des Umlands und in Buffalo konnte nun mit Strom versorgt werden, ohne daß die atemberaubende Schönheit der Niagarafälle dadurch den geringsten Schaden genommen hätte. Die errichteten Anlagen erwiesen sich als so zweckmäßig, daß Westinghouse den Auftrag für sieben weitere Generatoreinheiten erhielt, die die Gesamtleistung des Kraftwerks auf 50000 Pferdestärken steigerten. Etwas später sollte noch ein von General Electric errichtetes Kraftwerk hinzukommen, das gleichfalls Wechselstrom produzierte. Heutzutage speisen die Niagara-Kraftwerke einen Teil ihrer Energie auf der Basis des Tesla-Systems direkt in das Leitungsnetz der Stadt New York ein.

Der inzwischen emeritierte Yale-Professor und frühere Vorsitzende des American Institute of Electrical Engineers Dr. Charles F. Scott war als Ingenieur für Westinghouse Electric tätig, als man dort mit dem Ausbau des Tesla-Systems beschäftigt war. In einer rückblickenden Würdigung von Teslas Arbeiten (veröffentlicht in *Electrical Engineering*, August 1943, S. 351–355) äußert er über die erfolgreiche Erschließung der Niagarafälle:

> Die simultane Entwicklung des Tesla-Systems und des Niagara-Projekts war ein ausgesprochen glücklicher Zufall. Noch 1890 stand uns kein Verfahren zum Umgang mit derartig hohen Energiemengen zur Verfügung; als man sich dann an den Bau des Wassertunnels zwischen Fällen und Kraftwerk machte, war die Wechselstrom-Technologie schon soweit entwickelt, daß die offizielle Entscheidung zur Nutzung der Tesla-Patente – sie fiel am 6. Mai 1893, exakt fünf Jahre und fünf Tage nach der Genehmigung der Patentrechte – durchaus gerechtfertigt war. Das Niagara-Projekt verdankte seinen Erfolg der Verwendung des mehrphasigen Wechselstroms; und der Wechselstrom konnte umgekehrt durch den Erfolg des Projekts einen ungeheuren Prestigegewinn verbuchen.

Im August des Jahres 1895 konnte der erste Abnehmer mit Strom beliefert werden. Es handelte sich dabei um die Pittsburgh Reduction Company (heute Aluminium Company of America), die nach dem im ereignisreichen Jahr 1886 patentierten Hall-Verfahren auf elektrolytischem Wege Aluminium produzierte. [...]
Ein Jahr später wurde dann auch die 22 Meilen lange Hochspannungsleitung nach Buffalo ihrer Bestimmung übergeben. Im Vergleich mit dem riesenhaften Umfang und der Universalität dieses Systems, das die Einspeisung einer Vielzahl von Energiequellen ermöglichte, nahmen sich die bis dahin üblichen »Stromversorgungssysteme« mit ihren äußerst begrenzten Reichweiten wie Zwerge aus. Mr. Adams sagte damals durchaus zu recht: »Unsere Lampen und Motoren bedurften bislang einer ganzen Reihe unterschiedlicher Stromarten, die sich jeweils nur lokal erzeugen ließen. Das Tesla-Niagara-System hat uns nun in die Lage versetzt, auch weit entfernte Abnehmer mit nur einer einzigen Stromart zu versorgen und diese dann vor Ort in den gewünschten Typus umzuwandeln.«
Das erfolgreiche Konzept des Niagara-Kraftwerks, das mit seinen höchst leistungsfähigen Generatoren lediglich einen Allzweckstrom erzeugte, führte in unmittelbarer Folge zur Errichtung eines ähnlichen Systems in New York – dort nutzte man den Wechselstrom zur Versorgung der Hoch-, Straßen- und Untergrundbahnen sowie zur Elektrifizierung der Eisenbahn; außerdem speiste man ihn über Gleichrichterstationen in die bereits vorhandenen Edison-Systeme ein, sofern man diese nicht ohnehin schon auf Wechselstrom umgestellt hatte.
Im Jahr 1896 kam es zu zwei weitreichenden Entwicklungen, die die weitere Ausbreitung des Mehrphasen-Systems in wirtschaftlicher wie in technischer Hinsicht maßgeblich beeinflussen sollten. Zum einen gelang es der General Electric Company, sich über den Austausch von Patentrechten Lizenzen zur Anwendung von Tesla-Patenten zu verschaffen, die sich in der Folgezeit in nahezu zwanzig Gerichtsverfahren als unanfechtbar erwiesen; zum anderen gelangte mit Sir Charles Parsons die nach ihm benannte Turbine nach Amerika, was George Westinghouse die Möglichkeit gab, das Prinzip seiner frühesten Erfindung – der »rotierenden Dampfmaschine« – auf der Grundlage einer neuen Technologie abermals umzusetzen.

> Die Kolbendampfmaschine hatte zu Beginn des 19. Jahrhunderts die Grenze ihrer Möglichkeiten erreicht; im Verlauf einer hundertjährigen Entwicklung waren hier Geräte mit einer Leistung von bis zu 7500 Pferdestärken entstanden, wie sie etwa die Generatoren der New Yorker Hoch- und Untergrundbahn antrieben. Nun sollte die Dampfturbine in ihren verschiedenartigen Typen die alte Dampfmaschine innerhalb kürzester Zeit verdrängen, da sich mit ihr ein Vielfaches der Leistung selbst der größten Dampfmaschinen erzeugen ließ. Aufgrund dieser Technologie vermag uns heute ein einziges modernes Großkraftwerk mit mehr Strom zu beliefern, als im Jahr 1890 über sämtliche Kraftwerke und Generatoren zur Verfügung stand.

Professor Scott schließt seine Würdigung mit den Worten: »Der gewaltige Aufschwung der Elektrizität seit dem Jahr 1831 – dem Jahr, in dem Faraday seine bahnbrechenden Entdeckungen machte – bis hin zur ersten Installation des Tesla-Systems im Jahr 1896 stellt mit Sicherheit das weitaus bedeutendste Ereignis in der Geschichte der Ingenieurskunst dar.«

Selbst Lord Kelvin, der immerhin bis zur Inbetriebnahme des Systems ein überzeugter Verfechter des Gleichstroms geblieben war, mußte am Ende einräumen: »Teslas Beitrag zur Erforschung der Elektrizität dürfte an Bedeutung kaum zu übertreffen sein.«

Eigentlich sollte also für alle Zeiten nicht der geringste Zweifel an Teslas Leistungen bestanden haben. Tesla hatte nicht nur das magnetische Drehfeld entdeckt, sondern auch gleich den ersten funktionstüchtigen Wechselstrommotor gebaut. Auf der Basis des mehrphasigen Wechselstroms hatte er ein vollständiges Versorgungssystem geschaffen: Die Generatoren zur Stromerzeugung; die Transformatoren zur Erhöhung und Verminderung der Spannung; ein wirtschaftliches Verfahren, mit dem sich die elektrische Energie auch noch über große Entfernungen übertragen ließ. Doch als andere diese Erfindungen für sich beanspruchten, sollte ihnen der Ruhm zuteil werden. Es gelang Tesla zwar schließlich, sein alleiniges Vorrecht zu behaupten, aber unlautere Ansprüche hatten in der Zwischenzeit einen viel zu großen Schaden angerichtet. Bis auf den heutigen Tag haben Wissenschaft, Industrie und Öffentlichkeit es versäumt, Teslas Leistung in vollem Umfang anzuerkennen. Wäre dies jemals geschehen, dann würde sein Name heute kein Stück weit hinter Namen wie Edison oder Westinghouse zurückstehen.

Wie wir gesehen haben, hatte Tesla das Prinzip des magnetischen Drehfelds bereits im Jahr 1882 entdeckt und innerhalb von zwei Monaten zu einem vollständigen System einschließlich aller später patentierten Geräte ausgebaut. Im Jahr 1883 hatte er seine Erfindung dem Vorstand der Continental Edison Company erläutert. 1884 hatte er dem Straßburger Bürgermeister sowie einigen anderen Einwohnern der Stadt ein funktionstüchtiges Modell seines Motors vorgeführt. Im gleichen Jahr war er noch mit seiner Erfindung an Thomas A. Edison herangetreten. 1885 hatte er gehofft, daß die Geldgeber der Tesla Arc Light Company ihn auch bei der Entwicklung seines Wechselstromsystems unterstützen würden. 1887 hatte er sich endlich die notwendige finanzielle Sicherheit verschaffen können und eine Reihe von Generatoren und Motoren gebaut, die Professor Anthony von der Cornell University daraufhin einem erfolgreichen Test unterzog. Am 12. Oktober des gleichen Jahres hatte er die ersten Patente für die grundlegendsten Erfindungen beantragt. Im Verlauf der ersten Monate des folgenden Jahres hatte man ihm diese Patente erteilt. Und am 16. Mai 1888 hatte er die Grundlagen seines Systems in New York dem American Institute of Engineers vorgestellt. Dies alles nur zur Erinnerung.

Die Schwierigkeiten fingen damit an, daß der Physikprofessor Galileo Ferraris im März 1888 der Turiner Akademie einen Aufsatz unter dem Titel »Rotazioni elettrodynamiche« *(elektrodynamische Rotation)* vorlegte. Dies war immerhin sechs Jahre, nachdem Tesla seine Entdeckung gemacht, fünf Jahre, nachdem er seinen ersten Motor vorgeführt, und sechs Monate, nachdem er die Patentrechte darauf beantragt hatte. Professor Ferraris war eigentlich auf dem

Gebiet der Optik zu Hause; sein damaliger Forschungsschwerpunkt war das polarisierte Licht. Aber zu jener Zeit erachtete man es für notwendig, wissenschaftliche Prinzipien anhand eines mechanischen Modells zu erläutern. Ein Modell zur Demonstration des Verhaltens von linear polarisiertem Licht ließ sich leicht finden; die Natur des zirkular polarisierten Lichts stellte Ferraris hier vor ein weit größeres Problem.

Er hatte zwar schon seit 1885 über die Angelegenheit nachgedacht, war aber bisher keinen Schritt weitergekommen. Das änderte sich erst, als er 1888 auf die Wechselströme stieß. Da man Licht damals noch fälschlicherweise für eine kontinuierlich im Äther schwingende Welle hielt, nahm Ferraris die kontinuierlichen Schwingungen des Wechselstroms als Analogie zu den Schwingungen des polarisierten Lichts. Als mechanisches Gegenbild zum zirkular polarisierten Licht stellte er sich nun eine zweite Schwingung vor, die gegenüber der ersten um 90 Grad versetzt war; vermittels dieser im rechten Winkel zur Ausgangsebene wirkenden Kraft konnte er den Dreheffekt verdeutlichen. Damit war er im Grunde auf die gleiche Lösung gestoßen, die Tesla schon sechs Jahre zuvor entwickelt hatte.

Ferraris' Modell bestand aus einem kupfernen Zylinder, der an einem Faden frei beweglich aufgehängt war. Auf diesen Zylinder – er sollte in dem Modell das Licht repräsentieren – wirkten nun zwei rechtwinklig aufeinanderstehende Magnetfelder. Floß ein Strom, dann wurde der Zylinder immerhin soweit in Drehung versetzt, daß er den Faden verzwirnte und sich auf diese Weise selbst anhob. Was Ferraris da gebaut hatte, war sicherlich ein brauchbares Modell zur Erläuterung des zirkular polarisierten Lichts, aber mit einem Motor hatte es kaum etwas gemein. Schließlich war dem Turiner Wissenschaftler auch einzig an der Analogie eines optischen und eines elektrischen Phänomens gelegen, und er hatte mit keinem Wort behauptet, daß es sich hier um einen Motor handele.

In einem nächsten Schritt hatte Ferraris dann das Modell erweitert: Der kupferne Zylinder wurde nun mit einer Achse versehen; die beiden Spulen in je zwei Teile zerlegt, die er jeweils einander gegenüber um den Zylinder anordnete. Das neue Modell erreichte eine Drehzahl von 900 Umdrehungen pro Minute, aber jenseits dieser Maximalleistung verlor es so viel Energie, daß es überhaupt nicht mehr funktionierte. Ferraris hatte statt des Kupfers auch Eisen verwendet, damit aber noch schlechtere Werte erzielt. Aus diesem Grunde ging er davon aus, daß auf der Grundlage seines Modells zukünftig zwar keine Antriebsmaschinen, wohl aber elektrische Meßinstrumente gebaut werden könnten.

Damit hatte Professor Ferraris zur Genüge bewiesen, daß er die grundlegenden Prinzipien Teslas nicht erkannt hatte. Im Gegensatz zu Tesla war der italienische Wissenschaftler zu der Überzeugung gelangt, daß ein magnetischer Eisenzylinder der Funktionsweise seines Modells widersprach. Tesla hingegen – der die theoretischen Grundlagen richtig erkannt und befolgt hatte – konnte schon mit seinem ersten Motor unter Verwendung von eisernen Spulenkernen und einem eisernen Anker eine Energieausnutzung von etwa 95 Prozent und eine Leistung von etwa einer Viertel Pferdestärke erreichen. Die Energieausnutzung von Ferraris' Modell lag bei weniger als 25 Prozent.

Nach Ferraris' Ansicht war damit der Nachweis erbracht, daß es *keinerlei* praktisch anwendbare Möglichkeiten zur Umwandlung eines magnetischen Drehfeldes in mechanische Energie gab, und er war der festen Überzeugung, der wissenschaftlichen Welt damit einen Dienst erwiesen zu haben. Er hatte stets an dieser Schlußfolgerung festgehalten und folglich auch niemals behauptet, er habe das in diesem Zusammenhang von Tesla entdeckte Verfahren in irgendeinem Punkt vorweggenommen. In dem Bewußtsein, daß es sich hier um vollkommen verschiedene Ansätze handelte, hat er ebenfalls niemals Ansprüche auf eine von Tesla unabhängige Erfindung des Wechselstrommotors gestellt. Er hatte sogar umgekehrt zugegeben, daß Tesla seinerseits unabhängig von ihm selbst das Prinzip des magnetischen Drehfeldes entdeckt hatte und vor der Veröffentlichung gar nicht davon gewußt haben konnte.

Trotz alledem erschien am 25. Mai 1888 im Londoner *The Electrician* auf Seite 86 eine knappe Darstellung von Ferraris' Versuchsanordnung, zu der man folgende Bemerkung abdruckte:

> Wir können unmöglich vorhersagen, ob die von Prof. Ferraris entwickelte Anordnung jemals zum Entwurf eines Wechselstrommotors führen wird, aber das zugrundeliegende Prinzip dürfte auch in anderen Bereichen – namentlich bei der Messung elektrischer Ströme – Anwendung finden.

Dabei hatte Professor Anthony schon ein Jahr zuvor Teslas Wechselstrommotoren getestet und anschließend berichtet, daß sie an Leistung den Gleichstrommotoren nicht nachstünden; einige Monate später hatte man die Erteilung der amerikanischen Patente öffentlich bekanntgegeben.

Wir müssen also annehmen, daß die Londoner Herausgeber hinsichtlich der aktuellen amerikanischen Entwicklungen nicht gerade auf dem neuesten Stand waren.

Tesla reagierte unverzüglich. Er wies die Herausgeber auf ihr Versehen hin und legte seinem Brief einen Aufsatz bei, in dem die Funktionsweise seiner Motoren und deren Leistung dargestellt wurde.

Damit löste er beim *Electrician* allerdings nicht gerade Begeisterungsstürme aus. In der nächsten Ausgabe wurde das Thema zwar in einem Editorial zur Sprache gebracht, aber man war offenbar nicht gewillt, hier den Vorrang Teslas gegenüber Ferraris anzuerkennen:

> In unserer Ausgabe vom 25. Mai brachten wir die Zusammenfassung eines Aufsatzes von Prof. Ferraris, der ein Verfahren zur Erzeugung eines rotierenden magnetischen Feldes vermittels eines rechtwinklig zueinander angeordneten und von Wechselstrom durchflossenen Spulenpaares zum Inhalt hatte. Anläßlich dieses Berichtes wiesen wir darauf hin, daß jenes Prinzip möglicherweise bei der Konstruktion eines Wechselstrommotors Anwendung finden könnte. In dieser Ausgabe drucken wir nun ein von Mr. Tesla eingesandtes Papier ab, das einen exakt auf diesem Prinzip basierenden Motor beschreibt. (Band XX, S. 165, 15. Juni 1888)

Auf den Umstand, daß Ferraris einen solchen Motor für unmöglich gehalten, Tesla ihn aber erfolgreich gebaut hatte, fehlt jeglicher Hinweis.

Diese abweisende Haltung gegenüber den jüngsten amerikanischen Entwicklungen zeichnet auch andere in London erscheinende Fachzeitschriften aus. So findet sich ein knappes Jahr später in einem Editorial der *Electrical Review* (Band XXVIII, S. 291, 6. März 1891) etwa die folgende Bemerkung:

> Seit den Tagen, in denen Prof. Ferraris seine diesbezüglichen Forschungen unternahm, in denen er mit Tesla, Zipernowski und anderen eine ganze Reihe von Nachfolgern fand, kommt uns immer wieder zu Ohren, daß das Problem des Wechselstrommotors gelöst sei.

Um diese Zeit war die Westinghouse Company bereits im Begriff, Teslas Mehrphasen-System in den Vereinigten Staaten erfolgreich kommerziell zu nutzen. Aber in der Londoner Fachpresse wurde Teslas Leistung mit keinem Wort gewürdigt.

Am 17. März 1891 sandte Tesla der *Electrical Review* einen Brief, in dem er sich gegen derartige Darstellungen verwahrte. Der Brief wurde einige Wochen später (Band XXVIII, S. 446) in der *Review* abgedruckt. Dort heißt es unter anderem:

> In sämtlichen zivilisierten Ländern werden Patente nur dann erteilt, wenn die Neuigkeit der Erfindung weitgehend außer Frage steht. Als der erste Bericht über die Versuchsanordnung Prof. Ferraris' in Italien publiziert wurde, besaß ich bereits seit sechs oder sieben Monaten die Rechte an den fraglichen Patenten. [...] Nun muß ich in Ihrer Ausgabe vom 6. März lesen: »Seit den Tagen, in denen Prof. Ferraris seine diesbezüglichen Forschungen unternahm, in denen er mit Tesla, Zipernowski und anderen eine ganze Reihe von Nachfolgern fand, kommt uns immer wieder zu Ohren, daß das Problem des Wechselstommotors gelöst sei.«
>
> Niemand kann behaupten, daß ich die Arbeiten von Prof. Ferraris nicht anerkennen würde, und ich hoffe sehr, daß die folgenden Ausführungen aus diesem Grunde nicht mißverstanden werden. Selbst

wenn Prof. Ferraris seinen Aufsatz vor der Erteilung meiner Patente veröffentlicht hätte, müßte man doch gerechterweise anerkennen, daß es sich bei dem ersten praktisch verwertbaren Wechselstrommotor um mein Werk handelt – und dies nicht zuletzt, weil Prof. Ferraris dort seiner Anordung keinerlei praktischen Wert für die Erzeugung mechanischer Energie zugemessen hat. [...]
Hinsichtlich der grundlegenden Bestandteile des Systems – der Generatoren zur Erzeugung von Strömen mit zwei oder drei gegeneinander verschobenen Phasen, dem dreiadrigen Leitungssystem, der geschlossenen Ankerwicklung, den Motoren mit Gleichstromfeldern, etc. – sind meine Erfindungen vollkommen eigenständig. An diesem Umstand würde sich selbst dann nichts ändern, wenn Prof. Ferraris seinen Aufsatz um Jahre früher veröffentlicht hätte. [...]
Obgleich diese Tatsachen zum überwiegenden Teil in England wohlbekannt sind, muß ich einigen Zeitschriften entnehmen, daß einer der führenden englischen Physiker ohne Umschweife behauptet, ich hätte lediglich die von Prof. Ferraris angeregten Forschungen weiter verfolgt; in Ihrer Zeitschrift werde ich gar als »Nachahmer« betitelt. Wo bleibt da – so muß ich Sie fragen – die in aller Welt gerühmte englische Fairness? Als Pionier auf dem Gebiet der Elektrizität lasse ich mich keinesfalls der bloßen Nachahmung bezichtigen. Wenn meine Arbeiten nicht von höchster Eigenständigkeit wären, hätte ich sie niemals in Angriff genommen.

Wenn die *Electrical Review* diesen Brief Teslas auch abdruckte, so drückte sie doch weder ihr Bedauern über die vorausgegangene Fehlinformation aus, noch erkannte sie die Bedeutung seiner Arbeiten in vollem Umfang an.

Charles Proteus Steinmetz, der später als »elektrischer Zauberkünstler« der General Electric Company einige Berühmtheit erlangen sollte, eilte Tesla zur Hilfe und legte dem American Institute of Electrical Engineers ein Papier vor (Abhandlungen des A.I.E.E., Band VIII, S. 591, 1891), in dem es hieß: »Ferraris hatte im Grunde nur ein kleines Spielzeug gebaut; soweit mir bekannt ist, basierten seine Magnetstromkreise nicht auf Eisen, sondern auf Luft – obwohl das kaum einen Unterschied ausmacht.«

Auch andere amerikanische Ingenieure sprachen sich zugunsten Teslas aus.

Auf die Frankfurter Industrieausstellung, die im Jahr 1891 in Deutschland stattfand, ist bereits weiter oben hingewiesen worden. Zu dieser Ausstellung hatte auch die amerikanische Marine einen Beobachter entsandt: Der Ingenieur Carl Hering, der bereits eine Vielzahl von Artikeln in technischen Zeitschriften veröffentlicht hatte, sollte sie über möglicherweise interessante Neuentwicklungen informieren. Unglücklicherweise hatte Hering es leider versäumt, sich vor der Abreise über Teslas Erfindungen und Patente kundig zu machen.

Nun war die erste öffentliche Anwendung des Tesla-Systems selbstverständlich die alles überragende Neuheit, die auf der Ausstellung vorgeführt wurde. Die elektrische Beleuchtung des Gebäudes sowie des umliegenden Geländes wurde mit einem dreiphasigen Wechselstrom betrieben, den man mit einer Spannung von 30000 Volt aus dem weit entfernten Wasserkraftwerk in Lauffen nach Frankfurt geleitet hatte. Außerdem wurde auf der Ausstellung noch ein Elektromotor von zwei Pferdestärken Leistung gezeigt, der ebenfalls mit dem dreiphasigen Strom betrieben wurde.

Hering erkannte sofort die Bedeutung dieser Neuheiten und erstattete seinen Auftraggebern voller Begeisterung Bericht über die vermeintlich deutschen Erfindungen. In einem Artikel für die New Yorker *Electrical World* lobte er sie als Arbeiten von Dolivo Dobrowolsky und beschrieb Motor wie Übertragungssystem als äußerst bedeutende wissenschaftliche Leistungen von unerhörter wirtschaftlicher Bedeutung. Offenbar war in Deutschland der Eindruck entstanden, daß sämtliche anderen Erfinder den Kern der Sache verfehlt hätten und Verdienst für dieses wegbereitende System allein Dobrowolsky zukam. Hering war keineswegs der einzige, der diesem Irrtum aufsaß.

Als der amerikanische Ingenieur Ludwig Gutman als Delegierter am Frankfurter Electrizitäts-Kongreß teilnahm, legte er dieser

Körperschaft ein Papier mit dem Titel »Der Erfinder des magnetischen Drehfeldes« vor, in dem er diese Behauptungen scharf zurückwies. Dort hieß es:

> Da wir in Amerika schon seit geraumer Zeit die Möglichkeit haben, mit dem Wechselstromsystem und den Tesla-Motoren Erfahrungen zu sammeln, muß ich mich energisch gegen eine Äußerung verwehren, die unlängst von Herrn von Dobrowolsky anläßlich einer Versammlung der *Electrotechnischen Gesellschaft* hier in Frankfurt zu hören war. Er hat dort gesagt: »Ich denke, daß ich nun mit Fug und Recht behaupten kann, das Problem der Elektromotoren für die Verwendung bei kleineren und größeren Aufgaben damit in vollem Umfang gelöst zu haben.« Diese Behauptung ist ganz offenkundig unrichtig. Das fragliche Problem war bereits im Jahr 1889 in theoretischer sowie auch in praktischer Hinsicht gelöst. (*Electrical World* vom 17. Oktober 1891)

In einer Mitteilung an die *Electrotechnische Zeitschrift* (dort abgedruckt auf Seite 149f.) nahm Dobrowolsky noch im gleichen Jahr seine Äußerung teilweise zurück. Er beanspruchte nun lediglich das Recht an der Erfindung des ersten praktisch verwendbaren Wechselstrommotors und stützte sich dabei auf die Behauptung, der zweiphasige Tesla-Motor habe noch bis zu 40 Prozent störende Feldschwingungen aufgewiesen, während er selbst diesen Wert bei seinem in Frankfurt gezeigten dreiphasigen Motor auf einen Bruchteil verringert habe.

Auch dieser eingeschränkte Anspruch sollte sich als unhaltbar erweisen. Dobrowolsky zog damit die Empörung der englischen und amerikanischen Fachwelt auf sich; sogar der Chefingenieur der Frankfurter Anlage wandte sich gegen ihn.

Dr. Michael I. Pupin von der ingenieurswissenschaftlichen Fakultät der Columbia University hatte Dobrowolskys Ansprüche genau untersucht und war zu dem Schluß gekommen, daß dieser die grundlegenden Prinzipien des Tesla-Systems unmöglich verstanden haben konnte. Außerdem stellte er fest, daß Dobrowolskys Dreiphasen-

System durchaus in dem Komplex von Teslas Erfindungen enthalten war. (*Electrical World*, 26. Dezember 1891)

Schließlich meldete sich auch C. E. L. Brown, der als leitender Ingenieur für die Frankfurter Anlage samt Kraftwerk, Hochspannungsleitung und Dobrowolsky-Motor zuständig war, zu Wort und bezog im Streit um die älteren Ansprüche eine entschiedene Position. Browns Brief an die *Electrical World* schloß mit den folgenden Worten: »Der in Frankfurt verwendete dreiphasige Wechselstrom geht ohne Frage auf die Arbeiten von Mr. Tesla zurück und wird in dessen Patentschriften eindeutig beschrieben.« (*Electrical World*, 7. November 1891)

Daneben sandte Brown noch Zuschriften gleichen Inhalts an weitere Fachzeitschriften und bezichtigte darin Carl Hering, die Angelegenheit von Anfang an falsch dargestellt zu haben.

Die Folge dieser Kritik war ein Antwortschreiben Herings, das die *Electrical World* am 6. Februar 1892 brachte:

> Auf die Zuschriften von Mr. C. E. L. Brown an die Electrical World und diverse andere Zeitschriften, in denen er immer wieder darauf beharrt, daß ich die Arbeiten Mr. Teslas zum Prinzip des Drehstroms nicht ausreichend gewürdigt hätte, kann ich nur folgendes entgegnen: Ich bin jederzeit dazu bereit, Mr. Teslas Arbeiten den gebührenden Respekt zu zollen. Ich habe ihn stets als den eigentlichen Erfinder des magnetischen Drehfeldes betrachtet und denke, ihn auch in meinen Artikeln immer als den Mann dargestellt zu haben, der diese Prinzipien als erster in praktische Anwendungen umzusetzen vermochte. Sollte ich das Ausmaß seiner Arbeiten einmal nicht in vollem Umfang gewürdigt haben, so dürfte die Ursache dieses Fehlers nicht zuletzt bei Mr. Tesla persönlich zu suchen sein. Seine Bescheidenheit (oder vielleicht auch sein Stolz) haben ihn offenbar daran gehindert, seine Errungenschaften der Welt bekannt zu machen. Während ich die Artikel verfaßte, die diese Debatte ausgelöst haben, waren mir Mr. Teslas Patentschriften einfach nicht zugänglich. Aus diesem Grunde konnte ich seinerzeit auch nicht mit Sicherheit sagen, an welchen Punkten der elektrischen Vorrichtungen Mr. Dobrowolsky eigene Verbesserungen vorgenommen hatte. [...]

> Obwohl nicht auszuschließen ist, daß Dobrowolsky seine Erfindungen unabhängig von Tesla gemacht hat, gesteht dieser Teslas Arbeit den zeitlichen Vorrang zu. [...] Ich bin vollkommen sicher, daß sich der Streit angesichts der Bescheidenheit dieser beiden Herren unverzüglich beilegen ließe. Was den zeitlichen Vorrang betrifft, kann ich hier vielleicht noch eine interessante zusätzliche Mitteilung machen: Im vergangenen Sommer äußerte Prof. Ferraris mir gegenüber mit aller gebotenen Zurückhaltung, daß er zwar schon Jahre vor den ersten Veröffentlichungen Mr. Teslas Versuche mit dem magnetischen Drehfeld angestellt habe, dieser seiner Ansicht nach aber unmöglich Kenntnis davon gehabt haben könne und deshalb als unabhängiger Erfinder betrachtet werden müsse. Er stellte ferner fest, daß Tesla die Prinzipien in einem weit höheren Maße entwickelt habe als er selbst.

Amerikanische, deutsche und italienische Wissenschaftler und Ingenieure waren klar und deutlich dafür eingetreten, daß Tesla ganz allein der Ruhm für die Entwicklung des mehrphasigen Wechselstromsystems und all seiner Details gebührte. Die französische und britische Fachpresse nahm bald darauf ebenfalls diese Haltung ein.

Im Jahr 1892 wurde Tesla also von der Fachwelt allseits als der unbestrittene Erfinder des Wechselstrommotors und des Mehrphasen-Systems anerkannt. Als er in den folgenden Jahren mit der Weltausstellung von Chicago und mit dem erfolgreichen Niagara-Projekt noch einen weit größeren Bekanntheitsgrad erreicht hatte, wagte niemand mehr gegen ihn aufzustehen und ihm diesen Anspruch streitig zu machen.

Nach einiger Zeit wurden jedoch immer wieder Ansprüche auf Verbesserungen an Teslas Erfindungen geltend gemacht; allenthalben versuchte man, diese vermeintlichen »Verbesserungen« in klingende Münze umzusetzen. Die Westinghouse Company war als Inhaberin der Patentrechte natürlich darum bemüht, gegen etwaige Rechtsbrüche vorzugehen und strengte an die zwanzig Patentprozesse an. Jedes einzelne dieser Verfahren wurde zugunsten Teslas entschieden.

Ein gutes Beispiel für einen derartigen Urteilsspruch ist die Entscheidung, die Richter Townsend vom obersten Gerichtshof des

Staates Connecticut im September des Jahres 1900 anläßlich eines Verfahrens fällte, bei dem es um die allererste Gruppe von Teslas Patenten ging. Dort hieß es unter anderem:

> Es sollte dem Genie Teslas überlassen bleiben, die ungebärdigen und bislang ungezähmten Elemente zu bändigen, die Naturkräfte der menschlichen Kunstfertigkeit zu unterwerfen und sie in das Joch seiner Maschinen zu zwingen. Er war der erste, der das Spielzeug des François Arago zu einer Kraftmaschine ausbaute, der erste, der die »Laboranordnung« Walter Baileys zu einem praktisch verwendbaren Motor weiterentwickelte; der erste, der ein bloßes Meßinstrument zu einem Gerät machte, mit dem sich Bewegungsenergie erzeugen läßt. Tesla kam als erster auf den Einfall, den bis dahin allgemein als hinderlich betrachteten stetigen Richtungswechsel von Wechselströmen in ein wirbelndes Kraftfeld, in Rotationsenergie umzuwandeln.
> Wo andere unüberwindbare Hindernisse, unpassierbare Stromschnellen, übermächtige Gegenkräfte sahen, gab er nicht auf, und am Ende gelang es ihm, die gewaltigen Energien der Niagara-Fälle zu bändigen, ihnen eine gemeinsame Richtung zu geben und dadurch Motoren in weit entfernten Städten mit dem dort produzierten Strom zu versorgen.

Durch die ausnahmslos positiven Gerichtsurteile zog sich Tesla freilich auch den Groll und Unmut derjenigen zu, die ihm gegenüber ohnehin schon eine feindselige Haltung eingenommen hatten – und dies, obwohl er seit gut zehn Jahren nicht den geringsten persönlichen Vorteil aus seinen Patenten gezogen hatte.

Der spätere Vizepräsident des American Institute of Electrical Engineers, B. A. Behrend, beschrieb sehr eindrucksvoll die Situation, die sich nun entwickelte:

> Es ist nun einmal charakteristisch für Dummköpfe, stets von einem Extrem ins andere zu fallen. Dieselben Leute, die Mr. Tesla früher blinde Bewunderung entgegengebracht und ihn auf geradezu närrische Weise mit Lob überschüttet haben, wenden sich nun von ihm ab und geben sich alle Mühe, ihn lächerlich zu machen. In diesem Geschehen liegt etwas zutiefst Melancholisches, und ich persönlich

> vermag nicht an Nikola Tesla zu denken, ohne daß mich die wärmsten Gefühle für diesen Mann erfüllen. Ungerechtigkeit und Undank, wie er sie jetzt von Seiten der Öffentlichkeit wie auch von Seiten unseres Berufsstandes erfahren muß, sind zutiefst verabscheuungswürdig. (*Western Electrician*, September 1907)

Die Aussagen von Wissenschaftlern, Ingenieuren und Gerichten haben es klar und deutlich belegt, daß Tesla der Ehrentitel eines bedeutenden Pioniers auf dem Gebiet der Elektrizität zukommt. Als Entdecker grundlegender Prinzipien und Erfinder wichtiger Geräte hat er die Fundamente geschaffen, auf denen unsere moderne Stromversorgung erbaut werden konnte. Nikola Tesla steht damit fraglos als Genie ohnegleichen da. Ohne ihn hätte die Welt nicht den Schritt in das Zeitalter der Elektrizität tun können; erst seine Leistung machte unsere moderne industrielle Massenproduktion möglich. Deshalb können wir mit Fug und Recht behaupten, daß der Name Tesla heute in der gesamten Welt der Technik allen anderen Namen voranstehen sollte.

ZWEITER TEIL

GLÜCK UND RUHM

8

Als Tesla im März des Jahres 1893 nach den Vortragsreisen in sein Laboratorium zurückgekehrt war, hatte er sämtliche gesellschaftlichen Verpflichtungen aus seiner Lebensplanung gestrichen. Schier vor Energie berstend hatte er sich nun in die Arbeit an seinem neuartigen Verfahren zur drahtlosen Nachrichtenübermittlung gestürzt. Als erstes führte er hier eine Reihe von Versuchen durch, mit denen er das Prinzip der Abstimmung elektrischer Schwingkreise weiter verfeinern wollte und baute bei dieser Gelegenheit mehr als hundert unterschiedliche Spulen und Kondensatoren, die eine Vielzahl elektrischer Resonanzcharakteristika aufwiesen; daneben entstand noch eine ganze Anzahl von Generatoren zur Erzeugung hochfrequenter Ströme. Er besaß nun die Voraussetzungen, seine Sende- und Empfangsvorrichtungen auf beliebige Frequenzen und Wellenlängen abzustimmen.

Er konnte zeigen, daß jede der hundert Induktionsspulen auf genau eine Wellenlänge reagierte, während die anderen jeweils inaktiv blieben. Dabei mußte er allerdings die Feststellung machen, daß sich die abgestimmten Induktionsspulen ähnlich wie die Saiten eines Musikinstruments verhielten: Sie schwangen nicht nur im Grundton, sondern auch in einer großen Zahl höherer und tieferer Harmonietöne. Diese Eigenschaft war beim Entwurf von Sende- und Empfangsantennen zwar recht nützlich, aber sie schien gegen eine klares und eindeutiges Resonanzverhalten der Spulen zu sprechen. Bei den geringen Entfernungen und starken Strömen, die Tesla im Laboratorium verwendete, bedeuteten diese Obertöne in der Tat ein Hindernis. Lag jedoch eine größere Entfernung zwischen Sende- und Empfangsspule, dann war der Effekt kaum noch spürbar.

Tesla mußte einsehen, daß es für eine umfassende Vorführung seines geplanten weltweiten Systems zur Nachrichten- und Energieübertragung noch zu früh war und entschied sich für eine Kompromißlösung. Mit kleineren Sende- und Empfangsstationen könnte er die Leistungsfähigkeit des Systems wenigstens innerhalb einer begrenzten Reichweite demonstrieren.

Dieses Vorhaben kündigte er am 22. Juli 1894 in der Zeitschrift *The World* in einem Interview mit dem berühmten Herausgeber Arthur Brisbane an:

> Sie würden mich vielleicht für einen weltfernen Träumer halten, wenn ich Ihnen mitteile, was ich mir wirklich von diesen Plänen erhoffe. Ich möchte hier nur soviel sagen: Ich bin absolut zuversichtlich, daß eine weltweite Nachrichtenübertragung auf kabellosem Wege möglich ist. Außerdem sehe ich sehr gute Chancen für eine gleichfalls kabellose und vollkommen verlustfreie Übertragung elektrischer Energie. Ich habe nicht den geringsten Zweifel, daß sich die Übermittlung von Nachrichten quer durch den Erdball hindurch als großer Erfolg erweisen wird. Um dies zu bewerkstelligen, muß ich zuvor nur exakt ermitteln, welche Schwingungswerte entstehen, wenn die elektrische Masse des Erdballs durch einen Impuls gestört wird. Meine Sendevorrichtung muß auf die gleichen Schwingungszahlen kommen, damit sie sich in Einklang mit der Erdelektrizität befindet.

Während des folgenden Winters entwickelte er die für seinen Zweck geeigneten Sende- und Empfangsstationen. Die Geräte funktionierten vorzüglich, und zwar sowohl innerhalb seines Laboratoriums als auch zwischen zwei weiter entfernten Punkten in der Stadt. Aber wie ein Künstler, der sich mit seinem Werk niemals zufriedengibt und immer wieder kleine und kleinste Änderungen vornimmt, arbeitete er weiter und versah die Geräte mit einer Reihe von Verbesserungen. Er wollte ganz sicher gehen, daß der endgültige Test ein Erfolg würde. Im Frühjahr sollte die Empfangsstation auf einer Barkasse den Hudson hinauf befördert werden und so die Leistungsfähigkeit des Systems über größere Entfernungen beweisen.

Doch wie es schon zwei Jahrtausende zuvor Julius Caesar geschehen war, so sollte auch über Tesla an den Iden des März die Tragödie hereinbrechen. Der 13. März des Jahres 1895 wurde zu seinem

Unglückstag. In der unteren Etage des Gebäudes, das sein Laboratorium beherbergte, brach ein Feuer aus. Das gesamte Haus wurde schwer beschädigt; die beiden Etagen, in denen sich die Werkstätten befanden, wurden samt Einrichtung und Geräten vollkommen zerstört. Kein einziges Stück konnte gerettet werden. Tesla hatte den Großteil seines Vermögens in die Anlagen investiert, an denen er gerade arbeitete. Versicherungen hatte er keine abgeschlossen. Der Verlust war total.

Dabei hatte der finanzielle Verlust noch den geringsten Anteil an dem Schock, den Tesla durch den Brand erlitt. Die verlorenen Gerätschaften und die unzähligen Versuche, die er mit ihnen durchgeführt hatte, waren zu einem Teil seiner selbst geworden. Sein gesamtes Lebenswerk war vernichtet. Sämtliche Papiere, Aufzeichnungen, Arbeiten – darunter auch die berühmten Exponate für die Weltausstellung – waren ein Raub der Flammen geworden. Das Laboratorium, in dem er einst der gesellschaftlichen und geistigen Elite New Yorks seine Wunder vorgeführt, in dem er die berühmtesten Frauen und Männer des Landes und der ganzen Welt zum Staunen gebracht hatte, lag in Schutt und Asche. Und diese Tragödie war genau in dem Augenblick über ihn hereingebrochen, als er dazu bereit war, sein System zur drahtlosen Nachrichtenübermittlung einem ersten Test über größere Entfernungen zu unterziehen.

In finanzieller Hinsicht war Tesla nun in einer äußerst heiklen Lage. Das Laboratorium war Eigentum der Tesla Electric Company, die sich wiederum im Besitz Teslas und K. A. Browns befand. Brown hatte – wir erinnern uns – seinerzeit gemeinsam mit einem weiteren Gesellschafter die Entwicklung des mehrphasigen Wechselstromsystems finanziert, bevor es für eine Million Dollar an die Westinghouse Company verkauft wurde. Wir haben bereits erwähnt, daß ein Teil dieser Summe an die Gesellschafter ausgeschüttet, ein weiterer Teil in die Finanzierung neuer Versuchsreihen gesteckt wurde. Die Reserven der Gesellschaft waren damit erschöpft, und auch Teslas private Rücklagen waren kaum der Rede wert. Aus Deutschland flossen ihm einige Lizenzgelder für die Nutzung seiner Motoren- und Generatorenpatente zu, von denen er ein angemessenes Leben bestreiten konnte. Aber zum Aufbau und zur Unterhaltung eines neuen Laboratoriums reichten diese Summen bei weitem nicht aus.

Doch nun eilte E. D. Adams, der als aktiver Kopf der Morgan-Gruppe das Niagara-Projekt geleitet hatte, Tesla zur Hilfe. Er schlug die Gründung einer neuen Gesellschaft vor, die den nötigen Hintergrund für eine Fortführung der Versuchsreihen bereitstellen sollte und wollte persönlich Anteile im Wert von 100000 Dollar einbringen – das Gesamtvermögen der Gesellschaft sollte sich auf eine halbe Million belaufen.

Dank dieser Unterstützung konnte Tesla die Einrichtung eines neuen Laboratoriums in Angriff nehmen. Die passenden Räumlichkeiten fand er in der East Houston Street 46; im Juli des Jahres 1895 – vier Monate nach dem Brand – konnte er dort die Arbeit wieder aufnehmen.

Adams hatte als erste Rate auf seine Anteile sofort eine Summe von 40000 Dollar eingezahlt. Er verfolgte Teslas Arbeit mit großem Interesse und verbrachte einen Gutteil seiner Zeit in dem neuen Laboratorium. Anläßlich der erfolgreichen Zusammenarbeit beim Niagara-Projekt hatte er Tesla als einen in technischer Hinsicht ausgesprochen praktisch denkenden Mann kennengelernt und war nun von dessen Plänen zur drahtlosen Nachrichten- und Energieübertragung tief beeindruckt. Er bot an, noch über die ursprünglich vereinbarte finanzielle Unterstützung hinauszugehen und schlug Tesla vor, doch seinen Sohn als aktiven Partner an den Planungen zu beteiligen.

Solch ein Arrangement hätte eine Allianz zwischen Tesla und der finanzkräftigen Morgan-Gruppe ermöglicht. J. P. Morgan hatte seinerzeit als Geldgeber und finanzieller Berater die Gründung der General Electric Company maßgeblich unterstützt und den Bau der Waterside Station – Edisons ersten New Yorker Großkraftwerks – gefördert. Auch hinter dem Niagara-Projekt, das dem Tesla-System zum entscheidenden Durchbruch verholfen hatte, stand eine Morgan-

Gruppe. Der aus einem Zusammenschluß mit Morgan entstehende Prestigegewinn würde möglicherweise die finanziellen Vorteile noch bei weitem übersteigen. Tesla würde damit nicht nur seine finanzielle Zukunft absichern, er hätte sich auch die Unterstützung eines Mannes versichert, der als eines der weltweit besten Organisations- und Werbetalente galt. Was sich mit dem Brand als Tragödie angelassen hatte, könnte sich so im Nachhinein noch als wahrhafter Segen erweisen.

Tesla traf seine Entscheidung. Wir werden nie erfahren, von welchen Überlegungen er sich dabei leiten ließ. Jedenfalls lehnte er Adams' Angebot ab. Vom praktischen Standpunkt aus betrachtet ließ sich diese Entscheidung freilich nicht nachvollziehen, aber niemand hatte je behauptet, daß Tesla einen sonderlich ausgeprägten Sinn für wirtschaftliche und finanzielle Angelegenheiten bewiesen hätte.

Mit den 40000 Dollar von Adams konnte er seine intensive Forschungsarbeit zunächst gut drei Jahre lang fortführen. Wäre Tesla dazu bereit gewesen, sich auch nur ein kleines Stück in die von Adams angedeutete Richtung zu bewegen, hätte er sich über den Verkauf von Anteilen ein Vielfaches dieser Summe sichern können. Aber er war eben in erster Linie an der Fortführung seiner Versuchsreihen interessiert und machte sich kaum Gedanken um finanzielle Notwendigkeiten, die ihm möglicherweise einmal ins Haus stehen könnten. Er vertraute voll und ganz darauf, daß von den Milliardengewinnen, die man in der Zukunft mit seinen Erfindungen erwirtschaften könnte, mehr als genug für ihn selbst abfallen würde.

Es dauerte fast ein Jahr, bis das neue Laboratorium vollständig eingerichtet war und sämtliche notwendigen Versuchsanordnungen zur Verfügung standen. Was er dazu brauchte, ließ sich nur in Ausnahmefällen auf dem Markt beschaffen; nahezu jedes Stück mußte unter seiner Anleitung von den Mitarbeitern eigens angefertigt werden. Im Frühjahr 1897 war es dann soweit: Er konnte seine Sende- und Empfangsanlage endlich den Entfernungstests unterziehen, die das Feuer zwei Jahre zuvor verhindert hatte.

Über den Erfolg dieser Tests sprach Tesla mit einem Redakteur der *Electrical Review*, die den Bericht in der Ausgabe vom 9. Juli 1897 abdruckte:

> Wohl jeder Erfinder aus dem Bereich der Telegraphie hat in seinen hellsten Tagträumen schon die Möglichkeit der drahtlosen Kommunikation vor sich gesehen. Von Zeit zu Zeit lesen wir in den technischen Zeitschriften über Versuchsanordnungen, die die nahezu einhellige Hoffnung aller Elektroingenieure widerspiegeln: Eines Tages werden wir uns den Banden der Kabel entledigen können. Man hatte bereits mehrfach Versuche zum Nachweis einer solchen Möglichkeit angestellt, aber es sollte Mr. Nikola Tesla überlassen bleiben, theoretisch und experimentell eindeutig zu belegen, daß die drahtlose Kommunikation möglich sein wird – und dies nicht erst in einer fernen Zukunft. Nach sechs Jahren sorgfältiger und gewissenhafter Arbeit ist er in der Tat in der Lage, uns einen Blick auf die anstehenden Entwicklungen zu ermöglichen.
>
> Gegenüber einem Mitarbeiter der Electrical Review hat Mr. Tesla – der im übrigen in solchen Dingen ein äußerst zurückhaltender Mann ist – erklärt, daß die Möglichkeit drahtloser Kommunikation heute schon gegeben ist und daß die zugrundeliegenden Verfahren und Prinzipien hinsichtlich der praktisch überwindbaren Distanzen auf keinerlei Einschränkungen schließen lassen. Er hat bereits die notwendigen Sendeanlagen nebst einer Empfangsvorrichtung hergestellt, vermittels derer sich Signale ungeachtet der Erdströme und des Erdmagnetismus zwischen zwei weit voneinander entfernten Punkten mit großer Deutlichkeit übertragen lassen. Obendrein bedarf sein Verfahren zudem eines überraschend geringen Energieaufwandes.
>
> Aus verständlichen Gründen war Mr. Tesla nicht bereit, seine Erfindung in allen Einzelheiten zu erläutern, aber er deutete immerhin an, daß sie auf einem Phänomen basiert, welches wir vorläufig etwa als »elektrostatisches Gleichgewicht« bezeichnen können. Wird dieses Gleichgewicht an einem beliebigen Punkt der Erde gestört, so läßt sich die Störung mit einem geeigneten Gerät an weit entfernten Punkten nachweisen; sobald uns die entsprechenden Instrumente zur Verfügung stehen, können wir auf diese Weise also Nachrichten senden und in der Empfangsstation wieder in eine verständliche

Form umwandeln. Mr. Tesla gab bekannt, daß er von dieser Möglichkeit fest überzeugt sei, zumal er die von ihm entwickelte Anlage mit Erfolg einem entsprechenden Test unterzogen habe. Obwohl er diesen Problemen aber schon viel Zeit und Aufmerksamkeit gewidmet habe, bliebe noch ein gutes Stück Arbeit zu tun.[13]

Da Einzelheiten aus naheliegenden Gründen nicht verfügbar sind, können wir hier lediglich Mr. Teslas Bericht wiedergeben, demzufolge ihm bereits die drahtlose Übertragung von Signalen bei geringem Energieaufwand über eine beträchtliche Entfernung gelungen ist. Es bedürfe – so sagte er – nur noch einiger Verbesserungen der Apparatur, um jede beliebige Entfernung zu überbrücken. Das Experiment, das Samuel Morse vor langer Zeit über eine Entfernung von 40 Meilen anstellte, basierte offenbar auf weitaus unsichereren Grundlagen als die heutigen Möglichkeiten der drahtlosen Signalübermittlung.

Teslas Arbeiten mit hochfrequenten Strömen hoher Spannung sind weithin bekannt. Bereits im Jahre 1891 hatte er schon gegenwärtige Entwicklungen vorausgesagt – sowohl hinsichtlich der Vakuumröhren-Lampe als auch hinsichtlich der drahtlosen Kommunikation; erstere hatte er schon damals so weit entwickelt, daß sie zu einer durchaus anschaulichen Demonstration des Phänomens elektrostatischer Molekularkräfte dienen konnte. Nach zahllosen Versuchen ist er nun in der Lage, die seinerzeit schon erstaunlichen Frequenzen

[13] Was hier etwas verklausiert diskutiert wird, ist das Prinzip des Rundfunks. Es geht davon aus, daß sich die vom Sender ausgestrahlten hochfrequenter Wellen, deren Grundfrequenz durch unterschiedliche Verfahren mit dem zu übertragenden Signal moduliert ist, ausbreiten und an beliebigen Stellen mit einem entsprechenden Gerät (dem Radioempfänger) empfangen werden können. Das aufmodulierte Signal läßt sich dann wieder zurückgewinnen. Je nach der Art der Modulation spricht man von Amplitudenmodulation (AM – die Amplitude der Grundfrequenz ändert sich entsprechend dem aufgeprägten Signal) oder Frequenzmodulation (FM – die Grundfrequenz schwankt je nach dem Signal um ihren Grundwert während die Amplitude konstant bleibt). Während bei der Amplitudenmodulation der Empfänger exakt auf eine Frequenz abgestimmt sein muß (die Trägerfrequenz), benötigt man bei der Frequenzmodulation eine bestimmte Bandbreite (innerhalb derer sich die Trägerfrequenz aufgrund der Modulation ändert). Die Ausbreitung der hochfrequenten elektromagnetischen Wellen kann in Stoffen oder im Vakuum erfolgen. Je nach den Stoffeigenschaften breiten sie sich mit unterschiedlicher Geschwindigkeit aus, am schnellsten im Vakuum, nämlich mit der Vakuumlichtgeschwindigkeit von ca. 3×10^8 m/s.

> von 10000 Schwingungen in der Sekunde noch weitaus zu übertreffen: die derzeit von ihm erzeugten Ströme weisen im Durchschnitt 2000000 Schwingungen in der Sekunde auf.[14]

Die *Electrical Review* berichtete hier über nichts Geringeres als die Geburtsstunde des Radios. Unsere heutige Rundfunktechnik kam auf einer Barkasse zur Welt, die mit der Empfangsanlage an Bord den Hudson stromaufwärts fuhr. Die fünfundzwanzig Meilen zwischen Sender und Empfänger bildeten nur einen Bruchteil der wirklichen Reichweite dieser Anlage, aber sie reichten aus, um deren Leistungsfähigkeit zu demonstrieren. Eine derartige Errungenschaft wäre einer Verkündigung mit Pauken und Trompeten weit würdiger gewesen als der bescheidenen Meldung Teslas, die sich in der *Electrical Review* schließlich noch zurückhaltender ausnahm. Aber Tesla wollte seine Patentrechte nicht durch eine vorzeitige Enthüllung sämtlicher Fakten gefährden, zumal er vor nicht allzulanger Zeit genug üble Erfahrungen mit der Patent-Piraterie gemacht hatte. Die *Electrical Review* war ihrerseits vorsichtig genug, sich ohne genauere Kenntnis der Einzelheiten mit dem Lob der neuen Erfindung gar zu weit vorzuwagen.

Die Basispatente zu Teslas drahtlosem Kommunikationssystem wurden am 2. September 1897 – gerade zwei Monate nach dem ersten Bericht – erteilt; sie tragen die Patentnummern 645,576 und 649,621. Diese beiden Patente beschreiben bereits sämtliche grundlegenden Funktionen der heute gebräuchlichen Rundfunk- und Empfangstechnologie. Als die Patente einmal erteilt waren, zögerte Tesla nicht länger, seine Entdeckungen der Öffentlichkeit in vollem Umfang vorzustellen. Dies geschah im Zuge einer spektakulären Vorführung im Madison Square Garden.

Mit der drahtlosen Nachrichtenübertragung hatte sich einer der ältesten Menschheitsträume erfüllt: die Aufhebung der Entfernung durch ein Kommunikationssystem, das keinerlei materieller

[14] Das liegt im Bereich der uns im Rundfunk heute bekannten Mittelwelle.

Verbindung bedurfte. Schon bei den frühesten Versuchen mit dem Telephon hatte man immer wieder nach einem Verfahren drahtloser elektrischer Kommunikation gesucht, mit dessen Hilfe man die menschliche Stimme analog zu den Schallwellen in der Luft durch die Weiten des Raumes übertragen könnte. Im Jahre 1879 hatte David Edwards die Beobachtung gemacht, daß er in seinem Telephonhörer ein deutliches Knistern vernehmen konnte, wenn irgendwo in seinem Haus ein elektrischer Funke entstanden war. Er hatte sich den Effekt folgendermaßen erklärt: Die Metallmembrane der Hörmuschel mußte vom Funken ausgestrahlte Wellen empfangen haben, die zu einer Kontraktion des Kohlengranulats in der Muschel führten; dadurch verringerte sich der Widerstand der Kohlenmasse und erzeugte das Knackgeräusch.

Professor A. E. Dunbar vom Tufts College konnte diese Vermutung im Jahre 1882 in einem Versuch bestätigen. Dabei ging er im Prinzip von der gleichen Anordnung aus, verzichtete jedoch auf den Telephonapparat: Als Sender der Wellen verwendete er eine von einer Induktionsspule gespeiste Funkenstrecke; als Empfänger diente ihm eine Masse aus Kohlengranulat. Damit hatte er genau jenes System drahtloser Signalübertragung aufgebaut, das Marconi vierzehn Jahre später »entdecken« sollte.

Im Jahre 1885 hatte Edison im Auftrag der Western Union Telegraph Company ebenfalls auf diesem Gebiet Versuche angestellt; man wollte damit das Monopol brechen, das Alexander Graham Bell auf der Basis seiner Erfindung des Telephons errichten konnte. Dabei war Edison – wenn auch nur in begrenztem Umfang – die drahtlose Übermittlung von Nachrichten aus einem fahrenden Zug heraus gelungen: Vermittels eines in Längsrichtung am Zug angebrachten »Sendedrahtes« konnte er Signale über eine Entfernung von wenigen Fuß auf eine Telephonleitung übertragen, die man unmittelbar neben den Geleisen errichtet hatte. Das Verfahren basierte auf einem simplen Induktionseffekt, dessen gelegentlich unangenehme Auswirkungen wir wohl alle schon einmal erlebt haben, wenn wir plötzlich ein fremdes

Gespräch »in der Leitung« hatten. Etwa zur gleichen Zeit stellte W. M. Price in England ähnliche Versuche an. Da sich auf diese Weise aber nur äußerst geringe Entfernungen überbrücken ließen, sah man in dem System keinen besonderen praktischen Nutzen.

In den Jahren 1880 und 1881 hatte Alexander Graham Bell ein gänzlich anderes Verfahren zur drahtlosen Nachrichtenübermittlung entwickelt, das gemeinhin unter dem Namen »Radiophon« bekannt wurde. Bell bestand allerdings auf der Bezeichnung »Photophon«, zumal die Stimme hier von einem Lichtstrahl übertragen wurde. Der Sender bestand aus einem sehr dünnen Glas- oder Glimmerspiegel, der durch die Stimme in Vibration versetzt wurde. Mit Hilfe dieses vibrierenden Spiegels ließ sich nun einfallendes Licht – für gewöhnlich verwendete man Sonnenlicht – auf einen weiter entfernten Empfänger reflektieren. Der Empfänger seinerseits bestand aus einem schlichten Reagenzglas, das eine bestimmte Substanz enthielt; es wurde mit einem Korken verschlossen, in den zwei dünne Gummischläuche eingelassen waren, deren freie Enden man sich in die Ohren stöpseln mußte. Bell hatte festgestellt, daß er eine Vielzahl von Materialien in dem Reagenzglas als Empfängersubstanz einsetzen konnte. Fiel nun der vom Spiegel reflektierte vibrierende Lichtstahl auf diese Substanz, dann versetzte die Wärmeabsorption die Luft im Reagenzglas gleichfalls in Schwingungen, und in den Schläuchen wurde die Stimme am anderen Ende der Anlage hörbar. Als Empfängersubstanz hatte Bell versuchsweise auch Selen verwendet, das mit einem photoelektrischen Effekt auf sichtbares Licht reagierte. Aber auch diese Experimente waren für ein wirklich funktionierendes System drahtloser Nachrichtenübermittlung kaum von Wert.

Michael Faraday hatte 1845 in London seine Theorie veröffentlicht, die eine Verwandtschaft von Licht und elektromagnetischen Kraftlinien nahelegte; 1862 konnte James Clerk Maxwell aufgrund einer genauen Analyse dieser Arbeiten die mathematischen Grundlagen seiner Theorie über die elektromagnetische Natur der Lichtwellen entwickeln, die ihrerseits vermuten ließ, daß diesseits wie auch jenseits der Wellenlängen des sichtbaren Lichtes elektromagnetische Wellen existieren könnten. Seither hatte der Nachweis derartiger Wellen eine der größten Herausforderungen für die Wissenschaft bedeutet.

Zwischen 1886 und 1888 war dann dem deutschen Professor Heinrich Hertz in Bonn[15] der Nachweis elektromagnetischer Wellen gelungen, die eine größere Wellenlänge als das sichtbare Licht und als die Wärmestrahlung aufwiesen. Er hatte sie vermittels einer Funkenentladung über eine Induktionsspule erzeugt und konnte beobachten, daß sie zwischen den Enden eines nicht vollständig geschlossenen Drahtringes eine kleinere Entladung auslösten, obwohl beide Geräte in geringer Entfernung voneinander plaziert waren. Zur gleichen Zeit beschäftigte sich Sir Oliver Lodge in England mit dem Nachweis kurzer Wellen in geschlossenen Spulensystemen.

So sah also der Kenntnisstand aus, als Tesla im Jahre 1889 seine Arbeiten aufgenommen hatte. Die Pläne für ein Verfahren drahtloser Kommunikation, die er in den Jahren 1892 und 1893 vorlegte – wir werden im folgenden genauer darauf eingehen – machen deutlich, in welch ungeheurem Maße er sowohl hinsichtlich seines Wissens als auch seines Vorstellungsvermögens sämtlichen Zeitgenossen überlegen war.

Nachdem Tesla im Herbst des Jahres 1889 die Westinghouse Werke verlassen hatte, hatte er sich unverzüglich daran gemacht, noch einen Schritt weiter in das Gebiet der Wechselströme vorzudringen. Er war auf der Suche nach einem neuen Verfahren zur Energieübertragung, das auf den Eigenschaften hochfrequenter Wechselströme basieren und sein erfolgreiches Drei-Phasen-System noch an Leistungsfähigkeit übertreffen sollte. In den folgenden zwei Jahren hatte er die Grundprinzipien drahtloser Energieübertragung erforscht und konnte sie vermittels seiner hochwirksamen Spulen im Laboratorium demonstrieren. Die drahtlose Nachrichtenüber-

[15] Hier liegt ein Fehler des Autors vor. Heinrich Hertz stellte seine Versuche zum Nachweis der elektromagnetischen Wellen als Professor für Physik an der Technischen Hochschule in Karlsruhe an. Er ging erst im April 1889 als Ordinarius für Physik nach Bonn.

tragung bildete also nur einen einzelnen Bestandteil dieses umfangreicheren Projektes.

Im Jahre 1892 beschrieb Tesla die erste Elektronenröhre für Funkempfänger – genaugenommen hatte er sie schon 1890 entwickelt – und führte sie anläßlich seiner Vorträge in London und Paris der Öffentlichkeit vor. Im Februar und März des folgenden Jahres stellte er bei Vorträgen vor dem Franklin Institute in Philadelphia und auf der Jahresversammlung der National Electric Light Association in St. Louis sein drahtloses Übertragungssystem in allen Einzelheiten vor.

Teslas Elektronenröhre aus dem Jahre 1890 war der Prototyp all jener Demodulator- und Verstärkerröhren, wie wir sie in unseren modernen Radioapparaten finden.[16] Seine Vorführung dieser Röhre ist in den Jahrbüchern der vier wissenschaftlichen Gesellschaften verzeichnet, bei denen er im Februar und März des Jahres 1892 zu Gast war: dem Institute of Electrical Engineers sowie der Royal Society in London, der Physikalischen Gesellschaft Frankreichs und der International Society of Electrical Engineers in Paris. Im Zusammenhang dieser Vorträge hatte Tesla ausgeführt:

> Sofern eine meßbare Bewegung im Raum vorliegt, wird ein derartiges Strahlenbündel sie anzeigen. Es handelt sich dabei sozusagen um einen Lichtstrahl, der sich ohne Reibung und bar jeder Trägheit fortpflanzt. Ich denke, daß der Effekt in der Telegraphie eine praktische Anwendung finden könnte. Durch ein solches Strahlenbündel wird es etwa möglich sein, Botschaften über den Atlantik hin zu versenden – und dies mit jeder nur denkbaren Geschwindigkeit, da das Strahlenbündel von solcher Empfindlichkeit sein dürfte, daß es auch noch von den leisesten Veränderungen beeinflußt wird.

Bei dem »Strahlenbündel« aus Teslas Röhre handelte es sich um einen Elektronenstrahl. Die Existenz des Elektrons war zu jener Zeit zwar

[16] Das ist in den heutigen Radioempfängern nicht mehr so, die Aufgaben der Demodulator- und Verstärkerröhren ist durch Halbleiterbauelemente übernommen wurden. Dabei ist die Entwicklung von den einzelnen Dioden und Transistoren zu den heute üblichen integrierten Schaltkreisen gegangen, in denen alle wichtigen Funktionen des Radioempfängers in einem Baustein integriert sind. Vgl. auch Fußnote 12.

noch nicht nachgewiesen, aber Tesla beschrieb hier schon vorausgreifend sehr präzise dessen Eigenschaften und lieferte damit abermals den Beweis, mit welcher Genauigkeit er seltsame Phänomene zu deuten wußte. Sein Elektronenstrahl war in der Tat so empfindlich, daß er auf jeden Positionswechsel eines einzölligen Hufeisenmagneten reagierte, der im Abstand von sechs Fuß an der Röhre vorbeibewegt wurde.

Näherte man sich der Röhre auf eine Entfernung von mehreren Fuß, so sprang der Strahl sofort auf die gegenüberliegende Seite des Glases. Umkreiste man die Röhre, so vollzog das Strahlenbündel die Bewegung mit der gleichen Geschwindigkeit nach und wies dabei stets auf die vom Betrachter abgewandte Seite der Röhre. Schon die geringste Bewegung eines Fingers oder gar das Anspannen eines Muskels reichte aus, den Strahl reagieren zu lassen.

Neben seiner Elektronenröhre hatte Tesla anläßlich der Vorträge des Jahres 1892 auch Lampen und einen Motor vorgeführt, die zur Stromversorgung keines Kabels bedurften; diese Erfindungen zählten auch zu seinen Exponaten auf der Kolumbus-Ausstellung des folgenden Jahres.

Nach all diesen erfolgreichen Demonstrationen war er von der Funktionstüchtigkeit und Praktikabilität seines Systems so überzeugt, daß er 1893 in den Vorträgen vor dem Franklin Institute und der National Electric Light Association den gesamten Umfang seiner weiteren Pläne vorsichtig und mit aller gebotenen Zurückhaltung zu umreißen wagte. Auch bei diesen Auftritten hätte er seine Gedanken durchaus mit Vorführungen belegen können. Erfolgreiche Experimente zur drahtlosen Nachrichtenübertragung vermittels seiner Induktionsspulen und seiner Elektronenröhren hatte er schon genug durchgeführt; die Verwendung kabelloser Niederdrucklampen, die von dem Energiefeld einer weit entfernten Spule geeigneter Frequenz gespeist wurden, bildete in seinem Laboratorium eine Alltäglichkeit.

Zumindest letzterem waren aber vorläufig noch relativ enge räumliche Grenzen gesetzt; zur Verwirklichung seiner Pläne für ein weltumspannendes Übertragungssystem brauchte er weit leistungsfähigere Apparate, als er jemals gebaut hatte. Obwohl er also durchaus in der Lage gewesen wäre, die Grundprinzipien seines Plans anhand von Demonstrationsobjekten zu erläutern, hatte er von einer Vorführung abgesehen, da sie ihm angesichts seiner hohen Ziele zum damaligen Zeitpunkt als intellektuelle Unredlichkeit erschien. Dies ändert jedoch nichts an der Tatsache, daß eine derartige Demonstration seines Übertragungssystems weitaus spektakulärer und überzeugender als jedes Experiment ausgefallen wäre, mit dem andere Erfinder in den folgenden sechs Jahren hätten auftreten können.

Als er sein weltumspannendes Übertragungssystem 1893 vor der National Electric Light Association vorstellte, sagte er unter anderem:

> Im Zusammenhang mit den Resonanzeffekten und dem bereits erwähnten Problem der Energieübertragung über nur einen Leiter möchte ich nun gern einige Anmerkungen zu einem Gegenstand machen, der meine Gedanken unablässig beschäftigt und von größter Bedeutung für das Wohl aller sein dürfte. Dieses Thema ist ein Verfahren zur Übertragung von Signalen – und vielleicht sogar von Energie – über jede beliebige Entfernung und ohne die bisherige Gebundenheit an ein System von Kabeln. Ich gelange immer mehr zu der Überzeugung, daß ein solches Verfahren durchaus möglich ist. Ich bin mir natürlich vollkommen bewußt, daß in der Wissenschaft große Einmütigkeit über das Scheitern der praktischen Verwirklichung dieser Idee in der nicht allzufernen Zukunft herrscht, denke aber gleichwohl, daß Sie mir in einem Punkte zustimmen werden: Eine ganze Reihe von Forschungen der letzten Jahre legt die Vermutung nahe, daß Überlegungen und Experimente hinsichtlich dieses Gebietes durchaus vielversprechend sein dürften. Ich bin mir dessen so gewiß, daß ich ein drahtloses System zur Nachrichten- und Energieübertragung nicht als bloße theoretische Möglichkeit betrachte, sondern darin eine ernsthafte Aufgabe sehe, welche wir früher oder später lösen müssen.
>
> Die Idee der drahtlosen Nachrichtenübermittlung ergibt sich ganz zwangsläufig aus den jüngsten Forschungsergebnissen auf dem

Gebiet der Elektrizität. Von einigen enthusiastischen Köpfen war gar zu hören, daß sie ein Verfahren zur Telephonie über beliebige Entfernungen vermittels induktiver Übertragung durch die Luft als realisierbar betrachten. Ich selbst vermag nicht ein solches Maß an Phantasie zu entwickeln, aber ich bin dennoch fest davon überzeugt, daß wir in der Lage sind, mit Maschinen von ausreichender Leistung die elektrostatische Beschaffenheit des Erdballs zu stören und auf diese Weise Nachrichten oder sogar Energie zu übertragen. Ich wüßte in der Tat nicht, was derartigen Plänen im Wege stehen sollte. Wir wissen mittlerweile, daß sich elektrische Schwingungen auch durch nur einen einzigen Leiter übertragen lassen. Warum sollten wir nicht versuchen, uns den Erdball selbst zu diesem Zwecke nutzbar zu machen? Vor den vermeintlich großen Entfernungen müssen wir bei diesem Versuch nicht zurückschrecken. Dem müden Wandersmann, der auf seinem mühevollen Weg die Meilensteine zählt, mag die Erde unermeßlich groß erscheinen. Aber dem glücklichsten aller Menschen, dem Astronomen, der seinen Blick gen Himmel richtet und dessen Weiten zum Maßstab nimmt, ist sie nur ein winziger Ort. Wer sich mit Elektrizität beschäftigt, sollte meines Erachtens ebenfalls dieser Betrachtungsweise zugetan sein: angesichts der Geschwindigkeit, mit der sich eine elektrische Störung durch den Erdball fortpflanzt, müssen alle Gedanken an Entfernungen zunichte werden.

Zunächst wird es von großer Wichtigkeit sein, die Kapazität des Erdballs zu bestimmen; ferner müssen wir wissen, welcherart seine elektrische Ladung beschaffen ist. Obschon uns bislang nicht bekannt ist, ob überhaupt ein elektrisch aufgeladener Körper ohne einen in unmittelbarer Nähe befindlichen Körper entgegengesetzter Ladung existieren kann, liegt doch die Vermutung nahe, daß es sich bei der Erde um genau einen solchen Körper handelt. Nach der allgemein anerkannten Vorstellung ist die Erde schließlich durch einen Abtrennungsprozeß entstanden und muß demzufolge eine Ladung zurückbehalten haben, wie sie sich auch bei allen mechanischen Abtrennungsprozessen entwickelt. [...]

Sollte es uns gelingen, die Schwingungsperiode zu bestimmen, mit der die Erdladung gegenüber einem System entgegengesetzter Ladung auf eine Störung reagiert, so hätten wir unser Wissen damit um

ein für das Wohl der gesamten Menschheit höchst bedeutsames Faktum erweitert. Ich persönlich würde zur Bestimmung dieser Periode die Verwendung eines Oszillatoren oder einer vergleichbaren Quelle von Wechselströmen vorschlagen.
Einer der Pole dieser Stromquelle müßte mit der Erde verbunden werden – in unseren Städten würde sich hierzu etwa das Wasserleitungssystem anbieten –, der andere mit einem isolierten Körper von großer Oberfläche. Es wäre auch durchaus denkbar, daß die leitenden Luftschichten in großer Höhe oder gar der offene Weltraum eine der Erde entgegengesetzte Ladung enthalten und so gemeinsam mit dieser gleichsam einen Kondensator unerhörter Kapazität bilden. In diesem Fall können wir mit recht niederen Schwingungsperioden rechnen, zu deren Bestimmung schon die mit einer Dynamomaschine erzeugten Wechselströme ausreichen dürften. Zu diesem Zwecke würde ich den Strom auf eine möglichst hohe Spannung hinauftransformieren und wiederum den einen Pol der Sekundärspule an die Erde, den anderen an den isolierten Körper legen. Wenn wir dann die Frequenz des Stromes verändern und dabei das jeweilige Potential des isolierten Körpers genau beobachten, werden wir bei gewissen Frequenzen zumindest in der Nähe der Vorrichtung Störungen erzeugen, die sich dort an der Erdoberfläche in Form von Resonanzeffekten nachweisen lassen müßten.
Sollten der Erdelektrizität – was Wissenschaftler heutztage in ihrer Mehrheit für wahrscheinlicher halten – sehr kurzwellige Schwingungen zu eigen sein, dann würde die Dynamomaschine für unsere Zwecke nicht ausreichen. Wir müßten zunächst einen geeigneten Oszillatoren konstruieren, und selbst dann wäre es keineswegs sicher, ob dieser auch die erforderlichen hohen Schwingungsperioden zu erzeugen vermag. Ob dies nun möglich ist oder nicht; ob der Erdball nun Träger einer Ladung ist oder nicht; welche Schwingungsperiode diese Ladung gegebenenfalls auch aufweisen mag: eines läßt sich mit Sicherheit sagen. Wir können – und die Beweise für dieses Faktum liegen uns Tag für Tag vor Augen – gewisse Störimpulse erzeugen, die kräftig genug sind, um sie mit geeigneten Instrumenten an jedem beliebigen Punkt der Erdoberfläche nachzuweisen. [...]
Theoretisch dürfte es zur Erzeugung einer Störung, die sich noch in beträchtlicher Entfernung oder gar überall auf der Erde nachweisen

ließe, keines sonderlich großen Energieaufwandes bedürfen. Wir wissen inzwischen, daß eine entsprechend abgestimmte Apparatur aus einer Induktionsspule und einem Kondensator an jedem Punkt innerhalb eines gewissen Radius um eine Energiequelle mit Resonanz reagiert. Und mehr als das: Wir können vermittels der von der Energiequelle E ausgestrahlten Schwingungen eine oder mehrere Energiequellen E1 dazu anregen, zu E synchrone Schwingungen abzustrahlen und somit über eine weite Fläche zu verbreiten, solange die E1 zugeführte oder von ihr ausgehende Energie nur von der gleichen oder der entgegengesetzten Phase des ursprünglichen Signals von E ist.

Ich bin zu der sicheren Überzeugung gelangt, daß es – zumal in Städten – möglich sein wird, elektrische Geräte vermittels des Resonanzeffektes durch das ohnehin vorhandene unterirdische Röhrensystem mit der Energie zu speisen, die ein an einem zentralen Punkt installierter elektrischer Oszillator aussendet. Aber der Verwirklichung eines anderen Projektes dürfte weitaus größere Bedeutung zukommen als dieser praktischen Anwendung: Ich rede hier von einem Projekt zur drahtlosen Übertragung von Nachrichten – und vielleicht sogar von Energie – über die Erde oder die Lufthülle der Erde. Sollte sich dies als möglich erweisen, dann wird jegliche Entfernung – und sei sie noch so groß – zukünftig kein Problem mehr darstellen. Zur Bewältigung dieser großen Aufgabe bedürfen wir freilich geeigneter Geräte, aber ich habe über all dies schon eingehend nachgedacht. Ich bin fest davon überzeugt, daß die Aufgabe zu bewältigen ist, und ich hoffe zuversichtlich, daß wir alle jenen Tag noch erleben werden.

Hier noch eine zusätzliche Passage aus dem ähnlich lautenden Vortrag vor dem Franklin Institute:

> Wenn wir in der Lage wären, mit geeigneten Maschinen schnelle Veränderungen des Erdpotentials hervorzurufen, würde in einem geerdeten Kabel, das bis in eine gewisse Höhe führt, ein Strom fließen. Dieser Strom ließe sich noch verstärken, indem man das freie Ende des Kabels an einen Körper von bestimmter Größe anschließt. [...] Ein solches Experiment von zweifellos großem Interesse für die Wissenschaft dürfte auf einem Schiff auf offener See am besten gelingen.

> Selbst wenn sich mit der bei diesem Verfahren entstehenden Energie keine Maschinen betreiben lassen sollten, wird es mit Sicherheit zur Übertragung von Nachrichten taugen.

Im Verlauf dieser Vorträge stellte Tesla also die Frucht seiner dreijährigen Laborarbeit vor – die für den erfolgreichen Betrieb eines drahtlosen Kommunikationssystems unabdingbaren Grundprinzipien.

Mit den Hauptbestandteilen des Systems dürften auch technische Laien vertraut sein, sofern sie schon einmal mit einem Radioempfänger herumexperimentiert haben. Dabei handelt es sich um: 1. eine Antenne, 2. eine Erdverbindung, 3. einen Schwingkreis mit Induktionsspule und Kondensator zwischen Erde und Antenne, 4. eine Vorrichtung zur Abstimmung, also zur Regelung der Kapazität und Induktivität, 5. hinsichtlich der Resonanz aufeinander abgestimmte Sender und Empfänger und 6. eine elektronische Detektorröhre. Den gleichfalls benötigten Lautsprecher hatte Tesla bereits zu einem viel früheren Zeitpunkt erfunden.

Diese Bestandteile verkörpern die Grundprinzipien der Rundfunktechnologie und finden sich heutzutage in jeder Sende- und Empfangsanlage.[17]

Unser moderner Rundfunk ist also ein Produkt des Genies Nikola Teslas. Er ist nicht nur der ursprüngliche Erfinder des gesamten Systems, sondern auch der Erfinder von dessen elektrischen Grundbausteinen. Neben ihm wäre hier nur noch der bedeutende englische Wissenschaftler Sir Oliver Lodge zu nennen, aber selbst Lodge hatte die von Tesla vorgestellten fundamentalen Prinzipen nicht im gleichen Maße erkannt.

Zu Anfang des Jahres 1894 hatte Lodge Versuche mit einer Hertzschen Funkenstrecke angestellt, die er mit einem einseitig offenen

[17] Im Prinzip besitzt das System des Rundfunks noch heute diese Grundbestandteile. Nur sind sie aufgrund der fortgeschrittenen Miniaturisierung und Integration von Bauelementen in den einzelnen Geräten für den Nutzer nicht mehr zu finden.

Kupferzylinder umgeben hatte. Auf diese Weise war es ihm gelungen, ultrakurze Wellen zu erzeugen, die sich in jede beliebige Richtung ausstrahlen ließen. Da die Empfangsvorrichtung bei diesen gebündelten Strahlen jeweils auf den Sender ausgerichtet werden mußte, konnte man sie auch umgekehrt dazu verwenden, diesen genauer zu lokalisieren. Lodge nahm mit seiner Versuchsanordnung Marconis Ergebnisse um zwei Jahre vorweg. Mit einem verbesserten Gerät gelang ihm noch im Sommer desselben Jahres in Oxford eine Vorführung vor der British Association for the Advancement of Science, bei der er Morsesignale zwischen zwei einige hundert Fuß voneinander entfernt liegenden Gebäuden übertrug.

Es ist also nicht weiter verwunderlich, daß Marconi, der sich erst seit 1895 mit dem Funk beschäftigt hatte, in England keinen rauschenden Beifall ernten konnte, als er 1896 in London eine Anlage vorführte, die mit der Anordnung Lodges in allen wesentlichen Punkten identisch war. Im Gegensatz zu Lodge hatte er allerdings ursprünglich einen Parabolspiegel zur Bündelung der Strahlen benutzt, diesen dann aber durch eine andere Vorrichtung ersetzt: durch eine Erdverbindung und einen Antennendraht – exakt jene Bauteile, die Tesla schon drei Jahre zuvor beschrieben hatte.

Bei seinen Versuchen zum Nachweis der Identität von Lichtwellen und elektromagnetischen Wellen hatte sich Hertz seinerzeit darum bemüht, elektromagnetische Strahlung mit der kürzest möglichen Wellenlänge zu erzeugen. Seine Wellen wiesen eine Länge von weit weniger als drei Fuß auf, was für sein Experiment vollkommen ausreichend war. Als sich späterhin andere Experimentatoren seiner Methoden bedienten, übernahmen sie kurzerhand auch sein Ideal der Kurzwellen – ohne sich freilich die Frage zu stellen, welche Wellenlängen denn für eine drahtlose Nachrichtenübertragung am besten geeignet wären. Auf den Gedanken, daß sich hier sehr wohl auch noch andere Wellenlängen einsetzen ließen, scheint außer Tesla niemand gekommen zu sein.

Tesla hatte als echter Wissenschaftler die Mühe auf sich genommen, die Hertzschen Experimente noch einmal exakt nachzuvollziehen; als er seine Ergebnisse bekanntgab, unterschieden sie sich in einer Reihe grundlegender Punkte von denen des deutschen Professors, und er konnte auf einige Schwachstellen in dessen experimentellem Verfahren hinweisen.

Da Tesla bereits eine weitaus umfassendere Bandbreite hochfrequenter Ströme höchst unterschiedlicher Wellenlängen eingehend untersucht hatte, wußte er auch, daß derartig kurze Wellen für die Nachrichtenübertragung vollkommen ungeeignet waren. Ihm war bekannt, daß es sich bei den brauchbaren Wellenlängen um einen Bereich von etwa hundert bis hin zu mehreren tausend Metern handelte. Und er hatte herausgefunden, daß sich diese Wellen mit der Kombination einer Induktionsspule und dem von Hertz verwendeten kugelförmigen Funkenstreckenoszillator unmöglich herstellen ließen. Selbst mit den heutzutage verfügbaren leistungsfähigen Geräten ist es der Wissenschaft nicht gelungen, die ultrakurzen Wellen (von einigen speziellen Anwendungen abgesehen) zu Kommunikationszwecken einzusetzen. Tesla hatte also in weiser Voraussicht von der Verwendung der Kurzwellen abgesehen, auf denen Marconi in seiner Unerfahrenheit sein eigenes Verfahren aufgebaut hatte.[18]

Die Entwicklung, die die drahtlose Nachrichtenübertragung in den nun folgenden Jahren nahm, liefert ein umfassendes Zeugnis für das Scheitern der von Lodge, Marconi und ihren Gefolgsleuten bevorzugten ultrakurzen Wellen. Man kam immer mehr von ihnen ab und wandte sich schließlich dem Wellentypus zu, den Tesla von Anfang an vorgeschlagen hatte; anstelle ihres rohen Verfahrens der Signalübermittlung wurde nun die ausgefeilte und leistungsfähige Methode der

[18] Diese Situation hat sich heute völlig geändert. Die Ultrakurzwellen (UKW) sind für den Radioempfang Standard (Stereosendung bzw. -empfang ist nur in diesem Frequenzband möglich, welches mit Frequenzmodulation arbeitet), das Fernsehen arbeitet mit noch kürzeren Wellen. Die Probleme, die mit der Ausbreitung dieser kurzen Wellen zusammenhängen, sind durch moderne Antennentechnik, Relaisstationen und nicht zuletzt durch die Satellitentechnik weitgehend überwunden. Insofern muß man die hier vorgenommenen Einschätzungen, u. a. auch zu Marconi, aus heutiger Sicht relativieren.

Abstimmung von Sende- und Empfangsanlagen benutzt, die Tesla entwickelt hatte.

Hinzu kommt noch, daß seine wissenschaftlichen Konkurrenten für die wahren Möglichkeiten des Verfahrens vollkommen blind waren. Sie hatten es stets nur als eine Methode zur Signalübermittlung zwischen zwei festgelegten Punkten betrachtet; keiner von ihnen hatte das moderne Rundfunksystem voraussehen können, das Tesla bereits im Jahre 1893 beschrieben hatte. Aber obwohl Teslas Verfahren sich durchsetzen konnte und heute als einziges in Gebrauch ist – wer von uns hätte je gehört, daß man Tesla hier auch nur den geringsten Verdienst zugesprochen hat?

9

Teslas fruchtbare Arbeiten hatten unermeßliche Wissensgebiete erschlossen. Angesichts der Flut von Erfindungen, die er der Welt innerhalb weniger Jahre mit der ihm eigenen nonchalanten Haltung beschert hatte, konnten die Wissenschaftler seiner Generation nur in fassungsloses Staunen geraten. Dabei hatten ihn die Forschungen so sehr in Anspruch genommen, daß er gar nicht die Zeit fand, auch jede seiner Entdeckungen in technischer und kommerzieller Hinsicht weiterzuentwickeln. Seine Vision zeigte ihm immer wieder neue und wichtige Dinge auf, die noch zu erkunden waren. Dabei verdankte er keine seiner Entdeckungen dem bloßen Zufall. Er hatte sie in seiner visionären Vorstellungskraft schon vor sich gesehen, noch lange bevor er sich im Laboratorium an die entsprechenden Versuchsreihen begab. Er hatte eine klare Vorstellung von den bahnbrechenden Forschungsarbeiten, die noch vor ihm lagen; wenn dieses Programm abgeschlossen wäre – so dachte er sich – bliebe ihm immer noch ein ganzes Leben, um im einzelnen über praktische Anwendungsmöglichkeiten seiner Entdeckungen nachzudenken.

Inzwischen hatte er wieder einmal Neuland betreten; sein Interesse galt nun den vielfältigen Effekten, die bei der Entladung seiner Spulen entstanden, wenn er sie zuvor mit extrem hochfrequenten Strömen gespeist hatte. Er entwickelte immer größere Spulen und stellte bei dieser Gelegenheit auch Versuche mit unterschiedlichen Spulenformen und Bauarten an. Aus dem geläufigen zylinderförmigen Typus hatte er zunächst konische Spulen entwickelt; schließlich waren sogar Scheiben- oder Flachspulen entstanden.

Bei der Arbeit mit hochfrequenten Strömen tat sich vor Tesla ein mathematisches Paradies auf, in dem er seiner alten Vorliebe für die Formulierung und Lösung von Gleichungen nach Herzenslust frönen konnte. Dank seiner mathematischen Fähigkeiten und seiner seltsamen Begabung der Visualisierung abstrakter Probleme gelang es ihm nicht selten, innerhalb kürzester Zeit ganze Reihen von Entdeckungen zu machen. Dabei entstand in der Regel eine solche Menge an Forschungsmaterial, daß dessen labormäßige Umsetzung einfach sehr viel mehr Zeit erforderte. Dies galt in besonderer Weise für seine Arbeiten über Resonanzerscheinungen und abgestimmte elektrische Schwingkreise.

Wegen der relativ kurzwelligen Ströme, die dabei zunächst zur Anwendung kamen, stellte die Entwicklung geeigneter Kondensatoren kein größeres Problem dar. Innerhalb eines abgestimmten Schwingkreises gerät der dort fließende Strom in rhythmische Schwingungen und verhält sich damit nicht viel anders wie eine angeschlagene oder gezupfte Saite: Bei der Vibration entstehen gleichmäßig verteilte Wellenberge und -täler, zwischen denen jeweils bewegungslose Knotenpunkte liegen. Je nach Art der Schwingung kann es nur einen solchen Wellenknoten oder auch deren mehrere geben.

Nun war Tesla keineswegs der Entdecker elektrischer Resonanzerscheinungen. Diese Vorstellung ging bereits aus Lord Kelvins Beschreibung des Prozesses hervor, der bei der Entladung eines Kondensators abläuft; zudem lag sie auch der physikalischen Natur von Wechselströmen zugrunde. Tesla war jedoch der erste, der aus einer toten mathematischen Gleichung leibhaftige Funken zu schlagen wußte. Eine Analogie elektrischer und akustischer Resonanzerscheinungen hatte freilich die enge Verwandtschaft dieser Materien schon nahegelegt, aber bevor Tesla seine ersten Generatoren zur Erzeugung hochfrequenter Wechselströme gebaut hatte, war es praktisch unmöglich gewesen, elektrische Resonanzerscheinungen physikalisch zu erzeugen. Seine entscheidenden Beiträge zu diesem Forschungsfeld waren die Entdeckungen, daß sich die Resonanzeigenschaften eines einzelnen Stromkreises über eine Veränderung der Induktivität und Kapazität genau abstimmen ließen, daß die induktive Koppelung zweier aufeinander abgestimmter Schwingkreise zu einer Verstärkung des Resonanzeffektes führte, und daß schließlich ganz besondere Effekte entstanden, wenn ein Schwingkreis auf exakt ein Viertel der Wellenlänge seines Versorgungsstroms abgestimmt wurde. Vor allem beim letzten jener Beiträge handelte es sich um einen wahrhaften Geniestreich.

Wenn wir uns eine schwingende Saite vorstellen, dann entspricht die Länge zweier entgegengesetzter Auslenkungen (also eines Wellenberges und eines Wellentales) genau der Wellenlänge; Wellenberg und -tal machen für sich genommen also je eine halbe Wellenlänge aus. Zwischen zwei entgegengesetzten Auslenkungen liegt jeweils ein Knotenpunkt, an dem die Saite vollkommen unbewegt bleibt. Die Strecke zwischen einem Knotenpunkt und dem höchsten (bzw. tiefsten) Punkt einer Auslenkung entspricht folglich einem Viertel der Wellenlänge. Wenn wir nun dieses Viertel genauer betrachten, dann stellen wir fest, daß es an einem Ende stets vollkommen unbewegt ist, am anderen jedoch die jeweils größtmögliche Auslenkung aufweist.

Tesla nahm nun dieses Viertel als Einheit und stimmte seine Spulen darauf ab. Er konnte beobachten, daß das eine Ende der Spulen vollkommen inaktiv blieb, während das andere eine enorme Aktivität aufwies. Damit stand er vor einer einzigartigen Situation: Auf einer

Seite seiner kleinen Spule geschah absolut nichts, während auf der anderen Funken mit einer Spannung von Hundertausenden oder gar Millionen Volt sprühten. Um diesen Effekt anhand eines anschaulicheren Bildes zu erläutern, können wir ihn etwa mit dem Niagara vergleichen, der träge auf den Abgrund zufließt, um dann nicht etwa in die Tiefe zu stürzen, sondern in einer unermeßlichen Fontäne gen Himmel zu schießen.

Die auf Viertelwellenlängen abgestimmte Spule ist gleichsam das elektrische Gegenstück zu den schwingenden Zinken einer Stimmgabel, zu dem Pendel einer Uhr oder zu den schwingenden Zungen in Musikinstrumenten. Im Grunde handelte es sich hier um eine Entdeckung, die an Einfachheit kaum noch zu überbieten war, aber gerade für derartig einfache Gedanken bedarf es bekanntlich oft eines genialen Kopfes. Wenn Geistesgrößen von Teslas Format sich ihr Leben lang in großem Umfang mit Grundprinzipien befassen, müssen sie früher oder später ganz zwangsläufig auf derartige Einfälle kommen. Jenen Stümpern hingegen, die bar jeder Erleuchtung in ihren Werkstätten an Spielzeugen herumbasteln und dabei einzig das Ziel vor Augen haben, damit so bald wie möglich ein Vermögen zu machen, bleiben solche Geistesblitze freilich auf ewig verwehrt.

Die einseitig inaktive Hochspannungsspule ermöglichte die einfache Lösung einer Vielzahl von Problemen. Eines der größten Probleme Teslas hatte darin bestanden, ein geeignetes Verfahren zu finden, mit dem er die hochspannungsführenden Sekundärspulen seiner Transformatoren ausreichend von den Primärspulen isolieren konnte. Da nun dank seiner Erfindung ein Ende der Sekundärspule vollkommen spannungsfrei blieb, konnte er es direkt an die Primärspule oder an die Erdverbindung anschließen, während aus dem anderen Ende unausgesetzt Blizte sprühten. Im Zuge dieser Entwicklungen entstanden auch Teslas konische Spulen sowie seine Flachspulen.

In Teslas Laboratorium gab es eine große Anzahl der unterschiedlichsten Spulentypen. Er war bei seinen Forschungen schon recht früh darauf gestoßen, daß bei der Arbeit mit einer auf eine bestimmte Wellenlänge abgestimmten Spule auch andere Spulen ansprachen, wenn ihre Abstimmung der gleichen Wellenlänge oder deren harmonischen Frequenzen entsprach. Obwohl zwischen diesen Spulen und der gerade stromführenden Spule keinerlei Kontakt bestand, wiesen sie plötzlich eine Funkenkrone auf.

Was konnte hier anderes vorliegen als die drahtlose Übertragung von Energie? Tesla mußte nicht erst eine neue Versuchsreihe durchführen, um aus seiner Beobachtung die richtigen Schlüsse zu ziehen. Selbst wenn er auf bislang unerforschtes Gebiet vordrang, verirrte er sich dort nie. Seine geistigen Fähigkeiten hatten einen Punkt erreicht, an dem er vor ihm erscheinendes geistiges Neuland auf der Stelle umfassend zu erkunden vermochte.

Tesla plante nun eine aufsehenerregende Demonstration des neu entdeckten Prinzips. Er wies seine Mitarbeiter an, im größten Raum des Laboratoriums knapp unter der Decke eine Leitung zu verlegen. Die Leitung lief über Isolatoren an allen vier Wänden entlang und war an den beiden freien Enden mit einem der Oszillatoren verbunden.

Am späten Abend war die Installation der Anlage abgeschlossen. Der Versuch konnte beginnen. Zu diesem Zweck hatte Tesla zwei Glasröhren von etwa drei Fuß Länge und einem halben Zoll Durchmesser an beiden Enden luftdicht verschlossen und mit einem leichten Unterdruck versehen.

Er hatte angeordnet, daß der Raum während des Tests vollständig verdunkelt werden sollte; erst auf sein Zeichen hin sollte einer der Mitarbeiter den Schalter des Oszillators betätigen. »Wenn meine Theorie stimmt«, sagte er »werden sich die beiden Röhren in diesem Augenblick in flammende Schwerter verwandeln.«

Dann begab er sich in die Mitte des Raumes und gab die Anweisung, nun sämtliche Lichtquellen zu löschen. Das Laboratorium lag in völliger Dunkelheit da. Ein Mitarbeiter hielt sich am Schalter des Oszillators bereit.

Mit lauter Stimme gab Tesla das Zeichen. »Jetzt!«

Auf der Stelle war alles mit einem hellen, wenn auch etwas unheimlichen bläulich-weißem Licht erfüllt. Die Mitarbeiter konnten Teslas hochgewachsene, schlanke Gestalt in der Mitte des Raumes deutlich wahrnehmen und sie sahen, wie er zwei Gegenstände schwang, die in der Tat den Eindruck flammender Schwerter machten. Die beiden Glasröhren strahlten ein durch und durch unirdisches Licht ab, und Tesla vollführte mit ihnen Bewegungen, als ob er in einem Kampf mit doppelten Schwertern gegen einen unsichtbaren Gegner angetreten wäre.

Seine Mitarbeiter hatten von ihm schon häufig genug ungewöhnliche Darbietungen gesehen, aber dies hier übertraf einfach alles. Elektrische Vakuumlampen waren ihnen keineswegs neu, aber bisher hatten diese Leuchtröhren den notwendigen Strom immerhin noch aus einer angeschlossenen Spule bezogen. Nun leuchteten sie tatsächlich auf, ohne daß es eine direkte Verbindung zu einer Stromquelle gegeben hätte.

Dieser Versuch fand im Jahre 1890 statt; Tesla übernahm die grundlegenden Prinzipien anschließend für ein Verfahren, sein Laboratorium ständig ausreichend mit Licht zu versorgen: Die Leitungsschlaufe unter der Decke führte stets Strom; wer gerade Licht brauchte, mußte nur noch zu einer der Glasröhren greifen und sie in eine ihm angenehme Position bringen.

Als Tesla sich danach abermals an die Entwicklung einer neuen Art elektrischen Lichts begab, nahm er sich die Sonne zum Vorbild. Er ging davon aus, daß das Sonnenlicht in der äußersten Schicht der Sonne – der Photosphäre – durch sehr schnelle Schwingungen der Moleküle entstand. Diese Theorie wurde zu jener Zeit allgemein als gültig betrachtet, und Tesla wollte nun nach dem gleichen Prinzip Licht erzeugen.

Wie wir bereits gesehen haben, war ihm seinerzeit in dem Park in Budapest bei der Betrachtung der untergehenden Sonne eine Vision zuteil geworden, die weit über das magnetische Drehfeld und die mannigfachen Anwendungsmöglichkeiten von Wechselströmen hinausging. Er hatte einen Blick in den Kosmos getan und begriffen, daß überall in der Natur Schwingungen am Werk waren, die sich mit den Schwingungen der Wechselströme durchaus vergleichen ließen. Der gesamte reiche Schatz der Erfindungen und Entdeckungen, die er in den folgenden Jahren machen sollte, ließ sich in der einen oder anderen Form auf dieses erhabene Erlebnis zurückführen.

Das Sonnenlicht – so nahm man an – entstand, weil die Moleküle von den hohen Temperaturen in Schwingung versetzt wurden. Tesla suchte nun nach einem Weg, Moleküle vermittels elektrischer Kräfte zum Schwingen anzuregen. Hinter den Funken und elektrischen Flammen, die sich an seinen Spulen zeigten, vermutete er gleichfalls molekulare Schwingungen der umgebenden Luft. Wenn er nun Luftgase gleichsam in Flaschen abfüllen und dann durch Elektrizität zum Schwingen anregen würde, dann müßte dabei ein Licht ohne jeden Anteil von Wärmestrahlung entstehen, zumal es sich bei den zugeführten Strömen ja auch um eine »kalte« Energieform handelte.

Schon Sir William Crookes, der lange vor Edison eine Lampe erfunden hatte, bei der elektrischer Strom einen Draht in einer Vakuumröhre zur Weißglut erhitzte, hatte vergleichbare Versuche angestellt. Crookes hatte in Experimenten versucht, Strom durch in Glasgefäße eingeschlossene Gase zu leiten; er hatte Bedingungen vom normalen atmosphärischen Druck bis hin zum höchstmöglichen Vakuum untersucht und konnte dabei eine ganze Reihe seltsamer Effekte beobachten. Allerdings stand ihm zur Erzeugung der notwendigen Hochspannungen lediglich die altmodische Induktionsspule zur Verfügung.

Tesla nahm nun an, daß er bei der Verwendung extrem hochfrequenter Ströme zu Ergebnissen kommen müßte, die von den Beobachtungen Crookes' und Geißlers – der sich ebenfalls auf diesem Gebiet betätigt hatte – radikal abweichen würden. Diese Vermutung sollte sich bestätigen.

Es gelang ihm, auf der Grundlage elektrisch angeregter Gasmoleküle vier unterschiedliche und vollkommen neue Lampentypen zu entwickeln: 1. Röhren, in denen ein fester Körper zur Weißglut erhitzt wurde; 2. Röhren, in denen phosphoreszierende und fluoreszierende Materialien zum Leuchten angeregt wurden; 3. Röhren, in denen verdünnte Gase zum Leuchten gebracht wurden, und 4. Röhren, deren Helligkeit von Gasen herrührte, die sich unter normalem atmosphärischen Druck befanden.

Wie schon Crookes stellte auch Tesla seine Versuche mit Druckverhältnissen vom Hochvakuum bis hin zum normalen Luftdruck an; dank der hochfrequenten Ströme erzielte er dabei allerdings brillante Leuchteffekte, die die Ergebnisse seiner Vorgänger bei weitem übertrafen. Er untersuchte gleichfalls das Verhalten unterschiedlicher Gase – darunter auch Quecksilberdampf – und konnte die jeweils charakteristischen Farben sowie weitere typische Effekte beobachten.

Angesichts der unterschiedlichen Farben, die bei Gasen wie auch normaler Luft abhängig vom jeweiligen Druck entstanden, vermutete Tesla, daß nicht sämtliche Energie in Form sichtbaren Lichtes abgestrahlt wurde. Es mußte auch so etwas wie »schwarzes Licht« geben. Zur Überprüfung der Hypothese gab er Zinksulfid und weitere phosphoreszierende oder fluoreszierende Materialien in seine Röhren und konnte sie in der Tat zum Leuchten anregen. Mit diesen Versuchen – sie fanden im Jahre 1889 statt – schuf er die Grundlagen für unsere modernen Leuchtstoffröhren, die heute gemeinhin für eine Erfindung der jüngsten Vergangenheit gehalten werden. Tesla ist also der eigentliche Erfinder des Verfahrens, nach dem sich unsichtbares ultraviolettes Licht über phosphoreszierende Substanzen in sichtbares Licht umwandeln läßt. Weil Röntgen sechs Jahre später mit ähnlichen Röhren experimentierte und dabei beobachtete, daß deren Strahlung in der Nähe befindliches fluoreszentes Material zum Leuchten anregte, gilt er heute als Entdecker der X- oder Röntgenstrahlung. Aber neben der Leuchtstoffröhre entwickelte Tesla auch eine Form der Neonbeleuchtung; er kam schon damals auf den Einfall, seinen

Neonröhren die Form geometrischer Figuren oder Buchstaben zu geben – genau wie wir es von den Leuchtreklamen her kennen. Wenn auch Männer wie Crookes oder J. J. Thompson schon vor Tesla einige vergleichbare Versuche angestellt hatten, bleibt er trotzdem der Erfinder all jener Lampentypen, denn schließlich war er der erste, der die Versuchsanordnungen zur Anwendungsreife weiterentwickeln konnte.

Im Verlauf seiner Versuchsreihen hatte Tesla zu Anfang des Jahres 1890 herausgefunden, daß die von ihm verwendeten hochfrequenten Ströme gänzlich andere Eigenschaften aufwiesen als jene Ströme, die man über eine gewöhnliche Induktionsspule oder Funkenstrecken erzeugen konnte. Er hatte festgestellt, daß es mitunter sogar von Vorteil war, die Röhren mit nur einem stromführenden Leiter an den Hochspannungstransformator anzuschließen; die Rückleitung fand in diesem Fall auf drahtlosem Wege durch die Luft statt.

Bei der Arbeit mit Vakuumröhren, in deren Mitte sich ein leitender Draht befand, hatte es sich erwiesen, daß die hochfrequenten Ströme von dem verdünnten Gas weit besser übertragen wurden als von dem eigentlichen Leiter. Aus dieser Beobachtung entwickelte er dann eine Reihe aufsehenerregender Experimente, mit denen er die fundamentalsten Gesetze der Elektrizität zu widerlegen schien. So führte er etwa bei Lampen oder anderen Geräten mit massiven Metallstangen einen Kurzschluß herbei. Mit den üblichen Strömen gespeiste Apparate hätten hier sofort ihren Dienst versagt, doch nicht so in Teslas Experiment: Die mit dem hochfrequenten Strom betriebenen Lampen leuchteten auch weiterhin; sämtliche Geräte funktionierten nach wie vor so gut, als ob die Kurzschlußstange gar nicht existiert hätte.

Ein weiteres Experiment basierte auf einer langen Glasröhre mit leichtem Unterdruck, die sich in einem einseitig offenen Kupferzylinder etwas größerer Länge befand. Durch einen Einschnitt in der Mitte des Kupferzylinders war die Glasröhre sichtbar. Legte man nun an den Kupferzylinder einen hochfrequenten Strom an, dann leuchtete die Glasröhre zwar hell auf, aber am Zylinder selbst war kein Stromfluß nachzuweisen. Die Elektrizität zog es ganz offenbar vor, induktiv in die Glasröhre zu fließen, dort ihren Weg durch die verdünnte Luft zu nehmen und die Röhre am anderen Ende wieder induktiv zu verlassen, anstatt den vermeintlich naheliegenderen Weg über den metallischen Leiter zu nehmen. Tesla führte zu diesem Experiment aus:

> Soweit wir sehen können, liegt mit dem Gas ein Leiter vor, der elektrische Impulse jeder von uns erzeugbaren Frequenz zu übertragen vermag. Könnten wir die Freqenzen in ausreichendem Maße steigern, so ergäbe sich daraus die Möglichkeit eines seltsamen Systems der Energieübertragung, an dem die Gasgesellschaften sicherlich großes Interesse zeigen würden: Wir könnten über das Gasleitungssystem – die metallischen Leitungen würden hier als Isolator, das Gas als Leiter dienen – Leuchtstofflampen oder gar Geräte speisen, die noch ihrer Erfindung harren.

Die bemerkenswerte elektrische Leitfähigkeit von Gasen (und normaler Luft) bei geringem Druck brachte Tesla später auf einen Gedanken, den er im Jahre 1914 bekanntgab. Er schlug die Errichtung eines weltumspannenden Beleuchtungssystems vor, bei dem er die ganze Erde samt der sie umgebenden Atmosphäre dazu bringen wollte, sich wie eine seiner Lampen zu verhalten.

Aufgrund des Gewichts der auf dem Boden lastenden Luftsäule herrscht dort nämlich der höchste Druck; je höher wir uns bewegen, umso mehr nimmt das Gewicht der Luftsäule und folglich auch der Druck ab.

In großen Höhen herrschen in der Atmosphäre also ähnliche Druckverhältnisse – so erläuterte Tesla – wie im teilweisen Vakuum der Glasröhren in seinem Laboratorium. Aus diesem Grunde müßte die Luft dort ausgezeichnete Eigenschaften als Leiter hochfrequenter Ströme aufweisen. Beim Phänomen des Nordlichtes handelt es sich in der Tat um ein natürliches Gegenstück zu dem Effekt, den Tesla künstlich herbeiführen wollte; es war in jenen Tagen allerdings noch nicht bekannt, daß tatsächlich ein Zusammenhang zwischen Nordlicht und Elektrizität besteht.

Würde ein elektrischer Strom von der richtigen Beschaffenheit und ausreichender Energie durch die verdünnte Luft der äußeren atmosphärischen Schichten fließen, so müßte er sie zum Leuchten anregen. Die gesamte Erde würde sich in eine gigantische Lampe verwandeln; der Nachthimmel wäre von Licht erhellt. Auf Straßenlaternen und sonstige Außenbeleuchtung könnte man dann getrost verzichten – so führte Tesla aus – solange der Himmel nicht gerade von Wolken bedeckt wäre. Ozeanreisen würden erheblich sicherer und angenehmer, da das Meer vom Himmel herab auch des Nachts taghell erleuchtet wäre.

Wir wissen leider nicht, auf welche Weise Tesla seinen hochfrequenten Strom in die oberen Schichten der Atmosphäre leiten wollte. Als er sein Projekt in groben Zügen umriß, hatte er angemerkt, daß dessen Durchführung keinerlei praktische Probleme im Weg stünden. Daraus können wir immerhin schließen, daß er hier bereits eine bestimmte Lösung ins Auge gefaßt hatte.

In einer Höhe von 35000 Fuß – so erläuterte Tesla – besitze die Luft eine ausgesprochen gute Leitfähigkeit für hochfrequente Ströme, obgleich sich der gewünschte Effekt seiner Ansicht nach auch in geringeren Höhen herbeiführen ließe. Die Korrektheit dieser Annahme wird neuerdings durch ein Problem bestätigt, daß in Flugzeugen bei Flughöhen selbst unterhalb von 25000 Fuß auftritt. In größeren Höhen funktioniert nämlich das elektrische System, das die Zündkerzen der Flugzeugmotoren mit Hochspannung versorgt, nicht mehr richtig, weil ein beträchtlicher Teil der elektrischen Ladung über die Umgebungsluft abfließt und gar nicht erst bis zu den Zündkerzen gelangt. In Bodennähe bildet die Luft zwar einen hervorragenden Isolator – vor allem für Gleichströme und niederfrequente Wechselströme –, aber unter den in größeren Höhen herrschenden Niederdruckbedingungen verwandelt sie sich in der Tat in einen ebenso hervorragenden Leiter für hochfrequente Ströme. Um das Zündkabel eines Flugzeugmotors bildet sich dort ein elektrischer Strahlenkranz (der sogenannte Koronareffekt), der den Verlust von

Elektrizität anzeigt. Aus diesem Grunde können auch Hochfrequenzapparate – wie etwa Funkgeräte – in solchen Höhen ganz oder teilweise ihren Dienst versagen.*

In den zwanziger Jahren sollte Tesla abermals auf die Idee der globalen Beleuchtung zurückkommen. Da er um diese Zeit aber weder die Mittel hatte, entsprechende Versuchsreihen zu finanzieren, noch bereit war, ohne vorherige Versuche Einzelheiten bekanntzugeben, äußerte er sich nicht weiter über die geplanten Methoden. Er war damals jedoch zuversichtlich, daß ihm in nicht allzuferner Zeit die notwendigen Gelder zur Verfügung stehen würden.

Der Autor dieses Buches bombardierte Tesla geradezu mit Fragen, um wenigstens etwas über die Grundzüge des geplanten Verfahrens in Erfahrung zu bringen. Doch Tesla blieb unnachgiebig.

»Falls ich Ihnen jetzt noch drei weitere Fragen beantworten würde«, so sagte er, »wären sie über meine Pläne ebensogut im Bilde wie ich selbst.«

»Dr. Tesla«, entgegnete ich ihm, »ich würde in meinem Artikel trotzdem gern das Verfahren darstellen, daß mir nach den von Ihnen erforschten physikalischen Gesetzen im Augenblick als einziges durchführbar erscheint. Ein schlichtes ›Ja‹ oder ›Nein‹ von Ihnen würde mir hier vollkommen genügen. Ihre Elektronenröhren haben sich als ausgesprochen gute Lieferanten von ultraviolettem Licht sowie X-Strahlen erwiesen; mit ihrer Hilfe könnten Sie eine hochenergetische Strahlung aussenden, von der die Luft noch in großer Entfernung ionisiert würde. Und ionisierte Luft wiederum ist ein recht guter Leiter für ausreichend spannungsstarke elektrische Ströme. Würden Sie die Strahlung aus Ihren Röhren nun etwa von einem hohen Berg aus gen Himmel richten, dann stünde Ihnen

* Da Tesla herausgefunden hatte, daß Metalle zwar für Gleichströme und niederfrequente Wechselströme ausgezeichnete Leitereigenschaften aufweisen, sich aber hinsichtlich hochfrequenter Ströme wie Isolatoren verhalten, erübrigt sich die häufig ausgesprochene Vermutung, er habe den Strom vermittels Fesselballons und metallischer Kabel in die höheren Atmosphärenschichten leiten wollen.

dadurch gleichsam ein elektrischer Leiter zur Verfügung, der bis in die höchsten Schichten der Atmosphäre reicht. Auf diesem Wege könnten Sie Ihre hochfrequenten Ströme dort hinaufschicken, ohne den Erdboden verlassen zu müssen.«

»Wenn Sie das in Ihrem Artikel so veröffenlichen«, sagte Tesla daraufhin, »wird es den Eindruck erwecken, es handele sich dabei um Ihren Plan – und nicht um meinen.«

Der Artikel wurde zwar mitsamt der gerade geschilderten Vermutung abgedruckt, aber von Tesla war auch weiterhin weder Zustimmung noch Ablehnung zu hören. Wir wissen also nicht, ob dieses Verfahren Teslas Vorstellungen wirklich entsprach; es ist durchaus möglich, daß ihm hier ein wesentlich unkomplizierteres und leichter umzusetzender Plan vorschwebte.*

Möglicherweise gab es noch einen weiteren Plan, der etwas mit diesem Projekt zu tun haben mochte. Im Zusammenhang mit Überlegungen zur Erdelektrizität hatte Tesla darauf hingewiesen, daß sowohl Erde als auch die höheren Schichten der Atmosphäre viele Arten elektrischer Ströme recht gut leiten können, während die bodennahe Luft hier als Isolator wirkt. Diese Kombination von Leiter und Isolator bildet einen Kondensator – also eine Vorrichtung zur Speicherung und Entladung von Elektrizität. Lädt man die Erde auf, dann werden die höheren Luftschichten per Induktion gleichfalls aufgeladen.[19] Auf diese Weise würde sich unsere Erde in eine Art kosmische Leidener Flasche verwandeln; bei einem stetigen Wechsel von Ladung und Entladung würde ein Strom fließen, der die oberen Luftschichten zum Leuchten anregen könnte. Tesla hat sich zu einer möglichen Verwendung des Kondensator-Prinzips allerdings nie mit

* Erst nach Abschluß der Arbeiten zu diesem Buch hat der Autor erfahren, daß Tesla plante, auf seinem Turm in Wardencliff (vgl. S. 254f. und Abbildungsteil) eine Batterie leistungsfähiger Ultraviolettlampen zu installieren und die oberste Plattform des Turmes eigens zu diesem Zweck vorbereitet hatte.

[19] Statt Induktion muß es hier richtigerweise Influenz heißen, da es sich um ein elektrostatisches Phänomen handelt (im Englischen sind beide Phänomene oft mit *induction* bezeichnet).

der Bestimmtheit geäußert, die die obigen Ausführungen vielleicht nahelegen könnten. Es mag aber nicht auszuschließen sein, daß sein wirklicher Plan sich eines Tages unter den nachgelassenen Papieren findet, die zu diesem Zeitpunkt unter Verschluß gehalten werden und lediglich Vertretern der Regierung zugänglich sind.

Dem nahezu luftleeren Raum in einer sechszölligen Glasröhre hatte Tesla also mindestens fünf epochale Entdeckungen abgelistet. Den Lampen, die er der Welt vor nunmehr fünfzig Jahren schenkte, entströmten mehr an Wundern als der berühmten Lampe des Aladin aus den Märchen aus tausendundeiner Nacht. Aber Teslas wahrhafte Wunderlampe war die Karbonknopflampe. Sehen wir einmal ganz von den anderen Erkenntnissen ab, die sich daraus noch ergaben, und betrachten nur ihre Eigenschaften als Lichtquelle, dann handelt es sich hier immer noch um eine brillante wissenschaftliche Entdeckung – die bis auf den heutigen Tag ungenutzt blieb. Edison ging mit der von ihm entwickelten Leuchtwendel-Glühlampe in die Annalen der Technikgeschichte ein, und niemand würde es heute wagen, ihm diesen verdienten Ruhm streitig zu machen. Tesla erfand mit der Karbonknopflampe einen vollkommen eigenständigen Lampentypus, der bei gleichem Stromverbrauch zwanzigmal soviel Licht abstrahlte – und seine Erfindung blieb so gut wie unbekannt.

Tesla hatte die Karbonknopflampe bereits anläßlich seines New Yorker Vortrags vor dem American Institute of Electrical Engineers im Mai 1891 beschrieben; bei den Vorträgen in London und Paris konnte er im folgenden Jahr ein verbessertes Modell vorführen. Im New Yorker Vortrag hatte es geheißen:

> Wir können elektrostatische Effekte auf vielerlei Art zur Erzeugung von Licht einsetzen. So können wir zum Beispiel ein hitzebeständiges Material in eine Glaskugel einbringen, in der günstigerweise ein mehr oder minder großer Unterdruck herrscht, und es an eine Wechselstromquelle hoher Spannung und Frequenz anschließen. Auf diese Weise regen wir die in der Kugel enthaltenen Luftmoleküle

> dazu an, wie Geschosse von äußerst hoher Geschwindigkeit in jeder Sekunde viele Male auf dieses Material niederzuprasseln; die Trillionen unsichtbarer Hammerschläge heizen es derartig auf, daß es schließlich in Weißglut gerät. Oder wir können ein beliebiges Material in ein Hochvakuum einbringen und durch die Einwirkung hoher Frequenzen und Spannungen auf jede beliebige Temperatur erhitzen.

Tesla stellte mit seiner Karbonknopflampe umfangreiche Versuche an; über die bedeutsamsten dieser Experimente berichtete er im Frühling des Jahres 1892 vor den wissenschaftlichen Gesellschaften Englands und Frankreichs. Allerdings war die Karbonknopflampe lediglich einer der vielen neuartigen Lampentypen, die er damals im Zuge der aufsehenerregenden Demonstrationen seiner Arbeiten vorstellte.

Teslas Karbonknopflampen waren von ausgesprochen einfacher Bauart: Sie bestanden aus einem kugelförmigen Glaskolben von drei bis sechs Zoll Durchmesser, in dessen Zentrum ein Draht hineinragte, auf dem ein Knopf aus hitzebeständigem Material befestigt war. Das andere Ende des Drahtes führte aus dem luftdicht verschlossenen Kolben hinaus und wurde an eine hochfrequente Stromquelle angeschlossen. Außerdem enthielt der Glaskolben verdünnte Luft.

Sobald ein hochfrequenter Strom durch die Lampe floß, wurden die Moleküle in der unmittelbaren Umgebung des zentralen Knopfes aufgeladen und mit hoher Geschwindigkeit gegen die Außenwand des Kolbens geschleudert; nachdem sie ihre Ladung dort abgegeben hatten, prallten sie mit ebenso hoher Geschwindigkeit wieder auf den Knopf zurück. Dieser Prozeß vollzog sich in jeder Sekunde milliardenfach und führte dazu, daß sich der Knopf schließlich bis zur Weißglut erhitzte.

Tesla war in der Lage, in dieser schlichten Glaskugel extrem hohe Temperaturen zu erzeugen, deren Obergrenze allein von der Menge des zugeführten Stromes abzuhängen schien. So gelang es ihm etwa, Kohlenstoff vom festen unmittelbar in den gasförmigen Zustand zu überführen, wobei er die Beobachtung machte, daß die flüssige Phase offenbar dermaßen instabil war, daß sie keinen Bestand hatte. Auch Zirkonium – das hitzebeständigste Material überhaupt – verdampfte sofort. Tesla versuchte es mit Diamanten und Rubinen – selbst diese verdampften. Sofern es ihm darum ging, das Gerät wirklich als Lampe einzusetzen, war ihm natürlich nicht daran gelegen, das Knopf-Material zum Schmelzen zu bringen, aber bei seinen Experimenten war er stets darum bemüht, die oberen und unteren Grenzen zu erreichen. Er hatte beobachtet, daß Karborund (Siliziumcarbid) eine derartige Hitzebeständigkeit aufwies, daß er Karborundknopflampen mit wesentlich größeren Strömen betreiben konnte als sämtliche anderen Lampen. Und da das Karborund nicht zum Verdunsten neigte, kam es auch nicht zu Ablagerungen am Glaskörper.

Tesla hatte also eine Lichtquelle entwickelt, bei der ein Stückchen glühendes Material seine Wärmeenergie an die Moleküle eines stark verdünnten Gases abgab und sie damit zum Leuchten anregte. Damit funktionierte die Lampe in der Tat wie die Sonne: Der Glühknopf entsprach dem massiven Kern des Himmelskörpers; das im Glaskolben enthaltene Gas der lichtabsondernden Photosphäre.

Tesla hatte stets ein gutes Gespür für dramatische Effekte bewiesen, aber davon abgesehen dürfte es ihm einfach auch höchste Befriedigung verschafft haben, wenn er seine Miniatursonne mit Strömen betrieb, die auch durch seinen eigenen Körper fließen konnten – hochfrequente Wechselströme mit Spannungen von mehreren hunderttausend Volt. Mit einer Hand berührte er einen Pol seines Hochfrequenztransformators; in der anderen hielt er sein Sonnenmodell im Glaskolben, wobei er gern die Positur der Freiheitsstatue einnahm. Und ohne sonstige Kabelverbindungen strahlte die neuartige Lampe dann ihr blendendes Licht aus. Hier – so können wir sagen – haben wir den »Übermenschen« vor uns, der uns seine ganz und gar unirdisch wirkenden Fähigkeiten präsentiert. Aber Tesla fand wohl auch ein nicht gerade geringes Vergnügen daran, die gewöhnliche menschliche Auffassungsfähigkeit zu verblüffen. Edison hatte ihn seinerzeit wegen der Wechselstrompläne ausgelacht und behauptet, daß der Wechselstrom nicht nur nutzlos, sondern sogar im höchsten Grade lebensgefährlich sei. Derartige Vorführungen waren gewiß eine angemessene Reaktion auf Edisons Selbstgefälligkeit: Tesla sorgte dafür, daß die Natur selbst die richtige Antwort gab.

Aus der genauen Beobachtung der Abläufe in seiner glühenden Miniatursonne leitete Tesla innerhalb kürzester Zeit eine Reihe weiterer Erkenntnisse ab. Wenn die elektrischen Wellen durch den winzigen Zentralkörper der Lampe strömten, erzeugten sie damit einen wahren Hagel von Partikeln, die mit großer Geschwindigkeit gegen den Glasmantel geschleudert wurden, um von dort aus wieder auf den Glühknopf zurückzuprallen. Die Sonne – so überlegte Tesla nun – ist gleichfalls ein glühender Körper, der riesige Mengen solch winziger Partikel aussendet; jedes davon ist wegen der extrem hohen Geschwindigkeiten Träger sehr großer Energien. Aber bei der Sonne und anderen Fixsternen gab es keinen Glasmantel, der diese Partikel zurückhielt. Von glühenden Himmelskörpern mußte also ein ununterbrochener Strom solcher Partikel in die unermeßlichen Weiten des Universums ausgehen.

Das gesamte Weltall war demnach von derartigen Partikeln erfüllt, die auch die Erde unaufhörlich bombardierten und – ganz wie in seiner Lampe – beim Aufprall alle Materie zerstörten, die sich in ihrer Bahn befand. Bei den Versuchen mit der Karbonknopflampe hatte er oft genug beobachten können, daß selbst so hitzebeständige Materialien wie Kohlenstoff vom Bombardement der elektrisch geladenen Teilchen zu Atomstaub zertrümmert wurden.

Folglich beschloß er, die Teilchenstrahlung nachzuweisen, der die Erde unablässig ausgesetzt war. Einer der Effekte dieses Bombardements – so sagte er – müsse das Phänomen des Nordlichtes sein. Die Aufzeichnungen über die experimentellen Methoden, die er dabei anwandte, sind uns leider nicht zugänglich; immerhin veröffentlichte Tesla aber eine Meldung, in der er bekanntgab, er habe die Existenz dieser Teilchen nachweisen können, ihre Energie gemessen und sei zu dem Ergebnis gekommen, daß sie sich aufgrund des Hunderte Millionen von Volt betragenden Energiepotentials der Sonne mit ungeheurer Geschwindigkeit fortbewegten.

Weder die Wissenschaft noch die Öffentlichkeit hatten in den frühen neunziger Jahren des vergangenen Jahrhunderts ein besonders offenes Ohr für derart phantastische Zahlen oder für die Behauptung, daß die Erde unablässig dem Bombardement einer zerstörerischen Teilchenstrahlung ausgesetzt sei. Um es zurückhaltend auszudrücken: Man nahm Teslas Bericht einfach nicht ernst.

Aber schon im Jahre 1896 entdeckte der französische Physiker Henri Bequerel die geheimnisvolle Strahlung des Urans und regte damit Forschungen an, die recht bald zu Pierre und Marie Curies Erkenntnissen über das Strahlungsverhalten von Radium führten, dessen Atome ohne erkennbare Ursache spontan zu explodieren schienen. Nun konnte Tesla wieder auf seine kosmische Strahlung hinweisen, die eine einfache Erklärung für die Radioaktivität von Radium, Thorium, Uran und weiteren Substanzen bot. Außerdem sagte er voraus, daß sich noch zusätzliche Substanzen finden würden, die nach dem Beschuß mit diesen Strahlen Radioaktivität zeigen würden. Teslas Triumph war allerdings nur vorübergehender Natur, da die wissenschaftliche Welt die Gültigkeit seiner Theorie nicht anerkennen wollte. Doch immerhin sollte er sich hier als ein weit besserer Prophet erweisen, als er selbst oder irgend jemand sonst vermutet hatte.

Dreißig Jahre später entdeckte Dr. Robert A. Millikan ebenfalls diese Strahlung und nahm an, daß es sich dabei um dem Licht vergleichbare Wellenschwingungen handelte. Weitere Forschungen von Dr. Arthur H. Compton ergaben jedoch, daß sie – wie Tesla vorhergesagt hatte – aus äußerst schnellen Teilchen bestand. Zunächst maß man hier Energien von zehn Millionen Volt; doch heute wissen wir, daß wir es hier sogar mit Energien im Bereich von Milliarden und sogar Trillionen Elektronenvolt zu tun haben. Außerdem bestätigen sämtliche Forschungen Teslas Voraussagen in einem weiteren Punkt:

In allen Berichten heißt es, daß diese Strahlen imstande sind, feste Materie zu Atomen zu zertrümmern.

Im Jahre 1934 entdeckte Frederic Joliot – der Schwiegersohn des Ehepaares Curie – daß sich beliebige Materialien in der ebenfalls von Tesla vorausgesagten Weise radioaktiv machen ließen, wenn man sie einer Teilchenstrahlung aussetzte. Für diese Erkenntnis wurde Joliot mit dem Nobelpreis ausgezeichnet – von Teslas Forschungsbeiträgen spricht kein Mensch.

Teslas Molekülhagel-Lampe war gleichfalls die Ahnherrin einer weiteren Errungenschaft jüngerer Zeit: des atomzertrümmernden Zyklotrons. Bei dem von E. O. Lawrence im Verlauf der letzten zwanzig Jahre an der University of California entwickelten Zyklotron handelt es sich um ein Gerät, in dem elektrisch aufgeladene Partikel vermittels eines Magnetfeldes in einer kreisförmigen Kammer erst auf sehr große Geschwindigkeit beschleunigt und dann in Form einer gerichteten Teilchenstrahlung aus der Beschleunigungskammer herausgeleitet werden. Die gigantische Maschine, deren Magnet allein schon die Größe eines Hauses hat, ist zum gegenwärtigen Zeitpunkt noch nicht vollständig fertiggestellt; Professor Lawrence zufolge soll die mit ihr erzeugbare Teilchenstrahlung so stark sein, daß sie selbst einen Ziegelstein in seine atomaren Bestandteile zertrümmern könnte. Mit Hilfe kleinerer Vorläufermodelle hat man bereits verschiedene Materialien vollständig zertrümmert, sie zu radioaktiver Strahlung angeregt sowie ihre Atome zu Atomen anderer Elemente umgewandelt.

In der kleinen Glaskugel mit ihren allerhöchstens sechs Zoll Durchmesser, aus der Tesla seine Molekülhagel-Lampe gebaut hatte, fand exakt die gleiche Zertrümmerung fester Materie statt – und dies womöglich noch mit einer Effektivität, an die unsere moderneren atomzertrümmernden Zyklotrone, deren kleinstes allein zwanzig Tonnen wiegt, trotz ihrer ungeheuren Ausmaße nicht herankommen.

Anläßlich der Beschreibung eines Experimentes mit der Lampe, bei dem er einen Rubin in einen Träger aus Kohlenstoff eingebettet hatte, sagte Tesla:

> Hier stellte sich unter anderem heraus, daß einer der beiden Körper den Großteil des Molekülhagels auf sich zu ziehen schien und ihn somit vom anderen ablenkte, sobald sich ausreichend hohe Temperaturen eingestellt hatten. Dabei war es offenbar gleichgültig, wo der Molekülhagel zu Beginn des Experimentes eingesetzt hatte; das Phänomen schien in erster Linie vom jeweiligen Schmelzpunkt sowie von den »Verdunstungseigenschaften« des Materials abhängig zu sein. Bei letzterem handelt es sich um den spezifischen Widerstand, den ein Material der Zertrümmerung entgegensetzt – wobei ich hier nicht ausschließlich die Abstrahlung von Atomen, sondern auch eine Abstrahlung größerer Materiebestandteile meine. Diese Beobachtung stimmte mit den allgemein anerkannten Auffassungen überein. Herrscht in einem Gefäß ein Hochvakuum, dann bedient sich die an der Elektrode anliegende Elektrizität durchaus verschiedener Träger. Zum einen handelt es sich dabei um die Atome oder Moleküle des im Gefäß verbliebenen Gases, zum Teil aber auch um Atome, Moleküle und Stoffpartikel, die sich von der Elektrode abgelöst haben. Wenn die Elektrode nun aus zweierlei Körpern unterschiedlichen Charakters zusammengesetzt ist, deren einer der Zertrümmerung einen geringeren Widerstand entgegensetzt, dann fließt der größere Teil der Elektrizität durch eben diesen Körper. Dadurch heizt er sich in einem höheren Maße auf als der andere und setzt der Zertrümmerung folglich einen noch geringeren Widerstand entgegen.

Sogar Substanzen, die sich selbst gegenüber den hohen Temperaturen der Schmelzöfen in Laboratorien noch als unempfindlich erwiesen hatten, ließen sich in Teslas einfachem Gerät mit Leichtigkeit zertrümmern. Die äußere Glaskugel der Lampe funktionierte dabei sozusagen als ein dreidimensionales Brennglas, das die Strahlung von allen Seiten her auf einen zentralen Punkt bündelt – mit dem Unterschied, daß hier eben keine Wärmestrahlung, sondern die hochenergetische, atomzertrümmernde Teilchenstrahlung zum Einsatz kam. Dieses federleichte Gerät erzeugte also bei wesentlich größerer Wirksamkeit den gleichen Effekt, den wir heute mit unseren modernen,

Teslas Geburtshaus in Smiljan. Rechts ist die Kirche zu sehen, der sein Vater als Priester vorstand.

Tesla als Student in Graz (1875–1878).

Tesla um 1890.

Modell des zweiphasigen Induktionsmotors. Deutlich sind die das Magnetfeld aufbauenden Spulen und der sich darin drehende Anker zu sehen.

Teslas Laboreinrichtung in New York. Hier arbeitete er u.a. an der Mehrphasen-Wechselstromtechnik.

Tesla zeigt in seinem New Yorker Labor ein Modell einer Empfangsspule für den experimentellen Nachweis des Empfangs elektromagnetischer Wellen. Als Nachweisgerät dient eine Glühbirne in der Spule. Diese leuchtet auf, was auf die Induktion eines Stromes innerhalb der Spule durch elektromagnetische Wellen hindeutet. Dies ist ein Modellexperiment für die drahtlose Energieübertragung.

Tesla in seinem Labor vor dem Spiraltransformator (1898).

Außenansicht von Teslas Experimentierstation in Colorado Springs nach ihrer Fertigstellung. Sie hatte eine Leistung von 100000 PS. Die Spitze des 45 m hohen Mastes bildete eine Metallkugel von 75 cm Durchmesser. Über sie wurde die elektromagnetische Energie abgestrahlt.

Modell von Teslas Hochfrequenztransformator in der ständigen Ausstellung im Nikola Tesla Museum, Belgrad. Deutlich sind die äußere Primärspule (wenige Windungen, dicker Draht) und die innere Sekundärspule mit vielen Windungen aus dünnem Draht zu unterscheiden. Die Sekundärspule, an der die hohe Hochfrequenzspannung entsteht, ist schon so ausgeführt, daß sie als Sendeantenne fungieren kann. Typisch für einen Hochfrequenztransformator ist, daß sich zwischen beiden Spulen nur Luft befindet.

Tesla in seinem Labor in Colorado Springs, neben einem arbeitenden Transformator sitzend. Die funkensprühenden Entladungen besitzen eine Spannung von mehreren Millionen Volt, der durch sie erzeugte Donner war noch in 15 Kilometer Entfernung zu hören. Das Foto ist eine Doppelbelichtung, Tesla wäre sonst durch die herrschenden Spannungen getötet worden.

Laboreinrichtung in Colorado Springs zur Untersuchung des Magnetismus.

Tesla hält eine leuchtende Glühbirne in der Hand. Mit unterschiedlich konstruierten Leuchtkörpern verdeutlichte er bei Vorträgen sowohl die drahtlose Energieübertragung (Gasentladungsröhren leuchten auf, wenn sie in ein hinreichend starkes elektromagnetisches Feld gehalten werden) als auch die Ungefährlichkeit von Wechselstrom, indem er in einer Hand eine Glühbirne hielt und in der anderen einen stromführenden Draht (durch den Skineffekt fließt der Strom nur auf der Hautoberfläche).

Tesla demonstriert mit einer Gasentladungslampe die drahtlose Energieübertragung.

Ansicht des Labors auf Long Island. Deutlich erhebt sich das Gerippe des Wardenclyffe-Towers hinter dem Gebäude. Der Turm war als weltweiter Rundfunkturm und für die drahtlose Energieübertragung geplant. Wegen Geldmangels mußte das Projekt 1906 vor seiner Fertigstellung abgebrochen werden. Der Turm wurde 1917 gesprengt.

Laboreinrichtung auf Long Island. Deutlich sind die verschiedenen Formen der Hochfrequenztransformatoren zu sehen.

Tesla in seinem Labor auf Long Island. An den Wänden sind Zeichnungen seiner Erfindungen.

Tesla an seinem Schreibtisch.

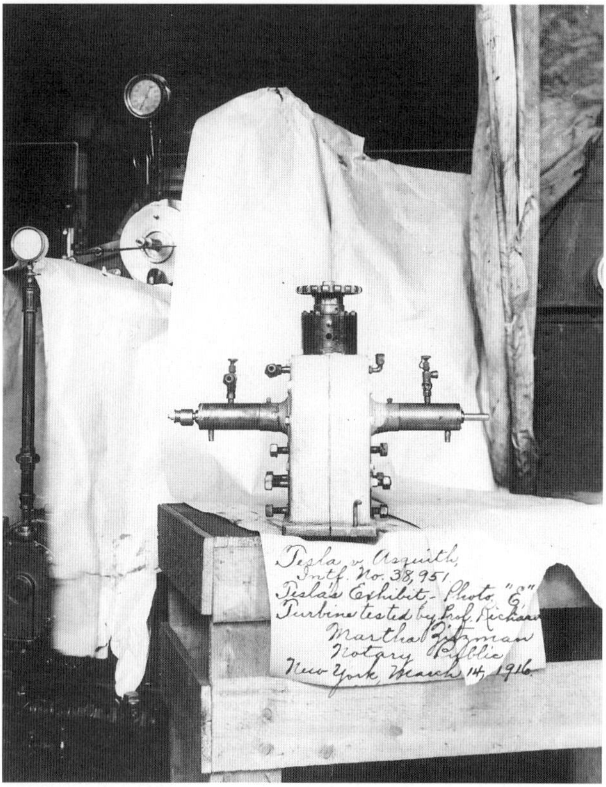

Eine von Teslas ersten schaufellosen Dampfturbinen.

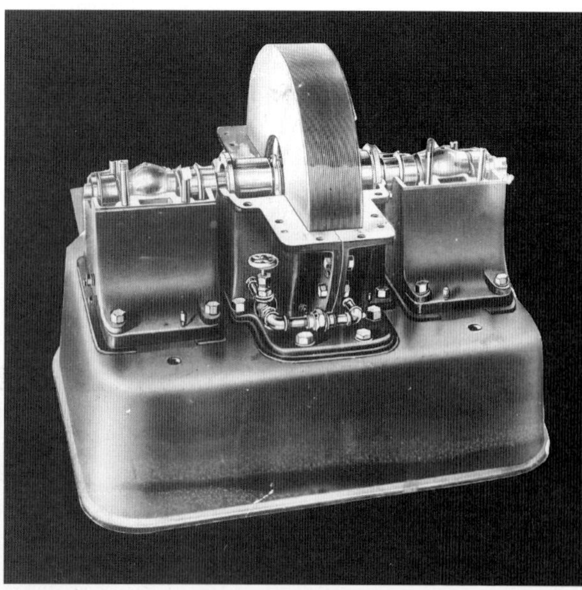

Modell einer frühen Version von Teslas schaufelloser Dampfturbine. Deutlich sind die dicht nebeneinander angebrachten Metallscheiben zu sehen, durch die der Dampf strömt und dadurch die Scheiben in Rotation versetzt.

Modell eines (funk)ferngesteuerten Roboterbootes, das Tesla gegen Ende des 19. Jahrhunderts entwarf und 1899 erstmals öffentlich vorführte. Einer dieser Automaten war auch tauchfähig. Das hier gezeigte Modell aus der ständigen Ausstellung des Nikola Tesla Museums läßt auch das »Innenleben« sichtbar werden.

Tesla um 1930.

Saronys Portrait Teslas im Alter von 77 Jahren (1933).

Tesla vor seiner Suite im Hotel »New Yorker«, in dem er am 7. Januar 1943 starb.

tonnenschweren Atomzertrümmerern produzieren. Seine Leistungsfähigkeit ging nicht zuletzt auf den Umstand zurück, daß die einmal abgespaltenen Materieteilchen nicht verloren waren, sondern auch weiterhin zur endgültigen Zertrümmerung des Ausgangsmaterials genutzt wurden.

Schließlich ergab sich aus der Karbonknopflampe noch eine weitere, höchst moderne Erfindung: das Feldelektronenmikroskop. Dieses Gerät erreicht mit seiner Vergrößerung von bis zu einer Million die zehn- bis zwanzigfache Leistung herkömmlicher Elektronenmikroskope, die ihrerseits normalen optischen Mikroskopen schon fünfzigfach überlegen sind.

Bei einem Feldelektronenmikroskop wird eine winzige Fläche der zu untersuchenden Substanz unter Spannung gesetzt und sondert nun in gerader Linie elektrisch geladene Teilchen ab, die auf der sphärischen Oberfläche einer Glaskugel ein vergrößertes Abbild ihres mikroskopisch kleinen Ausgangsortes produzieren. Der Vergrößerungsleistung dieses Mikroskopes ist allein durch die Größe der Glaskugel eine Grenze gesetzt; je größer die Kugel ist, umso stärkere Vergrößerungen lassen sich mit dem Gerät erzielen. Da Elektronen kleiner als Lichtwellen sind, lassen sich durch das von den Elektronen erzeugte Muster auch noch Objekte abbilden, die wir mit einem Lichtmikroskop nicht mehr betrachten könnten.

Wenn Tesla seine Lampe mit einem sehr starken Vakuum versah, konnte er auf der sphärischen Oberfläche des Glaskörpers ein phosphoreszierendes Abbild derjenigen Prozesse erzeugen, die auf dem Glühknopf abliefen. Er erläuterte diesen Effekt gleichfalls bei seinen Vorträgen des Jahres 1892 und nahm damit nahezu wortwörtlich die Beschreibung des oben erwähnten Feldelektronenmikroskopes mit millionenfacher Vergrößerung vorweg. Hier ein Zitat:

> Dem Augenschein nach ist die Elektrode von gleichförmig heller Glut, aber bei genauerer Untersuchung können wir Punkte weit höherer Temperatur ausmachen, die beständig über ihre Oberfläche wandern und den Prozeß der Zersetzung noch beschleunigen. [...]

> Erzeugen Sie in einem Glaskolben ein sehr starkes Vakuum, so daß auch bei recht hohen Spannungen keine Entladung stattfinden kann – zumindest keine luminiszierende Entladung, denn einen schwachen, unsichtbaren Entladungsprozeß müssen wir unter allen Umständen in Rechnung stellen. Nun erhöhen Sie die Spannung stetig, aber langsam und mit Vorsicht. In einem gewissen Augenblick werden auf dem Glaskörper zwei, drei oder ein halbes Dutzend leuchtender Punkte erscheinen. An diesen Stellen ist das Glas offenbar einem stärkeren Partikelbeschuß ausgesetzt, der von einer ungleichmäßigen Verteilung der Elektrizität oder – allgemeiner ausgedrückt – von Unregelmäßigkeiten auf der Elektrode herrühren muß und aufgrund des Projektionsverhältnisses wahrnehmbar wird. Ist man in der Lage, nur wenige dieser Leuchtpunkte zu erzeugen, so kann man besonders gut beobachten, daß diese sich in unablässiger Bewegung befinden – was wiederum darauf hindeutet, daß gewisse Verhältnisse auf der Elektrode selbst einer raschen Veränderung unterworfen sind.

Es wäre nur recht und billig, wenn Tesla von zukünftigen Wissenschaftlern als der eigentliche Erfinder des Elektronenmikroskopes anerkannt würde. Daß er das beobachtete Phänomen auf elektrisch geladene Atome und nicht auf – die damals übrigens noch unbekannten – Elektronen zurückführte, dürfte diesem Anspruch nicht den geringsten Abbruch tun.

Als Tesla die Leistungsfähigkeit der Karbonknopflampen und seiner übrigen Gaslampentypen eingehender untersuchte, hatte er bemerkt, daß die Ausbeute an sichtbarem Licht unter verschiedenen Betriebsbedingungen unterschiedlich ausfiel. Ihm war bereits bekannt, daß die Lampen nicht nur sichtbare, sondern auch unsichtbare Strahlung produzierten; den Anteil an ultravioletter Strahlung (oder auch Schwarzlicht) hatte er mittels unterschiedlicher phosphoreszierender und fluoreszierender Substanzen nachweisen können. Dabei hatte er festgestellt, daß sichtbares und ultraviolettes Licht stets in einem gewissen Verhältnis zueinander standen. Nahm der Anteil des einen zu, so verringerte sich der Anteil des anderen. Bei seiner Karbonknopflampe hatte er außerdem noch – wie er es in den Vorträgen des Jahres 1892 ausdrückte – »sichtbares Schwarzlicht sowie eine sehr spezielle Strahlung« beobachtet. Auch mit dieser Strahlung hatte er schon Experimente angestellt, bei denen er seinen Berichten zufolge auf metallummantelten photographischen Platten Schattenbilder erzeugt hatte, bis die Anlage im März des Jahres 1895 dem Brand zum Opfer fiel.

Diese »sehr spezielle Strahlung« wurde deshalb in keinem der damals veröffentlichten Artikel eingehender beschrieben, aber als der deutsche Professor Wilhelm Conrad Röntgen im Dezember des Jahres 1895 die Entdeckung der X-Strahlen bekanntgab, vermochte Tesla dessen Ergebnisse vermittels seiner »sehr speziellen Strahlung« unverzüglich zu reproduzieren. Obwohl beide Strahlentypen mit etwas unterschiedlichen Methoden erzeugt wurden, mußten sie also offenbar recht ähnliche Eigenschaften besitzen. Nachdem Tesla von Röntgens Forschungen erfahren hatte, sandte er dem deutschen Wissenschaftler auf der Stelle einige der photographischen Schattenbilder aus seinem Laboratorium zu. In Röntgens Antwortschreiben hieß es: »Die Bilder sind höchst interessant. Würden Sie bitte die Freundlichkeit besitzen, mir Einzelheiten über das Verfahren mitzuteilen, nach dem Sie sie hergestellt haben?«

Tesla hat diese Antwort weder so ausgelegt, als habe er die X-Strahlen vor Röntgen entdeckt, noch hat er jemals diesbezügliche Ansprüche erhoben. Er begab sich jedoch sofort an eine umfangreiche Versuchsreihe zur genaueren Untersuchung der Natur dieser Strahlung. Und während andere sich abmühten, dem von Röntgen verwendeten Röhrentyp wenigstens soviel Strahlung zu entlocken, daß sie damit – wenn auch nur aus nächster Nähe – eine Hand durchdringen konnten, gelangen Tesla sogar noch aus einem Abstand von vierzig Fuß Aufnahmen des Schädels. Etwa um diese Zeit beschrieb er gleichfalls eine noch nicht näher identifizierte Stahlung, die bei starken Strömen an einer Hertzschen Funkenstrecke entstand, Metallplatten zu durchdringen vermochte und bei der es sich nicht um transversale oder Hertzsche Wellen handeln konnte.

In nur einem Vortrag über die Forschungsergebnisse zweier Jahre hatte Tesla also zusätzlich zu seinen Vakuumröhren, der Karbonknopflampe und den Hochfrequenz- und Hochspannungsgeräten mindestens fünf bedeutende wissenschaftliche Entdeckungen präsentiert: 1. kosmische Strahlung, 2. künstliche Radioaktivität, 3. den atomzertrümmernden Strahl elektrisch aufgeladener Teilchen, 4. das Elektronenmikroskop und 5. die »sehr spezielle Strahlung«, die Röntgen- oder X-Strahlen.

Zumindest vier dieser Entdeckungen wurden innerhalb der folgenden vierzig Jahre »wiederentdeckt« und mit Nobelpreisen ausgezeichnet – aber Teslas Name wurde in diesem Zusammenhang nicht ein einziges Mal erwähnt.

10

Tesla hatte die bemerkenswerte Fähigkeit, sich gleichzeitig einer ganzen Reihe höchst unterschiedlicher Forschungsgebiete zu widmen. Während er seine Forschungen zu hochfrequenten Schwingungen betrieb und nebenher deren Anwendungsmöglichkeiten von der Vakuumleuchte bis hin zum Funk entwickelte, befaßte er sich ebenfalls mit mechanischen Schwingungen. Auch hier sah er bereits viele Anwendungen voraus, von denen wir heutzutage Gebrauch machen.

Wenn Tesla sich an die Arbeit machte, gab es keine halben Sachen. Was er auch immer in Angriff nahm – fast immer war ihm ein ungeheurer Erfolg beschieden. Selbst unscheinbare Versuche verwandelten sich mitunter vollkommen ungeplant in spektakuläre Ereignisse. So auch ein kleines harmloses Experiment mit mechanischen Schwingungen, das er im Jahre 1895 in seinem Laboratorium in der

Houston Street durchführen wollte. Er hatte die Räumlichkeiten zwar erst ein knappes Jahr zuvor bezogen, aber wegen der seltsamen Geräusche und Lichterscheinungen, die dort Tag und Nacht zu beobachten waren, und wegen all der Prominenz, die dort beständig ein und aus ging, hatte sich das Laboratorium bereits einen gewissen Ruf erworben.

Und das harmlose kleine Experiment mit den Schwingungen sollte ein Erdbeben erzeugen – ein richtiges, ausgewachsenes Erdbeben, das die Menschen mehr durchrüttelte, die Gebäude heftiger erschütterte als jedes natürliche Erdbeben, das die Stadt bislang erlebt hatte. In einem Areal von einem Dutzend Wohnblocks mit Hunderten von Häusern und mehreren zehntausend von Einwohnern zitterte plötzlich der Boden, klirrten die Fensterscheiben, barsten Dampfheizungs-, Gas- und Wasserleitungen. In den Häusern machten sich Möbelstücke selbständig, Putz bröckelte von Decken und Wänden, in den Werkstätten lösten sich tonnenschwere Maschinen aus ihren Verankerungen – es war das reinste Chaos.

»Ursache dieses einigermaßen unerwarteten Geschehens war ein unscheinbarer Apparat«, sagte Tesla, »so klein, daß man ihn bequem in die Tasche stecken könnte.«

Den Apparat, der für dieses Chaos verantwortlich war, hatte Tesla schon vor längerer Zeit gebaut und seitdem in erster Linie als Spielzeug zur Unterhaltung seiner Freunde benutzt. Es handelte sich um einen mechanischen Oszillator, einen nahen Verwandten des Gerätes, das der Friseur sich über die Hand streift, um dem Kunden eine »elektrische Massage« zu verabreichen. Mit Ausnahme des Motors, der den Apparat antreibt und die Vibrationen erzeugt, die dann über die Finger des Friseurs auf die Kopfhaut des Kunden übertragen werden, ist an dieser Massage freilich nichts, das man im entferntesten »elektrisch« nennen könnte.

Tesla hatte seinen mechanischen Oszillator bereits in den frühen neunziger Jahren zur Erzeugung hochfrequenter Wechselströme gebaut; das Gerät entwickelte vermittels einer einfachen Kolbenstange eine Hubbewegung, die nicht weiter in Rotation umgewandelt wurde. An beiden Enden der Kolbenstange waren Spulen angebracht, die sehr schnell zwischen den Polen eines Elektromagneten hin und her bewegt wurden und auf diese Weise hochfrequente Ströme erzeugten.

Tesla hatte mehrfach behauptet, daß dieses Gerät den üblichen Maschinen, bei denen die ursprüngliche Hubbewegung erst durch eine Kurbelwelle in Rotation umgesetzt wurde, hinsichtlich seiner Leitungsfähigkeit durchaus überlegen war. Mit Ausnahme des Kolbens besaß es keinerlei Ventile oder sonstige bewegliche Teile, an denen ein Reibungsverlust auftreten konnte. Außerdem wies es derartig gute Gleichlaufeigenschaften auf, daß Tesla vorgeschlagen hatte, mit dem auf diese Weise erzeugten Wechselstrom Uhren zu betreiben, die ganz ohne Pendel oder sonstige Ausgleichsmechanismen die Zeit zuverlässiger als die Sonne anzeigen könnten.

Aber an den kommerziellen Nutzungsmöglichkeiten seines Apparates war Tesla keineswegs interessiert. Er sah darin nur ein einfaches und zuverlässiges Prinzip zur Erzeugung konstanter hochfrequenter Ströme mit hohen Spannungen oder eben – wenn man auf die Spulen verzichtete – einen mechanischen Schwingungsgenerator. Er betrieb die Maschine mit Preßluft sowie auch mit Dampf bei einem Druck von 320 oder 80 Pfund.

Als er an dem Gerät Verbesserungen vornahm, hatte er die Gelegenheit, interessante Vibrationseffekte zu beobachten. Sofern er das Gerät als Dynamo einsetzen wollte, waren diese Vibrationen eher unerwünscht und er brachte eine Reihe von Vorrichtungen an, um sie weitgehend zu unterdrücken. Aber das Phänomen der mechanischen Vibrationen hatte gleichwohl sein Interesse erweckt. Die Vibrationen waren der Funktionsweise der Maschine zwar nicht unbedingt zuträglich, doch er hatte beobachtet, daß sie mitunter recht angenehme körperliche Effekte zeitigten. Allein aus diesem Grunde entwickelte er etwas später einen kleinen mechanischen Druckluftoszillator und brachte ihn an einer Plattform an, die er auf einem Bett aus Gummi und Kork errichtet hatte. Die Gummi- und Korkschichten waren dazu bestimmt, die Plattform frei beweglich vom Boden abzuschirmen und damit einer Minderung des Vibrationseffektes durch Bodenverluste entgegenzuwirken. Für die Besucher des Laboratoriums war diese vibrierende Plattform unter allen faszinierenden und phantastischen Geräten Teslas eine der Hauptattraktionen.

Tesla hegte große Hoffnungen für medizinische und therapeutische Anwendungsmöglichkeiten dieser Vibrationen; seine Mitarbeiter und er selbst wußten aus eigener Erfahrung, daß sie deutliche körperliche Reaktionen auszulösen vermochten.

Samuel Clemens – besser unter seinem Pseudonym »Mark Twain« bekannt – und Tesla waren enge Freunde; Clemens war ein häufiger Besucher des Laboratoriums. Tesla hatte sich schon eine ganze Weile mit seiner vibrierenden Plattform beschäftigt und herausgefunden, nach welcher Zeit bestimmte Frequenzen gewisse körperliche Reaktionen hervorriefen, als Clemens ihm eines Abends einen Besuch abstattete.

Als dieser von dem neuen Gerät erfuhr, wollte er die belebenden Vibrationen am eigenen Leibe erproben. Er betrat die Plattform; der Oszillator setzte sich in Bewegung. Clemens war hingerissen und konnte das Gerät nicht genug loben. »Das ist großartig!«, rief er aus. »Es weckt sämtliche Lebensgeister und kräftigt obendrein!« Nach einer Weile riet Tesla ihm allerdings: »Mr. Clemens, Sie haben jetzt genug. Es wäre besser, wenn Sie nun wieder herunterkämen.«

»Genug?«, antwortete Clemens, »nicht die Spur! Es bereitet mir das allergrößte Vergnügen!«

Doch Tesla blieb beharrlich. »Mr. Clemens, Sie sollten nun wirklich auf der Stelle herunterkommen. Es wäre besser für Sie.«

»Sie würden mich nicht einmal mit einem Kran hier herunterbekommen«, lachte Clemens.

»Mr. Clemens, ich habe Ihnen nur einen guten Rat geben wollen.«

»Aber es bekommt mir doch großartig. Ich werde noch ein wenig hier oben bleiben und die Sache genießen. Ach, Tesla, Sie ahnen ja gar nicht, was für einen wunderbaren Apparat Sie hier der müden Menschheit geschenkt haben ...« Er widmete sich für einige Minuten dem Lob der Maschine. Plötzlich hielt er inne. Er biß sich auf die Unterlippe und verließ die Plattform recht schnell und mit einem merkwürdig steifen Gang.

»Schnell, Tesla! Wo ist es?« stieß er halb bettelnd, halb fordernd hervor.

»Gleich hier drüben, hinter der kleinen Türe dort«, entgegnete Tesla und rief dem rasch verschwindenden Schriftsteller noch nach: »Und vergessen Sie bitte nicht, daß ich ihnen schon vor geraumer Zeit den Rat gegeben habe, die Plattform zu verlassen.«

Sämtlichen Mitarbeitern des Laboratoriums war der abführende Effekt der Vibrationen seit geraumer Zeit zur Genüge bekannt.

Aber Tesla trieb seine Studien mechanischer Vibrationen auch in andere Richtungen voran. Wieder einmal hatte er ein nahezu jungfräuliches Forschungsgebiet betreten. Seit Pythagoras vor zweitausendfünfhundert Jahren mit der Beobachtung schwingender Saiten die Fundamente der Musikwissenschaften gelegt hatte, waren auf diesem Gebiet kaum bedeutende Grundlagenforschungen betrieben worden; ein Gutteil der Hochfrequenz- und Hochspannungsphänomene, mit denen Tesla die Welt erstaunt hatte, wurzelten im Grunde in einer Übertragung jener musikalischen Harmonie- und Resonanzprinzipien auf elektrische Schwingkreise. Nun hatte Tesla die Möglichkeit vor Augen, auf ähnliche Weise mechanische Resonanzeffekte herbeizuführen, die ungeheure Auswirkungen auf feste Körper zeigen müßten.

Um dies im Rahmen eines unscheinbaren und vermeintlich vollkommen harmlosen Experimentes zu untersuchen, befestigte er einen seiner kleinen mechanischen Oszillatoren an einer eisernen Stützsäule in der Mitte des Laboratoriums und setzte ihn dort in Gang. Er hatte schon früher beobachten können, daß es einige Zeit dauerte, bis die Vibrationen ihre maximale Geschwindigkeit erreichten; die Frequenzen nahmen zu, je länger das Gerät lief. Außerdem hatte er bei diesen

Gelegenheiten festgestellt, daß nicht alle Objekte gleichmäßig auf die Schwingungen ansprachen. Es geschah immer wieder, daß ein bestimmter Gegenstand genau in dem Augenblick zu vibrieren begann, in dem die vom Oszillator erzeugte Schwingung oder eine ihrer Oberschwingungen mit seiner Eigenresonanz übereinstimmte. Stieg die Schwingungszahl weiter an, dann reagierte an seiner Stelle plötzlich ein anderer Körper, dessen Eigenresonanz auf die neue Frequenz ansprach. Über die Ursache dieses Phänomens war sich Tesla selbstverständlich vollkommen im klaren, aber bislang hatte er nie die Gelegenheit gehabt, es in einem größeren Maßstab beobachten zu können.

Teslas Laboratorium befand sich nordöstlich der Straßenkreuzung von Houston Street und Mulberry Street im obersten Stockwerk eines Fabrikgebäudes. Etwa dreihundert Fuß von der Houston Street entfernt stand in der Mulberry Street das große, vierstöckige rote Backsteingebäude des zentralen Polizeireviers. Rings umher fand sich in der Nachbarschaft eine Vielzahl vier- bis zehngeschossiger Fabrikgebäude, die die unterschiedlichsten Fabriken und Werkstätten beherbergten. Zwischen ihnen verteilt waren die kleineren Mietshäuser, in denen eine überwiegend italienische Bevölkerung lebte. Einige Häuserblocks südlich lag Chinatown, einige Häuserblocks westlich das Textilviertel, und im Osten grenzte das Viertel an ein dichtbevölkertes Wohngebiet mit Mietshäusern.

In dieser buntgemischten Nachbarschaft sollte Tesla für eine von ihm selbst unerwartete Demonstration der Kräfte sorgen, die bei mechanischen Resonanzen frei werden können. Den Menschen aus dem Viertel war Teslas Laboratorium durchaus bekannt; sie wußten, daß es der Schauplatz magischer und mysteriöser Vorgänge war und daß dort ein höchst seltsamer Erfinder furchteinflößende und wunderbare Dinge mit jener überaus gefährlichen und geheimnisvollen Kraft namens Elektrizität anstellte. Ihnen war bekannt, daß Tesla dafür weit und breit gefürchtet wie auch bewundert wurde, aber bei ihnen selbst überwog die Furcht deutlich die Bewunderung.

Doch Tesla betrieb weiterhin seine Experimente, ohne sich um derartige Meinungen über seine Person zu kümmern. Was er an jenem Morgen allerdings genau vorhatte, werden wir wohl nie in Erfahrung bringen können. Während Tesla sich noch mit weiteren Vorbereitungen für sein Experiment beschäftigte, war der Oszillator an der Stützsäule bereits in Betrieb und lief zu immer höheren Frequenzen auf. Dann und wann reagierte eines der schweren Geräte kurz mit heftigen Schwingungen, gelegentlich lief für einige Sekunden ein Zittern durch den gesamten Fußboden, ab und zu ließen die Fensterscheiben ein leises Klirren hören. Solche und ähnliche Effekte waren Tesla durchaus vertraut; er dürfte daraus nur geschlossen haben, daß der Versuch den gewünschten Lauf nahm. Vielleicht hat er sich auch insgeheim die Frage gestellt, warum er nicht schon früher auf den Gedanken gekommen war, ein derartiges Experiment mit einem festen Bauwerk anzustellen.

In der Nachbarschaft ließ sich die Sache allerdings wesentlich schlechter an. Den »Cops« vom Polizeirevier in der Mulberry Street waren die seltsamen Geräusche und Lichterscheinungen aus dem Tesla-Laboratorium keineswegs unbekannt. Das scharfe Krachen, mit dem dort die Entladungsblitze aus den Spulen schossen, war in ihrem Quartier noch deutlich vernehmbar. Und wenn sich in der unmittelbaren Umgebung etwas Seltsames zutrug, dann mußte – da waren sie sich ganz sicher – auf die eine oder andere Art wohl dieser Tesla dahinterstecken.

An diesem Morgen konnten die Polizisten spüren, wie das gesamte Gebäude erzitterte. Stühle bewegten sich quer durch den Raum, ohne daß jemand sie berührt hätte. Die Stifte auf ihren Schreibtischen begannen herumzutanzen; schließlich gerieten auch die Schreibtische selbst in Bewegung. Das mußte ein Erdbeben sein! Und es wurde immer heftiger! Ganze Putzbrocken fielen von den Decken herab. Eins der Treppenhäuser stand infolge eines Rohrbruchs unter Wasser. Die Fensterscheiben fingen erst ganz leicht, dann immer lauter an zu klirren. Einige zerbarsten sogar.

»Das ist kein Erdbeben«, rief einer der Polizeioffiziere. »Das ist bestimmt dieser durchgedrehte Tesla!« Er suchte sich ein paar Männer zusammen. »Ihr müßt auf der Stelle zu ihm und ihn aufhalten. Zur Not auch mit Gewaltanwendung. Sonst legt er uns noch die ganze Stadt in Schutt und Asche.«

Die Polizisten stürmten los. Draußen auf der Straße hatten sich mittlerweile aufgeregte Menschen aus den Fabriken und Mietshäusern versammelt. Alle waren überzeugt, daß ein Erdbeben die Ursache der zerbrochenen Fensterscheiben, der geborstenen Leitungsrohre, der herumtanzenden Möbelstücke und der seltsamen Vibrationen sein mußte.

Die Polizisten warteten nicht erst auf den langsamen Aufzug, sondern stürmten gleich das Treppenhaus empor. Dabei hatten sie den Eindruck, daß dieses Gebäude noch weit heftiger bebte als ihr Hauptquartier. Ihre Angst, jeden Augenblick unter den Trümmern des zusammenbrechenden Hauses begraben zu werden, wurde von dem Klirren der zerspringenden Fensterscheiben und dem seltsamen Stöhnen und Kreischen, das aus Gebälk und Wänden drang, noch verstärkt.

Würden sie Teslas Laboratorium rechtzeitig genug erreichen, um ihm noch Einhalt zu gebieten? Oder würde das Gebäude vorher über ihren Köpfen einstürzen – und mit ihm vermutlich auch alle anderen Häuser des Viertels? Vielleicht brachte dieser Mann es ja sogar fertig, die ganze Welt auf diese Weise zu erschüttern! Hatte der verrückte Erfinder wirklich vor, die ganze Welt zu zerstören? Beim letzten Weltuntergang war es die Sintflut gewesen. Vielleicht würde die Erde ja diesmal jenem Teufelswerk namens Elektrizität zum Opfer fallen!

Genau in dem Augenblick, in dem die Polizisten in das Laboratorium stürmten, hörten die Erschütterungen auf, und ein seltsamer Anblick bot sich ihnen dar. Sie sahen die hagere, hochgewachsene Gestalt des Erfinders mit einem mächtigen Hammer auf einen kleinen gußeisernen Gegenstand einschlagen, der mitten im Raum an einer Säule befestigt war. Das Chaos wich, und tiefe Stille breitete sich aus.

Dann brach Tesla das Schweigen. Er hatte inzwischen seinen Vorschlaghammer gegen die Säule gelehnt und sich den Polizisten zugewandt. Tesla wirkte stets äußerst beherrscht, ihm war stets eine gebieterische Ausstrahlung zu eigen – sein eher schmächtiger Körperbau konnte diesen Eindruck unmöglich erwecken; es handelte sich um etwas, das in seinem Blick lag. Mit einer höflichen Verbeugung begrüßte er die Polizisten, die noch völlig außer Atem waren und denen der seltsame Anblick wohl auch die Sprache verschlagen haben dürfte.

»Meine Herren«, sagte er, »es tut mir leid, Ihnen mitteilen zu müssen, daß Sie eine Kleinigkeit zu spät eingetroffen sind, um noch Zeugen meines Experiments werden zu können. Gerade als Sie eintraten, erachtete ich es für notwendig, den Versuch unverzüglich und auf eine etwas ungewöhnliche Weise abzubrechen. Falls Sie möchten, können Sie heute abend gern wieder vorbeischauen – dann werde ich wieder einen neuen Oszillator an jener Plattform dort angebracht haben, und jeder von Ihnen wird die Gelegenheit bekommen, ihre Vibrationen zu genießen. Ich bin sicher, daß es für Sie ein höchst angenehmes und zufriedenstellendes Erlebnis sein wird. Doch nun müssen Sie mich leider verlassen, denn ich habe noch viel zu tun. Guten Tag, meine Herren.«

Teslas damaliger Sekretär George Scherff war zugegen, als Tesla seine Erdbebenmaschine auf so dramatische Weise zertrümmern mußte. Aber da Tesla die Geschichte nie über diesen Punkt hinaus erzählte und auch George Scherff sich nicht mehr erinnern kann, was genau die Polizisten erwiderten, bleibt es unserer Phantasie überlassen, sich das Ende des Geschehens auszumalen.

Teslas Haltung war in jenem Augenblick jedoch von vollkommener Aufrichtigkeit. Er hatte nicht die geringste Ahnung, was sein Experiment in dem Stadtviertel alles bewirkt hatte; allein die bedrohlichen Effekte, die er im Laboratorium beobachten konnte, hatten ihn zum Abbruch des Versuchs veranlaßt. Als er im Nachhinein Einzelheiten über die Vorgänge erfuhr, war er erst recht zutiefst davon überzeugt, daß es auf dem Gebiet der mechanischen Schwingungen noch vieles zu erforschen galt. Uns ist nicht bekannt, ob Tesla in seinem Laboratorium jemals weitere große Versuche mit seinem Oszillator anstellte. Es ist allerdings nicht auszuschließen, daß Polizei und Baubehörde der Fortführung derartiger Experimente mit einem energischen Machtwort den Riegel vorschoben.

Im Verlauf seines Experiments hatte Tesla lediglich die Effekte beobachten können, die innerhalb des Laboratoriums aufgetreten waren; hier waren sie augenscheinlich vergleichsweise schwach ausgefallen und hatten in den umliegenden Gebäuden eine ganz andere Intensität entwickelt. Er hatte den Oszillator fest an einer tragenden Säule angebracht, die sich durch alle Stockwerke bis hinab zum Fundament erstreckte. Über diese Säule mußten sich also die Vibrationen bis in das Erdreich fortgepflanzt haben. Nun ist jenes Stadtviertel auf einer Sandschicht erbaut, die erst in einigen hundert Fuß Tiefe an massiven Fels grenzt; für Seismologen ist es eine wohlbekannte Tatsache, daß Sand die von einem Erdbeben ausgelösten Erschütterungen wesentlich besser als massiver Fels zu übertragen vermag. Das Erdreich unter dem Gebäude stellte also für die mechanischen Schwingungen ein hervorragendes Übertragungsmedium dar und leitete sie über eine Meile – und vielleicht sogar noch mehr – in alle Richtungen weiter. In der Nähe ihres Entstehungsortes waren sie naturgemäß am stärksten und wurden mit zunehmender Entfernung immer schwächer. Doch selbst sehr schwache mechanische Schwingungen können erstaunliche Wirkungen zeitigen, wenn sie von einem Objekt aufgenommen werden, dessen Resonanzeigenschaften mit ihrer Frequenz übereinstimmen. Und so kann es geschehen, daß selbst weiter entfernte Objekte heftig auf gewisse Schwingungen ansprechen, während wesentlich näher gelegene davon kaum berührt werden.

Zu derartigen selektiven Resonanzeffekten war es offenbar bei Teslas Experiment gekommen. Die umliegenden Gebäude hatten bereits auf die immer schnelleren Vibrationen aus Teslas Generator reagiert, als er selbst in seinem Labor noch relativ wenig davon spüren konnte. Erst als in der Nachbarschaft schon das allgemeine Chaos tobte, waren die Frequenzen erreicht, auf die auch Teslas unmittelbare Umgebung mit Resonanz ansprach.

Sobald die Resonanz eintritt, werden deren Auswirkungen rasch und machtvoll fühlbar. Dies wußte Tesla genau, und als er sah, wie sich in seinem Gebäude die gefährlichen Resonanzeffekte aufzuschaukeln begannen, war ihm sofort klar, daß er keine Zeit verlieren durfte. Der Oszillator wurde von Preßluft angetrieben, die aus einem Kompressor mit Vorratsbehälter stammte. Selbst wenn er den Motor des Kompressors abstellen würde, wäre der Druck im Tank noch hoch genug, um den Oszillator für einige Minuten anzutreiben – in dieser Zeit würde das Haus möglicherweise den immer heftigeren Schwingungen nicht länger standhalten und einstürzen. Die Situation war dermaßen brisant, daß es gleichfalls zu lange gedauert hätte, die Luftzufuhr zum Oszillator zu unterbrechen oder das Überdruckventil des Drucktanks zu öffnen. Tesla begriff sofort, daß es nur einen einzigen Ausweg gab: Er griff zu dem Vorschlaghammer, holte weit aus und hoffte, den Oszillator mit einem gewaltigen Schwung außer Gefecht setzen zu können – was ihm auch gelang.

Das gußeiserne Gerät war von äußerst robuster Bauart; es besaß keinerlei empfindliche Bauteile, die leicht beschädigt werden konnten. Tesla hat zwar nie eine genauere Beschreibung des Oszillators veröffentlicht, aber im Prinzip handelte es sich einfach um einen Kolben, der sich in einem gußeisernen Zylinder hin und her bewegte. Es gab also nur die Möglichkeit, diesen Zylinder zu zertrümmern. Glücklicherweise hatte Tesla hier schon mit dem ersten Schlag Erfolg.

Als er sich nach seinem wohlgezielten Hieb umwandte und die Polizisten sah, konnte er zunächst gar nicht begreifen, was diese im Laboratorium suchten. Die gefährlichen Vibrationen hatten sich in seinem Gebäude erst im Verlauf der letzten Minute aufgebaut; da es seiner Ansicht nach also keinen Zusammenhang zwischen seinem Experiment und dem Besuch der Polizei geben konnte, nahm er an, daß sie in einer weniger wichtigen Angelegenheit gekommen seien, die sich bestimmt auch zu einem gelegeneren Zeitpunkt regeln ließe.

Tesla berichtete mir von diesem Zwischenfall, als ich ihn einmal um seine Meinung zu einem Plan bat, den ich kurz zuvor Elmer Sperry, dem Sohn des berühmten Erfinders gyroskopischer Geräte, unterbreitet hatte. Wenn man einen schweren Kreisel – wie er etwa in den Gyroskopstabilisatoren von Schiffen verwendet wird – in Bewegung setzt, übt er über seine Achse kräftige abwärts gerichtete Stöße auf seine kardanische Aufhängung aus. Würde man nun eine ganze Batterie solcher Kreisel in Gebieten aufstellen, die regelmäßig von schweren Erdbeben heimgesucht werden, dann könnte man diese Stöße in regelmäßigen, abgestimmten Intervallen von der Erdoberfläche auf jene Schichten übertragen, in denen die Erdbeben entstehen. Die dort herrschenden Spannungen würden durch die Vibration in Form kleinerer Beben freigesetzt, könnten sich folglich nicht bis zu einem Grade aufbauen, an dem es notgedrungen zu einem verheerenden großen Beben kommen muß.

Tesla war von dem Gedanken durchaus angetan; nachdem er mir von dem eben dargestellten Zwischenfall erzählt hatte und wir noch ein wenig über die Sache diskutierten, erklärte er, er habe sein Studium der Schwingungen so weit betrieben, daß er auf dieser Basis einen neuen Wissenschaftszweig begründen könne. Die »Telegeodynamik« würde sich nicht allein der Frage widmen, wie sich kräftige Impulse dergestalt durch die Erde transportieren lassen, daß sie an entfernten Punkten noch äußerst heftige Wirkungen hervorrufen, sie könnte die gleichen Prinzipien auch zur Ortung weit entfernter Objekte anwenden. Gegen Ende der dreißiger Jahre – kurz vor dem Ausbruch des Krieges – wiederholte er diese These und behauptete, er könne aufgrund dieser Prinzipien Schiffe und Unterseeboote selbst dann ausmachen, wenn sie mit abgeschalteten Motoren vor Anker lägen.

Vermittels seines Systems der Telegeodynamik – so sagte Tesla – sei es möglich, die physikalische Beschaffenheit der Erde genauer zu untersuchen und auf diese Weise etwa Eisenerzlager in größeren

Tiefen zu orten. Zumindest die letzte Voraussage sollte sich bewahrheiten, da wir mittlerweile die Lage einer großen Zahl von Ölfeldern bestimmt haben, indem wir die Reflexion von Schwingungen an bestimmten unterirdischen Schichten untersuchen.

»Die vom telegeodynamischen Oszillator hervorgerufenen Effekte sind von einer derartigen Stärke«, so äußerte sich Tesla in den dreißiger Jahren über dieses Thema, »daß ich das Empire State Building damit innerhalb kürzester Zeit in einen Schutthaufen verwandeln könnte. Ich bin mir vollkommen sicher, daß ich dieses Resultat ohne die geringsten Schwierigkeiten erzielen würde. Was ich dazu benötigte, wäre lediglich ein kleiner mechanischer Schwingungsgenerator, ein Gerät, das man bequem in die Tasche stecken könnte. Ich würde dieses Gerät an einer beliebigen Stelle des Gebäudes anbringen, es in Gang setzen, und bräuchte dann nur zwölf oder dreizehn Minuten abwarten – eben so lange, bis sich die Resonanzeffekte zu voller Stärke aufgebaut haben. Am Anfang würde nur ein leichtes Zittern durch das Gebäude gehen, doch schließlich würde die immer stärkere Vibration die gesamte Bausubstanz in Resonanzschwingungen von derartigen Amplitudenwerten versetzen, daß sich die Bolzen aus den Stahlträgern lösen würden. Zunächst würde dann die äußere Verkleidung in die Tiefe stürzen; am Ende würde das gesamte Stahlskelett in seine Einzelteile zerfallen. Der Oszillator, der dies verursacht hätte, würde zu seinem Betrieb nur eine Leistung von etwa 2,5 Pferdestärken benötigen.«*

Wenn Tesla eine seiner Erfindungen der Öffentlichkeit vorstellte, hatte er bereits solange daran gearbeitet, daß er sich einer spektakulären Vorführung gewiß sein konnte. Die Demonstrationen der Erfindungen übertrafen stets alle Erwartungen. War dies schon bei der Vorführung seines Systems der drahtlosen Nachrichtenübermittlung der Fall gewesen, so übertrumpfte er sich nun noch selbst,

* Meine Notizen sind alt und etwas unleserlich; die Zahl läßt sich sowohl als 0,25 wie auch als 2,5 deuten. Ich bin mir jedoch relativ sicher, daß Tesla von 2,5 Pferdestärken sprach.

indem er dies mit einem vollkommen neuen Konzept verband: mit dem des Roboters.

Die erste öffentliche Vorführung fand in der großen Halle des Madison Square Garden – damals noch nördlich des Madison Square gelegen – anläßlich der ersten jährlichen Electrical Exhibition im September des Jahres 1898 statt. In der Mitte der Halle hatte er ein großes Wasserbassin aufstellen lassen; darin schwamm ein kastenförmiges, eisernes Boot von einigen Fuß Länge, das per Funk ferngesteuert wurde.

Aus der Mitte des Rumpfes ragte ein mehrere Fuß hoher, dünner Eisenstab empor, der als Antenne diente und die Radiowellen empfing; an Heck und Bug waren kleine elektrische Lampen an etwa einen Fuß langen Metallröhren befestigt. Im Inneren des Metallrumpfes befanden sich die Empfangsanlage sowie einige motorgetriebene Vorrichtungen, mit deren Hilfe das Boot die verschiedenartigsten Manöver ausführen konnte. Es gab dort einen Antriebsmotor und einen weiteren Motor für den Servomechanismus, der – gleichsam als mechanisches Gehirn des Apparates – die auf drahtlosem Wege empfangenen Befehle in mechanische Bewegungen umsetzte; er vermochte das Boot zu steuern, anzuhalten, in Bewegung zu setzen, vorwärts und rückwärts fahren zu lassen und die Lampen an- und abzuschalten. Mit dem solcherart ausgerüsteten Boot ließen sich selbst die kompliziertesten Manöver durchführen.

Die Ausstellungsbesucher durften selbst über die Manöver bestimmen, die Tesla dann mit nur wenigen Handgriffen an einer Schalttafel zum Boot weiterleitete; sein Kontrollzentrum hatte er am entferntesten Ende der großen Halle aufgebaut.

Die Vorführung wurde ein sensationeller Erfolg; das Ereignis füllte die Titelseiten der Presse, und Tesla stand wieder einmal im Ruhme eines Nationalhelden. Alle Welt hatte verstanden, daß man hier eine wunderbare Errungenschaft vor sich hatte, aber nur wenige sahen die volle Tragweite der Erfindung und begriffen, welche Bedeutung ihrem grundlegenden Prinzip zukam. Der Glanz der Vorführung hatte unglücklicherweise die wichtigsten Aspekte der Erfindung überschattet.

Mittlerweile war der spanisch-amerikanische Krieg ausgebrochen. Die erfolgreiche Zerstörung zweier spanischer Flotten durch die US-Navy war das alles beherrschende Tagesgespräch; zugleich herrschte allgemeine Empörung über die Sprengung der U. S. S. *Maine* im Hafen von Havanna. Hier kam Teslas Demonstration gerade recht, weil man in dem ferngelenkten Boot eine durchaus vielversprechende Waffe im Krieg zur See sah.

Der heutige Wissenschaftsredakteur der *New York Times* Waldemar Kaempffert – damals noch Student am City College – sprach mit Tesla über diese Einsatzmöglichkeit.

»Ich könnte mir vorstellen«, so sagte er, »daß Sie ein wesentlich größeres Boot mit Dynamit beladen und es zur Unterwasserfahrt tauglich machen. Auf die gleiche Weise, auf die Sie bei Ihrem Modell das Achterlicht ein- und ausgeschaltet haben, könnten Sie dann das Dynamit per Knopfdruck an jedem gewünschten Ort zur Explosion bringen und mittels Ihrer drahtlosen Signalübertragung selbst größte Schlachtschiffe aus sicherer Entfernung heraus sprengen.«*

Tesla war ein echter Patriot; er blickte mit Stolz auf die ihm 1889 zuerkannte amerikanische Staatsbürgerschaft. Obwohl er den Krieg von ganzem Herzen ablehnte, hatte er seine Erfindung deshalb dem Kriegsministerium als Waffe für den Seekrieg angeboten.

»Was Sie hier sehen, ist alles andere als ein drahtloser Torpedo«, entgegnete er Kaempffert mit einem zornigen Blick. »Sie sehen hier den ersten Typen einer Rasse von Robotern vor sich – mechanische Wesen, die die Menschheit bald der mühevollsten Arbeit entbinden werden.«

Diese »Rasse von Robotern« war abermals einer von Teslas höchst eigenständigen und bedeutenden Beiträgen zum Wohlergehen der Menschheit. Und als solcher bildete sie nur einen Bestandteil seines

* Edison hatte schon etwas früher einen Elektrotorpedo entwickelt, der allerdings über ein Kabel mit dem Mutterschiff in Verbindung blieb.

ungeheuren Projektes zur Verstärkung und besseren Nutzanwendung menschlicher Arbeitskraft. Die kriegerischen Einsatzmöglichkeiten seiner Roboter sah er genauso vor sich wie deren friedliche Anwendungen; auf der Basis der grundlegenden Prinzipien entwarf er ein exaktes Bild unserer modernen Kriegsführung vermittels gigantischer mechanischer Waffen – seinen Robotern.

»Diese Entwicklung«, so äußerte er im Juni des Jahres 1900 in einem Artikel des *Century Magazine*, »wird die Bedeutung des Individuums in der Kriegsführung mehr und mehr hinter die Bedeutung von Maschinen oder mechanischen Vorrichtungen zurücktreten lassen. [. . .] Es wird alles davon abhängen, derartigen Geräten die größtmögliche Geschwindigkeit zu verleihen und sie zu einer maximalen Energieproduktion zu befähigen. Der Verlust von Menschenleben wird sich auf diese Weise weitgehend vermeiden lassen. [. . .]«

Die Überlegungen, die ihn zur Entwicklung seiner Roboter – er selbst nannte sie »Automaten« – führten, erläuterte er folgendermaßen:

> Mit jedem Gedanken und jeder Handlung habe ich zu meiner vollkommenen Genugtuung den Beweis erbracht – und ich erbringe ihn weiterhin täglich –, daß ich ein mit der Fähigkeit zu selbständiger Bewegung begabter Automat bin, der lediglich auf äußere Reize reagiert, die auf seine Sinnesorgane einströmen, und seine Gedanken und Bewegungen dementsprechend ausrichtet. [. . .]
> Aufgrund dieser Erfahrungen war es nur natürlich, daß ich bereits vor langer Zeit auf den Gedanken kam, einen Automaten zu entwickeln, der ein mechanisches Gegenstück meiner selbst bilden und – obschon auf ungleich primitivere Weise – wie ich selbst auf äußere Einflüsse reagieren sollte. Solch ein Automat bedurfte zweifellos gewisser Grundeigenschaften: einer bewegenden Kraft, Organen zur Fortbewegung, Organen zur Steuerung sowie einem oder mehreren Organen, die zur Wahrnehmung äußerer Stimuli tauglich sein müßten.
> Diese Maschine – so überlegte ich – würde sich in der Art eines Menschen bewegen, da sie ja auch mit dessen zentralen Funktionen ausgestattet wäre. Natürlich fehlten noch einige menschliche Eigenschaften: die Fähigkeit zu Wachstum und Fortpflanzung sowie der

> Geist, der das Modell erst zu einer perfekten Maschine machen würde. Aber auf das Wachstum ließe sich verzichten, da diese Maschinen sozusagen als »ausgewachsene Wesen« hergestellt würden; die Fähigkeit zur Fortpflanzung müßte gleichfalls nicht beachtet werden, da die Möglichkeit der Massenproduktion ein entscheidendes Merkmal derartiger mechanischer Modelle bildet.
> Ob der Automat nun aus Fleisch und Blut oder aus Holz und Stahl bestehen würde, spielte nur eine geringe Rolle. Entscheidend wäre allein, daß er seine Aufgaben wie ein mit Intelligenz begabtes Wesen erfüllen könnte. Um dies sicherzustellen, bedürfte er freilich auch eines Elementes, das dem menschlichen Geist entspräche – eines Elementes, das seine Bewegungen und Handlungen kontrollieren könnte und ihn dazu befähigte, auch auf kaum vorhersehbare Situationen mit Erfahrung und Urteilsvermögen, Wissen und Vernunft zu reagieren. Dieses Element könnte ich jedoch einfach vermittels meines eigenen Wissens, meines eigenen Urteilsvermögens bereitstellen. Diese Gedanken standen hinter jener Erfindung; auf ihrer Grundlage entstand jener Zweig der Ingenieurskunst, für den bereits die Bezeichnung »Telautomatie« vorgeschlagen wurde: die Fertigkeit, die Bewegungen und Handlungen weit entfernter Automaten zu kontrollieren.

Um dem Automaten eine unverwechselbare Identität zu geben – so erläuterte Tesla – müßte man ihn mit einer eindeutigen elektrischen Abstimmung ausstatten, auf die nur er allein reagieren würde, wenn er Wellen der entsprechenden Frequenz von der Sendestation empfing. Andere Automaten würden solange regungslos bleiben, bis ihre jeweilige Frequenz ausgestrahlt würde. Dies war Teslas grundlegendes Prinzip der Abstimmung von Radiowellen, dessen Notwendigkeit die anderen sogenannten Erfinder der drahtlosen Nachrichtenübertragung nicht einmal annähernd begriffen hatten, obwohl er es bereits sechs Jahre zuvor in einer Veröffentlichung allgemein zugänglich gemacht hatte.

Tesla steuerte seine Automaten bereits durch Langwellen, von denen heutzutage auch die moderne Rundfunktechnologie Gebrauch macht – Marconi und andere hatten ausschließlich Kurzwellen angewendet, die von einfachen physischen Hindernissen aufgehalten werden konnten.[20] Doch nicht nur das: Er nahm mit seinem System der Abstimmung ebenfalls die Technik vorweg, nach der wir heute die unterschiedlichen Sendestationen auf den Skalen unserer Rundfunkempfänger einstellen. Er erläuterte dies folgendermaßen:

> Durch die soeben dargestellten einfachen Methoden können wir Wissen, Erfahrung und Urteilsvermögen des Automatenführers – sozusagen also seinen Geist – auf diese Maschine übertragen und sie damit gleichsam in die Lage versetzen, intelligent und vernünftig zu handeln. Sie verhält sich nicht anders als ein Mensch, dem man die Augen verbunden hat und der nun Anweisungen befolgt, die man ihm zuruft.
>
> Die bislang gebauten Automaten verfügen demnach über einen »geborgten Geist«, denn sie bilden lediglich eine Art Körperteil des Automatenführers, der sie aus der Ferne steuert und ihnen seine auf Vernunft und Erfahrung basierenden Befehle erteilt. Aber die Telematie steht erst am Anfang ihrer Entwicklung.
>
> Ich möchte hier zeigen, daß Automaten – wie unglaublich das auch klingen mag – in Zukunft durchaus mit einem »eigenen Geist« ausgestattet werden können. Um es mit anderen Worten zu sagen: Ich bin der Ansicht, daß sie in der Lage sein werden, von sich aus und ohne jegliche Steuerung durch einen Automatenführer aufgrund der äußeren Einflüsse, die auf ihre Sinnesorgane einwirken, auf durchaus vernünftige Weise eine Vielzahl von Handlungen und Aufgaben zu verrichten.
>
> Sie werden einen festgelegten Weg verfolgen oder weit von ihrem Standpunkt entfernt bestimmte Aufgaben ausführen können. Sie werden fähig sein, zwischen richtigen und falschen Handlungen zu unterscheiden und eigene Erfahrungen zu machen – oder wie es bereits an anderer Stelle ausgedrückt wurde – Eindrücke zu speichern, die ihr künftiges Verhalten beeinflussen werden. Ich selbst habe in der Tat bereits einen derartigen Plan entwickelt.
>
> Obwohl es nun schon viele Jahre zurückliegt, daß ich die Arbeit an dieser Erfindung begonnen habe und die Besucher meines Laboratoriums sie seitdem häufig in Vorführungen begutachten konnten,

[20] Vgl. dazu Fußnote 18. Das unterschiedlich gute Ausbreitungsverhalten der Wellen mit verschiedenen Wellenlängen liegt in der Wellenlängenabhängigkeit der Beugung und Reflexion von Wellen begründet.

wurde sie doch erst lange Zeit nach ihrer Vollendung einer breiteren Öffentlichkeit bekannt und führte nun verständlicherweise zu viel Gerede und zu Sensationsreportagen.

Die überwiegende Mehrheit der Menschen hat jedoch weder die wahre Bedeutung der Telematie erkannt noch die ihr zugrundeliegenden Prinzipien begriffen. Den zahllosen Kommentaren, mit denen sie in jüngster Zeit bedacht wurde, kann ich fast durchweg die Ansicht entnehmen, daß meine Ergebnisse schlicht für unmöglich gehalten werden. Und selbst die wenigen Menschen, die die grundsätzliche Anwendbarkeit meiner Erfindung zu erkennen vermochten, sahen in ihr lediglich einen ferngesteuerten Torpedo; eine Waffe, deren einziger und höchst fraglicher Zweck darin besteht, Kriegsschiffe in die Luft zu sprengen. [...]

Doch bei dem Zweig der Ingenieurskunst, den ich hier begründet habe, geht es um weit mehr als die Steuerung eines Fahrzeuges. Hier tut sich die Möglichkeit auf, jede noch so kleine Bewegung, jegliche Funktion der inneren Organe – wieviele es auch sein mögen – eines individualisierten Automaten vollkommen und in jeder Hinsicht zu steuern.

In einem unveröffentlichten Artikel sollte Tesla sich fünfzehn Jahre später an seine Erfahrungen bei der Entwicklung von Automaten erinnern. In diesem Zusammenhang berichtete er gleichfalls von seinen erfolglosen Versuchen, das Kriegsministerium sowie auch die Industrie für seine auf drahtlosem Wege gesteuerten Geräte zu interessieren:

Ich hatte mich schon seit langer Zeit mit dem Gedanken getragen, einen Automaten zu konstruieren, aber die Arbeit daran nahm ich erst im Jahre 1893 im Zusammenhang meiner Untersuchungen zum Thema der drahtlosen Nachrichtenübermittlung auf. Im Verlauf der folgenden zwei oder drei Jahre baute ich eine ganze Reihe automatischer Geräte, die auf drahtlosem Wege gesteuert wurden und führte sie den Besuchern meines Laboratoriums auch vor.

Im Jahr 1896 hatte ich dann eine Maschine entwickelt, die über eine Vielzahl von Funktionen verfügte, deren endgültige Fertigstellung sich allerdings noch bis zum folgenden Jahr hinauszögern sollte. Als ich diese Maschine – es handelt sich um das Modell, dessen genaue

Beschreibung Sie in meinem Artikel im *Century Magazine* vom Juni 1900 sowie in einer ganzen Reihe weiterer Publikationen dieses Zeitraums nachlesen können – gegen Anfang des Jahres 1898 erstmals der Öffentlichkeit vorführte, entstand eine Sensation, wie sie keine meiner früheren Erfindungen verursacht hatte.
Im November des Jahres 1898 wurde mir das grundlegende Patent an dieser neuen Technik zuerkannt. Da der zuständige Beamte die Darstellungen in meinem Patentantrag schlicht für unfaßbar hielt, sah er sich genötigt, eigens nach New York zu fahren, um sich mit eigenen Augen von der Funktionstüchtigkeit meiner Erfindung zu überzeugen. Als ich diese etwas später telefonisch einem Regierungsvertreter in Washington anbot, brach der Mann – ich erinnere mich genau – angesichts meiner Beschreibung ihrer Möglichkeiten in Gelächter aus. Niemand hielt es seinerzeit auch nur annähernd für möglich, daß eine derartige Maschine überhaupt möglich sei.
Unglücklicherweise folgte ich damals dem Rat meiner Anwälte und gab in dem Patentantrag an, die Steuerung der Maschine erfolge mittels eines einzelnen Schwingkreises sowie der genugsam bekannten Empfangsvorrichtung, denn ich besaß noch keinen Patentschutz auf meine Methoden und Vorrichtungen zur Individualisierung des Automaten. An dieser Stelle muß ich hinzufügen, daß meine Boote durch die gemeinsame Wirkung mehrerer unterschiedlicher Schwingkreise gesteuert wurden, bei denen ich allerdings Sorge getragen hatte, jegliche gegenseitige Beeinflussung vollkommen auszuschließen. Im allgemeinen verwendete ich Empfangskreise, die aus Drahtschleifen samt Kondensatoren bestanden, da die Entladungen meines Höchstpannungssenders die Hallenluft in einem so hohen Maße ionisierten, daß selbst eine ausgesprochen kleine Empfangsantenne noch einige Stunden danach Elektrizität aus der Atmosphäre beziehen konnte.
Um Ihnen eine genauere Vorstellung davon zu geben: In meinem Laboratorium hatte ich beobachtet, daß beispielsweise eine einpolige Vakuumlampe von zwölf Zoll Durchmesser, an die nur ein äußerst kurzer Leitungsdraht angeschlossen war, bis zu tausend Mal nacheinander aufblitzte, ehe die Ladung der Raumluft sich wieder neutralisiert hatte. Die schleifenförmige Empfangsvorrichtung war solchen Erregungen gegenüber eher unempfindlich, und es ist schon seltsam,

daß sie sich noch heute einer derartigen Verbreitung erfreut. Sie vermag in der Tat weitaus weniger Energie aufzunehmen als eine Langantenne oder ein weit gespannter geerdeter Draht, und genau hier liegt die Ursache zahlreicher Fehler, die unsere heutigen Geräte zur drahtlosen Signalübertragung aufweisen.

Anläßlich der öffentlichen Demonstration meiner Erfindung wurde das Publikum gebeten, beliebige Fragen zu stellen, die der Automat über gewisse Zeichen beantworten sollte. Dies mußte damals wie die reinste Zauberei gewirkt haben, obwohl es doch nur meine Person war, die das Gerät vermittels der Sendeeinrichtung antworten ließ.

Um die gleiche Zeit entstand auch ein weiteres, größeres telautomatisches Boot. Es wurde vermittels mehrerer Empfangsschleifen gesteuert, die sich im Inneren des Rumpfes befanden und war nun auch tauchfähig. Abgesehen von einigen Neuerungen, die ich angebracht hatte – etwa den Glühlampen, die unter anderem anzeigten, daß die Maschine richtig funktionierte – handelte es sich jedoch um eine ähnliche Konstruktion wie das Vorgängermodell.

Derartige Automaten, die sich nur innerhalb der Sichtweite des Automatenführers betreiben ließen, bildeten jedoch lediglich die ersten und unsicheren Schritte in das Neuland, das die Telautomatie nach meinen Vorstellungen noch bereithielt. Der nächste Schritt bestand logischerweise darin, diese Prinzipien auf Automaten anzuwenden, die jenseits der Sichtgrenze und in weiter Entfernung vom Kontrollzentrum ihren Dienst verrichteten, und ich habe seit jeher die Ansicht vertreten, daß derartige Automaten als Instrumente der Kriegsführung den herkömmlichen Gewehren und Kanonen vorzuziehen seien. Es hat den Anschein, als wären diese Anregungen mittlerweile auf fruchtbaren Boden gefallen, da ich hier und da aus der Presse von angeblich außergewöhnlichen neuen Errungenschaften erfahre, an denen ich allerdings in keinerlei Hinsicht etwas wirklich Neues feststellen kann.

Die bereits bestehenden Sendeanlagen erlauben es uns – wenn auch auf noch unvollkommene Weise – ein unbemanntes Flugzeug zu starten, es annähernd auf einem festen Kurs zu halten und in einer Entfernung von einigen hundert Meilen zur Ausführung bestimmter Manöver zu veranlassen. Eine derartige Maschine dürfte sich auch auf mechanischem Wege mit verschiedenen Vorrichtungen steuern

> lassen, und ich hege keinen Zweifel daran, daß sie im Kriege von einiger Nützlichkeit sein dürfte. Dem steht allerdings entgegen, daß wir heute meines Wissens noch keinerlei geeignete Instrumente besitzen, die uns die Durchführung eines solchen Unterfangens mit der notwendigen Genauigkeit gestatten würden. Nach den Jahren, die ich dem eingehenden Studium dieser Probleme gewidmet habe, kann ich jedoch behaupten, daß ich Mittel und Wege gefunden habe, die solche und noch weit größere Wunder durchaus ermöglichen können.
>
> Wie ich bereits bei einer anderen Gelegenheit erwähnte, habe ich schon während meiner Universitätszeit eine Flugmaschine erdacht, die den heute üblichen kaum ähnlich ist. Das ihr zugrundeliegende Prinzip entspricht allen Regeln der Vernunft, konnte jedoch bislang in Ermangelung einer ausreichend leistungsfähigen Antriebsvorrichtung nicht in die Praxis umgesetzt werden. In den letzten Jahren ist es mir jedoch gelungen, auch dieses Problem zu lösen, und nun beschäftigt mich die Planung von Flugmaschinen, die keiner Tragflügel, Propeller, Seitenruder oder ähnlicher am Rumpf angebrachter Vorrichtungen mehr bedürfen. Diese Maschinen werden sich mit unerhörter Geschwindigkeit fortbewegen und dürften schon in naher Zukunft ein gewichtiges Argument für den Frieden bilden. Sie werden allein von der Rückstoßkraft in der Luft gehalten und angetrieben und können sowohl mit Hilfe mechanischer Vorrichtungen als auch auf drahtlosem Wege gesteuert werden. Vermittels geeigneter Anlagen könnten wir ein solches Geschoß in die Höhe schleudern und es mit großer Genauigkeit auf einen vorherbestimmten Punkt, der Tausende von Meilen entfernt liegen mag, herabstürzen lassen. Doch damit sollten wir es keinesfalls bewenden lassen.

Was Tesla hier vor nahezu fünfzig Jahren beschreibt, ist nichts anderes als die funkgesteuerte Rakete – eine noch geheime Entwicklung des Zweiten Weltkriegs – sowie die Raketenbomben, mit denen die Deutschen England angegriffen haben. Das Geheimnis des Raketenluftschiffes wird mit Tesla gestorben sein, falls sich unter den Papieren, die die Regierung nach seinem Tode unverzüglich beschlagnahmte und versiegelte, nicht wider Erwarten entsprechende Pläne finden sollten. Dies dürfte allerdings unwahrscheinlich sein, da Tesla seine wichtigsten Erfindungen niemals dem Papier anvertraute, sondern solche Geheimnisse zu schützen wußte, indem er sich hier allein auf sein nahezu unfehlbares Gedächtnis verließ.

»Wir werden«, so schloß er seinen Bericht, »bald Telautomaten herstellen, die wie intelligenzbegabte Wesen handeln können; ihr Aufkommen wird eine Revolution auslösen. Bereits 1898 habe ich einem bedeutenden Produzenten einen Vorschlag zur Konstruktion und öffentlichen Vorführung eines automatisierten Fahrzeuges unterbreitet, das in der Lage sein sollte, eine Vielzahl von Manövern gleichsam zu beurteilen und daraufhin selbsttätig auszuführen. Doch damals hielt man meine Pläne für Phantastereien und ging nicht weiter darauf ein.«

Anläßlich der einwöchigen Vorführung im Madison Square Garden hatte Telsa daraufhin der staunenden Welt im Jahre 1898 zwei Entwicklungen präsentiert, deren jede für sich genommen das Auffassungsvermögen des Publikums schon bei weitem überstiegen hätte. Und in dieser Doppelung mußte es geschehen, daß beide Erfindungen gegenseitig ihren Ruhm schmälerten.

Allein die erste öffentliche Vorführung der drahtlosen Nachrichtenübertragung – der Vorläuferin unserer modernen Rundfunktechnik – hätte angesichts des erstaunlichen Entwicklungsstandes, zu dem Tesla sein System bereits damals vorangetrieben hatte, den Rahmen einer einzigen Demonstration sprengen müssen. In den Händen geschickter Werbefachleute (aber der bloße Gedanke an die Beschäftigung solcher Männer war Tesla schon zuwider) wäre die Vorführung vielleicht auf die Demonstration grundlegender Möglichkeiten der drahtlosen Nachrichtenübertragung beschränkt worden. So wäre es etwa denkbar, daß er lediglich eine einfache Anlage aus je einem Sender und Empfänger gezeigt hätte, mit der er die Striche und Punkte des Morsealphabets übermitteln konnte. Bei einer geeigneten Dramaturgie hätte eine solche Vorführung schon Aufsehen genug erregen können. In einer separaten Vorstellung hätte er daraufhin etwa die

Prinzipien der elektrischen Abstimmung erläutern und bei dieser Gelegenheit die selektive Reaktion der verschiedenen Spulen vermittels seiner seltsam aussehenden Vakuumröhren demonstrieren können. Aber Tesla hatte es vorgezogen, all dies in einer einzigen Vorführung unterzubringen; sein Versuch, die Möglichkeiten seines Systems in vollem Umfang zu demonstrieren, mußte notgedrungen die Aufnahmefähigkeit des Publikums überfordern.

Das gleichermaßen neue und aufsehenerregende Konzept des Roboters oder Automaten sollte jedoch trotz aller anfänglichen Widerstände nicht untergehen; auf seiner Grundlage wurden die modernen Maschinen entwickelt, die den Einsatz menschlicher Arbeitskraft ganz oder teilweise überflüssig machten und damit das Zeitalter der industriellen Massenproduktion endgültig anbrechen ließen.

Zunächst entstanden daraus in den Händen anderer Erfinder allerdings lediglich mehr oder minder raffinierte Spielzeuge. So führte etwa John Hays Hammond jr. einen elektrischen Hund auf Rädern vor, der ihm überallhin folgte; die Steuerung besorgte ein Motor und ein Lichtstrahl, den das Gerät vermittels seiner »Augen« aus einer Linsenkombination und einer Selenzelle wahrnehmen konnte. Hammond entwickelte allerdings auch eine unbemannte Yacht, die ferngesteuert vom Bostoner Hafen aus in See stach und nach einer Rundfahrt wieder an die Mole zurückkehrte.

Gegen Ende des Ersten Weltkriegs wurde sogar ein unbemanntes Flugzeug gebaut, das per Fernsteuerung einen hundert Meilen entfernten Bestimmungsort anfliegen, dort seine Bombenlast abwerfen und anschließend wieder zum Flughafen zurückkehren konnte. Bei einem weiteren Versuch mit der Maschine gelang es, sie über die Funksignale von einem entfernt gelegenen Sender auf einem Flughafen zu starten und auf einem anderen wieder landen zu lassen. Dieser Tesla-Roboter war in den Werkstätten der Sperry Gyroscope Company entstanden, in denen Elmer Sperry eine ganze Reihe kreiselgesteuerter mechanischer Roboter entwickelt hatte, die etwa als Autopiloten in Flugzeugen und auf Schiffen Verwendung fanden.

All unsere modernen Maschinen, die mit ihren Kontrollvorrichtungen aus Elektronenröhren und ihren elektrischen Augen beinahe menschlich wirken und bei niedrigen Betriebskosten höchst zuverlässig und mit enormer Genauigkeit wahrhaft übermenschliche Leistungen vollbringen, sind im Grunde also die Kinder und Enkelkinder von Teslas Automaten. Die jüngste Errungenschaft auf diesem Gebiet ist der mechanische Mensch, den die Westinghouse Electric and Manufacturing Company anläßlich der letzten Weltausstellung in New York zeigte: Dabei handelte es sich um einen metallenen Riesen in Menschengestalt, der gehen und sprechen konnte, der eine Zigarette rauchte und auf gesprochene Befehle reagierte. Spezialisierte Roboter werden inzwischen auch zur Steuerung von Wasserkraftwerken sowie auch in isoliert liegenden Nebenstellen größerer Kraftwerke eingesetzt.

Mit der Demonstration eines derartigen Reichtums an wissenschaftlichen Entdeckungen in nur einer einzigen Vorstellung hatte Tesla seiner Rolle des »Übermenschen« noch einen Zug hinzugefügt, der ihm sehr willkommen war: den Aspekt des allseits bewunderten genialen Erfinders. Es war ihm gelungen, die Welt nicht allein mit einer Vorführung der Superlative, die nur aus der Gründlichkeit eines »Übermenschen« entspringen konnte, in Erstaunen zu versetzen – er hatte gleichfalls bewiesen, daß er die Welt dank seines genialen Erfindungsgeistes mit einer wahren Flut wissenschaftlicher Entdeckungen überschütten konnte.

II

Tesla war nun bereit, neue Welten zu erobern. Nachdem er der Öffentlichkeit die Entdeckungen präsentiert hatte, die er im Umfeld der drahtlosen Nachrichtenübertragung gemacht hatte, brannte er nun darauf, sich an die zweite Phase seines Projektes zu begeben:

an ein Verfahren zur weltweiten Energieübertragung auf drahtlosem Wege.

Leider hatte er wieder einmal mit finanziellen Schwierigkeiten zu kämpfen. Um es kraß auszudrücken: er war vollkommen pleite. Die 40000 Dollar, die Adams als Einlage in die Nikola Tesla Company eingezahlt hatte, waren verbraucht; die Firma besaß keinerlei liquide Mittel. Sie war lediglich die Inhaberin von Patentrechten, die bei einer geschickten Nutzung allerdings einen Wert von vielen Millionen Dollar gehabt hätten. Auch ein Geldgeschenk in Höhe von 10000 Dollar aus der Hand des berühmten Bergbauingenieurs John Hays Hammond war von der Vorbereitung der Vorführungen im Madison Square Garden vollständig aufgezehrt worden.

In Teslas Laboratorium in der Houston Street waren unterdessen immer größere und leistungsfähigere Oszillatoren entstanden. Als er ein Gerät gebaut hatte, das eine Spannung von 4000000 Volt erzeugte, hatte er die Grenzen erreicht, die dem Umgang mit derartigen Kräften in einem Stadthaus gesetzt waren. Die Funkenentladungen waren auf Wände, Decke und Boden des Laboratoriums übergesprungen. Tesla brauchte unbedingt mehr Raum, denn er plante den Bau noch größerer Spulen. Er träumte von einer riesigen Anlage, die er irgendwo auf dem offenen Land errichten wollte. Seine Patente zur drahtlosen Nachrichtenübermittlung – davon war er fest überzeugt – würden sich bald schon von unschätzbarem Wert erweisen und ihn mit den notwendigen Mitteln zur Verwirklichung dieses Planes versehen. Aber er hatte jetzt schon den Punkt erreicht, an dem er ohne eine derartige Anlage nicht weiterarbeiten konnte. Und vorläufig waren seine Mittel vollkommen erschöpft. Dank eines Darlehens von 10000 Dollar durch seinen Freund Crawford von der Textilfabrik Simpson and Crawford konnte er wenigstens die laufenden Kosten begleichen.

Leonard E. Curtis von der Colorado Springs Electric Company war ein glühender Bewunderer Teslas. Als er nun von dessen Plänen hörte, Versuche von gigantischem Ausmaß durchzuführen, machte er ihm das Angebot, ein Grundstück sowie Elektrizität zur Verfügung zu stellen, falls er sich mit seinem neuen Laboratorium in Colorado Springs niederlassen würde.

John Jacob Astor, der Eigentümer des Waldorf-Astoria, wußte den berühmten Dauergast seines Speisesaales als persönlichen Freund zu schätzen und hatte den Fortschritt seiner Experimente stets mit Interesse verfolgt. Als er erfuhr, daß die Fortsetzung der Forschungsarbeiten in Ermangelung finanzieller Mittel gefährdet war, stellte er Tesla die 30000 Dollar zur Verfügung, die dieser zum Bau einer vorläufigen Forschungsanlage in Colorado Springs benötigte. Im März des Jahres 1899 traf Tesla in Begleitung einiger Mitarbeiter – darunter auch sein technischer Assistent Fritz Lowenstein – in Colorado Springs ein.

Während Tesla in seinem neuen Laboratorium in den Bergen von Colorado Versuche zum Phänomen natürlicher Blitze anstellte, nahmen die Arbeiten am Hochspannungssender einen raschen Fortschritt. Tesla ließ es sich nicht nehmen, die Installation sämtlicher Gerätschaften in eigener Person genauestens zu überwachen. Schließlich betrat er hier wieder einmal absolutes Neuland; es gab nicht die geringsten Erfahrungen, auf die er hinsichtlich der Entwicklung seiner Maschinen und Versuchsanordnungen hätte zurückgreifen können. Er war vollkommen auf sich selbst gestellt; kein Mensch konnte ihn bei der Erkundung dieses Gebietes unterstützen, das jenseits aller bisherigen wissenschaftlichen Forschungen lag. Vor nicht allzulanger Zeit hatte er noch die Welt mit einem System zur Übertragung elektrischer Energie überrascht, bei dem er Spannungen von mehr als zehntausend Volt verwendet hatte. Nun wollte er mit Millionen von Volt arbeiten, und niemand wußte zu sagen, was bei der Erzeugung derartiger Spannungen geschehen könnte. Aber Tesla war trotz allem fest davon überzeugt, daß er hier sein großartiges System der mehrphasigen Wechselströme durch ein weit besseres ablösen würde.

Ungefähr drei Monate nach der Ankunft in Colorado Springs war das neue Gebäude mit seinen phantastischen Formen, seinen Türmen und Masten fertiggestellt; der riesige Oszillator – das Kernstück der kommenden Versuchsreihe – war einsatzbereit.

Die wild zerklüftete Berglandschaft von Colorado, in der Tesla sein Laboratorium errichtete, ist ein Landstrich, in dem erhebliche Mengen natürlicher Elektrizität entstehen; Blitzentladungen derartiger Größenordnung und Heftigkeit dürften sich kaum in einer anderen Weltgegend beobachten lassen. Fast täglich kommt es dort zu Gewittern, in deren Verlauf eine geradezu beängstigende Zahl mächtiger Blitze zwischen Himmel und Erde zuckt. Während die Gerätschaften, mit denen Tesla dieses Phänomen auf kontrollierte Weise nachahmen wollte, noch aufgebaut wurden, nahm er sich die Zeit, solche natürlichen Blitze eingehend zu studieren; aus diesen Beobachtungen konnte er umfangreiche Erkenntnisse über die Eigenschaften verschiedener Entladungstypen ableiten.

Die alten Donnergötter mögen mit Eifersucht auf jenen Menschen hinabgeblickt haben, der sich hier daran machte, ihnen das Geheimnis des Donners zu entwenden, so wie Prometheus einst das himmlische Feuer geraubt hatte. Ob es nun dem Zorn der Götter zuzuschreiben war oder auch nicht: Teslas phantastisch aussehende Anlage wurde durch Blitzschlag schwer in Mitleidenschaft gezogen. Das Gebäude entging nur um Haaresbreite der vollständigen Vernichtung – und dies, obwohl der Blitz es nicht direkt getroffen, sondern zehn Meilen weiter weg eingeschlagen hatte.

Die Erschütterung traf die Anlage auf die Sekunde genau zu dem Zeitpunkt, den Tesla vorausberechnet hatte; es handelte sich um die Druckwelle, die ein besonderer Entladungstypus verursacht hatte. Tesla schilderte dieses Ereignis in einem unveröffentlichten Bericht:

> Ich hatte schon seit geraumer Zeit Blitzentladungen und Explosionen eingehend beobachtet und miteinander verglichen. Eine ideale Gelegenheit dazu ergab sich im Juli des Jahres 1899, als ich in Colorado Springs meine Energie-Sendeanlage – seinerzeit die einzige bestehende Anlage ihrer Art – einigen Tests unterzog.
>
> Über dem Gipfel des Pikes Peak hatte sich eine schwere Gewitter-

> wolke zusammengeballt, und plötzlich schlug ein Blitz an einem etwa zehn Meilen entfernten Punkt ein. Ich nahm auf der Stelle die Zeit und konnte meinen Mitarbeitern nach einer kurzen Berechnung mitteilen, daß die Druckwelle uns nach 48,5 Sekunden erreichen mußte. Als exakt diese Zeitspanne verstrichen war, wurde das Gebäude von einer derartig heftigen Erschütterung getroffen, daß es sich bei leichterer Bauweise ohne weiteres aus den Fundamenten gelöst hätte. Auf einer Seite waren sämtliche Fenster sowie eine Tür zu Bruch gegangen, und auch im Inneren des Laboratoriums hatte die Druckwelle beträchtlichen Schaden angerichtet.
> Wenn wir die Energie und Entladungsdauer des Blitzes mit den entsprechenden Werten einer anderen Explosion vergleichen, so schätze ich, daß hier angesichts der Entfernung Kräfte am Werk gewesen sein müssen, die in etwa der Detonation von zwölf Tonnen Dynamit entsprachen.

Bei der von Tesla errichteten Versuchsstation handelte es sich um ein scheunenartiges Gebäude, dessen Seiten jeweils knapp hundert Fuß maßen. Die Außenwände hatten eine Höhe von fünfundzwanzig Fuß, und das Dach stieg zum Mittelpunkt hin gleichmäßig an. Aus der Mitte des Daches erhob sich ein pyramidenförmiger Turm, der aus einem hölzernen Gerüst gefertigt war und eine Höhe von beinahe achtzig Fuß erreichte; einige schräg angesetzte hölzerne Streben stützten den Turm etwas oberhalb der Firsthöhe zum Boden hin ab und versahen ihn so mit zusätzlicher Stabilität. In der Mitte dieser Konstruktion befand sich ein nahezu zweihundert Fuß hoher Metallmast, auf dessen Spitze eine kupferne Kugel von gut drei Fuß Durchmesser angebracht war; an ihm entlang verlief ein massives Kabel, das die Kugel mit den Laborgeräten verband. Dieser innere Mast war so beschaffen, daß man ihn zerlegen oder seine Höhe gegebenenfalls vermindern konnte.

Im Gebäude selbst befanden sich neben einer Vielzahl von Geräten auch Hochfrequenztransformatoren – Tesla-Spulen – aller nur denkbaren Formen und Größen. Das wichtigste Gerät war jedoch Teslas »Verstärkungssender«, bei dem es sich im Grunde um eine besonders große Tesla-Spule handelte: In der Mitte des weitläufigen Hauptraumes hatte man eine Art runden Zaun von fünfundsiebzig Fuß Durchmesser errichtet, der die Drahtwicklung der gigantischen Primärspule des Verstärkungssenders trug. Die Sekundärspule hatte einen Durchmesser von etwa zehn Fuß und bestand aus fünfundsiebzig Drahtwicklungen, die auf einem zylindrischen Holzgerüst befestigt waren; ihre Länge betrug gleichfalls zehn Fuß. Die Spule war einige Fuß über dem Boden exakt im Zentrum des Raumes angebracht, so daß der untere Teil des Metallmastes durch ihre Mitte verlief. Um im unteren Drittel von Mast und Leitungskabel eine ausreichende Entfernung zu anderen Gebäudeteilen sicherzustellen, war das Dach so eingerichtet, daß es während eines Experiments in zwei Teilen nach außen geschoben werden konnte.

Tesla begann die Forschungsarbeiten in den Bergen von Colorado mit einigen Versuchen, die ihm eine Antwort auf die Frage geben sollten, ob die Erde wirklich ein elektrisch geladener Körper sei. Nun gibt die Natur für gewöhnlich ausgesprochen bereitwillig Auskunft, wenn Wissenschaftler sie mit ihren Experimenten zu derart bedeutenden Problemen befragen. Tesla erhielt hier nicht nur eine überaus zufriedenstellende Antwort; es gelang ihm obendrein, einen tiefen Blick in die Geheimnisse der Natur zu werfen und zu enthüllen, auf welche Weise sich die Kräfte der Elektrizität in weltweitem Maßstab beeinflussen ließen.

Der Frage nach der elektrischen Ladung der Erde kam für Tesla die gleiche Bedeutung zu wie einem Fußballer der prüfende Griff, mit dem er wissen will, ob das Leder gut aufgepumpt oder schlapp ist; das Problem stellte sich ihm mit gleicher Dringlichkeit wie einem Violinisten, der sich davon überzeugt, ob die Saiten seines Instrumentes schlaff herabhängen oder die nötige Spannung aufweisen, um bei der leisesten Berührung wohlklingende Töne zu erzeugen.

Besäße die Erde keine Ladung, so würde sie sich wie ein riesiges Sammelbecken verhalten; ehe man sie in elektrische Schwingungen versetzen könnte, müßte man ungeheure Mengen an Elektrizität in sie hineinpumpen. In diesem Fall hätte Tesla mit seinen Plänen vor einem gewissen Hindernis gestanden. Er konnte jedoch sehr schnell feststellen, daß die Erde in einem ausgesprochen hohen Maße elektrisch aufgeladen war und ganz offenkundig über einen besonderen Mechanismus verfügte, der es ihr ermöglichte, diese Spannung auch zu halten. Dieser Beobachtung hatte Tesla seine zweite bedeutende Entdeckung zu verdanken.

Kurz nach seiner Rückkehr nach New York berichtete er in der Juniausgabe des Jahres 1900 im *Century Magazine* über diese Entdeckung; weit besser liest sich hier allerdings ein gleichfalls aus Teslas Feder stammender Artikel in der *Electrical World and Engineer* vom 5. Mai 1904:

> Es war um die Mitte des Monats Juni, und wir befanden uns gerade in den Vorbereitungen für andere Arbeiten, als ich einen meiner Empfangstransformatoren für einen Versuch umrüstete, in dem ich das elektrische Potential der Erdkugel auf völlig neue Weise experimentell bestimmen sowie dessen periodische wie auch zufällige Veränderungen beobachten wollte. Jenes Experiment war ein Teil eines bereits im voraus sorgfältig ausgearbeiteten Planes.
>
> Zu diesem Zweck hatte ich den Primärkreis des Transformators mit der Erde, den Sekundärkreis mit einem in einiger Höhe angebrachten Endstück regelbarer Kapazität verbunden; zudem war an den Sekundärkreis ein selbstverstärkendes Aufzeichnungsinstrument von höchster Empfindlichkeit angeschlossen.
>
> Ich konnte feststellen, daß die Erde von elektrischen Schwingungen geradezu belebt war und widmete mich eingehend diesen interessanten Untersuchungen. Einen geeigneteren Ort hätte ich für mein Vorhaben kaum finden können.
>
> Die Landschaft von Colorado ist für ihre prachtvollen Schauspiele natürlicher Elektrizität weithin berühmt. In der dünnen und trockenen Atmosphäre brennt die Sonne mit unbarmherziger Gewalt; ihre Strahlen haben eine derartige Kraft, daß sich etwa in einigen Fässern mit konzentrierter Salzlösung ein gefährlicher Überdruck entwickelte und der Stanniolüberzug der auf dem Dache angebrachten Endpole in einigen Fällen von der großen Hitze brüchig wurde. Ein

Hochspannungstransformator, der in fahrlässiger Weise den Strahlen der untergehenden Sonne ausgesetzt wurde, nahm beträchtlichen Schaden, weil hierdurch ein großer Teil des Isoliermaterials wegschmolz.

Die Trockenheit und geringe Dichte der Luft begünstigt die Verdunstung von Wasser, und so entsteht statische Elektrizität im Überfluß. Blitzentladungen finden folglich mit großer Häufigkeit, nicht selten auch mit unvorstellbarer Gewalt statt. Bei einer Gelegenheit konnte ich innerhalb von zwei Stunden annähernd 12000 Blitze beobachten, und dies allein in einem Radius von weniger als 50 Kilometern um das Laboratorium. Viele dieser Blitze erinnerten an mächtige feurige Bäume, deren Stämme entweder nach oben oder nach unten zeigten. Kugelblitze konnte ich zu meiner Enttäuschung jedoch nie beobachten, fand dafür aber späterhin deren Entstehungsbedingungen heraus und konnte sie damit künstlich erzeugen.

Gegen Ende des Monats beobachtete ich mehrere Male, daß meine Instrumente bei weiter entfernten Entladungen einen größeren Ausschlag anzeigten als bei Blitzen, die relativ nahe einschlugen. Dies gab mir ein großes Rätsel auf. Woran mochte es liegen? Eine Reihe von Beobachtungen hatte bestätigt, daß es keinesfalls mit der unterschiedlichen Energie einzelner Entladungen zusammenhängen konnte; zudem hatte ich mich bereits davon überzeugt, daß dieses Phänomen unmöglich aus einer mangelnden Abstimmung der Schwingungsperioden meiner Spulen auf die atmosphärischen Entladungen hervorgegangen sein konnte.

Als ich mich eines Abends mit einem Assistenten auf dem Heimweg befand und über diese Beobachtungen nachsann, schoß mir plötzlich ein Gedanke durch den Kopf. Der gleiche Gedanke hatte sich mir bereits vor Jahren einmal aufgedrängt, als ich an einem Kapitel meines Vortrages für das Franklin Institute und die National Electric Light Association arbeitete, aber er erschien mir damals als dermaßen absurd und unmöglich, daß ich ihn wieder verwarf. Doch diesmal hatte er meine Instinkte geweckt, und ich hatte das deutliche Gefühl, daß ich mich einer bedeutenden Erkenntnis nähern würde.

Am 3. Juli [1899] – ich werde diesen Tag niemals vergessen – gelang mir dann der erste experimentelle Nachweis eines Sachverhalts, dem unerhörte Bedeutung für den Fortschritt der Menschheit zukommt.

Eine dichte Wolkenmasse mit starker Ladung hatte sich im Westen zusammengeballt, und gegen Abend brach ein heftiger Gewittersturm los, der zunächst in den Bergen wild tobte, dann aber mit recht großer Geschwindigkeit über die Ebene abzog. In nahezu regelmäßigen Zeitabständen waren mächtige Blitze zu sehen. Die Erfahrungen, die ich inzwischen gesammelt hatte, kamen mir nun zustatten und ermöglichten mir eine genaue Beobachtung des Phänomens. Ich konnte meine Instrumente geläufig handhaben und war überdies auf solch einen Tag vorbereitet. Die Aufzeichnungsapparatur war korrekt eingestellt; mit zunehmender Entfernung des Gewitters schlugen ihre Zeiger immer weniger aus und bewegten sich schließlich gar nicht mehr.

Ich beobachtete sie mit erwartungsvoller Spannung. Es kam genau, wie ich es erwartet hatte: Nach einiger Zeit regte sich die Apparatur wieder; der Zeigerausschlag wurde immer heftiger und nahm dann, nachdem er sein Maximum erreicht hatte, wieder ab. Während das Gewitter – das hatten einfache Berechnungen ergeben – mit nahezu gleichbleibender Geschwindigkeit nach Westen abzog, wiederholte sich dies in regelmäßigen Zeitabständen. Selbst als das Unwetter bereits 300 Kilometer vom Laboratorium entfernt war, zeigte das Meßinstrument die periodischen Schwankungen noch mit unverminderter Heftigkeit an.

Als mein Assistent Fritz Lowenstein wenig später vergleichbare Beobachtungen machte und zusätzlich noch einige glückliche Umstände eintraten, die jene Messungen unwiderlegbar bestätigten, konnte kein Zweifel an der wahren Natur dieses wunderbaren Phänomens mehr bleiben: Ich hatte stehende Wellen beobachtet.

Während sich der Ausgangspunkt der elektrischen Erregungen von dem Laboratorium entfernte, hatte der Empfangskreislauf nacheinander auf deren Wellenberge, Wellenknoten und Wellentäler reagiert. Auch wenn es kaum möglich schien: Unser Planet verhielt sich ungeachtet seiner unermeßlichen Ausdehnung wie ein Kondensator von begrenzter Größe. Welche Bedeutung dies für mein geplantes System zur kabellosen Energieübertragung haben würde, war mir schon seit geraumer Zeit bewußt.

Nicht allein die drahtlose Übermittlung telegraphischer Nachrichten ließe sich nun über jede beliebige Entfernung bewerkstelligen – dies

> hatte ich bereits in der Vergangenheit erkannt –, es wäre gleichfalls möglich, dem Planeten selbst die leichtesten Vibrationen der menschlichen Stimme aufzuprägen. Und weit mehr als das: Energie könnte in unerhörten Mengen und nahezu verlustfrei an jeden nur denkbaren Punkt der Erde übertragen werden.

Teslas Überlegungen zur elektrischen Ladung der Erde und seine Frage, wie sich diese Ladung in Schwingungen versetzen ließe, können wir uns am Beispiel einer Badewanne verdeutlichen: Besäße die Erde keine Ladung, so entspräche sie einer leeren Wanne. In einer gefüllten Wanne ist es hingegen ein leichtes, Wellen zu erzeugen. Wenn man die Hand ins Wasser hält und im richtigen Rhythmus ein wenig hin und her bewegt, so bauen sich bald immer größere Wellen auf; setzt man die Handbewegung gleichmäßig fort, so kann es am Ende gar geschehen, daß das Wasser bis zur Decke spritzt.

Gehen wir nun noch einen Schritt weiter und stellen uns die Erde als einen großen, runden Wasserbehälter vor, in dessen Mitte sich ein kleiner Kolben im richtigen Rhythmus leicht auf und ab bewegt. Um ihn herum entstehen Wellen, die sich kreisförmig ausbreiten und vom Rand des Gefäßes zur Mitte hin zurückgeworfen werden, wo die Bewegung des Kolbens sie verstärkt und abermals nach außen sendet.

Durch die gegenseitige Beeinflussung der nach innen und nach außen laufenden Wellen, die sich in Resonanz mit ihrem Trägermedium befinden, entwickelt sich eine stehende Welle. Betrachten wir die Wasserfläche nun genau von oben, so macht es den Eindruck, als wäre sie von einer Anzahl gleichsam eingefrorener kreisrunder Wellen bedeckt.

Solche stehenden Wellen hatten in Teslas Versuch die Blitze erregt; da sich das Gewitter aber in westlicher Richtung vom Laboratorium fortbewegte, schien die stehende Welle sozusagen über den Beobachtungspunkt hinwegzuziehen. Befand er sich gerade in einem Wellenberg oder einem Wellental, so zeigten die Meßgeräte die maximale Energie an; befand er sich in einem Wellenknoten, so war ihr Ausschlag gleich Null.

Der Versuch hatte also nicht nur ergeben, daß die Erde in der Tat elektrische Ladung besaß, er hatte zusätzlich auch bewiesen, daß sich diese Ladung durch eine Erregung in regelmäßige Schwingungen versetzen ließ. Es mußte also möglich sein, Resonanzeffekte unerhörten Ausmaßes herbeizuführen – genau wie beim Beispiel der Soldaten, die im Gleichschritt über eine Brücke marschieren und diese damit zum Einsturz bringen.

Den aufsehenerregenden Effekten, die Tesla bisher mit seinen hochfrequenten Hochspannungen zustandegebracht hatte, lag durchweg das Prinzip der Resonanz innerhalb eines elektrisch abgestimmten Schwingkreises zugrunde. Nun wußte er, daß er die gleichen Effekte ohne weiteres in der gesamten Erdkugel erzeugen konnte. Wenn er sie mit seinen hochfrequenten Hochspannungsoszillatoren im richtigen Rythmus laden und entladen würde, würde sie sich genauso verhalten wie eine der elektrischen Resonanzeinheiten aus Spule und Kondensator.

Mit diesem großartigen Experiment hatte Tesla der Übermensch bewiesen, wozu er fähig war. Die Kühnheit seiner Unternehmung hatte sein Vorstellungsvermögen zu höchsten Leistungen angespornt; ihr Erfolg hätte seinen Ruhm unsterblich machen müssen.

Schließlich waren die riesigen Spulen und Kondensatoren sowie die übrigen Gerätschaften im Laboratorium bereit für die geplanten Versuche im allergrößten Maßstab. Tesla hatte jedes einzelne Stück gründlich überprüft; der Augenblick für das extremste jemals unternommene Hochspannungsexperiment war gekommen. Er erwartete, seine früheren Rekorde noch einmal um das Hundertfache zu überbieten und das Zehntausendfache der Spannung zu erzeugen, die durch seine Hochspannungsleitungen an den Niagarafällen floß.

Tesla hegte nicht den leisesten Zweifel daran, daß sein riesiger Oszillator wunschgemäß funktionieren würde. Zugleich war ihm aber auch bewußt, daß hier ausgesprochen starke Ströme mit

Spannungen von mehreren Millionen Volt entstehen würden, und weder er noch sonst jemand konnte genau vorhersagen, was bei der Entladung derartig gewaltiger Energien geschehen würde. Er wußte nur, daß bei diesem Experiment der erste von Menschenhand erzeugte Blitz aus der Spitze des zweihundert Fuß hohen Mastes zucken würde.

Er bat Kolman Czito, der bereits in New York viele Jahre in seinem Laboratorium gearbeitet hatte, während des Experimentes die Schalttafel zu beaufsichtigen, über die der notwendige Strom vermittels einer zwei Meilen langen Überlandleitung aus dem Kraftwerk der Colorado Springs Electric Company in die Anlage eingespeist wurde.

»Sobald ich Ihnen Bescheid sage«, sagte Tesla zu Czito, »legen Sie den Schalter für eine Sekunde um – keinensfalls länger.«

Dann bezog der Erfinder seinen Beobachtungsposten in der Nähe der Tür, von wo aus er die riesige Spule in der Mitte des scheunenartigen Raumes zwar gut im Blick hatte, aber auch weit genug von ihr entfernt stand, um vor eventuellen Verletzungen durch den künstlichen Blitz sicher zu sein. Von seinem Platz aus konnte er durch das geöffnete Dach die Kupferkugel sehen, die sich auf der Spitze des hohen Metallmastes befand. Nach einem letzten prüfenden Blick gab er das Signal – »Jetzt!«

Czito schaltete kurz den Strom ein und warf den Schalter dann sofort wieder um. Innerhalb dieses Bruchteils einer Sekunde hatte sich auf der Sekundärspule ein dichter Kranz haarfeiner Blitze gezeigt; überall im Raum war ein Knistern zu hören, und von oben ließ sich ein scharfer Knall vernehmen.

»Sehr schön«, sagte Tesla. »Die Anlage funktioniert ganz wunderbar. Wir werden es nun noch einmal auf genau die gleiche Weise versuchen. Jetzt!«

Wieder legte Czito den Schalter für einen kurzen Augenblick um und öffnete ihn dann wieder. Wieder waren die federartigen Entladungen an der Spule zu sehen, sprangen überall im Laboratorium kleinere Entladungsfunken knisternd über, war von der Spitze des Mastes ein scharfer Knall zu hören.

»Diesmal werde ich den Mast von draußen beobachten«, sagte Tesla. »Sobald ich Ihnen Bescheid sage, schließen Sie den Stromkreis und halten ihn solange geschlossen, bis ich Ihnen ein zweites Signal gebe.« Mit diesen Worten verschwand er durch die geöffnete Tür.

Diesmal stellte er sich so, daß er die Kupferkugel auf dem Mast gut beobachten konnte. »Czito, schließen Sie den Schalter – jetzt!«

Czito warf abermals den Schalter um und trat einen Schritt zurück. Sicherheitshalber hielt er den Arm lang ausgestreckt, um den Schalthebel im Notfall sofort erreichen zu können. Bei den kurzen Tests war nicht viel außergewöhnliches geschehen, aber nun konnte die Anlage sich zu voller Leistung hochfahren, und niemand wußte, womit nun zu rechnen war. Czito wußte, daß die Primärspule eine enorme Leistung aufnehmen würde, die auf das Zuleitungssystem den Effekt eines Kurzschlusses haben könnte. Und er wußte gleichfalls, welche verheerenden Wirkungen solche Kurzschlüsse haben konnten, wenn der Strom nicht rechtzeitig abgeschaltet wurde; aus seiner Schalttafel würde dann vermutlich ein wahrer Funkenregen sprühen. Czito hatte angenommen, daß der Kurzschluß spätestens ein oder zwei Sekunden nach dem Einschalten eintreten müßte. Aber nun floß der Strom schon seit einigen Sekunden, ohne daß er die typischen Anzeichen beobachtet hätte.

Sobald er den Schalter geschlossen hatte, war wieder das gleiche Knistern wie zuvor zu hören, wieder ertönte hoch in der Luft ein peitschender Knall. Aber diesmal folgte ihm ein regelrechtes Getöse. Das Knistern der Spule steigerte sich zu einem bedenklichen Knattern; vom Dach waren nun ganze Folgen von Explosionen zu hören – eine lauter als die vorhergehende. Erst hatte es wie ein Maschinengewehrstakkato geklungen, schließlich erbebte das gesamte Gebäude, als ob dort oben eine Feldschlacht mit schweren Artilleriegeschützen toben würde.

Der Raum war von einem gespenstischen blauen Licht erfüllt. Aus den Spulen sprühten Unmengen haarfeiner Blitze. Jeder Gegenstand in dem Laboratorium schien mit flammenden Nadeln besteckt zu sein; der schweflige Ozongeruch der Entladungen vervollständigte den Eindruck einer wahrhaft höllischen Szenerie.

Als Czito die Hand in die Nähe des Schalters brachte, sprangen sofort Funken zu seinen Fingern über, die sich wie tausend Nadelstiche anfühlten. Er fragte sich, ob er wohl noch in der Lage wäre, den Schalter umzulegen und dem Toben ein Ende zu machen. Würden die Funken wohl heftiger werden, wenn er ihm noch näher käme? Könnte er ihn am Ende nicht mehr berühren, und das ohrenbetäubende Krachen wäre nicht mehr abzustellen? Das Getöse nahm unvermindert zu. Warum gab Tesla kein Signal, ehe das ganze Laboratorium zerstört war? Ob er wohl auf eigene Verantwortung eingreifen sollte? Vielleicht war Tesla ja verletzt – womöglich gar von einem Blitzschlag getötet – und konnte kein Zeichen mehr geben!

Es kam Czito vor, als hätte das Getöse schon eine Stunde angedauert, aber in Wirklichkeit konnte es sich höchstes um eine Minute gehandelt haben. Immerhin hatte die Anlage in dieser kurzen Zeit eine unfaßbare Menge an Energie freigesetzt.

Doch Tesla stand – wie stets förmlich mit Cutaway und Hut angetan – draußen auf seinem Beobachtungsposten. Zwischen seiner hochaufgeschossenen Gestalt, die durch die dicken isolierenden Gummisohlen unter den Schuhen noch länger wirkte, und dem hohen Metallmast, der aus der Mitte des seltsamen Gebäudes ragte, schien eine seltsame Beziehung zu bestehen.

Schon während er Czito das Startzeichen gegeben hatte, hatte er die Kupferkugel auf dem Mast genau beobachtet. Er hatte sein »Jetzt!« kaum ausgesprochen, als bereits der erste kurze, haarfeine Blitz daraus hervorschoß. Und noch ehe er darüber Genugtuung empfinden konnte, sah er einen zweiten, einen dritten, einen vierten Blitz – jeder leuchtender und länger als sein Vorgänger.

»Ah!«, rief Tesla und blickte das Schauspiel wie gebannt an. Vor Freude streckte er die geballte Faust zum Mast empor.

Noch mehr Blitze! Und immer größere! Zwanzig, dreißig, vierzig, fünfzig, sechzig, siebzig, achtzig Fuß lang! Jeder heller und von leuchtenderem Blau! Nicht mehr die haarfeinen Funken, sondern fingerdicke Entladungen! Und nun nahmen die Flammen, die von der Kugel aus gefährlich gen Himmel zuckten, sogar die Stärke seines Armes an!

Tesla traute seinen Augen und Ohren kaum, als er die Blitze sah und die Donnerschläge krachen hörte. Mittlerweile hatten sie eine Länge von gut 135 Fuß erreicht; der Donner war noch im fünfzehn Meilen entfernten Cripple Creek zu vernehmen.

Doch plötzlich wurde es still.

Tesla eilte auf der Stelle ins Laboratorium.

»Czito, Czito! Warum haben Sie das getan? Ich habe Ihnen nicht gesagt, daß Sie den Strom abschalten sollen. Schalten Sie die Anlage sofort wieder ein!«

Doch Czito deutete nur auf den Schalter. Er war immer noch geschlossen. Dann zeigte er auf die Instrumente an der Schalttafel. Die Nadeln des Voltmeters und des Amperemeters zeigten beide auf Null.

Tesla begriff sofort. Die Hochspannungsleitung mußte ausgefallen sein.

»Czito«, stieß er hervor, »rufen Sie unverzüglich im Kraftwerk an. Das können die doch nicht machen. Die haben mir den Strom abgeschaltet.«

Als Czito das Kraftwerk am Apparat hatte, griff Tesla nach dem Hörer und schrie:

»Hier spricht Nikola Tesla. Sie haben mir den Strom abgeschaltet! Schalten Sie ihn auf der Stelle wieder an! Sie haben nicht das Recht, mir den Strom abzuschalten!«

»Von wegen abgeschaltet«, kam es barsch vom anderen Ende zurück. »Sie haben da mit Ihrem verrückten Experiment einen wunderschönen Kurzschluß verursacht und unsere Anlage zerstört. Wir sind gerade dabei, den Generator zu löschen. Strom bekommen Sie jedenfalls vorläufig keinen mehr.«

Seine eigenen Geräte hatte Tesla mit Bedacht so angelegt, daß sie bei den starken Strömen, mit denen er rechnete, keinen Schaden nehmen würden. Während diese den Auswirkungen eines heftigen Kurzschlusses also durchaus gewachsen waren, hatte er den Generator der Colorado Springs Electric Company damit hoffnungslos überlastet. Das Gerät war derartigen Anforderungen nicht gewachsen und hatte noch eine Zeitlang jenseits seiner eigenen Leistungsgrenze gearbeitet, doch schließlich fingen die Isolierungen Feuer, die Kupferwicklungen der Ankerspule zerschmolzen wie Wachs, und der Generator versagte seinen Dienst.

Das Kraftwerk verfügte über einen Reservegenerator, der nach dem Netzausfall auch sofort in Betrieb gesetzt wurde. Tesla forderte, daß man ihn nun wieder mit Strom beliefern solle, aber man weigerte sich, dies zu tun. In Zukunft – so sagte man ihm – müsse man ihn mit dem Strom aus einem separaten Generator beliefern, um die Versorgung der regulären Kundschaft nicht zu gefährden. Und dieser separate Generator sei eben derjenige, der gerade durchgebrannt war. Bis die Maschine wieder gerichtet sei, könne es demzufolge auch keinen Strom geben. Tesla bot sich an, die Arbeiten auf eigene Rechnung zu übernehmen. Wechselstromgeneratoren waren ihm schließlich kein Geheimnis; er begab sich sofort mit einigen seiner Mitarbeiter zum Kraftwerk, und nach weniger als einer Woche versah der Generator wieder seinen Dienst.

Ein Blitz braucht für sein atemberaubendes Feuerwerk vergleichsweise wenig Elektrizität – auf die üblichen Preise für Haushaltsstrom umgerechenet, kämen wir hier auf einen Gegenwert von ungefähr fünf Cent.[21] Er hat zwar eine Stromstärke von einigen tausend

[21] Genauer bezahlt man die verbrauchte Energie (die die notwendige Arbeit verrichten kann). Diese ergibt sich aus dem Produkt von Leistung mal Zeitdauer, was zur heute üblichen Maßeinheit von Wattstunde bzw. Kilowattstunde (kWh) führt. Die Zeitdauer eines

Ampere und eine Spannung von Millionen von Volt, aber er existiert nur für den winzigen Bruchteil einer Sekunde. Würde der »Fünf-Cent-Strom« stetig nachgeliefert, dann ließe sich die Lebensdauer des Blitzes unbegrenzt verlängern.

Genau das tat Tesla in seinem Laboratorium in Colorado Springs: Er ließ einen beständigen Strom, der nach den oben genannten Zahlen einem Gegenwert von etwa fünfzehn Dollar pro Stunde entsprach, in die Erde hinein fließen. Innerhalb einer Stunde lud er die Erde also mit dem Vielhundertfachen der Energie eines einzelnen Blitzes auf. Dank der Resonanzeffekte konnte er auf diese Weise in der Erde elektrische Schwingungen erzeugen, mit denen er die von einem natürlichen Blitz hervorgerufenen Schwingungen weit übertraf – hatte sich die Resonanz erst einmal eingestellt, so mußten nur noch die Wärmeverluste ausgeglichen werden, um den Prozeß zu unterhalten.

In seinem Artikel im *Century Magazine* wagte Tesla im Juni 1900 einige vorsichtige Schätzungen der Kräfte, die er bei den Versuchen freigesetzt hatte:

> Wie ungewöhnlich meine Ergebnisse auch erscheinen mögen – im Vergleich zu den Möglichkeiten, die in auf den gleichen Prinzipien basierenden Anlagen stecken, nehmen sie sich recht geringfügig aus. Ich habe mit meiner Anlage Entladungsblitze erzeugt, die mehr als 100 Fuß maßen; es dürfte ein leichtes sein, das Hundertfache dieses Wertes zu erreichen.
>
> Ich habe mit meiner Anlage Ströme mit einer Leistung von annähernd 100000 Pferdestärken erzeugt, aber Werte von fünf oder gar zehn Millionen Pferdestärken dürften durchaus erreichbar sein. Im Verlauf dieser Experimente sind Kräfte freigeworden, die alles übertreffen, was die Menschheit bisher zu bewirken vermochte – und

Blitzes ist sehr kurz, so daß seine Energiemenge trotz der sehr hohen Leistung eines Blitzes von einigen Milliarden Kilowatt wegen der kurzen Entladungszeit (eine millionstel Sekunde) nur etwa 250 Kilowattstunden beträgt. Da Tesla bei seinen Experimenten die Lebensdauer des Blitzes künstlich verlängerte, benötigte er die erforderliche hohe Leistung über einen langen Zeitraum – der dadurch stark ansteigende Energiefluß ließ die Generatoren zusammenbrechen.

doch war dies lediglich eine kleine Kostprobe künftiger Möglichkeiten.

Das Verfahren, nach dem Tesla die Erde in elektrische Schwingungen versetzt hatte, entsprach im Prinzip dem oben dargestellten Wannenmodell, in dem ein im richtigen Rhythmus arbeitender Kolben auf der Wasseroberfläche stehende Wellen erzeugt.

Tesla benutzte einen Elektronenstrom, den er in schnellem Rhythmus in die Erde hinein und dann wieder aus ihr heraus pumpte. Zur damaligen Zeit war die Existenz des Elektrons als Grundbaustein elektrischer Aktivität freilich noch unbekannt, und so sprach man hier einfach von fließender Elektrizität.

Die Anlage in Colorado änderte die Fließrichtung der Elektrizität in jeder Sekunde 150000 Mal; dabei entstanden Schwingungen mit einer Wellenlänge von 2000 Metern.

Diese Wellen breiteten sich vom Laboratorium aus gesehen gleichmäßig in alle Richtungen entlang der Erdoberfläche aus. Sie zogen also zunächst immer weitere Kreise, bis sie den maximalen Erdumfang passiert hatten, um dann in immer kleineren Kreisen an jenem Punkt in der Nähe der französischen Inseln Neu Amsterdam und St. Paul zwischen der Südspitze Afrikas und dem australischen Kontinent zusammenzulaufen, der dem Laboratorium diametral entgegengesetzt war. Hier entstand für die Dauer des Experiments ein starker elektrischer Südpol, an dem die Amplitude der Welle sich im Gleichklang mit dem elektrischen Nordpol in Colorado Springs bewegte. Von diesem Südpol aus wanderte die Welle auf die gleiche Weise zurück nach Colorado, wo sie von dem Oszillator verstärkt und abermals in den Indischen Ozean geschickt wurde; infolge des Resonanzeffektes nahm sie dabei jedesmal mehr Energie in sich auf.

Wäre es bei dieser Bewegung nicht zu Verlusten gekommen – hätte sich die Erde also als ein perfekter, widerstandsloser Leiter erwiesen – dann wären durch den Resonanzeffekt auch bei den knapp 300 Pferdestärken, mit denen Tesla seine Anlage speiste, nach einiger Zeit gigantische und höchst zerstörerische Kräfte freigeworden.

Spannungen von ungeahnter Größe hätten sich aufgebaut; elektrisch geladene Partikel wären mit ungeheurer Energie von der Erde abgestoßen worden; früher oder später wäre selbst die massive Erdmaterie von diesem Prozeß in Mitleidenschaft gezogen worden und der gesamte Planet hätte zerbersten können. Aber reine und ungedämpfte Resonanz ist eben nicht möglich. Tesla hatte mehrfach diesen glücklichen Umstand betont, ohne den sich mit geringem Energieaufwand furchtbare, alles vernichtende Kräfte erzeugen ließen. Aber wenn der elektrische Widerstand der Erde auch ungedämpfte Resonanz unmöglich macht, so ermöglicht gerade dies eine sinnvolle Anwendung von Resonanzeffekten: Indem man immer genau die Energie wieder zuführt, die durch Widerstände verloren geht, läßt sich der ablaufende Prozeß perfekt steuern.

Wird die gesamte Erdkugel in elektrische Schwingung versetzt, so stünde damit an jedem beliebigen Punkt eine Energiequelle zur Verfügung. Diese Energie könnte vermittels eines recht einfachen Gerätes nutzbar gemacht werden, das von seinen Bestandteilen her einem normalen Radioapparat ähnelt – mit dem Unterschied, daß diese entsprechend größer ausgelegt sein müßten: eine Spule, ein Kondensator, eine Erdverbindung und eine Empfangsantenne von der Höhe eines kleineren Hauses. Ein derartiges Gerät könnte überall auf der Welt die Energie der Wellen aus dem Tesla-Oszillator aufnehmen, die sich beständig zwischen elektrischem Nord- und Südpol hin und her bewegen. Zur Beleuchtung einer Wohnung mit Teslas einfachen Vakuumlampen oder zur Erzeugung von Wärme bedürfte es dann keinerlei weiterer Vorrichtungen.*

Die Anlage, mit der Tesla die Erde elektrisch aufgeladen hatte, beruhte also auf einem vergleichsweise einfachen Prinzip. Sie bestand

* Zum Betrieb herkömmlicher Motoren müßte man einen Frequenzumwandler vorschalten. Tesla hatte zwar auch eisenfreie Motoren entwickelt, die auf der Basis hochfrequenter Ströme liefen, aber diese hatten sich hinsichtlich ihrer Leistungswerte den Niederfrequenzmotoren als unterlegen erwiesen. Die Frequenzumwandlung ist jedoch heutzutage eine recht weit verbreitete Technik.

grundsätzlich aus einem Schwingkreis aus Kondensator und Spule, die auf die gewünschte Frequenz ausgelegt waren, sowie aus einer Stromquelle und einem gleichfalls auf die Frequenz abgestimmten Transformator zur Erzeugung der notwendigen Hochspannung.

Vermittels des Transformators wurde der vom Kraftwerk gelieferte Strom von einigen hundert auf über 30000 Volt hochgespannt und dann in den Kondensator eingespeist, der ihn wiederum in geladenem Zustand an die seinen Polen gegenüberliegende Spule abgab. Der Rhythmus, in dem sich die Aufladung und Entleerung des Kondensators vollzog, hing sowohl von dessen Kapazität als auch von der Länge (oder Induktivität) der verwendeten Spule ab; der Schwingkreis wurde durch eine Funkenstrecke zwischen Kondensator und Spule geschlossen.

Zu Beginn einer jeden Periode sind Stromstärke und Spannung in einem Schwingkreis gleich Null; sie erreichen ihren Maximalwert in der Mitte jeder Halbschwingung – also mit dem Wellenberg und dem Wellental – um dann wieder abzufallen.

Um die stromdurchflossene Spule baut sich dabei periodisch ein Magnetfeld auf, das bei der Verwendung starker Ströme vor allem in der Mitte jeder Halbwelle eine enorme Stärke erreichen kann.

Die Primärspule von Teslas Oszillator – also die Spule, in die der Strom eingespeist wurde – bestand aus einer gewissen Anzahl von Wicklungen aus besonders kräftigem Draht, die auf einer zaunartigen Holzkonstruktion von etwa achtzig Fuß Durchmesser in der Mitte des großen Experimentierraumes angebracht waren. Innerhalb dieses Zaunes entwickelte sich mit jeder Halbschwingung ein solches unglaublich kräftiges Magnetfeld. Während die Feldlinien sich zur Mitte des abgetrennten Bereiches bewegten, verdichteten sie sich noch obendrein und es entstand eine große räumliche Energiedichte in diesem Gebiet.

Genau in diesem Kraftzentrum befand sich die Sekundärspule, die exakt auf das Energiefeld abgestimmt war, das hier mit einer Frequenz von 300000 Schwingungen in der Sekunde entstand. In dieser Spule –

sie war etwa zehn Fuß lang und bestand aus nahezu hundert Wicklungen – bauten sich nun Spannungen bis zu einem Maximalwert von 100000000 Volt auf. Seit jenen Tagen ist es keinem Wissenschaftler gelungen, auch nur ein Zehntel dieser Spannung zu erzeugen.[22]

Wenn der erste Schub magnetischer Energie diese Spule erreichte, verursachte er dort einen abwärts gerichteten Elektronenstrom, der in die Erde floß und diese damit elektrisch auflud. Beim folgenden Schub war die Richtung umgekehrt; die Elektronen strömten nun in die Kupferkugel auf dem 200 Fuß hohen Metallmast, die als zweiter Pol diente.

Der erdwärts gerichtete Elektronenstrom konnte sich in einem großen Gebiet ausbreiten, aber bei der Umkehrung konzentrierten die Elektronen sich in der relativ kleinen Kupferkugel, in der folglich eine ungeheure Ladung entstand. Sie standen dort gleichsam unter einem derartigen Druck, daß es zu einer explosiven Entladung kommen mußte. Sie brachen also eine Schneise in die Umgebungsluft und bahnten dort einen Kanal, durch den dann ungezählte Milliarden von Elektronen schlagartig abflossen; die Auswirkung dieses Prozesses waren die weithin sichtbaren Blitze.

Nachdem es Tesla nun gelungen war, die gesamte Erde wie einen seiner Versuchsaufbauten in elektrische Schwingungen zu versetzen, wollte er noch einen Schritt weitergehen und die praktischen Anwendungsmöglichkeiten seines Verfahrens zur weltweiten Energieübertragung erkunden.*

[22] Die heute erreichten Werte sind mit Bandgeneratoren 10^7 Volt. Die Höchstspannungsprüftechnik arbeitet im Bereich von 5×10^6 Volt.

* Bei der Darstellung dieses Verfahrens behauptete Tesla stets, die Endladungswelle würde sich von seinem Laboratorium aus direkt durch den Erdmittelpunkt mit Lichtgeschwindigkeit zur gegenüberliegenden Seite des Globus fortpflanzen und auf dem gleichen Weg wieder dorthin zurückreflektiert werden. Bei diesem Prozeß – so behauptete er – entstünde gleichfalls ein Oberflächenstrom zwischen den beiden Antipoden, dessen Frequenz an beiden elektrischen Polen allerdings nicht gegen die Frequenz der direkten Welle verschoben war. Da der Oberflächenstrom aufgrund der Erdkrümmung einen weiteren Weg zurückzulegen hatte, mußte er sich also notwendigerweise schneller als das Licht fortpflanzen; Tesla ging davon aus, daß sich der Oberflächenstrom an den elektrischen Polen

Es ist nie in vollem Umfang bekannt geworden, welche Erfolge Tesla mit seinen Versuchen in Colorado Springs wirklich erzielen konnte. Wir werden es auch niemals erfahren, da er die Aufzeichnungen lediglich seinem nahezu unfehlbaren Gedächtnis anvertraute und sie schließlich mit ins Grab nahm. Selbst Fritz Lowenstein, der dort als kompetenter Ingenieur die Position von Teslas Assistenten eingenommen hatte und sich persönlich sehr für hochfrequente Ströme interessierte, wurde von ihm hier nicht ins Vertrauen gezogen.

Für Tesla bestand allerdings auch nicht die geringste Notwendigkeit, sich an die unter anderen Wissenschaftlern übliche Praxis zu halten und seine Experimente in detaillierten Protokollen zu dokumentieren. Dank seines vorzüglichen Gedächtnisses und seiner seltsamen Gabe der Visualisierungskraft konnte er sich selbst weit zurückliegende Ereignisse in allen Einzelheiten vor sein geistiges Auge rufen. Auf Handbücher und Nachschlagewerke konnte er gleichfalls verzichten, da er nicht nur in der Lage war, jede gewünschte Formel ohne weitere Umstände aus den Grundkonzepten abzuleiten, sondern sogar über eine »mentale« Logarithmentafel verfügte. Aus diesen Gründen ist es nicht weiter verwunderlich, wenn kaum Aufzeichnungen über seine Experimente existieren – in den wenigen Notizen, die uns bekannt sind, geht es um eher nebensächliche Dinge.

Die wirklich bedeutenden Fakten und Erkenntnisse, die er später in praktische Anwendungen umzusetzen gedachte, verwahrte er also stets in seinem geistigen Archiv, bis er schließlich in der Lage war, der Öffentlichkeit eine Erfindung in Form eines funktionstüchtigen Modells vorzuführen. Er mußte dabei niemals befürchten, daß

in der Tat mit unbegrenzter Geschwindigkeit bewegte und sich zum Bereich des größten Erdumfanges hin auf die normale Lichtgeschwindigkeit verlangsamte.
(*Anmerkung zur dt. Ausgabe:* Diese Schilderung von Teslas Vorstellungen widerspricht grundlegenden physikalischen Erkenntnissen, nach denen sich makroskopische Wirkungen nur mit Geschwindigkeiten unterhalb der Vakuumlichtgeschwindigkeit ausbreiten können. Eine von Tesla autorisierte Darstellung dieser hier formulierten theoretischen Deutung ist uns nicht bekannt.)

andere ihm zuvorkommen könnten; er war seinen Zeitgenossen gegenüber immer so weit voraus, daß er sich die Zeit nehmen konnte, eine Erfindung in aller Ruhe zu durchdenken und zu entwickeln.

Tesla hatte sich vorgenommen, diese Aufgaben ohne jegliche fremde Unterstützung zu bewältigen. Zu jener Zeit war er fest davon überzeugt, daß ihm eine Lebensspanne von mehr als einem Jahrhundert beschieden sei. Wenigstens bis zu seinem hundertsten Geburtstag wollte er sich ausschließlich der Forschung widmen; danach würde ihm noch genug Zeit bleiben, seine Lebenserinnerungen niederzuschreiben und einen umfassenden Bericht über seine experimentelle Arbeit zu verfassen. An diesem Plan sollte er fast bis zu seinem achtzigsten Lebensjahr festhalten; bis zu diesem Zeitpunkt hegte er nicht den geringsten Zweifel, daß er ihn erfüllen könnte.

Aus unserer Sicht müssen wir diese Vorstellungen freilich als höchst unglückselig bezeichnen; es ist ihnen zuzuschreiben, daß wir über eine Fülle technischer Einzelheiten zu den bedeutendsten Erkenntnissen aus der Zeit in Colorado Springs keinerlei Informationen besitzen. Das bruchstückhafte Material, das seinerzeit an verschiedenen Stellen veröffentlicht wurde, deutet jedoch darauf hin, daß Tesla neben seinen Hochspannungsexperimenten noch weitere Versuche unternommen hatte. Offenbar war er mit der Arbeit an seinem Verfahren zur drahtlosen Energieübertragung schon so weit fortgeschritten, daß er bereits einige geeignete Empfangsgeräte gebaut hatte; mit einem dieser Geräte muß es ihm bei einem Testlauf gelungen sein, noch sechsundzwanzig Meilen vom Oszillator entfernt zweihundert Edison-Glühlampen zum Leuchten zu bringen. Da jede dieser Glühlampen einen Verbrauch von etwa 50 Watt hatte, hat die Versuchsanlage also eine Leistung von 10000 Watt erreicht, was umgerechnet dreizehn Pferdestärken entsprach.

Die drahtlose Energieübertragung mit einer Leistung von dreizehn Pferdestärken über eine Entfernung von sechsundzwanzig Meilen – dies dürfte ein hinreichender Beweis für die Machbarkeit von Teslas

Projekt sein. Da diesem Verfahren nach seinen eigenen Angaben ein Wirkungsgrad von mehr als 95 Prozent zu eigen war, hätte er mit einem Oszillator von dreihundert Pferdestärken auf diese Weise zweifellos über ein Dutzend solcher Lampenbatterien überall in der Welt betreiben können. In diesem Zusammenhang hatte er nämlich einmal festgestellt: »Bei diesem neuartigen System spielt es eine geringe Rolle, ob die Energie über eine Distanz von wenigen Meilen oder einigen tausend Meilen übertragen wird. Den Faktor der Entfernung können wir hier weitgehend vernachlässigen.«

In seinem Artikel im *Century Magazine* vom Juni des Jahres 1900 hieß es: »Wenn ich bisher auch mit meinem neuen System noch keine Versuche zur Übertragung von Energiemengen unternommen habe, die etwa für den industriellen Bedarf interessant wären, so habe ich doch bereits mit Erfolg mehrere Modellanlagen unter genau den gleichen Bedingungen betrieben, die für eine derartige Großanlage maßgeblich sind. Die Durchführbarkeit meines Projektes wäre damit umfassend bewiesen.«

Noch in seinen letzten Lebensjahrzehnten sollte Tesla die Aktualität und praktische Umsetzbarkeit jener unveröffentlichten Ergebnisse seiner Forschungen in Colorado nachdrücklich betonen. Der Autor dieses Buches versuchte bei zwei oder drei Gelegenheiten, dem Erfinder die Dringlichkeit einer solchen Veröffentlichung nahezulegen und wies ihn darauf hin, wie leicht seine Erkenntnisse der Welt anderenfalls durch einen unglücklichen Zufall verloren gehen könnten. Da Tesla eine derartige Gefahr für sich persönlich offenbar vollkommen ausschloß, erkundigte sich der Autor schließlich bei ihm, ob er nicht wenigstens etwas tun könne, um die Entwicklung praktischer Anwendungen seiner Forschungsergebnisse zu fördern. Doch Tesla dankte nur höflich für das entgegengebrachte Interesse, beharrte jedoch darauf, seine Angelegenheiten allein nach seinen eigenen Vorstellungen regeln zu wollen und entgegnete, daß er davon ausgehe, in Kürze die notwendigen Mittel zur Entwicklung seiner Erfindungen zur Verfügung zu haben.

Als Tesla im Herbst des Jahres 1899 nach New York zurückkehrte, stand er zwar wieder einmal ohne Mittel da, doch er wußte, daß seine Forschungen der Menschheit höchst bedeutende wissenschaftliche Erkenntnisse beschert hatten. Und was noch weit wichtiger war: Dank dieser Erkenntnisse konnte der Mensch eine volkommen neue Haltung gegenüber der Welt einnehmen. Er verfügte nun über eine Möglichkeit, den gesamten riesigen Planeten zu beeinflussen; er war in der Lage, diesen Himmelskörper von einem gottähnlichen Standpunkt aus zu betrachten und ihn nach Belieben einer Kontrolle zu unterwerfen, über die er bislang nur bei Laborexperimenten verfügt hatte.[23]

Als Tesla in New York über seine Erfahrungen berichtete und dazu noch Photographien der mächtigen Blitzentladungen aus seinem Oszillator vorweisen konnte, war sein Freundeskreis nachhaltig beeindruckt. Aus diesem Grunde bat Robert Underwood Johnson – einer der Herausgeber des *Century Magazine*, in dessen Privatwohnung im eleganten Murray-Hill-Viertel an der Madison Avenue Tesla ein häufiger und gerngesehener Gast war – den Erfinder, doch in einem Artikel für seine Zeitschrift über seine Arbeit und seine Erfolge zu berichten.

Doch als der Artikel fertiggestellt war, wies Johnson ihn mit der Bemerkung ab, Tesla habe hier anstelle heißer, packender Fakten eine Sammlung kalter, philosophischer Felsbrocken abgeliefert. Der Erfinder hatte seinen praktischen Errungenschaften in der Tat kaum Rechnung getragen; statt dessen hatte er in dem Manuskript ein philosophisches System entwickelt, in dem er den Fortschritt der

[23] Die Experimente Teslas in Colorado Springs sind Ausgangspunkt eines jüngst durch Journalisten und Wissenschaftler aufgedeckten amerikanischen Rüstungsvorhabens, das unter der Bezeichnung HAARP inzwischen Schlagzeilen macht. Hier wird versucht, mittels energiereicher Strahlung die Ionosphäre der Erde zu beeinflussen. Die sich daraus ergebenden Folgen (geophysikalisch, ökologisch, gesundheitlich etc.) sind kaum abschätzbar (vgl. dazu das aktuelle Buch von Manning/Begich: Löcher im Himmel). Inwieweit das HAARP-Projekt auch Beziehungen zu den in Kapitel 15 erwähnten »Todesstrahlen« Teslas hat, kann aufgrund der Quellenlage nicht abschließend festgestellt werden.

Menschheit als einen rein mechanischen und von den jeweils verfügbaren Energiequellen angeregten Prozeß darstellte. Ungeachtet der hohen literarischen Qualität des Artikels erklärte Johnson ihn erst für druckreif, nachdem Tesla das Manuskript dreimal weitgehend umgearbeitet hatte.

Als er schließlich unter dem Titel »Über die Frage der Steigerung menschlicher Energie« im *Century Magazine* erschien, verursachte er eine Sensation. Unter den Menschen, deren Interesse er geweckt hatte, war auch J. Pierpont Morgan – für Tesla ein äußerst glücklicher Umstand. Was Genies anbetraf, hatte der große Finanzier ein weiches Herz. Und Tesla war nun einmal der ideale Vertreter dieser Spezies.

Als Geldmagnat war Morgan weithin berühmt, aber die philanthrophische Seite seiner Persönlichkeit war der Öffentlichkeit kaum bekannt – so gut wußte Morgan seine Wohltätigkeit zu verbergen. Allerdings konnte er die Geheimhaltung nicht in jedem Falle wahren, denn schließlich besteht Wohltätigkeit stets aus Geben und Nehmen, und der eine oder andere Empfänger seiner Gaben hatte gelegentlich aus Stolz oder Dankbarkeit das Geheimnis ein wenig gelüftet.

Tesla wurde jedenfalls in Morgans Haus eingeladen und war bald ein gerngesehener Gast der Familie. Seine bisherigen Leistungen, die für die Zukunft noch weit größere Erfolge erhoffen ließen, seine angenehme Persönlichkeit, seine hohen moralischen Maßstäbe, sein zölibatäres Leben, das einzig der Arbeit gewidmet war, sein jugendlicher Enthusiasmus – all dies erregte die Bewunderung Morgans in dem gleichen Maße, in dem es die Bewunderung aller Menschen erregte, die ihn je näher kennenlernten.

Morgan erkundigte sich bei Tesla nach dessen finanzieller Situation und seinen Geldgebern. In jenen Tagen gab es nur wenige, dafür aber äußerst finanzstarke Gruppen, die in globalem Maßstab in ein Schachspiel um die Weltwirtschaft verwickelt waren. Ein Genie wie Tesla hätte mit seinen Entdeckungen die Schicksale einer oder mehrerer dieser Gruppen durchaus nachhaltig beeinflussen können; als einer der Hauptakteure in diesem Spiel war Morgan selbstverständlich daran interessiert, wem gegenüber Tesla hier wohl Verpflichtungen haben mochte. Seine Überraschung dürfte ebenso groß gewesen sein wie seine Erleichterung, als er erfahren mußte, daß Tesla vollkommen eigenverantwortlich handelte und überdies im Augenblick nicht einmal über die notwendigen Mittel zur Weiterführung seiner Arbeit verfügte.

Über den unschätzbaren Wert von Teslas mehrphasigem Wechselstromsystem war Morgan sehr gut im Bilde. Bei der Erschließung der Niagarafälle hatte es sich um eine Unternehmung der Morgan-Gruppe gehandelt, und der bisherige Erfolg dieses Projektes hatte bereits weitere Planungen von allergrößtem Ausmaß nach sich gezogen. Und der Mann, der die wissenschaftlichen und technischen Fundamente zu diesem einträglichen Geschäft gelegt hatte, stand nun ohne Mittel da und war mit der Entwicklung eines neuartigen Übertragungssystems für Elektrizität beschäftigt. Er hatte Edisons zwergenhafte Generatorenstationen mit ihrer begrenzten Reichweite durch gigantische Kraftwerke ersetzt, die ihren Strom Tausende von Meilen weit liefern konnten, und nun arbeitete er an einem System, mit dem er die entlegensten Enden der Welt ganz ohne Kabel mit Strom versorgen konnte – und das bei einem kaum nennenswerten Bruchteil der Verluste, die bei Edisons Methode innerhalb einer halben Meile aufgetreten waren. Und das neue System sollte sogar noch weitaus kostengünstiger sein als die ohnehin schon wirtschaftlichen Überlandleitungen. Die ökonomischen Auswirkungen einer derartigen Entwicklung waren kaum auszudenken. In dem globalen Schachspiel um die Weltwirtschaft könnte dieses System eine gewichtige Rolle spielen.

Würde das neue System sich in die bereits existierenden Wirtschafts- und Finanzstrukturen einfügen? Ließe es sich praktisch anwenden, ohne Umbrüche herbeizuführen, deren Schaden größer als ihr Nutzen wäre? Wenn man es wirklich weiterentwickeln wollte – wer wäre der geeignete Mann, es zu kontrollieren? Ließ es sich überhaupt kontrollieren, wenn man sich überall auf der Welt vermittels eines einfachen Gerätes von seiner unbegrenzen Energie bedienen konnte? War es dann noch möglich, das Entgelt für die bereitgestellte Leistung einzutreiben?

Solche und ähnliche Gedanken drängten sich dem praktisch denkenden Morgan angesichts von Teslas Projekt einer weltweiten Energieversorgung unverzüglich auf. Zudem hatte Tesla noch die Errichtung eines weltumspannenden Informationssystems vorgeschlagen; hier ging es um die Verbreitung von Nachrichten, Unterhaltung, Wissen und eine Fülle weiterer interessanter Möglichkeiten. Morgan sah sehr wohl die praktischen Seiten einer drahtlosen Telegraphie zwischen festen Stationen, bei der man für die Übermittlung jeder Nachricht eine gewisse Gebühr erheben konnte. Sicher, auch dies war ein Punkt in Teslas Überlegungen – aber für den Erfinder selbst schien er eine nur untergeordnete Rolle zu spielen.

Ein J. Pierpont Morgan hätte jederzeit verstehen können, wenn sich erfindungsreiche Köpfe mit einer Methode zur Bereitstellung eines weltumspannenden Dienstleistungsangebotes befaßten, sofern dessen Nutzung anschließend den angemessenen Profit einbrachte. Aber was Tesla hier vorschwebte, hatte einen dermaßen phantastischen Zug, daß es »praktisch denkende Menschen«, die es einfach nicht gewohnt waren, sich in diesen geistigen Größenordnungen zu bewegen, schlicht aufbringen mußte. Dieses neue System könnte sich als weitaus wichtiger erweisen als das mehrphasige Wechselstromsystem, das Westinghouse für den vergleichsweise geringen Einstand von einer Million Dollar einen enormen Gewinn eingebracht hatte. Westinghouse war seinerzeit der wichtigste Konkurrent Edisons, dessen System Morgan ursprünglich favorisierte und den er bei der Gründung der General Electric Company finanziell unterstützt hatte. Obwohl Westinghouse das Monopol auf die Wechselstrompatente besaß, hatte man doch Wege gefunden, ihn über Lizenzverträge zu einer teilweisen Abtretung seiner Rechte zu bewegen, so daß die General Electric Company den neuen und reichen Markt mit den gleichen Chancen ausbeuten konnte.

Vielleicht war es ja wirklich so, daß diese Geschichte sich wiederholen sollte. Vielleicht sollte der Erfinder, der alles bisher dagewesene bereits mit seinem höchst leistungsfähigen System in den Schatten gestellt hatte, nun seine eigene Entwicklung mit einem noch weitaus leistungsfähigeren System übertrumpfen. Wenn dem so war, dann hatte Morgan hier die Chance, sich das Monopol für die weltweite Stromversorgung zu sichern.

Wer das Monopol über ein derartiges System besitzen würde, könnte es ganz nach Belieben weiterentwickeln oder eben auch nicht. Es könnte weiterentwickelt werden, wenn abzusehen war, daß es die durchaus zufriedenstellende Stromversorgung über Hochspannungsleitungen auf profitable Weise ablösen oder zumindest ergänzen würde; wenn es eine zu große Gefährdung für die bestehende Ordnung wäre, könnte es aber auch genausogut in der Schublade verschwinden. Mit einem Monopol ließe sich in jedem Fall verhindern, daß andere sich dieses Systems bemächtigten; zudem wäre es eine höchst wirksame Waffe, wenn es darum ging, die Konkurrenten zu Zugeständnissen zu zwingen. Selbst wenn der Preis für das alleinige Recht an Teslas künftigen Patenten zu einem weltweiten System drahtloser Nachrichten- und Energieübertragung hoch wäre, ließe sich das Geld doch kaum besser investieren.

Aber es gab noch einen weit raffinierteren Gesichtspunkt: Ohne die Unterstützung eines finanzstarken Geldgebers könnte das weltweite System, das Tesla vorgeschlagen hatte, niemals verwirklicht werden. Wenn nun eine wirklich finanzstarke Gruppe nicht von der Möglichkeit Gebrauch machen würde, sich hier bereits zu einem frühen Zeitpunkt das Monopol zu sichern, und noch zusätzlich durchsickern ließe, daß dies eine durchaus bewußte Entscheidung gewesen sei – dann würden sich aller Wahrscheinlichkeit nach auch sämtliche Mitbewerber von diesem System zurückziehen und ihm ihre Unterstützung versagen.

Von derartigen kommerziellen oder praktischen Aspekten war bei den Gesprächen zwischen Morgan und Tesla jedoch niemals die

Rede. Morgan trat hier nur als der Mäzen auf, der einen hochbegabten und schöpferischen Geist bei der Verwirklichung seiner Ideen unterstützen wollte. Er machte Tesla Geldgeschenke, ohne irgendeine Bedingung daran zu knüpfen; der Erfinder konnte nach eigenem Ermessen über die Summen verfügen. Über die Höhe jener Beträge existieren zwar keine zuverlässigen Belege, aber aus dem engsten Umkreis Teslas war von gut informierter Stelle zu hören, daß Tesla hier innerhalb recht kurzer Zeit 150000 Dollar erhalten hatte; im Verlauf der folgenden Jahre soll noch einmal die gleiche Summe dazugekommen sein.

Tesla hatte niemals ein Geheimnis aus dieser finanziellen Unterstützung gemacht. In einem Artikel in *The Electrical World and Engineer* vom 5. März 1904 äußerte er anläßlich eines Berichts über den damaligen Stand seiner Arbeiten zur drahtlosen Energieübertragung:

»Einen beträchtlichen Teil der Arbeiten, die ich bislang leisten konnte, verdanke ich der edelmütigen Großzügigkeit von Mr. J. Pierpont Morgan. Seine Unterstützung war mir zu jener Zeit eine willkommene Hilfe und bedeutende Anregung – zumal sich unter denjenigen, die meine Arbeit nun am lautesten befürworten, damals noch die größten Zweifler fanden.«

Als Morgan Tesla die ersten Gelder zur Verfügung gestellt hatte, ging das Gerücht um, daß er auch in finanzieller Hinsicht an dessen neuem Projekt interessiert sei. Da Morgan als Finanzier allenthalben in hohem Ansehen stand, ergaben sich für Tesla daraus zunächst beträchtliche Vorteile. Als er sich in späteren Zeiten wieder einmal in einem finanziellen Engpaß befinden sollte und nun offenbar wurde, daß Morgan keinerlei finanzielles Interesse an dem Projekt zeigte und dem Erfinder diesmal auch nicht zur Hilfe eilte, verkehrte sich die Situation in für ihn höchst unangenehmer Weise ins Gegenteil.

Doch im Jahre 1900 standen Tesla erst einmal 150000 Dollar zur Verfügung, und vor ihm lag die Verwirklichung eines gigantischen Projekts. Der welterschütternde »Übermensch« befand sich auf dem Höhepunkt seines Ruhmes und begab sich an die Arbeit.

DRITTER TEIL

INNERE SCHWINGUNG

12

Mit dem Jahr 1900 brach für Tesla nicht nur ein neues Jahrhundert an; dieses Jahr markierte für ihn auch den Beginn der neuen Ära weltweiter Stromversorgung und weltweiten Rundfunkverkehrs. Die Unterstützung durch Morgan war ihm ein bedeutender Ansporn – falls er überhaupt eines äußeren Ansporns bedurfte –; mit den 150000 Dollar konnte er das gewaltige Wagnis unternehmen, sich an den Bau seiner Station zur weltweiten drahtlosen Energie- und Nachrichtenübertragung zu begeben.

Wenn diese Summe auch bei weitem nicht zur Fertigstellung des Projekts ausreichend war, so konnte ihn das nicht daran hindern, es nun endlich in Angriff zu nehmen. Zunächst brauchte er ein neues Laboratorium, das die längst nicht mehr zureichenden Räumlichkeiten in der Houston Street ersetzen sollte; dieses Laboratorium mußte zudem mit einer Ausrüstung versehen werden, die den Geräten aus Colorado entsprach, aber eigens auf den neuen Zweck hin ausgelegt war. Dank einer Übereinkunft mit dem Bankier und Anwalt James S. Warden, dem Leiter der Suffolk Country Land Company, der zwar aus dem Westen stammte, aber bei Shoreham auf Long Island – etwa sechzig Meilen von New York entfernt – einen Landbesitz von zweitausend Acres[24] erworben hatte, fand sich bald das geeignete Grundstück. Dieser Landstrich bildete das Herzstück eines Immobilienprojekts, das den Namen »Wardencliff« trug.

Tesla hatte den Aufbau einer Station vor Augen, in der er Tausenden von Menschen Arbeit geben könnte. Sein Plan für die Radio City, die hier schließlich entstehen sollte, war weit ehrgeiziger als die gleichnamige Unternehmung, die heutzutage im New Yorker Rockefeller Center beheimatet ist. Teslas Plan sah die Ausstrahlung sämtlicher Wellenlängen von einer einzigen Station vor – was ihn zum

[24] Es gilt 1 acre = 4046,86 m^2; somit war die erworbene Fläche ca. 8×10^6 m^2 groß, also etwa 800 Hektar.

unumschränkten Alleininhaber des Rundfunkmonopols gemacht hätte. Es ist kaum vorstellbar, welch eine Gelegenheit den kurzsichtigen Geschäftsleuten seiner Zeit da entgangen war! Aber Tesla war in jenen Tagen eben der einzige Mensch, der schon eine recht genaue Vorstellung von unserem modernen Rundfunksystem hatte. Allen anderen galt die drahtlose Nachrichtenübermittlung höchstens als eine nützliche Weiterentwicklung der existierenden Telegraphie oder als eine Möglichkeit, mit Schiffen auf hoher See in Kontakt zu bleiben.

Warden sah allerdings in Teslas Plan weitergehende Möglichkeiten und bot ihm ein zweihundert Acres großes Grundstück an, von dem zwanzig Acres gleich für den Bau der Station vorbereitet wurden. Wenn die Anlage in Kürze zweitausend Menschen beschäftigen würde – so dachte er sich – wäre ihm der Verkauf des restlichen Landes an diese Belegschaft so gut wie sicher. Tesla ging ohne Zögern auf das Angebot ein.

Der Architekt Stanford White, der bereits eine ganze Reihe weithin berühmter Kirchen und sonstiger Bauwerke errichtet hatte, zählte zu Teslas engerem Freundeskreis. Als Tesla ihm seine Vision einer lebenswerten Industriestadt erläuterte und ihn um Unterstützung bat, war er hellauf begeistert und willigte ein, sowohl den seltsamen Turm nach den Vorstellungen des Erfinders zu bauen, als auch die Planung für die Anlage der neuen Stadt auf eigene Kosten zu übernehmen. Mit der Ausführung der Arbeiten betraute er seinen Partner W. D. Crow aus East Orange in New Jersey, der sich später einen großen Namen als Architekt von Krankenhäusern und öffentlichen Bauwerken machen sollte.

Crow sah sich nun vor die Aufgabe gestellt, die ungewöhnlichen statischen Probleme zu lösen, die der Entwurf dieses phantastisch anmutenden Turmes mit sich brachte. Nach Teslas Vorgaben sollte das Bauwerk eine Höhe von 154 Fuß haben und eine riesige kupferne Elektrode tragen, die aus einer kreisförmig gebogenen, zwanzig Fuß starken Röhre mit einem Gesamtdurchmesser von 100 Fuß bestehen sollte. (Später wurde diese Vorgabe zu einer halbkugelförmigen Elektrode hin abgeändert.)

Der Turm sollte in Skelettbauweise entstehen und nahezu ausschließlich aus Holz gebaut werden; die Verwendung metallischer Materialien war auf ein Minimum an kupfernen Beschlägen und Verbindungselementen beschränkt. Mit Holzkonstruktionen dieser Größe und dieses Typs hatte man zur damaligen Zeit noch nicht die geringsten Erfahrungen gemacht.

Teslas Vorgaben zufolge mußte der Turm im oberen Bereich unweigerlich einen hohen Windwiderstand aufweisen; es stellte sich also die Frage, wie die enormen Windlasten mit der vergleichsweise leichten Skelettbauweise vereinbart werden konnten. Doch Crow vermochte nicht allein diese statischen Probleme zu lösen; sein Entwurf genügte überdies auch hohen ästhetischen Ansprüchen.

Nachdem die Pläne gezeichnet waren, bekam Tesla es mit einem zusätzlichen Problem zu tun: Keine der großen Firmen war bereit, die Bauarbeiten zu übernehmen. Doch schließlich fand sich ein erfahrener Gerüstbauer, der bei der damals bekannten Bauunternehmung Norcross Brothers unter Vertrag stand, dazu bereit, den Auftrag auszuführen – obwohl auch er die Befürchtung äußerte, die Konstruktion würde den Winterstürmen nicht standhalten.* Im Jahre 1902 wurde der Turm fertiggestellt; zum gleichen Zeitpunkt war auch das große, flache Ziegelgebäude bezugsfertig, in dem Kraftwerk sowie Laboratorium untergebracht waren. Während der Bauarbeiten fuhr Tesla Tag für Tag vom Waldorf-Astoria nach Wardencliff hinaus. Er traf regelmäßig kurz nach elf Uhr vormittags auf dem Bahnhof von Shoreham ein und blieb bis halb vier auf dem Gelände; dabei wurde er stets von einem serbischen Dienstboten begleitet, der ihm einen

* Der Turm sollte jedoch zwölf Jahre überdauern. Als die Regierung es im ersten Weltkrieg für notwendig erachtete, das vom Meer aus weithin sichtbare Bauwerk aus militärischen Erwägungen heraus zu sprengen, bedurfte es einer erheblichen Menge Dynamit, um es zum Einsturz zu bringen. Doch selbst der umgestürzte Turm blieb nach der Sprengung noch vollkommen intakt – wie die niedergestreckten Invasoren vom Mars in Wells' *Krieg der Welten*.

wohlgefüllten Proviantkorb nachtrug. Als das Laboratorium dann endgültig von der Houston Street nach Wardencliff umgezogen war, mietete Tesla das Bailey Cottage unweit des Long Island Sound, wo er für das folgende Jahr wohnen sollte.

Die schweren Geräte, die Generatoren und Motoren, die Tesla für seine Anlage vorgesehen hatte, waren von ungewöhnlicher Konstruktion und wurden von keinem Hersteller standardmäßig produziert; die Beschaffung des entsprechenden Materials nahm kostbare Zeit in Anspruch. Hochfrequenzversuche und eine Vielzahl weiterer Experimente ließen sich in dem neuen Laboratorium zwar schon durchführen, aber das wichtigste Projekt – die Errichtung des weltweiten Rundfunksystems – zögerte sich noch hinaus. Mittlerweile hatte Tesla auch einige Glasbläser eingestellt, die ihm Röhren für Sende- und Empfangseinrichtungen anfertigten – und das bereits zwölf Jahre bevor De Forest die heute übliche Radioröhre erfand. Auch das Geheimnis seiner Röhren sollte Tesla mit ins Grab nehmen.

Angesichts seiner hochfrequenten Ströme mit Spannungen von Millionen von Volt schien Tesla nicht die geringste Furcht zu zeigen. Er hatte jedoch einen großen Respekt vor allen Arten elektrischer Ströme und ging bei seinen Arbeiten stets mit äußerster Vorsicht zu Werke. Wenn er befürchten mußte, daß ein eigentlich toter Stromkreis plötzlich doch Spannung führen könnte, hatte er bei der Arbeit stets die eine Hand in der Tasche und führte das Werkzeug mit der anderen Hand. Außerdem bestand er darauf, daß seine Mitarbeiter diesem Beispiel streng zu folgen hatten, wenn sie Arbeiten an 60-Hertz-Stromkreisen ausführten – dabei spielte es keine Rolle, ob die Leitungen nun 110 Volt oder 50000 Volt Spannung führten. Diese Sicherheitsmaßnahme diente dazu, im Falle eines Stromschlages zu vermeiden, daß Strom über beide Arme durch den Körper floß und dabei einen Herzstillstand herbeiführte.

Doch trotz aller Vorsicht kam es in Wardencliff einmal zu einem Unfall, bei dem Tesla nur mit knapper Not dem Tode entrinnen konnte. Der Vorfall ereignete sich im Rahmen eines Experiments, bei dem er die Eigenschaften eines sehr dünnen Wasserstrahls untersuchen wollte, der mit einem Druck von ungefähr 10000 Pfund pro Quadratzoll[25] mit extrem hoher Geschwindigkeit aus einer Düse hervorschoß. Solch ein Strahl verhielt sich wie feste Materie: Man konnte mit einer schweren Eisenstange auf den Strahl schlagen, ohne ihn zu unterbrechen; die Stange federte dann zurück, als ob sie auf massives Metall getroffen wäre. Das Gefäß, in dem das Wasser unter den notwendigen Druck gesetzt wurde, bestand aus schwerem Schmiedeeisen. Da es offenbar nicht möglich war, einen genau passenden schmiedeeisernen Kopfdeckel anfertigen zu lassen, hatte Tesla hier auf das erheblich brüchigere Gußeisen ausweichen müssen. Als eines Tages in dem Gefäß ein besonders hoher Druck erzeugt wurde, kam es zur Explosion. Der gußeiserne Deckel zerbarst; ein großes Bruchstück schoß dicht an Teslas Gesicht vorbei und durchschlug schließlich das Dach des Laboratoriums. Der Hochdruckstrahl hatte eine derartige Kraft, daß er selbst härteste Metalle angreifen konnte; Tesla enthüllte allerdings nie, zu welchen Zweck er diese Versuche angestellt hatte.

Bei einer anderen Gelegenheit hätte die Gedankenlosigkeit eines Mitarbeiters, der darauf bedacht war, Teslas Anweisungen hinsichtlich der peinlichen Sauberkeit des Laboratoriums genau zu befolgen, beinahe zu einem tragischen Unglück geführt. Der Vorfall ereignete sich, als man gerade eine schwere Maschine installieren wollte, die mit Haltebolzen auf dem dicken Betonfußboden befestigt werden sollte. Aus diesem Grunde hatte man Löcher in den Boden gebohrt, die man mit Blei ausgießen wollte, um darin dann die Schrauben festzuziehen. Nachdem die Löcher gebohrt waren, machte ein jüngerer Mitarbeiter sich sofort daran, den Bohrstaub aufzuputzen. Er fegte den Staub nicht nur zusammen, sondern wischte den Boden obendrein noch mit Wasser nach, dachte aber nicht daran, die Löcher anschließend

[25] Das ist ein Druck von 7 at bzw. 7×10^7 N/m^2 (1 pound per square inch = $6{,}896 \times 10^3$ N/m^2 = $7{,}031 \times 10^{-4}$ at).

gründlich auszutrocknen. In der Zwischenzeit hatten Tesla und sein Sekretär George Scherff, der zwar eigentlich für die Finanzen zuständig war, aber gern mithalf, wo er nur konnte, das Blei zum Schmelzen gebracht. Scherff war bereits mit der ersten Kelle des flüssigen Bleis unterwegs; Tesla folgte ihm einen Augenblick später mit einer zweiten Ladung.

Scherff hatte sich gerade über eines der Löcher gebeugt und das Metall hineinlaufen lassen, als es eine Explosion gab und ihm das Blei in einem Schauer siedend heißer Tropfen ins Gesicht schoß. Das Wasser, das der Mitarbeiter unachtsamerweise nicht beseitigt hatte, hatte sich bei dem ersten Kontakt mit dem heißen Metall in Dampf verwandelt, der nun mit großer Gewalt entwich und dabei das flüssige Blei mit sich riß; beide Männer befanden sich plötzlich in einem Regen heißer Metalltropfen und ließen ihre Gießkellen fallen. Tesla stand ein kleines Stück weiter entfernt und trug nur leichte Verletzungen davon, doch Scherff erlitt schwere Verbrennungen an Gesicht und Händen. Einige Metalltropfen waren auch in seine Augen gelangt und hatten dort so großen Schaden angerichtet, daß man noch einige Zeit später befürchtete, er könne das Augenlicht verlieren.

Doch Tesla selbst erlitt während seiner gesamten Laufbahn nur einen einzigen Unfall, obwohl sich doch bei seinen Experimenten mit hohen Spannungen, hohen Stromstärken, hohem Druck, hohen Geschwindigkeiten und hohen Temperaturen mehr als genug Gelegenheiten dazu hätten ergeben können: Beim Hantieren mit einem scharfen Werkzeug rutschte er ab; die Spitze des Werkzeuges drang in seinen Handballen ein und durchbohrte die ganze Hand. Bei dem gerade geschilderten Unglücksfall mit Scherff handelte es sich um den einzigen Unfall, bei dem einer seiner Mitarbeiter zu Schaden kam – wenn wir einmal von einem jungen Assistenten absehen, der sich eine Röntgenstrahlenverbrennung zuzog. Lange bevor Röntgen die Entdeckung dieser Strahlung bekanntgab, hatte dieser Mann sich vermutlich zu lange der Strahlung aus einer Röhre ausgesetzt, von der weder ihm noch Tesla bekannt war, daß sie die geheimnisvollen

X-Strahlen produzierte. Tesla selbst hatte für die Strahlung eine vollkommen andere Bezeichnung; zudem hatte er ihre Eigenschaften niemals vollkommen erforscht. Es dürfte sich hier also um den ersten bekannten Fall einer Verbrennung durch Röntgenstrahlung gehandelt haben.

Tesla war ein unermüdlicher Arbeiter, und er konnte kaum begreifen, warum andere nicht mit der gleichen Ausdauer wie er selbst begabt waren. Er zahlte seinen Mitarbeitern bereitwillig hohe Löhne, wenn diese ihrerseits bereit waren, bei bestimmten Projekten Überstunden abzuleisten; er verlangte allerdings von niemandem wirklich außergewöhnlich lange Arbeitszeiten. Bei einer Gelegenheit traf einmal ein lange erwartetes Gerät ein, und Tesla brannte darauf, es zu installieren und in Betrieb zu setzen. Von einigen Essenspausen abgesehen arbeiteten seine Elektriker erst vierundzwanzig Stunden, dann noch einmal weitere zwanzig Stunden an einem Stück durch. Nach dieser ungeheuren Anstrengung mußte sich einer nach dem anderen in einen stillen Winkel des Laboratoriums zurückziehen, um acht bis zwölf Stunden zu schlafen. Tesla machte währenddessen unverdrossen weiter, und als sie wieder zur Arbeit erschienen, vollendete er gemeinsam mit ihnen eine dritte vierundzwanzigstündige Arbeitsphase, ohne sich in der Zwischenzeit auch nur einen Augenblick lang auszuruhen – dennoch war ihm nicht das geringste Anzeichen von Erschöpfung anzumerken. Während seine Männer danach einige Tage Erholungsurlaub erhielten, begab sich Tesla unverzüglich an seine Experimente und brachte es damit alles in allem auf vierundachtzig Stunden, in denen er weder geschlafen noch geruht hatte.

Die Anlage in Wardencliff war in erster Linie dazu bestimmt, den Rundfunkaspekt des »Welt-Systems« zu demonstrieren; die Anlage zur Energieübertragung sollte später an den Niagarafällen entstehen.

Um jene Zeit brachte Tesla eine Broschüre über das »Welt-System« heraus, der zu entnehmen ist, bis zu welchem hohen Grad er die drahtlose Übertragungstechnik, die wir heutzutage Rundfunk nennen, bereits entwickelt hatte – während andere sich noch mit begrenztem Erfolg und höchst unvollkommenen Geräten an wesentlich geringfügigeren Projekten abmühten. In dieser Broschüre findet sich unter anderem die folgende Darstellung seines Systems:

> Das *Welt-System* beruht auf einer Reihe ursprünglich eigenständiger Entdeckungen, die der Erfinder im Laufe seiner umfangreichen Forschungsarbeiten und Experimente gemacht hat. Es ermöglicht nicht allein die schnelle und genaue drahtlose Übermittlung jeder Art von Signalen, Nachrichten und Zeichen in jeden beliebigen Teil der Welt; es läßt sich obendrein auch für sämtliche bestehenden Telegraphie- und Telephoniesysteme nutzen, ohne daß deren vorhandene Ausrüstung zu diesem Zwecke geändert werden müßte. Auf diese Weise wäre es etwa einem Telephonteilnehmer möglich, mit jedem beliebigen anderen Teilnehmer auf der Erde in Kontakt zu treten. Was er dazu benötigte, wäre lediglich ein preisgünstiges Gerät von der Größe einer kleineren Uhr; dieses Gerät würde ihn in die Lage versetzen, an jedem Ort der Erde, zu Lande und zur See, der Sprache oder der Musik zu lauschen, die gerade an einem beliebig weit entfernten Ort erklingt. Doch dies sind nur wenige der unzähligen Möglichkeiten, die dieser bedeutende wissenschaftliche Fortschritt bereithält. Die Frage der Entfernung wird in Zukunft bedeutungslos sein, da sich die perfekten Leitereigenschaften unseres Globus für all diejenigen Zwecke einsetzen lassen, zu deren Erfüllung wir bislang metallischer Kabel und Leitungsdrähte bedurften. Eine weitreichende Folge dieser Entwicklung ist der Umstand, daß wir nun Geräte, die sich bisher nur vermittels eines oder mehrerer Kabel (auf freilich begrenzte Distanz) bedienen ließen, ohne jeglichen künstlichen Leiter mit der gleichen Leichtigkeit und Präzision über Entfernungen hin steuern können, deren obere Grenze allein vom Ausmaß unserer Erde bestimmt ist. Damit wird uns diese ideale Methode der Signalübermittlung nicht nur vollkommen neue Wirtschaftsbereiche erschließen, sondern gleichfalls die Leistungsfähigkeit der herkömmlichen Verfahren erheblich vergrößern.
>
> Dem Welt-System liegen die folgenden bedeutenden Erfindungen und Entdeckungen zugrunde:
>
> 1. Der *Tesla-Transformator*. Hinsichtlich der Erzeugung elektrischer

Schwingungen ist dieses Gerät ebenso revolutionär wie die Erfindung des Schwarzpulvers für die Kriegsführung. Vermittels dieses Gerätes lassen sich elektrische Ströme erzeugen, die um ein Vielfaches stärker sind, als es mit den hergebrachten Verfahren möglich wäre; dem Erfinder ist es mit einem derartigen Gerät gelungen, selbst Blitze von weit über 100 Fuß Länge hervorzubringen.

2. Der *Verstärkungs-Sender.* Bei diesem speziell abgestimmten Sender, der die Erde zu Schwingungen anzuregen vermag, handelt es sich um Teslas großartigste Erfindung; hinsichtlich seiner Bedeutung für die Übertragung elektrischer Energie nimmt das Gerät einen Stellenwert ein, der in der Astronomie etwa dem Teleskop zukommt. Bei bisherigen Experimenten hat dieses wunderbare Gerät bereits bewiesen, daß es mächtigere elektrische Energien als ein Blitz anzuregen vermag; der übertragene Strom aus der Versuchsanlage reichte aus, um an einem beliebigen Punkt der Erde über 200 Glühlampen hell aufleuchten zu lassen.

3. Das *Tesla-System zur drahtlosen Übertragung von Energie.* Bei diesem verbesserten System handelt es sich um das einzige bekannte und wirtschaftliche Verfahren, elektrische Energie auf drahtlosem Wege über große Entfernungen hin zu übertragen. Umfangreiche Versuche mit einer vom Erfinder in Colorado errichteten Versuchsstation haben ergeben, daß sich nach diesem Verfahren beliebige Mengen elektrischer Energie in die gesamte Welt übertragen lassen – und das bei einer Verlustrate, die den Wert von wenigen Prozenten nicht übersteigt.

4. Das *Verfahren der Individualisierung.* Der Unterschied zwischen dieser Erfindung Teslas und den üblichen primitiven Verfahren elektrischer Abstimmung nimmt sich etwa wie der Unterschied zwischen wohlartikulierter Sprache und einem undeutlichen Lallen aus. Sie versetzt uns in die Lage, Signale oder Nachrichten in passiver wie auch in aktiver Hinsicht – das heißt, daß sie weder andere Signale stören, noch von diesen gestört werden können – vollkommen diskret und geheim zu übertragen. Jedes dieser Signale weist eine eindeutige Individualität auf, und der Anzahl der Stationen oder Geräte, die mit derartigen Signalen zugleich und ohne die geringste wechselseitige Beeinflussung angesteuert werden können, ist praktisch keine Grenze gesetzt.

5. Die *terrestrischen stehenden Wellen*. Um diese wundervolle Entdeckung besser zu begreifen, können wir uns vorstellen, daß die Erde auf gewisse elektrische Schwingungen etwa in der Art anspricht, in der eine Stimmgabel auf eine bestimmte Tonhöhe reagiert. Diese besonderen elektrischen Wellen können also den gesamten Erdball in Schwingungen versetzen, die sich ihrerseits wieder für eine ganze Anzahl kommerzieller und sonstiger Anwendungen nutzen lassen.

Die erste Anlage des Welt-Systems kann in neun Monaten den Betrieb aufnehmen. Vermittels ihres Kraftwerks und der Sendeanlage wird sie in der Lage sein, Energie bis hin zu einer Leistung von zehn Millionen Pferdestärken abzustrahlen und zugleich bei geringen Kosten eine Fülle verschiedener zusätzlicher Angebote zu ermöglichen. Dabei handelt es sich unter anderem um:

1. Die weltweite Verbindung sämtlicher bestehender Telegraphenämter.
2. Die Errichtung eines geheimen und störsicheren Telegraphendienstes für Regierungszwecke.
3. Die weltweite Verbindung sämtlicher bestehender Fernsprechämter und Vermittlungsstellen.
4. Die universelle Verbreitung der tagesaktuellen Pressemitteilungen über Telephon- oder Telegraphensysteme.
5. Die Errichtung eines Systems zur weltweiten Nachrichtenübermittlung, das einzig dem privaten Gebrauch vorbehalten bleiben soll.
6. Die weltweite Verbindung sämtlicher Börsentelegraphen.
7. Die Errichtung eines Welt-Systems zur Musikübertragung.
8. Die Einrichtung eines universellen Zeitzeichens, mit dessen Hilfe entsprechend vorbereitete Uhren ohne weiteren Aufwand die Zeit mit astronomischer Genauigkeit anzeigen könnten.
9. Die Errichtung eines Systems zur Übermittlung hand- und maschinengeschriebener Schriftstücke in Form von identischen Faksimiles.
10. Die Errichtung eines universellen Navigationssystems, das Schiffsbesatzungen in die Lage versetzen würde, die jeweilige Position ohne Kompaß und Sextant zu bestimmen, die exakte Zeit und Geschwindigkeit zu ermitteln sowie ohne Gefährdung durch etwaige Kollisionen oder Unglücke einen genauen Kurs zu steuern.

11. Die Errichtung eines weltweiten Systems zur Übermittlung gedruckter Publikationen zu Lande und zur See.
12. Die Möglichkeit der Wiedergabe von Photographien sowie aller Arten von Zeichnungen an jedem beliebigen Punkt auf der Erde.

Vor weit über vierzig Jahren plante Tesla also nicht allein ein System, das unsere gegenwärtige Radio- und Funktechnologie in allen Einzelheiten vorwegnahm – ihm schwebten zusätzlich noch einige Einrichtungen vor, die bis auf den heutigen Tag nicht entwickelt wurden. Vom damaligen Zeitpunkt an sollte es noch weitere zwanzig Jahre dauern, bis sich andere Erfinder ein Rundfunkangebot auf der Basis der drahtlosen Signalübertragung vorstellen konnten.

Neben der Arbeit an der Anlage in Wardencliff befaßte Tesla sich bereits mit den ersten Plänen zum Bau eines Kraftwerks in Niagara Falls, mit dem er die zweite Phase des Welt-Systems verwirklichen und Energie übertragen wollte. Er war sich des Erfolges seines Vorhabens dermaßen sicher, daß er 1903 in einem Zeitungsinterview ankündigte, er werde die Lampen der bevorstehenden Pariser Weltausstellung von Niagara Falls aus über den Atlantik hinweg auf drahtlosem Wege zum Leuchten bringen. Das Eintreten unglücklicher Umstände sollte ihn leider daran hindern, dieses Versprechen einzulösen. Die Zeitschrift *Electrical World and Engineer* druckte in ihrer Ausgabe vom 5. März 1904 einen Bericht Teslas ab, in dem er seine Pläne erläuterte und seine Probleme darstellte:

> Die erste dieser Anlagen hätte schon vor geraumer Zeit den Betrieb aufnehmen können, wenn es nicht zu unvorhergesehenen Verzögerungen gekommen wäre, die allerdings in keinem Zusammenhang mit dem technischen Konzept stehen. Wenn dieser Zeitverlust auch ausgesprochen unangenehm ist, so brachte er doch möglicherweise auch einige Vorteile mit sich. Diese Umstände haben es mir ermöglicht, den Entwurf nochmals zu verbessern, und die Sendeanlage wird nun Wellen mit einer Leistung von 10000000 Pferdestärken ausstrahlen können; schon ein Prozent dieser Energie wäre ausreichend, einen »Strahlungsgürtel« um den gesamten Erdball zu erzeugen.

Diese ungeheure Energie – sie übertrifft die Gesamtenergie der Niagarafälle etwa um das Doppelte – läßt sich aber nur vermittels gewisser Kunstgriffe erzeugen, über die ich in Kürze Näheres berichten werde.

Einen beträchtlichen Teil der Arbeiten, die ich bislang vollbringen konnte, verdanke ich der edelmütigen Großzügigkeit von Mr. J. Pierpont Morgan. Seine Unterstützung war mir zu jener Zeit eine willkommene Hilfe und bedeutende Anregung – zumal sich unter denjenigen, die meine Arbeit nun am lautesten befürworten, damals noch die größten Zweifler fanden. Auch meinem Freund Stanford White muß ich für dessen selbstlose und wertvolle Unterstützung danken. Die Arbeit ist inzwischen weit vorangeschritten, und allen Verzögerungen zum Trotz werden bald die ersten Ergebnisse vorliegen.

Auch hinsichtlich der Übertragung von Energie in einem Maßstab, der industriellen Erfordernissen durchaus genügen würde, gibt es erste Überlegungen. Die Canadian Niagara Power Company hat mir hier bereits ein ausgezeichnetes Angebot gemacht, das mir eine weitere Beförderung des technischen Fortschritts ermöglichen und meinen Geldgebern zu guten Einkünften verhelfen wird. Für das erste Kraftwerk, mit dessen Planung ich mich schon seit geraumer Zeit befaßt habe, empfehle ich eine Leistung von 10000 Pferdestärken bei einer Spannung von 10000000 Volt, denn ich bin nun in der Lage, derartige Energien zu erzeugen und kann mich für die Sicherheit der entsprechenden Anlagen verbürgen.

Die ausgestrahlte Energie wird sich überall auf der Erdkugel – am günstigsten in Größenordnungen vom Bruchteil einer Pferdestärke bis hin zu einigen wenigen Pferdestärken – empfangen lassen. Diese Energie wäre vorzüglich zur Beleuchtung abgelegener Gebäude geeignet, da der Betrieb von Vakuumröhren auf der Basis hochfrequenter Ströme nur einer geringen Leistung bedarf und zu ihrem Empfang lediglich eine Dachantenne von wenig mehr als Firsthöhe benötigt wird. Eine weitere denkbare Anwendungsmöglichkeit wäre etwa der Betrieb von Uhren und vergleichbaren Geräten mit geringer Leistungsaufnahme. Solche Uhren könnten von äußerst einfacher Bauart sein, müßten niemals nachgestellt werden und würden doch stets die Zeit genauestens anzeigen. Die Vorstellung, daß die amerikanische Zeit zur Grundlage des Zeitsystems der gesamten Welt werden könnte, ist höchst faszinierend und dürfte viele Freunde finden. Mein System wird es ermöglichen, mit einem Generator von lediglich 10000 Pferdestärken in aller Welt zahllose bereits vorhandene Geräte auf äußerst bequeme Weise zu betreiben; mit seiner Einführung wird die Entwicklung und Herstellung solcher Geräte zudem einen bedeutenden Aufschwung erfahren.

Da mir bewußt ist, welche Bedeutung diesem ersten Versuch und seinen Resultaten für zukünftige Entwicklungen zukommt, habe ich beschlossen, die Dinge mit Vorsicht und nur langsam voranzutreiben. Die Erfahrung hat mich gelehrt, daß es wenig ratsam ist, eine Sache der Industrie anzuvertrauen, wenn deren Vollendung damit nicht mehr allein in meinen Händen liegt und von meinen Fähigkeiten bestimmt wird. Doch ich habe Anlaß zur Hoffnung, daß der Zeitpunkt der Vollendung meines Systems trotz allem bald gekommen sein wird und daß die Industrie es nach dem Abschluß der gegenwärtigen Arbeiten mit mathematischer Gewißheit annehmen wird.

Wenn die zufällig entdeckte und daraufhin experimentell bestätigte Tatsache, daß unsere Erde sich hinsichtlich elektrischer Ströme nicht anders verhält als eine kleine Metallkugel, erst einmal umfassend klar geworden ist; wenn wir begriffen haben, welche Vielzahl schier unfaßbarer Möglichkeiten mit ihren weitreichenden Konsequenzen durch diesen Umstand zur Gewißheit werden; wenn die erste Anlage den Betrieb aufgenommen hat und den Beweis erbringen wird, daß eine telegraphische Nachricht sich schnell wie ein Gedanke und auch so geheim wie dieser über jede beliebige Entfernung übermitteln läßt; wenn sie zeigt, daß der Klang der menschlichen Stimme mit all seinen feinsten Zwischentönen an jeden beliebigen Punkt der Erde übertragen, daß die Energie eines Wasserfalls zu Lande, zur See oder gar hoch in den Lüften zum Zwecke der Beleuchtung, zur Erzeugung von Wärme und Bewegungsenergie genutzt werden kann – dann wird die Menschheit von einer derartigen Aufregung erfaßt werden, als ob man in einen Ameisenhaufen gestochen hätte. Warten wir es ab.

Das Kraftwerk an den Niagarafällen wurde niemals gebaut. Auch bei der Anlage in Wardencliff sollte sich bald genug herausstellen, daß es nicht nur gelegentlich problematisch war, die erforderlichen

Geräte zu beschaffen, sondern daß obendrein auch das Geld knapp wurde.

Teslas größter Fehler dürfte am ehesten darin bestanden haben, daß er es versäumt hatte, einen Apparat zu bauen, der ihn unbegrenzt mit den zur Weiterentwicklung seiner Erfindungen notwendigen Geldern versorgte. Wie wir bereits gesehen haben, besaß er nicht jenen Charakterzug, der ihm eine finanzielle Ausbeutung bereits gemachter Erfindungen ermöglicht hätte. Ein Mann von seinen Fähigkeiten hätte eigentlich in der Lage sein sollen, selbst mit den geringsten Erfindungen Millionen von Dollars zu verdienen. Hätte sich Tesla etwa der Mühe unterzogen, von den zwanzig oder mehr Produzenten, die Tesla-Spulen in medizinisch-therapeutische Geräte einbauten, die entsprechenden jährlichen Lizenzgelder einzutreiben, dann hätte der Aufbau des Welt-Systems allein durch diese Summen auf einer sicheren finanziellen Basis gestanden.

Doch Teslas Geist war ganz und gar von der Lösung faszinierender wissenschaftlicher Probleme in Anspruch genommen. Zwischenzeitlich beschäftigte Tesla bis zu zwanzig hervorragend ausgebildete Mitarbeiter, die ihn bei der Entwicklung jener elektrischen Apparate unterstützten, die nach wie vor in großer Zahl aus seinem Laboratorium hervorgingen. Um Betriebsspionage zu verhindern, waren rings um das Gebäude stets bewaffnete Wachleute postiert. Während auf seinen Gehaltslisten erhebliche Summen zusammenkamen, waren seine Bankkonten immer mehr durch rote Zahlen bedroht. Doch Tesla war so in die experimentellen Arbeiten versunken, daß er eine Regelung der Finanzen immer wieder hinausschob. So dauerte es nicht mehr lange, bis er Forderungen seiner Gläubiger gegenüberstand, die er einfach nicht mehr begleichen konnte. Diese Situation zwang ihn dazu, das Laboratorium in Wardencliff 1905 aufzugeben.

Der phantastisch anmutende Sendeturm wurde niemals vollendet. Die ursprünglich geplante ringförmige Kupferelektrode hatte man nicht installiert, weil Tesla sich dazu entschieden hatte, den 154 Fuß hohen kegelförmigen Turm mit einer kupfernen Halbkugel von

100 Fuß Durchmesser zu versehen. Das innere Holzgerippe für diese Elektrode war bereits fertiggestellt, doch es sollte nicht mehr dazu kommen, daß es mit der Kupferhaut überzogen wurde. Als Tesla das Laboratorium aufgeben mußte, ließ er dort die Generatoren mit ihrer Leistung von 300 Pferdestärken sowie die Sendeeinrichtungen in betriebsfertigem Zustand zurück; sie wurden allerdings später von der Herstellerfirma wieder demontiert, weil er sie nicht mehr bezahlen konnte.

Anschließend eröffnete Tesla in New York ein Büro am Broadway und versuchte von dort aus noch eine Zeit lang, Mittel zur Fortführung seines Projekts zu beschaffen. Der bekannte Finanzier Thomas Fortune Ryan und der führende Zuckerproduzent H. O. Havemeyer stellten ihm Summen in Höhe von 10000 und 5000 Dollar zur Verfügung, doch anstatt diese Gelder auf die Einrichtung eines neuen Laboratoriums zu verwenden, beglich Tesla damit sämtliche Schulden, die er im Zusammenhang mit seinem Welt-System gemacht hatte. Keiner seiner Gläubiger mußte mit leeren Händen ausgehen.

Als bekannt wurde, daß Tesla in finanziellen Schwierigkeiten steckte, kamen damit auch Zweifel an der Rolle Morgans als Investor hinter dem Projekt auf. Als genauere Nachfragen dann in der Tat ergaben, daß Morgan keinerlei finanzielle Interessen an der Unternehmung hatte, wurde das Gerücht laut, der bedeutende Finanzier hätte dem Vorhaben die Unterstützung entzogen. Und da niemand die Ursache dieses Verhaltens in Erfahrung bringen konnte, hieß es obendrein, Morgan habe sich allein aus dem Grund zurückgezogen, weil Teslas Pläne für das Welt-System sich als undurchführbar erwiesen hätten. Ungeachtet aller Gerüchte sollte Tesla jedoch von Morgan bis zu dessen Tod immer wieder großzügige Zuwendungen erhalten; danach unterstützte ihn Morgans Sohn – wenn auch in geringerem Umfang – noch für eine gewisse Zeit.

Tesla unternahm nicht die geringste Anstrengung, diesen Gerüchten entgegenzutreten.

Hätte er weniger Widerwillen gegen Geschäftsleute an den Tag gelegt und die Entwicklung seiner Patente den Händen eines versierten Mannes übergeben, dann wäre es ihm durchaus möglich gewesen, bereits 1896 einen Seefunkdienst und vermutlich sogar einen transatlantischen Telegraphendienst auf der Grundlage seines drahtlosen Verfahrens einzurichten. In diesem Jahr war man mit der Bitte an ihn herangetreten, anläßlich einer von Lloyds ausgeschriebenen internationalen Regatta eine Yacht mit seinem System auszurüsten, damit man von dort aus vor Ort über den Fortgang des Rennens berichten konnte, doch Tesla hatte dieses lukrative Angebot abgelehnt. Er wollte sein System – so begründete er die Ablehnung – allenfalls im geplanten weltweiten Rahmen demonstrieren, da er befürchtete, es könne im Verständnis der Öffentlichkeit sonst zu sehr in die Nähe jener laienhaften Unternehmungen rücken, die damals von anderen auf diesem Gebiet unternommen wurden. Hätte er das Angebot nicht ausgeschlagen – und er hätte ohne die geringsten technischen Probleme darauf eingehen können –, dann hätte dies zweifellos zur Folge gehabt, daß er damit einige höchst profitable Geldquellen erschlossen hätte, die den Verlauf seiner zweiten Lebenshälfte in nicht geringem Ausmaß vorteilhaft beeinflußt hätten.

Aber mit solchen kleineren, wenn auch gewinnträchtigen Projekten wollte Tesla sich eben nicht abgeben. Der »Übermensch« in ihm war einfach zu mächtig. Der Mann, der die Grundlagen für die Elektrifizierung der Industrie geschaffen, der den gesamten Erdball in Vibration versetzt hatte, konnte sich nicht einfach mit der Nebenrolle eines bloßen Nachrichtenboten zufriedengeben. Wenn er seine Fähigkeiten beweisen wollte, dann nur in vollem Umfang. Er wollte die Rolle des Jupiter spielen, keinesfalls die des Merkur.

George Scherff, den Tesla schon bei der Eröffnung des Laboratoriums in der Houston Street als Buchhalter und Sekretär eingestellt hatte, war ein praktisch denkender Mensch. Soweit es in seinen Möglichkeiten stand, hatte er sich stets darum bemüht, die Erfordernisse des Geschäftslebens vom Erfinder fernzuhalten. Je näher er Tesla kennenlernte, um so tiefer wurde seine Zuneigung zu ihm; je mehr seine Hochachtung vor Teslas Genie und Erfindergeist zunahm, desto gründlicher begriff er allerdings auch, daß es diesem genialen Mann vollkommen an Geschäftssinn mangelte.

Scherff war verständlicherweise äußerst besorgt um das Unternehmen, das zwar beständig Geld brauchte, aber niemals Einnahmen machte. Er hatte versucht, mit den 40000 Dollar, die Tesla von Adams als Startkapital erhalten hatte, so haushälterisch wie nur möglich umzugehen; es war ihm immerhin gelungen, die Kosten vier sehr fruchtbare Jahre lang zu bestreiten. Während dieser Zeit hatte er jede Erfindung Teslas zunächst begutachtet und dann überlegt, wie sich auf ihrer Basis Produktion und Verkauf in die Wege leiten ließen. Doch Tesla hatte seine Vorschläge immer wieder mit der gleichen Begründung abgelehnt: »Das sind doch nur Kindereien«, hatte er stets entgegnet. »Damit kann ich mich nicht abgeben.«

Selbst als Scherff ihn darauf hinwies, wie viele Produzenten mit der Herstellung und dem Verkauf von Tesla-Spulen gutes Geld verdienten, war Tesla nicht daran interessiert, sich um die hier möglichen Einkünfte zu bemühen. Er wollte es Scherff nicht einmal gestatten, sich vollkommen selbständig um dieses Geschäft zu kümmern, ohne ihn dabei von seiner Forschungsarbeit abzulenken. Außerdem konnte ihn nichts dazu bewegen, zum Schutz seiner Erfindungen vor Gericht zu ziehen und die Fabrikanten zur Zahlung von Lizenzgebühren zu zwingen. Immerhin gestand er ein: »Wenn man mir für jede verkaufte Spule fünfundzwanzig Cent geben würde, wäre ich ein reicher Mann.«

Als Lloyds 1896 im Vorfeld der internationalen Regatta bei Tesla nachgefragt hatte, ob es nicht möglich sei, eine Yacht zum Zwecke aktueller Berichterstattung mit dem neuartigen Funksystem auszurüsten und ihm dafür ein großzügiges Honorar geboten hatte, hatte Scherff ihn gedrängt, dieses Angebot anzunehmen. Er hatte ihm nahegelegt, doch alle sonstigen Arbeiten zeitweise ruhen zu lassen und den Vorschlag gemacht, den Ruhm, den eine solche Demonstration seinem Verfahren einbringen würde, durch die Gründung eines kommerziellen Seefunkdienstes sowie eines transatlantischen Nachrichtendienstes in bare Münze umzusetzen. Geld ließe sich hier – so deutete Scherff an – auf zweierlei Weise verdienen: zum einen mit der Produktion der notwendigen Apparate, zum anderen mit den Gebühren, die man für die Übermittlung von Nachrichten erheben würde. Nach seinen Vorstellungen sollte die Leitung der Gesellschaft in die Hände von Geschäftsmännern gelegt werden, zumal Tesla sich dann ungestört seinen Forschungsarbeiten widmen könnte und sich obendrein keine Sorge um die dazu notwendigen Mittel mehr zu machen brauchte.

Wenn Scherff heutzutage auf der Veranda seines Hauses in Westchester sitzt und an diese Zeiten zurückdenkt, kann er sich in der Gewißheit wiegen, daß er mit seinem Vorschlag vor fünfzig Jahren vollkommen richtig gelegen hatte. Die Entwicklung, die die Radio Corporation of America genommen hat, ihre umfangreichen Produktionsmöglichkeiten und ihr weltweites Kommunikationssystem, ihr ungeheures Kapital und ihre hohen Gewinne geben ihm im Nachhinein recht.

Doch Tesla hatte auf den Vorschlag nur das übliche entgegnet: »Mr. Scherff, das ist nur Kinderkram. Damit kann ich mich nicht aufhalten. Warten Sie nur ab, und Sie werden sehen, welch großartige Erfindungen ich noch machen werde. Damit werden wir dann Millionen verdienen.«

Doch die Millionen blieben aus. Scherff arbeitete weiterhin für Tesla, bis das Laboratorium in Wardencliff wegen jenes Geldmangels, den abzuwenden er sich immer bemüht hatte, am Ende aufgegeben werden mußte. Danach nahm er eine lukrative Stellung bei der Union Sulphur Company an, ohne jedoch Tesla völlig den Rücken zu kehren. Er arbeitete auch weiterhin einmal in der Woche unentgeltlich für den Erfinder und bemühte sich, dessen Finanzen so weit wie möglich zu ordnen. Tesla war zwar jederzeit peinlich genau darauf bedacht, auch die geringsten Schulden zu begleichen; dem stand jedoch sein Zug entgegen, unbedacht Rechnungen zu machen, ohne sich zuvor zu vergewissern, ob ihm überhaupt eine ausreichende Geldmenge zur Verfügung stand. Geldfragen hatte er stets als eine unangenehme Nebensache betrachtet, die ihn bei seiner Forschungsarbeit nur unnötig aufhielt. Dem Geld haftete etwas viel zu Weltliches an, als daß er derartigen Problemen seine kostbare Zeit widmen wollte.

Als Geschäftsmann von echtem Schrot und Korn zieht Scherff es noch heute vor, hinsichtlich der finanziellen Details von Teslas Geschäften das Schweigen zu wahren. Wäre er hingegen philosophisch veranlagt, so würde er wohl bei dem Gedanken an Tesla – den Mann, der die Chance vertan hatte, auf der Grundlage einer einzigen Erfindung ein Imperium aufzubauen, und der zweihundert Patente besaß, deren jedes ihm ein Vermögen hätte einbringen können – über die Schwächen der menschlichen Natur und die seltsamen Streiche, die das Schicksal einem einzelnen Menschen zu spielen vermag, ein mildes Lächeln zeigen. Wäre er ein redseliger Mann, so könnte er von den geringfügigen Geldgeschenken berichten, ohne die Tesla seinen Lebensunterhalt im Verlauf der letzten Jahrzehnte nicht hätte bestreiten können. Doch Scherff lehnt die Beantwortung entsprechender Fragen entschieden ab und zieht es vor, über diese Dinge zu schweigen.

13

Nachdem er mit dem Projekt zur Errichtung seines Welt-Systems Schiffbruch erlitten hatte, wandte sich Tesla wieder einer Sache zu, die ihn bereits im Zusammenhang mit der Entwicklung des mehrphasigen Wechselstromsystems beschäftigt hatte. Er wollte eine Maschine bauen, die auf direktem Wege Rotationsenergie erzeugte und damit beim Antrieb der Generatoren den herkömmlichen Dampfmaschinen ebensoweit überlegen war, wie sein Wechselstromsystem den Gleichstrom überragte.

Die zu jener Zeit in sämtlichen Kraftwerken verwendeten Dampfmaschinen produzierten Hubenergie; trotz erheblicher Verbesserungen hinsichtlich ihrer Größe, Bauweise und Leistungsfähigkeit handelte es sich hier im Grunde noch um die gleichen Kolbenmaschinen, die schon Newcomen und Watt gebaut hatten.

Teslas Maschine hingegen funktionierte nach einem vollkommen anderen Prinzip: Sie bestand aus einer Kammer, in der eine Reihe runder Scheiben von einem Dampfstrahl in äußerst schnelle Drehung versetzt wurde. Wenn der Dampfstrahl in die Kammer eintrat, traf er auf den äußeren Rand der Scheiben, wirbelte in einer spiralförmigen Bewegung ihrem Mittelpunkt entgegen und trat schließlich in der Nähe der Achse wieder aus der Kammer aus.

Im Jahre 1902 berichtete Tesla einem Freund von seinem Maschinenprojekt und teilte ihm mit, er sei im Begriff, eine Maschine zu entwickeln, die trotz ihrer kompakten und einfachen Bauweise so leistungsfähig sei, daß man hier von einem »Kraftwerk in einem Hut« sprechen könnte. Als etwa 1906 das erste Modell fertiggestellt war, stellte sich heraus, daß er hier nicht zuviel versprochen hatte. Das Gerät war in der Tat so klein, daß es in einem steifen Hut Platz gefunden hätte – an der breitesten Stelle maß es lediglich sechs Zoll – und brachte es auf eine Leistung von dreißig Pferdestärken. Mit seinem Gewicht von wenig mehr als zehn Pfund war es sämtlichen damals bekannten Geräten zur Erzeugung von Bewegungsenergie haushoch überlegen; rechnet man die Leistung auf das Gewicht um, so kommt man auf einen Wert von drei Pferdestärken pro Pfund. Die Turbine selbst wog nur eineinhalb Pfund, und wegen der hohen Energieausbeute bei geringem Gewicht kam Tesla auf den Gedanken, den Werbespruch »Zwanzig Pferdestärken pro Pfund« auf sein Briefpapier zu drucken.

Das Prinzip der Umwandlung einer gradlinigen Bewegung in Rotationsenergie war freilich alles andere als neu; Windmühlen und Wasserräder funktionierten ebenfalls nach diesem Verfahren und waren der Menschheit schließlich seit undenklichen Zeiten bekannt.

Der antike Schriftsteller Heron von Alexandria[26] hatte schon um das Jahr 200 vor Christus eine Art Turbine beschrieben: ein kugelförmiges Metallgefäß, das sich auf einer Achse drehen konnte, und aus dem zwei tangential zur Oberfläche angebrachte Röhren herausragten. Füllte man das Gefäß mit Wasser und entzündete unter ihm ein Feuer, dann versetzte der Rückstoß des aus den Röhren austretenden Dampfes das gesamte Gerät in Rotation.

Teslas geniale und höchst eigenständige Abwandlung der Turbine dürfte von jenem erfolglosen Experiment in seiner Kindheit herrühren, bei dem er einen Vakuummotor bauen wollte und beobachten konnte, wie die in das hölzerne Kästchen einströmende Luft die Walze in langsame Rotation versetzt hatte. Eine weitere Wurzel dürfte in den Phantasieprojekten liegen, mit denen er sich einige Jahre später befaßt hatte, als er sich auf seiner Flucht vor dem Militärdienst in den Bergen verstecken mußte. In dieser Zeit hatte er unter anderem mit dem Gedanken einer transatlantischen Rohrpost gespielt, bei der ein kugelförmiges hohles Transportgefäß von hohem Wasserdruck durch eine auf dem Meeresgrund verlegte Rohrleitung gepreßt werden sollte. Im Zuge seiner Berechnungen war er damals darauf gestoßen, daß die Reibung des Wassers an den Innenwänden der Rohrleitung ein derartiges System unmöglich machen würde. Einerseits würden die Reibungskräfte mit steigender Fließgeschwindigkeit stark zunehmen, andererseits würden aber starke Reibungskräfte umgekehrt die Fließgeschwindigkeit so sehr beeinträchtigen, daß zum Betrieb eines derartigen Systems ein ungeheurer Material- und Energieaufwand nötig wäre.

Genau diese Reibungskräfte nutzte Tesla nun zum Antrieb seiner Turbine. Ein Dampfstrahl schoß mit hoher Geschwindigkeit zwischen eine Reihe nebeneinander angeordneter Scheiben. Durch die dabei auftretenden Reibungskräfte verringerte sich die Geschwindig-

[26] Heron von Alexandria war ein griechischer Physiker und Mathematiker des 1. Jh. v. Chr., der am Museion wirkte. Er ist für erste Automaten mit Luft-, Wasser- und Dampfantrieb bekannt, die vornehmlich Kultzwecken dienten.

keit des Strahles, aber die mit einer Achse versehenen Scheiben wurden im gleichen Maße in immer schnellere Rotation versetzt, bis sie ihrerseits beinahe die Ausgangsgeschwindigkeit des Dampfstrahles erreichten. Zu den Reibungskräften gesellte sich hier noch ein besonderer Anziehungseffekt, der zwischen Gasen und metallischen Oberflächen auftritt, und so wurde es möglich, daß der Dampf auch bei extrem hohen Geschwindigkeiten ausgesprochen gut auf die glatten Metallscheiben einwirken konnte. Das erste Modell dieser Turbine, das Tesla im Jahre 1906 fertiggestellt hatte, besaß zwölf solcher Scheiben mit jeweils fünf Zoll Durchmesser. Er wurde nicht mit Dampf, sondern mit Druckluft angetrieben und erreichte eine Drehzahl von 20000 Umdrehungen pro Minute. Tesla hatte vor, als Antriebsmedium schließlich auch Öl zu verwenden, das beim Eintritt in den Turbinenkörper entzündet werden sollte. In diesem Fall hätte der Druck, der durch die Volumenvergrößerung beim Übergang vom flüssigen in den gasförmigen Zustand entstehen würde, zum Antrieb der Turbine vollkommen ausgereicht, und der Wirkungsgrad der Maschine hätte durch den Verzicht auf den Dampfkessel noch erhöht werden können.

Hätte Tesla sich bereits nach seinem Fortgang aus dem Westinghouse-Werk im Jahre 1889 der Entwicklung dieser Turbine gewidmet, dann hätte sie damals gewiß die riesigen, langsamen und schwerfälligen Dampfmaschinen des herkömmlichen Typus verdrängen können. Doch während der fünfzehn Jahre, in denen er sich mit seinen hochfrequenten Strömen hoher Spannung befaßt hatte, hatte die Entwicklung anderer Turbinentypen so große Fortschritte gemacht, daß Teslas später Einstieg in diese Technik seinem Erfolg nicht gerade förderlich war. Bei den zu jener Zeit gebräuchlichen Turbinentypen handelte es sich allerdings durchweg um eine Art »Windmühle mit Gehäuse«; sie bestanden aus Rädern, die entlang ihres Umfanges mit becherartigen Gefäßen oder Schaufeln versehen waren, auf die der Dampfstrahl einwirken konnte. Die Tesla-Turbine war ihnen aufgrund ihrer einfachen Bauweise weit überlegen, doch als Tesla sein erstes Modell vorführte, waren sie dafür schon weit über das Entwicklungsstadium hinaus.

Die erste der kleinen Turbinen wurde im Jahre 1906 von Julius C. Czito angefertigt, der in Astoria auf Long Island eine Maschinenbauwerkstatt betrieb, die schon häufig Aufträge Teslas ausgeführt hatte. In der gleichen Werkstatt entstanden auch in den Jahren 1911 und 1925 die Nachfolgemodelle dieser Turbine sowie eine ganze Reihe weiterer Geräte, die Tesla bis zum Jahr 1929 entwarf. Schon Czitos Vater hatte von 1892 bis 1899 zu Teslas Mitarbeitern in der Houston Street gezählt und war danach gleichfalls an den Arbeiten in der Versuchsanlage in Colorado beteiligt.

In Czitos Wortlaut liest sich die Beschreibung des ersten Turbinenmodells folgendermaßen:

> Der Rotor bestand aus einer Reihe sehr dünner sechszölliger Scheiben aus Neusilber. Die Scheiben hatten eine Materialstärke von einem Zweiunddreißigstel Zoll; zwischen ihnen befanden sich Abstandsringe von gleichem Material und gleicher Stärke, aber weit geringerem Durchmesser, deren runde Zentralkörper in jeweils vier Streben ausliefen, die den Turbinenscheiben zugleich mehr Festigkeit verliehen.
>
> Insgesamt gab es acht solcher Scheiben, so daß der Rotor alles in allem eine Materialstärke von nur einem halben Zoll aufwies; sie waren auf einer etwa sechs Zoll langen zentralen Achse montiert. Diese Achse hatte im mittleren Bereich einen Durchmesser von knapp einem Zoll und verjüngte sich zu beiden Enden auf einen Durchmesser von weniger als einem halben Zoll. Der Rotor saß in einem Gehäuse, das aus vier mit Schraubbolzen verbundenen Teilen bestand.
>
> Die Drehkammer war so genau gearbeitet, daß zwischen Kammerwand und Außenseite des Rotors ein Spielraum von einem Vierundsechzigstel Zoll lag. Mr. Tesla hatte ursprünglich gewünscht, den Rotor so genau in die Kammer einzupassen, daß er sich gerade noch frei drehen konnte; doch angesichts der enormen Drehzahl von durchschnittlich 35000 Umdrehungen pro Minute hatte sich der vergleichsweise große Abstand als unabdingbar erwiesen. Durch die bei derartigen Geschwindigkeiten auftretenden Zentrifugalkräfte wurde

> das Metall in einem solchen Maße gedehnt, daß der Durchmesser des Rotors deutlich zunahm; wenn die Höchstgeschwindigkeit erreicht war, betrug er knapp ein Zweiunddreißigstel Zoll mehr als in ruhendem Zustand.

Im Jahre 1910 baute Tesla ein größeres Modell seiner Turbine, dessen Rotorscheiben einen Durchmesser von zwölf Zoll hatten. Bei 10000 Umdrehungen pro Minute erreichte es eine Leistung von 100 Pferdestärken und besaß damit einen wesentlich höheren Wirkungsgrad als sein Vorläufer, denn es entwickelte bei halber Laufgeschwindigkeit mehr als dessen dreifache Leistung.

Im folgenden Jahr brachte Tesla nochmals einige Verbesserungen an der Turbine an. Der Rotordurchmesser betrug nun nur noch 9,75 Zoll; die Drehzahl wurde um zehn Prozent auf 9000 Umdrehungen pro Minute verringert. Das Ergebnis war eine zehnprozentige Steigerung der Leistung auf 110 Pferdestärken.

Nach dem Probelauf der Maschine gab Tesla bekannt:

> Mit einem Rotor von neundreiviertel Zoll Scheibendurchmesser und einer Gesamtstärke von etwa zwei Zoll ist es mir gelungen, eine Leistung von 110 Pferdestärken zu erzielen. Unter geeigneten Bedingungen könnte eine derartige Turbine Werte von bis zu 1000 Pferdestärken erreichen; der Leistungsfähigkeit eines solchen mechanischen Gerätes sind kaum Grenzen gesetzt. Würde die Maschine mit Verbrennungsgasen betrieben – wie es etwa bei den Explosionsmotoren von Automobilen oder Flugzeugen der Fall ist – dann würde sich ihre Leistung gegenüber dem Dampfbetrieb nochmals steigern. Meine bisheringen Versuche haben ergeben, daß Gase zu wesentlich besseren Drehwerten als Dampf führen.

Voller Begeisterung über den Erfolg mit den kleineren Turbinenmodellen, die er mit Druckluft und teilweise auch mit Verbrennungsgasen betrieben hatte, entwickelte Tesla eine größere Motoreneinheit mit zwei Turbinen, die er in der Waterside Station, dem zentralen New Yorker Kraftwerk der Edison Company, einem Praxistest unterziehen wollte.

Dieses Kraftwerk war ursprünglich mit Generatoren zur Erzeugung von Gleichstrom ausgestattet, aber man hatte es mittlerweile vollkommen auf Teslas mehrphasiges Wechselstromsystem umgerüstet.

Als Tesla plante, ausgerechnet in diesem Heiligtum Edisons einen neuen Turbinentyp zu testen, von dem er noch obendrein hoffte, er könne die bereits verwendeten Turbinen verdrängen, begab er sich zweifellos auf feindliches Territorium. Selbst die Unterstützung durch Morgan und der Umstand, daß es sich bei der Edison Company um einen Teil der Morgan-Gruppe handelte, hatte die alte Fehde zwischen Tesla und Edison nicht beilegen können.

Auch die Art und Weise, in der Tesla seine Tests durchführte, trug nicht gerade zu Entschärfung der Situation bei. Tesla hing der Ruf nach, »lichtscheu« zu sein; die Nacht war seine bevorzugte Arbeitszeit. Nun werden an ein Kraftwerk naturgemäß die größten Anforderungen nach Einbruch der Dunkelheit gestellt; während der Bedarf an Elektrizität tagsüber relativ gering ist, beginnen die Generatoren bei Sonnenuntergang unter der höheren Belastung zu ächzen. Als man Tesla die Unterstützung des Kraftwerkpersonals für den Einbau und die Tests seiner Turbine zugesichert hatte, war man davon ausgegangen, daß diese Arbeiten zu Zeiten der geringsten Belastung ausgeführt würden.

Doch Tesla erschien selten vor fünf Uhr nachmittags und war vollkommen taub gegen die Bitten des Personals, seine Arbeitszeit ein gutes Stück vorzuverlegen. Er bestand hartnäckig darauf, daß einige von ihm bevorzugte Männer aus der Frühschicht – sie hatten eigentlich um fünf Uhr Feierabend – eigens für ihn Überstunden machten. Auch gegenüber dem Ingenieursstab und der Geschäftsleitung zeigte er keine sonderliche Kooperationsbereitschaft, woraufhin diese verständlicherweise gleichfalls eine ziemlich ablehnende Haltung an den Tag legten.

Die neue Turbine, die Tesla hier testen wollte, war mit einem achtzehnzölligen Laufrad ausgestattet und brachte es bei 9000 Umdrehungen pro Minute auf eine Leistung von 200 Pferdestärken. Die Maschine maß drei Fuß in der Länge, zwei Fuß in der Breite und zwei Fuß in der Höhe; sie hatte ein Gewicht von 400 Pfund.

Die Testanlage bestand aus zwei solcher Turbinen; sie waren nebeneinander aufgestellt und über eine Welle, die mit einer Vorrichtung zur Anzeige des Drehmoments versehen war, miteinander gekoppelt. Der Dampf wurde so in die Gehäuse eingeleitet, daß beide Turbinen sich ohne diese Koppelung in entgegengesetzter Richtung gedreht hätten. Durch diese Anordnung ließ sich ermitteln, welches Drehmoment die Turbinen auf die Welle ausübten.

Anläßlich eines offiziellen Testlaufs, zu dem Tesla eine große Zahl Gäste geladen hatte, hielt er eine kurze Ansprache, in der es unter anderem hieß:

> Obleich die Testanlage bei einem Zuleitungsdruck von 125 Pfund und offenem Dampfaustritt eine Leistung von 200 Pferdestärken erreichte, muß hier festgehalten werden, daß die Leistung sich bei vollem Versorgungsdruck auf 300 Pferdestärken steigern läßt. Würde der austretende Dampf in eine weitere Turbine eingeleitet – wobei das Niederdruckelement etwa dreimal soviele Rotorscheiben wie das Hochdruckelement enthielte und die Anlage mit einem Kondensator versehen sein müßte, der ein Vakuum zwischen 28,5 und 29 Zoll bereitstellt –, dann lassen die bislang mit dem Hochdruckelement erzielten Werte bei äußerst vorsichtiger Schätzung auf eine Leistung von 600 Pferdestärken schließen, ohne daß die Dimensionen des Gerätes sonderlich zunehmen würden.
>
> Versuche haben ergeben, daß die Turbine bei einem Betrieb mit Dampfdruck von 125 Pfund pro Quadratzoll, offenem Dampfaustritt und einer Drehzahl von 9000 Umdrehungen pro Minute ein Drehmoment erreichte, das einer Bremsleistung von 200 Pferdestärken entsprach. Bei maximaler Leistung benötigte die Maschine pro Stunde und Pferdestärke 38 Pfund gesättigten Dampfes – was in Anbetracht des in der einstufigen Anlage ermittelten Abfalls der Wärmeenergie um lediglich 130 B.T.U.[27] auf einen ausgesprochen hohen Wirkungs-

[27] BTU = British thermal unit ist eine englische Einheit für Energie, Arbeit und Wärmemenge. 1 BTU = 1055,06 Joule.

> grad hinweist. Da in modernen Kraftwerken die dreifache Wärmeenergie sowie extrem starkes Vakuum zur Verfügung stehen, würde sich unter derartigen Voraussetzungen bei vollständiger Ausnutzung der Wärmeenergie ein Dampfverbrauch von weniger als 12 Pfund pro Pferdestärke und Stunde ergeben.
>
> Die bisherigen Beobachtungen legen nahe, daß der Dampfverbrauch sehr großer Maschinen dieses Typus noch weitaus geringer sein dürfte und sich unter geeigneten Umständen dem theoretischen Minimalwert annähert, bei dem die zugeführte Energie in einer weitgehend reibungsfrei laufenden Turbine nahezu vollständig auf die Achse übertragen wird.

An dieser Stelle müssen wir nochmals daran erinnern, daß es sich bei den von Tesla getesteten Turbinen ausschließlich um einstufige Modelle handelte, die nur ein Drittel der Dampfenergie nutzten. Für den praktischen Einsatz war die Nachkoppelung einer zweiten Stufe vorgesehen, in der die Restenergie verwertet werden sollte; diese kombinierten Geräte hätten die doppelte bis dreifache Leistung der einfachen Modelle erreicht. (Bei den beiden heute am weitesten verbreiteten Turbinentypen befinden sich zwölf und mehr derartiger Stufen in einem einzigen Gehäuse.)

Einige Vertreter des Edison-Lagers, die dem Drehmomenttest beigewohnt und offenbar nicht begriffen hatten, daß die beiden Laufräder sich aufgrund der Versuchsanordnung gar nicht bewegen konnten, brachten daraufhin das Gerücht in Umlauf, daß Teslas Turbine ein totaler Fehlschlag sei; selbst bei einer Leistungssteigerung um das Tausendfache – so behaupteten sie – ließe sie sich nie und nimmer praktisch einsetzen. Gerüchte wie dieses trugen maßgeblich dazu bei, daß Tesla immer mehr in den Ruf eines wirklichkeitsfernen Visionärs geriet. Doch das Prinzip der Tesla-Turbine, deren einstufige Modelle sich in Versuchen als äußerst kompakte Kraftpakete erwiesen hatten, sollte nicht untergehen. Mehr als fünfundzwanzig Jahre nach der Testreihe in der Waterside Station sollten dort tatsächlich Turbinen installiert werden, die dem von Tesla erprobten Modell äußerst ähnlich waren. Dabei handelte es sich um sehr kleine Geräte, deren

Laufräder mit Flügeln versehen waren und die zwischen Dampfkessel und den großen Haupttturbinen an die Druckleitung angeschlossen wurden. Diese Vorschaltgeräte schöpfen von dem sehr hohen Dampfdruck gleichsam »die Sahne ab«, verbrauchen dabei jedoch nur so wenig Energie, daß die großen Turbinen mit dem Restdruck vollkommen normal betrieben werden können.

Zu der Zeit, in der Tesla seine Turbinenversuche unternahm, hatte sich die General Electric Company der Weiterentwicklung der Curtis-Turbine verschrieben, die Westinghouse Electric and Manufacturing Company der Weiterentwicklung der Parsons-Turbine; an Teslas Vorführung waren diese beiden Gesellschaften folglich nicht im mindesten interessiert.

Um die Entwicklung seiner Turbine im größeren Maßstab voranzutreiben, hätte Tesla beträchtliche Summen aufbringen müssen. Doch um seine finanzielle Situation war es nach wie vor schlecht bestellt.

Schließlich gelang es ihm doch, einen Dampfmaschinen- und Turbinenhersteller – die Allis Chalmers Manufacturing Company in Milwaukee – für seine Maschine zu interessieren. In typischer Tesla-Manier bewies er jedoch bereits bei den vorbereitenden Verhandlungen einen derartigen Mangel an Taktgefühl und Menschenkenntnis, daß er im Nachhinein fast besser dagestanden hätte, wenn es gar nicht erst zum Vertragsabschluß gekommen wäre.

Obwohl er selbst nicht zuletzt auch Ingenieur war, überging er kurzerhand den gesamten Ingenieursstab von Allis Chalmers und wandte sich direkt an den Präsidenten der Gesellschaft. Er wollte nicht erst abwarten, bis die zuständigen Ingenieure dem Aufsichtsrat ihren technischen Bericht vorgetragen hatten, sondern drängte erfolgreich auf Abschluß des Vertrages. Am Ende wurden drei Turbinen gebaut. Zwei davon bestanden aus je zwanzig achtzehnzölligen Rotorscheiben und wurden bei einem Dampfdruck von achtzig Pfund getestet. Dabei erreichten sie Werte von 12000 und 10000 Umdrehungen pro Minute, was einer Leistung von 200 Pferdestärken entsprach. Die gleiche Leistung hatte Tesla bereits 1911 mit seinem Modell erzielt, dessen Rotorscheiben nur den halben Durchmesser aufwiesen, und das es bei einem Druck von 125 Pfund auf 9000 Umdrehungen pro Minute gebracht hatte. Als nächstes nahm man den Bau eines wesentlich größeren Gerätes in Angriff. Es besaß fünfzehn sechzigzöllige Rotorscheiben und sollte bei 3600 Umdrehungen pro Minute eine Leistung von 500 Kilowatt – was etwa 675 Pferdestärken entspricht – erbringen.

Hier ein Auszug aus dem Bericht von Hans Dahlstrand, dem beratenden Ingenieur der Dampfturbinenfabrikation von Allis Chalmers:

> Wir bauten ferner eine 500-kW-Dampfturbine, die 3600 Umdrehungen leisten sollte. Das Laufrad dieser Turbine bestand aus fünfzehn Rotorscheiben mit einem Durchmesser von 60 Zoll und einer Materialstärke von jeweils einem Achtel Zoll; der Abstand zwischen den Scheiben betrug gleichfalls annähernd ein Achtel Zoll. Beim Testlauf wurde das Gerät mit einem Generator verbunden. Der maximale mechanische Wirkungsgrad der Turbine lag bei 38 Prozent; er wurde bei einem Dampfdruck von etwa 80 Pfund [...] und einer Überhitzung um 100 Grad Fahrenheit erreicht.
>
> Bei Erhöhung des Dampfdrucks ging der mechanische Wirkungsgrad zurück; zur Erreichung eines hohen Wirkungsgrades bei hohem Versorgungsdruck hätte sich aus der Konstruktion der Turbine die Notwendigkeit ergeben, mehrere Einheiten hintereinanderzuschalten.
>
> Der Wirkungsgrad der kleineren Modelle entsprach etwa dem herkömmlicher kleiner Turbinen, die allerdings den Vorteil aufweisen, daß ihre geringeren Drehzahlen die direkte Koppelung mit Pumpen oder anderen Geräten ermöglichen. Da die getesteten Modelle ihren optimalen Wirkungsgrad zwischen 10000 und 12000 Umdrehungen pro Minute erreichten, wäre hier die Koppelung nur über ein zwischengeschaltetes Untersetzungsgetriebe möglich gewesen.
>
> Des weiteren konnte sich die Tesla-Turbine hinsichtlich ihrer Herstellungskosten kaum mit herkömmlichen kleineren Turbinen messen. Zudem ist es fraglich, ob die Rotorscheiben bei ihrer leichten

> Bauart und hohen Belastung eine hohe Lebensdauer aufweisen werden.
> Diese Beobachtungen lassen sich entsprechend auch auf das große Modell übertragen, das bei 3600 Umdrehungen pro Minute betrieben wurde. Als wir nach dem Testlauf das Gehäuse öffneten, konnten wir feststellen, daß die Rotorscheiben sich in einem erheblichen Maß verzogen hatten; wir kamen zu der Überzeugung, daß dies bei längerem Betrieb zu einem vollständigen Ausfall der Maschine geführt hätte.
> Vom Bau einer Gasturbine mußte abgesehen werden, da Mr. Tesla nicht bereit war, der Gesellschaft auch nur annähernde technische Informationen über die ihm vorschwebende Konstruktion dieses Gerätes zu geben.

Es macht den Eindruck, als habe Tesla sich zu diesem Zeitpunkt von der Versuchsreihe zurückgezogen. In Milwaukee fand sich allerdings kein George Westinghouse, der mit seinem Eingreifen die Situation hätte retten können. Als der Autor dieses Buches sich in den zwanziger Jahren bei Tesla erkundigte, warum er die Arbeiten bei Allis Chalmers abgebrochen habe, erhielt er nur die Antwort: »Sie wollten die Turbinen nicht so bauen, wie ich es wünschte.« Zu einem weitergehenden Kommentar war Tesla nicht bereit.

Die Allis Chalmers Company sollte trotzdem später zur Wegbereiterin eines weiteren Gasturbinentypus werden, der viele Jahre lang erfolgreich in Gebrauch war.

Obwohl sich Dahlstrands Bericht wie eine schwerwiegende Kritik an der Tesla-Turbine liest und einige grundlegende Schwächen aufzudecken scheint, die andere Turbinen nicht aufweisen, liegen die Dinge hier doch etwas anders.

Bei diesem Bericht handelt es sich im Grunde um eine durchaus gerechte Wiedergabe der Testergebnisse; die vermeintlichen Mängel entsprechen im großen und ganzen jenen Beobachtungen, die Tesla bei seinen früheren Versuchen – freilich unter einem anderen Blickwinkel – selbst gemacht hatte, als er feststellte, daß seine Turbine nur ein Drittel der Wärmeenergie des Dampfes ausnutzte und die

Erhöhung des Wirkungsgrades folglich mit einer zweiten Stufe versehen werden müßte.

Der Hinweis auf die großen Zentrifugalkräfte, die bei hohen Umdrehungszahlen auf die Laufräder wirken und hier Schäden an den Rotorscheiben verursacht hatten, gilt auch für alle anderen Arten von Turbinen. So heißt es etwa in einer Broschüre, die die General Electric Company im vergangenen Jahr unter dem Titel »Die Geschichte der Turbine« veröffentlicht hat:

> Sie [die Turbine] mußte noch so lange warten, bis Ingenieure und Wissenschaftler die Materialien entwickelt hatten, die einem derartigen Druck und solchen Geschwindigkeiten standhielten. So erreichen etwa die Schaufeln moderner Turbinen Geschwindigkeiten von bis zu 600 Meilen pro Stunde; dabei treten Zentrifugalkräfte von 90000 Pfund auf, denen die Verankerung der Schaufeln im Laufrad widerstehen muß. [...]
> In diesem tobenden Hochdruckinferno erhitzen sich die Schaufeln der Hochdruckeinheit bis zur Rotglut, während die nur ein paar Fuß von ihnen entfernten größeren Schaufeln der letzten Turbinenstufe mit 600 Meilen pro Stunde durch einen warmen Regensturm rasen – eine Geschwindigkeit, bei der die kondensierten Dampftropfen die Wirkung eines Sandstrahlgebläses haben.

Ferner berichtete Dahlstrand über Vibrationsprobleme, die bei der Tesla-Turbine auftraten und eine Verstärkung der Rotorscheiben notwendig machten. Aus der Broschüre von General Electric geht hervor, daß man solchen Schwierigkeiten auch bei der Konstruktion anderer Turbinentypen gegenübersteht:

> Die auftretenden Vibrationen ließen Risse in Schaufeln und Laufrädern entstehen und zerstörten mitunter die gesamte Turbine; dies geschah manchmal schon nach wenigen Stunden, manchmal erst nach einigen Betriebsjahren. Die Ursache dieser Schwingungen liegt darin, daß hier vergleichsweise leichte Bauteile eine ungeheure Energie erzeugen – in einigen Fällen kann eine einzige Schaufel mit einem Gewicht von nur ein oder zwei Pfund eine Leistung von umgerechnet 400 Pferdestärken liefern. [...]

> Beim Betrieb von Turbinen treten also vier Hauptprobleme auf: hohe Temperaturen, hoher Druck, hohe Geschwindigkeiten und innere Schwingungen. Doch mit Forschung, Technik und handwerklicher Erfahrung werden wir diese Probleme durchaus bewältigen können.

Obwohl einige Hersteller nun bereits seit vierzig Jahren Turbinen bauen, steht eine endgültige Lösung dieser Probleme nach wie vor aus. Aus dem Umstand, daß sie auch bei der Tesla-Turbine beobachtet und beschrieben wurden, können wir also keinesfalls den Schluß ziehen, daß hier ein endgültiges Urteil über eine Erfindung gesprochen wurde, die sich seinerzeit zudem noch in einem frühen Entwicklungsstadium befand.

In jüngster Zeit ist aus Ingenieurskreisen von einem wiedererwachten Interessen an der Tesla-Turbine zu hören; man spricht von Plänen der Hersteller von Parsons- und Curtis-Turbinen, ihre Produktpalette zu erweitern und Tesla-Turbinen mit anderen Modellen zu kombinieren. Eine wesentliche Ursache für diese Kehrtwendung dürfte in der Entwicklung neuartiger Legierungen liegen, die heutzutage fast nach Belieben auf ihre Widerstandskraft gegen hohe Temperaturen und hohe mechanische Belastungen hin abgestimmt werden können.

Es ist nicht auszuschließen, daß die Tesla-Turbine sich dank ihrer einfachen Bauweise auch heute noch wirtschaftlicher als die Parsons- oder Curtis-Turbine herstellen und betreiben ließe, wenn man sie mit zwei oder mehr Stufen ausstatten würde und auf ihre Konstruktion die handwerkliche Erfahrung und die metallurgischen Kenntnisse verwendete, die bei diesen beiden Turbinentypen heutzutage üblich sind.

14

Heute können wir Forschern keine größere Ehre erweisen, als ihnen den Nobelpreis zu verleihen, den der schwedische Forscher Alfred Nobel stiftete, nachdem er mit der Erfindung des Dynamit zu Reichtum gekommen war. Fünf solcher Preise werden alljährlich verliehen; jeder von ihnen ist zu normalen Zeiten mit einem Preisgeld von 40000 Dollar verbunden.

Im Jahre 1912 verlautete es aus Schweden, daß der diesjährige Nobelpreis für Physik zu gleichen Teilen an Nikola Tesla und Thomas A. Edison gehen sollte; diese Entscheidung wurde jedoch nicht in die Tat umgesetzt und der Preis wurde statt dessen dem schwedischen Wissenschaftler Gustav Dalen verliehen.

Was das Komitee zu diesem Entschluß bewogen hatte, wurde niemals in vollem Umfang bekannt; die diesbezüglichen Briefwechsel können wir nicht einsehen. Es ist allerdings vollkommen sicher, daß Tesla die Annahme der Auszeichnung verweigert hat. Angesichts seiner Geldsorgen hätte er den Anteil von 20000 Dollar zur Fortführung seiner Arbeit sehr gut brauchen können, aber offenbar gab es hier noch andere Faktoren, die eine weitaus gewichtigere Rolle gespielt haben müssen.

Für Tesla gab es einen grundlegenden Unterschied zwischen Erfindern nützlicher Geräte und Entdeckern neuartiger Prinzipien. Der Entdecker neuartiger Prinzipien – so äußerte er einmal gegenüber dem Autor dieses Buches – ist ein Pionier, der neue Wissensgebiete erschließt, auf denen sich daraufhin ganze Herden von Erfindern tummeln und das neu gewonnene Wissen in wirtschaftlich verwertbare Gerätschaften umsetzen. Er selbst bezeichnete sich in diesem Zusammenhang als einen Entdecker und wies Edison den Rang eines Erfinders zu; seiner Ansicht nach mußte es sämtliche Unterschiede auf unzulässige Weise verwischen, wenn er bei der Preisverleihung in der gleichen Kategorie wie Edison auftreten sollte.

Es ist anzunehmen, daß für Tesla hier noch ein weiterer Umstand hinzukam. Als der Nobelpreis drei Jahre zuvor an Marconi gegangen war, hatte er darauf mit tiefer Enttäuschung reagiert. Erst hatte er hinter Marconi zurückstehen müssen, und nun erwartete man von ihm, daß er den Preis mit Edison teilte – dies war für Tesla eine zu große Herabwürdigung des Wertes seiner Arbeit, die er keinesfalls stillschweigend ertragen konnte.

Tesla war der erste – und möglicherweise der einzige – Wissenschaftler, der je die Annahme des Nobelpreises verweigert hatte.

Eine der höchsten Auszeichnungen in der Welt der Technik ist die Edison-Medaille. Dieser Preis ging aus einer Stiftung einiger Freunde Edisons hervor, die es vorzogen, die Anonymität zu wahren; er wird alljährlich anläßlich der Jahreshauptversammlung des American Institute of Electrical Engineers für hervorragende Leistungen im Bereich der Elektrizität verliehen. Es war noch nie vorgekommen, daß ein Preisträger Einwände gegen die Entscheidung des Komitees hatte, doch als Tesla im Jahre 1917 für diese Ehrung vorgeschlagen wurde, sollten die Dinge einen vollkommen andern Lauf nehmen.

B. A. Behrend, der Vorsitzende des Medaillenkomitees, war einer der ersten Elektroingenieure, die die ungeheure Bedeutung von Teslas Wechselstromentdeckungen begriffen hatten und voraussehen konnten, welche weitreichenden Folgen diese Entdeckungen für die Elektroindustrie haben würden. Zu dieser Zeit waren nur wenige herausragende Ingenieure in der Lage, die Feinheiten zu erkennen, die sich daraus für den praktischen Umgang mit Wechselströmen ergeben mußten, doch Behrend hatte ein höchst elegantes und einfaches mathematisches Verfahren – das Kreisdiagramm – entwickelt, das die Konstruktion von Wechselstrommaschinen wesentlich erleichterte und überdies noch zum Verständnis der dort ablaufenden komplexen Phänomene beitrug. Er hatte in Fachzeitschriften zahllose Artikel zu diesem Thema veröffentlicht und mit dem Werk »Der Induktionsmotor« das einschlägige Standard-Handbuch verfaßt. Seine Arbeit hatte ihm Ruhm und Reichtum eingebracht; er galt als einer der führenden Elektroingenieure des Landes und wurde zum Vizepräsidenten des American Institute of Electrical Engineers gewählt. Behrends Arbeit hatte eine so große Bedeutung für die kommerzielle Nutzung der Elektrizität, daß er selbst auch als möglicher Medaillen-Kandidat galt.

Schon seit 1896 hatte er in der Fachpresse Aufsätze über sein Kreisdiagramm veröffentlicht, doch seine erste Begegnung mit Tesla fand erst im Jahre 1901 statt, als dieser einen besonderen Motor für seine Anlage in Wardencliff benötigte; der Auftrag zum Bau dieses Motors war seinerzeit an die Entwicklungsabteilung einer Maschinenbaufirma gegangen, die von Behrend geleitet wurde. Nach jener ersten Begegnung hatte sich zwischen beiden Männern eine enge persönliche Freundschaft entwickelt. Behrend zählte zu den wenigen Menschen, die Teslas Arbeit von Grund auf nachvollziehen konnten, und der Erfinder wußte die Freundschaft mit einem ebenbürtigen Geist ganz ohne Frage sehr zu schätzen.

Aus diesem Grunde war Behrend fest davon überzeugt, Tesla ein Zeichen seiner äußersten Hochachtung zu geben, indem er dessen Ernennung zum Edison-Preisträger durchsetzte. Er war überglücklich, ihm persönlich die gute Nachricht zu überbringen, und es erstaunte ihn sehr, daß Tesla darauf keineswegs freudig reagierte. Im Gegenteil. Er lehnte die Annahme der Edison-Medaille rundheraus ab.

Voller Überraschung bat Behrend um Aufklärung über die Hintergründe dieser schroffen Abweisung.

»Lassen Sie uns die ganze Angelegenheit am besten vergessen, Mr. Behrend«, sagte Tesla daraufhin. »Ich weiß Ihren guten Willen und Ihre Freundschaft durchaus zu schätzen, aber ich möchte dennoch, daß Sie ihrem Komitee die Auswahl eines anderen Preisträgers nahelegen. Es ist nun fast dreißig Jahre her, daß ich vor Ihrer Vereinigung über meine Entdeckung des magnetischen Drehfeldes und über mein Wechselstromsystem berichtet habe. Auf diese Ehrung bin ich nicht mehr angewiesen, doch für andere mag sie vielleicht Nutzen haben.«

Behrend mußte eingestehen, daß das American Institute of Electrical Engineers es versäumt hatte, gerade den Mann zu ehren, dessen Entdeckungen wohl mehr als drei Viertel seiner Mitglieder Brot und Arbeit verdankten. Statt dessen hatte man in den vergangenen dreißig Jahren durchweg unbedeutendere Arbeiten mit der Medaille ausgezeichnet. Doch angesichts der Freundschaft zwischen den Männern drängte Behrend Tesla dazu, ihm seinen Entschluß genauer zu erklären.

»Es geht hier doch nur darum«, entgegnete Tesla, »daß ich mir eine Medaille ans Revers heften lasse und mich damit eine eitle Stunde lang vor den Gästen und Mitgliedern Ihrer Vereinigung brüsten soll. Bei der damit verbundenen Ehre handelt es sich um eine reine Äußerlichkeit, denn kaum jemand wird darauf bedacht sein, den schöpferischen Leistungen meines Geistes – die immerhin die Existenzgrundlage eines Gutteils Ihrer Mitglieder darstellen – wirklich die gebührende Anerkennung entgegenzubringen. Und nicht genug damit: Während ich mich hier dem leeren Possenspiel einer Ehrung unterziehen würde, würde anstelle Teslas in Wirklichkeit die Person Edisons gewürdigt, der sich in der Vergangenheit stets unverdientermaßen im Glanz der Preisträger sonnen konnte.«

Trotz alledem gelang es Behrend jedoch, Tesla noch zur Annahme der Medaille zu bewegen.

Bei derartigen Anlässen ist es üblich, daß der Geehrte eine formelle Grußansprache hält. Als Tesla ein Vierteljahrhundert zuvor schon einmal zu einem Vortrag vor dem American Institute of Electrical Engineers gebeten wurde, stand ihm noch ein umfangreiches Laboratorium zur Verfügung, und er konnte viel Zeit, Mühe, Überlegung und Geld auf die Vorbereitung seiner Ansprache verwenden; trotz allem hatte man damals offenbar eine weitergehende Anerkennung seiner Arbeit nicht für notwendig erachtet. Nun stand Tesla ohne Laboratorium und angemessene Geldmittel da, aber sein Geist war wie eh und je mit einer Fülle von Ideen und noch unfertigen Erfindungen beschäftigt. Obwohl der Anlaß eigentlich nur eine Ansprache erforderte, wurde Tesla hier doch zum Opfer seiner zurückliegenden Auftritte. Man erwartete allgemein, daß er sich aus der weitgehenden Vergessenheit, die ihn während der letzten zehn Jahre umgeben hatte, erheben und der Welt wie ein meisterhafter Magier einige neue wunderbare Erfindungen darbieten würde.

Tesla nahm an einigen Versammlungen der Vereinigung teil, und Behrend, der sich über das mögliche Verhalten des angehenden Preisträgers keineswegs sicher war, begleitete ihn im Anschluß an die Nachmittagsversammlung in das Hotel St. Regis, wo Tesla mittlerweile Quartier bezogen hatte und wo beide Männer die formelle Abendkleidung anlegten.

Den ersten Programmpunkt des Abends bildete ein privates Diner im Engineers' Club, das die Vereinigung für ihren Ehrengast ausrichtete und an dem die bisherigen Preisträger, das Komitee sowie der Vorstand des American Institute of Electrical Engineers teilnahmen. Man konnte sich wie immer darauf verlassen, daß Teslas Gegenwart einem derartigen Ereignis zu großem Glanz verhelfen würde, doch obwohl er mit seiner geistreichen Konversation zur Fröhlichkeit der Tischrunde beitrug, war ihm sichtlich unbehaglich zumute.

Der Engineers' Club befindet sich auf der Südseite der 40th Street in dem Block zwischen Fifth Avenue und Sixth Avenue; ihm gegenüber liegt der Bryant Park, dessen Fläche etwa zu einem Drittel von dem klassizistischen Gebäude der New York Library eingenommen wird. Das United Engineering Societies Building, ein faszinierendes Bauwerk auf der Nordseite der 39th Street, grenzt nahezu an die Rückseite des Engineers' Club; um vom einen Gebäude in das andere zu gelangen, muß man nur ein paar Schritte die Straße hinuntergehen.

Nach dem Diner der Medaillenträger begab sich die illustre Tischgesellschaft auf eben diesen Weg und betrat die Vorhalle des Engineering Societies Building, in der sich eine große Zahl der Versammlungsteilnehmer in zwanglosen Gruppen zusammengefunden hatte. Von dort aus nahm man den Aufzug zum großen Saal im fünften Stock, in dem die Preisverleihung stattfinden sollte.

Auch dort hatten sich bereits viele Versammlungsteilnehmer eingefunden, die größtenteils geradewegs von einem der formellen Diners des Rahmenprogramms zurückgekehrt waren. Als die hervorragendsten Vertreter der elektrischen Zunft in ihren weißen Fräcken das Podium betraten, verstummten die lebhaften Unterhaltungen im Saal.

Die Preisträger nahmen auf dem Podium ihre Plätze ein; die Feierlichkeiten konnten beginnen. Doch die Veranstaltung konnte nicht planmäßig eröffnet werden: Alles schaute bestürzt auf den leeren Stuhl, der für die Hauptperson des Abends vorgesehen war.

Tesla war verschwunden!

Man durchsuchte sämtliche Räumlichkeiten in unmittelbarer Nähe des Saales, doch er blieb unauffindbar. Dann machte sich das Preiskomitee auch in der großen Vorhalle und im Speisesaal des Engineers Club auf die Suche. Ein Mann von Teslas Statur war kaum zu übersehen, wenn er sich inmitten einer Menschenmenge aufhielt, doch in keinem der beiden Gebäude war auch nur die geringste Spur von ihm zu finden.

Die Verzögerung der feierlichen Eröffnung war ausgesprochen unangenehm, aber ohne die Hauptperson konnte man unmöglich anfangen. Doch wo steckte Tesla?

Es war kaum vorstellbar, daß ein Mann von Teslas Gestalt, der durch den enggeschnittenen Frack noch auffälliger wirkte, einfach aus der Mitte einer zwanzigköpfigen Gruppe hervorragender Geister verschwunden sein sollte, ohne daß jemand etwas davon bemerkt hatte.

Behrend eilte vom Club zurück in den Vortragssaal und hoffte, daß Tesla sich inzwischen dort eingefunden hätte. Doch vergeblich. Man hatte sogar die Toilettenräume beider Gebäude durchsucht – ohne Erfolg. Niemand hatte eine Erklärung für das plötzliche Verschwinden des Erfinders.

Außer Behrend wußte niemand von dessen ursprünglichem Widerwillen gegen die Annahme der Edison-Medaille, doch selbst Behrend hatte nicht die geringste Ahnung, wo Tesla sich gerade aufhalten mochte. Da erinnerte er sich daran, daß sein Blick kurz auf die schattigen Wege des Bryant Park gefallen war, als er am späten Nachmittag gemeinsam mit Tesla im Taxi vor dem Engineers' Club eingetroffen war. Er fragte sich, ob er sich nicht womöglich vor der Preisverleihung zu einer stillen Meditation dorthin zurückgezogen hatte.

Als Behrend den Park betrat, tauchte der letzte Schimmer der untergehenden Sonne den Himmel in ein fahles Licht, doch der Park selbst lag bereits in nächtlicher Dunkelheit. Aus der Ferne konnte er Vogelgezwitscher hören. Das Vogelgezwitscher rief ihm schlagartig eine Szene vor Augen, die er am Nachmittag in Teslas Domizil im Hotel St. Regis beobachten konnte: In dem Raum, den Tesla dort als Lese- und Arbeitszimmer hergerichtet hatte, befand sich ein Rollsekretär, auf dem vier kleine runde Körbe standen; in zwei dieser Körbe nisteten Tauben. Bevor sie den Raum verließen, war Tesla noch an das stets geöffnete Fenster getreten, hatte einen leisen Pfiff ausgestoßen, und zwei weitere Tauben kamen ins Zimmer geflogen. Ehe die beiden Männer endgültig zu dem Diner aufgebrochen waren, hatte Tesla die Tauben gefüttert und anschließend eine Papiertüte unbekannten Inhalts eingesteckt. Was es damit auf sich haben mochte, begriff Behrend erst in dem Augenblick, als er im dunklen Park das Vogelgezwitscher vernahm.

So schnell er konnte, verließ er den Park und lief die 40th Street in Richtung Fifth Avenue hinab. Als er die Treppe zum Vorplatz der Bibliothek erstiegen hatte, wurde er dort einer so seltsamen Szene ansichtig, daß er seinen Augen kaum trauen wollte. Er hatte seinen Mann gefunden. Und er erinnerte sich daran, daß Tesla in der Tat regelmäßig den Vorplatz der Bibliothek, St. Patrick's Cathedral und andere Örtlichkeiten aufsuchte, um dort die Tauben zu füttern.

Inmitten eines weiten Kreises von Beobachtern konnte Behrend die imposante Gestalt Teslas ausmachen. Zwei Tauben hatten sich auf seinem Kopf niedergelassen; ein gutes Dutzend der Tiere saß auf seinen Schultern und Armen. Ihr blaßblaues Gefieder hob sich selbst in der

Dämmerung noch deutlich von seinem schwarzen Frack und seinem schwarzen Haar ab. Auch auf seinen weit ausgestreckten Händen saß je eine Taube, und zu seinen Füßen befand sich ein Teppich aus Hunderten von Tieren, die dort das ausgestreute Vogelfutter aufpickten.

Wäre Behrend seinem ersten Impuls gefolgt, dann wäre er eingeschritten, hätte die Vögel verscheucht, den verloren geglaubten Erfinder beim Revers gepackt und ihn schleunigst in den Vortragssaal befördert. Doch irgend etwas ließ ihn einhalten. Ein derartig abruptes Auftreten erschien ihm beinahe wie ein Sakrileg. Und während er einen Augenblick zögerte, hatte Tesla ihn schon erspäht, bedeutete ihm mit einer vorsichtigen Handbewegung, nicht näher zu kommen und ging selbst langsam auf Behrend zu. In diesem Moment flatterten einige der Tauben von seinen Schultern auf, und unmittelbar darauf erhob sich der gesamte Schwarm in die Lüfte.

Behrend bat den Erfinder, jetzt weder ihn im Stich zu lassen, noch das bereits versammelte Publikum zu enttäuschen und drängte ihn, in den Vortragssaal zurückzukehren. Er hatte nicht die geringste Vorstellung, wieviel mehr diese Tauben Tesla bedeuteten als die Edison-Medaille. Niemand ahnte auch nur entfernt etwas von dem phantastischen Geheimnis in Teslas Leben, das sich in den regelmäßigen Fütterungen seiner gefiederten Freunde nur äußerlich niederschlug. Behrend sah darin lediglich eine – wenn auch in diesem Fall recht ärgerliche – Erscheinungsform der Eigenwilligkeiten eines bedeutenden Geistes. Doch darüber später mehr.

Nach der Rückkehr in den Vortragssaal erklärte Behrend dem Vorsitzenden des Medaillenkomitees, daß Tesla sich vorübergehend unwohl gefühlt habe, nun aber durchaus wiederhergestellt sei. Die Veranstaltung konnte mit einer zwanzigminütigen Verspätung eröffnet werden.

In seiner Laudatio wies Behrend auf den Umstand hin, daß Teslas erster großer Vortrag über das Wechselstromsystem vor der gleichen Körperschaft nun auf den Tag und die Stunde genau 29 Jahre zurücklag. Er fügte hinzu:

Seit dem Erscheinen von Faradays »Experimental-Untersuchungen über die Elektrizität« wurden auf diesem Gebiet keine experimentellen Forschungsergebnisse so klar und einfach ausgesprochen, wie es Mr. Tesla damals tat, als er vor diesem Hause über seine großartige Entdeckung – die Herstellung und Anwendung mehrphasiger Wechselströme – berichtete. Er hinterließ seinen Nachfolgern kaum eine unbeantwortete Frage; selbst der Umriß einer mathematischen Theorie war in jenem Papier bereits enthalten.

Drei Jahre später – im Jahr 1891 errichteten Schweizer Ingenieure die erste große Versuchsanlage, die auf der Basis seines Systems Elektrizität über eine Hochspannungsleitung mit 30000 Volt von Lauffen nach Frankfurt übermittelte. Einige Jahre später folgten dieser Anlage die Arbeiten der Cataract Construction Company unter dem Vorsitz unseres Mitgliedes Mr. Edward D. Adams und mit Unterstützung von Ingenieuren der Westinghouse Company. Ich sollte an dieser Stelle vielleicht erwähnen, daß der als Berater hinzugezogene Lord Kelvin Mr. Adams seinerzeit empfahl, die Energie der Niagarafälle in Gleichstrom umzusetzen und in dieser Form nach Buffalo zu leiten.

Es ist an dieser Stelle weder möglich noch sinnvoll, jede einzelne Erfindung Mr. Teslas in all ihren praktischen Anwendungen gebührend zu würdigen. Ein jedes Ding hat seine Zeit. Doch wenn wir unsere industrielle Welt heute der Ergebnisse seiner Arbeit berauben würden, würden alle Räder stillstehen, würden unsere elektrischen Fahrzeuge und Züge stehenbleiben, unsere Städte in Dunkelheit versinken, unsere Produktionsanlagen verwaisen und brachliegen. Ja, die Ergebnisse seiner Arbeit sind von solcher Bedeutung, daß sie heutzutage zugleich Kette und Schuß im Gewebe unserer Industrie bilden. [...] Der Name Tesla steht für eine Epoche, in der die Kenntnisse über die Elektrizität und ihre Anwendung einen unerhörten Fortschritt machten. Seine Arbeit hat die Wissenschaft von der Elektrizität in nie dagewesener Weise revolutioniert.

Wir haben Mr. Tesla gebeten, diese Medaille anzunehmen. Als wir ihn darum baten, beabsichtigten wir damit keineswegs, seine Leistungen besonders herauszustellen oder seinen Namen zu verewigen. Solange es Menschen gibt, die sich unserem Fachgebiet widmen, wird die Kenntnis seiner Arbeiten Allgemeingut sein; sein Name wird genausowenig in Vergessenheit geraten, wie der Name eines Faraday oder eines Edison.

Unsere Körperschaft beabsichtigt in der Tat nicht, den Arbeiten Mr. Teslas mit der Verleihung dieser Medaille ihre offizielle Anerkennung auszusprechen. Die Arbeiten stehen für sich selbst und bedürfen unserer Anerkennung nicht mehr.

Nein, Mr. Tesla, wir bitten Sie, diese Medaille als ein Zeichen unserer Dankbarkeit anzunehmen – unserer Dankbarkeit für die neuen schöpferischen Gedanken, für den kraftvollen Antrieb, für die revolutionären Veränderungen, die Sie unserem Fach und unserer Wissenschaft geschenkt haben. Es ist Ihnen gegeben, mit eigenen Augen zu sehen, in welchem Maße die Arbeit Ihres Genies sich in aller Welt durchsetzte. Was kann ein Mensch sich mehr wünschen? Lassen Sie mich zum Abschluß in abgewandelter Form einen Vers wiederholen, den Pope einstmals über Newton verfaßte:

»Natur und ihr Gesetz sah man im Dunkel nicht;
Gott sprach, es werde Tesla, und überall ward Licht.«

Teslas Dankansprache ist uns leider nicht überliefert. Er hatte keine formelle Ansprache vorbereitet; eigentlich wollte er nur ein paar knappe Worte des Dankes sagen, aber dann geriet er doch in Schwung, erzählte Anekdoten und gab eine Vorausschau auf die zukünftige Entwicklung der Wissenschaft von der Elektrizität. In Ermangelung einer schriftlichen Vorlage fiel seine Ansprache am Ende doch recht lang aus.

Es ist fraglich, ob jemand unter den Gästen im Saal oder auf dem Podium die volle Bedeutung von Behrends Worten erfaßt hatte, als dieser sagte: »Wir haben Mr. Tesla gebeten, diese Medaille anzunehmen.« Und kaum eines der Mitglieder des American Institute of Electrical Engineers dürfte eine Vorstellung davon gehabt haben, welch enorme Bedeutung Teslas Beitrag zu diesem Fachgebiet zukam. Seine wichtigsten Erfindungen hatte er dreißig Jahre zuvor gemacht. Die Mehrzahl der anwesenden Ingenieure gehörte der jüngeren Generation an, und in ihren Lehrbüchern wurde der Name Tesla kaum je erwähnt.

15

Von allen Entdeckungen, die Tesla im Verlauf seiner letzten Lebensjahre bekanntgab, erregte keine ein größeres Aufsehen als jene, die – wenn auch nicht ganz zutreffend – gemeinhin unter der Bezeichnung »Todesstrahlen« bekannt wurde. Schon früher waren aus Europa Berichte über die Erfindung von Todesstrahlen eingetroffen; dem Vernehmen nach handelte es sich um eine besondere Strahlung, die Flugzeuge und Luftschiffe zerbersten ließ, die schwere Stahlplatten von Panzern zum Schmelzen brachte und die Funktion von Schiffsmotoren unterband. Man ging jedoch allgemein davon aus, daß es sich bei diesen Berichten um leere Gerüchte handelte, die einzig aus diplomatischen Gründen in Umlauf gebracht wurden.

Bereits mehrere Jahre vor der Ankündigung der Todesstrahlen hatte Tesla bekanntgegeben, er habe Erkenntnisse über ein neuartiges Verfahren zur Erzeugung von Energie gewonnen, angesichts dessen Leistungsfähigkeit sich selbst die größten Turbinen-Generator-Einheiten der bestehenden Kraftwerke wie Zwerge ausnehmen würden. Er hatte im Verlauf des Jahres 1933 in einigen Zeitungsinterviews über dieses Verfahren berichtet und dabei erklärt, er sei außerdem noch mit der Entwicklung eines neuartigen Generatorentyps befaßt, der alle Arten hochintensiver Strahlung erzeugen könne. Im folgenden Jahr waren von ihm ähnliche Meldungen zu hören.

In beiden Fällen wurden Teslas Behauptungen sehr ernst genommen, obwohl er sie weder experimentell überprüft noch technische Details preisgegeben hatte.

Sofern Tesla als Wissenschaftler auftrat, lehnte er Kriege aus moralischen, wirtschaftlichen sowie einer Fülle weiterer praktischer und theoretischer Überlegungen ab. Doch es erging ihm hier nicht anders als anderen Wissenschaftlern: Sobald er nicht allein als Forscher sprach, wurden auch seine Gedanken von Gefühlen beherrscht, und er gestand trotz aller Prinzipien ein, daß ihm in gewissen Situationen das Mittel des Krieges doch als gerechtfertigt erschien. Als Wissenschaftler lehnt er es entschieden ab, wissenschaftliche Errungenschaften der Kriegsführung zugänglich zu machen. Gewann seine emotionale Seite jedoch die Überhand, dann war er durchaus bereit, sein Genie der Entwicklung von Verfahren zu widmen, die auf defensivem Wege einen Beitrag zur Verhütung von Kriegen leisten sollten.

Diese Haltung spricht deutlich aus dem folgenden Text, den er bereits in den zwanziger Jahren verfaßte, aber niemals veröffentlichte:

> Eine große Zahl der fähigsten Geister widmet sich derzeit der Erkundung von Möglichkeiten, die eine Wiederholung jenes fürchterlichen Konfliktes verhüten sollen, der heute lediglich theoretisch beigelegt ist und dessen Dauer und Charakter ich bereits in meinem Artikel in der *Sun* vom 20. Dezember des Jahres 1914 recht genau vorhergesagt habe. Der Völkerbund wird eine solche Wiederholung nicht verhindern können – ganz im Gegenteil: Nicht wenige höchst kompetente Männer sind der Ansicht, er könne genau diese unerwünschte Wirkung zeitigen. Besonders bedauerlich sind in diesem Zusammenhang die Strafmaßnahmen, die man im Friedensvertrag festgeschrieben hat, denn es wird nur noch wenige Jahre dauern, bis die Nationen in der Lage sein werden, Kriege auch ohne Armeen, Schlachtschiffe oder Kanonen zu führen. In kurzer Zeit werden weitaus verheerendere Waffen zur Verfügung stehen, deren Zerstörungskraft und Reichweite nahezu unbegrenzt sein wird. Vermittels solcher Waffen lassen sich Städte zerstören, die weit hinter den feindlichen Linien liegen, und keine Macht auf Erden wird den Angreifer davon abhalten können. Um diese drohende Gefahr abzuwenden und eine Situation zu vermeiden, die unsere Erde in ein flammendes Inferno verwandeln könnte, müssen wir ohne den geringsten Aufschub die vereinten Kräfte unserer Nation auf die Entwicklung von Flugmaschinen und die drahtlose Energieübertragung verwenden.

In seiner neuen Erfindung, mit der sich unter anderem auch die sogenannten »Todesstrahlen« herstellen ließen, und die einige Jahre nach dem gerade zitierten Text entstand, sah Tesla ein solches Mittel zur Verhütung von Kriegen. Seiner Ansicht nach hätte sie jedes Land – wie klein es auch sein mochte – in die Lage versetzt, sich mit einem

»Strahlenvorhang« umgeben zu können, der es zuverlässig vor Invasionsversuchen geschützt hätte. Doch wenn er darin auch eine reine Defensivwaffe sah – was hätte das Militär davon abhalten sollen, seine Erfindung zu Angriffszwecken zu benutzen?

Wohl nicht zuletzt deshalb vermied Tesla auch die kleinste Andeutung auf die Prinzipien, die seinem Verfahren zugrundelagen.

Es gibt immerhin einige Hinweise auf den Umstand, daß Tesla zu jener Zeit an einem Verfahren arbeitet, Gleichströme hoher Spannung zu erzeugen und über große Entfernungen zu übertragen. Bei sehr hohen Spannungen lassen sich Gleichströme wesentlich effektiver als Wechselströme übertragen, doch es gab bislang keine praktisch nutzbaren Methoden zur Erzeugung derartiger Ströme. Aus diesem Grund hatte sich Teslas mehrphasiges Wechselstromsystem so schnell durchsetzen können, da es von den Vorzügen relativ leicht erzeugbarer hoher Wechselspannungen Gebrauch machen konnte. Doch trotz seines ausgesprochen guten Wirkungsgrades wies es noch gewisse Verluste auf, die sich bei der Verwendung hochgespannter Gleichströme vermeiden ließen. Darüber hinaus würde ein solches System das bereits vorhandene Wechselstromsystem zwar allmählich verdrängen, aber trotzdem mit den bestehenden Anlagen kombinierbar sein.

Gleichstrom mit einer Spannung von möglicherweise mehreren Millionen Volt ließe sich über große Entfernungen übertragen. Vielleicht ließe sich auf diese Weise sogar ein den gesamten Kontinent umspannendes Netz errichten, in das die vorhandenen Wechselstromsysteme zur lokalen Versorgung einbezogen werden könnten. Im Zusammenhang dieses Projekts scheint Tesla außerdem einen Hochspannungs-Gleichstromgenerator sowie einen neuartigen Gleichstrommotor ohne Kommutator entworfen zu haben.

Die Erfindungen stauten sich allmählich in Teslas Geist an wie das Wasser in einem Stausee, dessen Überlauf blockiert ist.

Bereits zu der Zeit, als er in Colorado den Beweis erbracht hatte, daß sich Wechselströme bei hohen Frequenzen auch zur drahtlosen Ausstrahlung größerer Energiemengen eignen, hatte Tesla sich anscheinend dem Gleichstromprojekt gewidmet und es so angelegt, daß es sich bruchlos in sein System drahtloser Energieübertragung integrieren ließ. Obwohl es niemals in die Praxis umgesetzt wurde, hat er es doch stets weiterentwickelt und offenbar an einem Plan zur Energieübertragung vermittels eines gerichteten Strahlenbündels gearbeitet, bei dem es sich um eine Teilchenstrahlung gehandelt haben dürfte, wie sie in ähnlicher Form heutzutage im atomzertrümmernden Zyklotron Anwendung findet.

Was im Verlauf der zwanziger und dreißiger Jahre von Tesla über dessen Arbeit zu erfahren war, ließ sich immer schlechter nachvollziehen; zudem waren seine Anspielungen dermaßen vieldeutig, daß sie eher Skepsis als Anerkennung hervorriefen. Er wollte keine genaueren Informationen geben, ehe er sich nicht die Patentrechte gesichert hatte; doch die Patente wollte er erst beantragen, wenn er funktionierende Modelle gebaut hatte, und dazu fehlten ihm einfach die Mittel. Samuel Insull, der im großen Stil Dienstleistungsfirmen betrieb, hatte Tesla über die Jahre hin zwar immer wieder großzügig unterstützt, doch seine Zuwendungen flossen zumeist in die Begleichung von Schulden und reichten bei weitem nicht aus, um dem Erfinder eine weitergehende Forschungsarbeit zu ermöglichen.

Doch Tesla zeigte angesichts dieser Situation niemals auch nur die geringste Spur von Bitterkeit. Er blieb stets seinem Optimismus treu, verlor nie die Hoffnung, er könne eines Tages aus eigenen Anstrengungen die notwendigen Forschungsmittel für seine weitreichenden Pläne aufbringen. Diese Haltung spricht etwa aus einem Brief an B. A. Behrend, der ihn zur Annahme der Edison-Medaille überredet hatte und dem er wohl von allen Menschen seines Bekanntenkreises das größte Vertrauen schenkte:

»Ich arbeite hart an jenen Entdeckungen, über die ich Ihnen berichtet habe und von denen ich mir (das Kleingeld nicht mitgerechnet) achtstellige Einkünfte erhoffe; diese Summe wird mich in die

Lage versetzen, meine Anlage zur drahtlosen Energieübertragung auf eigene Kosten zu errichten. Was ich mir von der anderen Erfindung erwarte, wegen der ich Sie eigens aufsuchte, wage ich an dieser Stelle nicht zu sagen. Mit letzterem ist es mir vollkommen ernst.«

Bei der Erfindung, über die Tesla hier nicht sprechen wollte, dürfte es sich wohl um sein Verfahren zur Erzeugung und Übertragung hochgespannter Gleichströme gehandelt haben.

Im Jahre 1933 ließ Tesla in einem Interview durchblicken, sein neuartiger Generator sei von ausgesprochen einfacher Bauart; er bestünde lediglich aus einer großen Stahl-, Kupfer- und Aluminiummasse, die in besonderer Weise in ein bewegliches und ein festes Teil gegliedert sei. Er plane – so sagte er – die damit erzeugte Energie in sein Wechselstromsystem einzuspeisen; es sei aber auch möglich, die bestehenden Hochspannungsleitungen direkt zur Übertragung von Gleichstrom zu verwenden, sobald das Problem einer ausreichenden Isolierung gelöst sei.

Ein Jahr später hatte er seinen Plan zur Übertragung von Gleichstrom vermittels eines gerichteten Strahlenbündels entwickelt. Aufgrund seiner etwas unklaren Pressemitteilung war daraufhin von den »Todesstrahlen« die Rede, zumal Teslas Beschreibung des Verfahrens recht gut zu jenen wilden und gegenstandslosen Gerüchten zu passen schien, die einige Jahre zuvor aus Europa zu hören waren. Nachdem ein Autor des New Yorker *World-Telegram* Teslas Plan als »nebulös« bezeichnet hatte, sah der Erfinder sich zu einer Gegendarstellung veranlaßt, die am 24. Juli 1934 abgedruckt wurde und in der es unter anderem hieß:

> Ferner las ich mit Interesse einen Bericht aus Washington, der am 13. Juli 1934 im *World-Telegram* erschien und besagte, daß die Wissenschaft den Effekt der sogenannten »Todesstrahlen« in Zweifel zieht. Ich selbst stehe in diesem Fall auf der Seite jener Zweifler und kann aus meiner umfangreichen Erfahrung sagen, daß ich in dieser Hinsicht sicherlich in höherem Maße zum Pessimismus neige als sonst jemand.

> Eine Strahlung mit der erforderlichen Energie läßt sich nicht erzeugen, und selbst wenn es möglich wäre, würde ihre Energie im Quadrat der Entfernung abnehmen. Doch dies gilt nicht für die Mittel, derer ich mich bediene und die uns in die Lage versetzen werden, weit mehr Energie zu einem entfernten Punkt zu übertragen, als es mit jeder anderen bekannten Strahlung möglich wäre.
> Wir alle sind fehlbar, doch wenn ich die Frage im Lichte meines gegenwärtigen theoretischen und experimentellen Wissens durchdenke, muß ich zu der Überzeugung kommen, daß ich hier der Welt ein Verfahren übergebe, welches sich bislang kein Erfinder in seinen kühnsten Träumen vorzustellen wagte.

Bei diesem Text handelt es sich um die erste schriftliche Äußerung, in der Tesla seine »Strahlen« erwähnt. Ich hatte jedoch im Verlauf des vorhergehenden Jahres mehrfach die Gelegenheit, mich mit dem Erfinder persönlich zu unterhalten; dabei vertraute er mir unter anderem an, welche Ergebnisse er sich von seiner neuen Entdeckung erhoffte, deren wahre Natur er sorgsam geheimhielt. Im Jahre 1937 gestattete Tesla mir dann, in einem Artikel für die New Yorker *Herald Tribune* über diese Entdeckung zu berichten. In jenem Artikel stellte ich eine Nutzung des Systems als Angriffs- oder Verteidigungswaffe hintan und betonte hingegen die Möglichkeiten, die sich hier etwa für Ozeanreisen ergaben: Schiffe auf hoher See ließen sich nach Teslas Verfahren von Land aus mit Energie versorgen und könnten damit gänzlich auf die Mitnahme von Brennstoffen verzichten.

Bei dieser Gelegenheit versuchte ich auch, dem Erfinder einige technische Details zu entlocken, aber er wußte meine Fragen geschickt abzuwehren und teilte mir lediglich mit, daß die Errichtung der Sendeanlage an Land etwa 2000000 Dollar erfordern und der zur Übertragung der Energie benötigte Strahl einen Durchmesser von nur einem Tausendstel Zentimeter aufweisen würde. In anderen Zeitschriften, die meinen Bericht anschließend übernahmen, war sogar von einem Querschnitt von einem Millionstel Quadratzentimeter die Rede.

Etwas später verfaßte ich einen etwas kritischen Bericht über seinen Plan und ging in diesem Zusammenhang einmal die Eigenschaften sämtlicher Arten elektromagnetischer Strahlung durch. Weil ich dabei auf keinen Strahlentypus stieß, der sich für Teslas Verfahren geeignet hätte, weitete ich meine Betrachtung auf die damals bekannten Materieteilchen aus. Auch hier wurde ich nicht fündig – mit einer Ausnahme: Der elektrisch ungeladene Baustein der Atome, das Neutron, schien mir zu Teslas Beschreibungen zu passen. Doch Tesla ließ sich durch meinen Artikel nicht zu weitergehenden Hinweisen verleiten.

Anläßlich seines Geburtstagsdiners, das im Jahre 1938 im Hotel New Yorker stattfand, erläuterte Tesla knapp den Zusammenhang zwischen seinem System zur drahtlosen Energieübertragung und den Todesstrahlen, fügte dem bisher Gesagten allerdings kaum etwas Neues hinzu. Gegen Ende seiner Rede erklärte er außerdem, er habe ein Verfahren zur interplanetaren Kommunikation entwickelt, das neben der Übertragung schwacher Kommunikationssignale gleichfalls die Übertragung von Energie in einer Größenordnung von mehreren tausend Pferdestärken ermöglichte.

Bei dieser Gelegenheit fragte ich ihn, ob er nichts Genaueres über die Wirkungen dieser Strahlung sagen könnte und ob diese Wirkungen von der Erde aus sichtbar seien. So wollte ich etwa wissen, ob er in der Lage wäre, auf dem Mond einen Effekt hervorzurufen, der von der Erde aus mit einem modernen Hochleistungsteleskop sichtbar sei. Darauf entgegnete er, daß es mit seinem Verfahren durchaus möglich sei, im dunklen Teil des zunehmenden Mondes einen leuchtenden Fleck zu erzeugen, den man von der Erde aus mit unbewaffnetem Auge wie einen hellen Stern beobachten könne.

Die Vermutung liegt nahe, daß Tesla zu diesem Zweck eine Strahlung einsetzen wollte, die mit den »Todesstrahlen« zumindest eng verwandt war. Auf der Erde wäre die Reichweite dieser zerstörerischen Strahlung wegen ihrer gradlinigen Fortpflanzung und der Krümmung der Erdoberfläche allerdings begrenzt gewesen. Tesla selbst ging von einem maximalen Wirkungsradius von 200 Meilen aus, sofern die Sendeanlage auf einem Turm von ausreichender Höhe installiert wäre. Er sprach davon, in diesem System Ströme mit einer Spannung von etwa 50000000 Volt einzusetzen; es ist allerdings nicht bekannt, ob es sich dabei um Gleich- oder Wechselströme handeln sollte.

Das einzige schriftliche Zeugnis aus Teslas Hand zu diesem Thema ist der Text einer Rede, die einige Monate später in Abwesenheit des Erfinders auf einer Versammlung des Institute of Immigrant Welfare vorgetragen wurde. Darin heißt es unter anderem:

»Nun möchte ich ein anderes Thema ansprechen. Im Laufe des vergangenen Jahres habe ich viel Zeit auf die Entwicklung eines neuartigen kleinen Gerätes verwendet, mit dem sich beträchtliche Energiemengen durch die Weiten des interstellaren Raumes leiten lassen, ohne daß der Energiestrahl dabei an Bündelung verlieren würde. Ich trug mich bereits mit dem Gedanken, mich mit meinem Freund, dem bedeutenden Astronomen und Sonnenexperten George E. Hale darüber zu beraten, inwieweit diese Erfindung seinen eigenen Forschungen förderlich sein könnte. Vorerst plane ich jedoch, dem Institut de France[28] eine detaillierte Beschreibung des Gerätes nebst Daten und Berechnungen vorzulegen und damit auf den Pierre-Gutzman-Preis in Höhe von 100000 Franc Anspruch zu erheben, der auf ein Verfahren zur Kommunikation mit anderen Welten ausgeschrieben wurde; ich bin mir vollkommen sicher, daß man mir diesen Preis zugestehen wird. Das Geld ist hier freilich eine bloße Nebensache, aber für die historische Ehre, der erste Mensch gewesen zu sein, der dieses zu vollbringen vermochte, würde ich beinahe mein Leben hingeben.«

[28] Das Institut de France (Institut von Frankreich) besteht aus fünf Akademien und wurde während der Französischen Revolution 1795 gegründet. In der Reihenfolge ihres Entstehens sind dies folgende Akademien: Académie Française (Französische Akademie), Académie des Inscriptions et Belles-Lettres (Akademie der Inschriften und der Literatur), Académie des Sciences (Akademie der Wissenschaften), Académie des Beaux-Arts (Akademie der Künste), Académie des Sciences morales et politiques (Akademie für Moral- und Politikwissenschaften).

VIERTER TEIL

ÜBERMENSCH VON EIGENER HAND

16

Als Tesla zwischen den Jahren 1892 und 1894 intensiv mit seinen Versuchen zu hochfrequenten Strömen hoher Spannung befaßt war, fand er dennoch die Zeit, sich ernsthaft der Frage von Materie und Energie zu widmen.

Er war überzeugt, bei seinen Überlegungen auf ein neues physikalisches Prinzip gestoßen zu sein, das er bis zu einem Punkt weiterentwickelte, an dem er eine neuartige dynamische Theorie der Gravitation vorlegen konnte.

Obwohl dieses Prinzip seit jener Zeit in seinem Denken eine bedeutende Rolle gespielt hatte, sollte er sich erst gegen Ende seines Lebens über diese Entdeckung äußern. Aus diesen wenigen Äußerungen können wir mit Bestimmtheit entnehmen, daß Tesla seine Theorie sowohl mit den Prinzipien der Relativitätstheorie als auch mit den modernen Hypothesen über den Aufbau der Atome und die Wechselwirkung zwischen Materie und Energie für vollkommen unvereinbar hielt. Er bestritt die Gültigkeit von Einsteins Arbeiten und sah in der Vorstellung der Umwandlung von Materie in Energie einen absurden Irrglauben.

Diese Ablehnung zeitigte äußerst unglückselige Folgen, zumal sich Tesla hier im Widerspruch zu den Erkenntnissen der modernen Experimentalphysik befand. Im Grunde hätte sich diese Situation vermeiden lassen, denn Tesla wäre zweifellos in der Lage gewesen, seine Prinzipien so zu formulieren, daß sie den modernen Theorien nicht zuwidergelaufen wären; seine Ablehnung beruhte offenbar mehr auf einem gewissen psychologischen Faktor als auf wirklichen wissenschaftlichen Unvereinbarkeiten.

Von Tesla selbst gibt es nur ein einziges schriftliches Zeugnis, das einen Hinweis auf diese Theorie enthält. In der Rede, die er für die Versammlung des Institute of Immigrant Welfare vom 12. Mai 1938 vorbereitet hatte, heißt es:

Im Verlauf der folgenden zwei Jahre [1893/1894] hatte ich das Glück, im Zuge meiner intensiven Arbeit zwei weitreichende Entdeckungen zu machen. Bei der ersten dieser Entdeckungen handelt es sich um eine dynamische Theorie der Gravitation, die ich mittlerweile in allen Einzelheiten ausgearbeitet habe und der Welt in Kürze vorzulegen gedenke. Die Theorie bietet eine erschöpfende Erklärung der Gravitationskraft und ihres Einflusses auf die Bewegungen der Himmelskörper und wird somit der eitlen Spekulation sowie den falschen Vorstellungen – etwa der des gekrümmten Raumes – ein Ende setzen. [...]
Die Bewegungen der Körper können allein von einem Kraftfeld verursacht werden; die Annahme einer Raumkrümmung ist somit überflüssig. Was bislang über dieses Thema geschrieben wurde, ist damit überholt und hinfällig. Das gleiche gilt für sämtliche Versuche, die Verhältnisse des Universums verstehen zu wollen, ohne dabei die Existenz des Äthers und dessen maßgebliche Rolle in diesem Geschehen anzuerkennen.
Meine zweite Entdeckung betraf ein physikalisches Faktum allergrößter Bedeutung. Da ich die gesamte, in mehr als einem halben Dutzend Sprachen erschienene wissenschaftliche Literatur lange Zeit ohne Erfolg auf diesbezügliche Hinweise durchsucht habe, kann ich mit Fug und Recht behaupten, daß ich der erste bin, der auf das folgende Faktum gestoßen ist: Es gibt keine Energie innerhalb der Materie selbst; sie kann nur aus deren Umgebung bezogen werden.
Anläßlich meines 79. Geburtstags habe ich bereits kurz auf diesen Sachverhalt hingewiesen, doch dessen volle Bedeutung ist mir erst später bewußt geworden. Dieser Grundsatz läßt sich uneingeschränkt auf Atome und Moleküle sowie auch auf die allergrößten Himmelskörper anwenden; er gilt für jegliche Form von Materie in unserem Universum – und zwar für alle Zustände, die sie von ihrer Entstehung bis hin zu ihrer vollständigen Auflösung annehmen kann.

Was seine Ansichten zur Relativitätstheorie und anderen modernen Positionen betraf, legte Tesla eine ausgesprochen unbewegliche Geisteshaltung an den Tag. Hätte er seine Gravitationstheorie bereits zu Beginn des Jahrhunderts veröffentlicht, so hätte man ihn zweifellos sehr ernst genommen und ihm vielleicht sogar allgemein beigepflichtet – obwohl es zugegebenermaßen problematisch ist, solche Vermutungen ohne genaue Kenntnis der Fakten anzustellen. Hätte die Theorie vorgelegen, so wäre es nicht auszuschließen, daß sie möglicherweise auch Einsteins Gedanken beeinflußt hätte. Das Kraftfeld, das seiner Ansicht nach zur Erklärung der Planetenbewegung notwendig ist, hätte Teslas Beitrag zu einem der brennendsten physikalischen Probleme der Jahrhundertwende machen können: Ging man von dieser Vorstellung aus, so bedurfte man zum Verständnis jener Abläufe nicht notwendigerweise der Existenz des Äthers, gegen den sich Einstein in seiner Relativitätstheorie gewandt hatte. Beide Theorien hätten sich also durchaus ergänzen können; die gedankliche Weiterentwicklung beider Genies hätte in diesem Fall vermutlich einen harmonischen Fortgang genommen.

Unter derartigen Umständen wäre Tesla höchstwahrscheinlich bereit und in der Lage gewesen, eine grundlegende Übereinstimmung seines Prinzips der Verschiedenheit von Materie und Energie mit den scheinbar entgegengesetzten Erkenntnissen der modernen Physik anzuerkennen. Denn wenn sich Materie in Energie verwandeln läßt, gibt sie diese Energie damit doch nur an die Umgebung ab, aus der sie sie bei ihrer Entstehung bezogen hatte.

Teslas hartnäckige Ablehnung jener modernen Physik scheint in einer tiefen Enttäuschung zu wurzeln, die sich bei einer frühzeitigen Veröffentlichung seiner eigenen Theorie hätte vermeiden lassen. Wäre es jemals dazu gekommen, dann hätte er mit seinem überragenden Intellekt und seiner seltenen Begabung zur Lösung von Problemen sicherlich einen wesentlichen Beitrag zur Beantwortung einiger zentraler Fragen der Atomphysik leisten können und umgekehrt wohl auch von den neueren Erkenntnissen auf diesem Gebiet profitiert.

Sein Verfahren zur Erzeugung unerhört hoher Spannungen hätte sich bei dem Versuch, »die Atome zu zertrümmern« bestimmt als äußerst hilfreich erwiesen. Selbst heute bereitet die Erzeugung elektrischer Ströme mit einer Spannung von 5000000 Volt der Wissenschaft noch große Mühe, während Tesla bereits vor vierzig Jahren Werte von bis zu 135000000 Volt erreicht hatte.

Die moderne Physik deutete das Atom als einen kleinen komplexen Kern, um den sich die Elektronen auf planetenartigen Bahnen bewegten. Tesla dagegen beschrieb das Atom mit der Analogie einer Billardkugel; ein zertrümmertes Atom entsprach für ihn folglich einer zertrümmerten Billardkugel. Daß er sich damit in einen Gegensatz zur modernen Physik brachte und alle Entwicklungen, die sich nicht mit seinem Billardmodell erklären ließen, vehement ablehnte, dürfte eher an seinem Starrsinn als an wirklich fundamentalen Unvereinbarkeiten beider Denkweisen gelegen haben.

Die Existenz des Elektrons hingegen erkannte er vollkommen an. Hier stimmte er mit dem Entdecker des Elektrons, Sir William Crookes, überein und sah darin eine Art subatomares Teilchen, einen vierten Zustand der Materie. Seiner Ansicht nach repräsentierte das Elektron jedoch nicht die Energie selbst, sondern war lediglich deren Träger. Bei der Elektrizität handelte es sich für Tesla um ein viel zu feines Fluidum, als daß es mit dem Begriff »Materie« hätte beschrieben werden können; zudem wies die Elektrizität eine Reihe besonderer Eigenschaften auf, die ihn zu der Überzeugung gebracht hatten, sie sei von der Materie gänzlich unabhängig. Er ging davon aus, daß die Ladung eines Elektrons aus einer oder mehreren Elektrizitätsschichten auf dessen Oberfläche bestand, deren jede es einzeln abgeben konnte. Diese Annahmen stimmten vollkommen mit jenen Vermutungen überein, die er bereits ein halbes Jahrhundert zuvor veröffentlicht hatte.

Der modernen Physik zufolge leitet sich die elektrische Natur des Elektrons – eben dessen Ladung – hingegen aus der Natur der Energie schlechthin ab. Diesem Ansatz gilt das Elektron als reine Ladung; er betrachtet es als die Grundeinheit der Energie und damit auch als eines jener Partikel, aus denen ein Atom aufgebaut ist.

Wenn Tesla über neuere Aufsätze anderer Atomphysiker sprach, erhob er immer wieder seinen energischen Protest gegen deren Theorien, die seiner Ansicht nach von Grund auf verkehrt und unhaltbar waren; zu besonders heftigen Reaktionen neigte er, wenn diese Aufsätze über den Nachweis atomarer Energie berichteten.

»Atomare Energie ist eine Illusion«, erklärte er dann regelmäßig. Dabei berief er sich auf mehrere schriftliche Äußerungen, in denen er betont hatte, daß er im Zuge seiner Versuche mit Spannungen von mehreren Millionen Volt unzählige Male Milliarden von Atomen zertrümmert und dabei nicht das geringste Anzeichen für die Freisetzung atomarer Energie beobachtet habe.

Bei einer Gelegenheit griff Tesla mich recht heftig an, weil ich es vorgezogen hatte, derartige Behauptungen nicht zum Druck zu befördern. Ich entgegnete ihm: »Ich habe diese Dinge allein deshalb zurückgehalten, weil ich auf Ihren Ruf bedacht war. Meiner Ansicht nach legen Sie einen zu großen Wert auf eine konsequente Haltung. Sie haben es wirklich nicht nötig, heute noch an den Theorien festzuhalten, die in Ihrer Jugend als richtig galten, und ich bin davon überzeugt, daß Sie im Grunde Ihres Herzens selbst neuere Theorien entwickelt haben, die keineswegs im Widerspruch zu den jüngsten wissenschaftlichen Erkenntnissen stehen. Doch weil Sie einige jener moderneren Theorien ablehnen und sogar angegriffen haben, müssen Sie wohl fühlen, daß die Konsequenz es verlangt, nun sämtliche modernen Ansätze zu verdammen. Dabei bin ich mir vollkommen sicher, daß Sie bei der Entwicklung Ihres Senders für die Todesstrahlen mit den neueren Ansichten über den Aufbau des Atoms und die Beziehung zwischen Energie und Materie ganz und gar im Einklang gestanden haben.«

Daraufhin teilte Tesla mit ausgesprochen deutlichen Worten mit, was er davon hielt, wenn andere ihm das Denken abnehmen wollten. Dieses Gespräch fand im Jahre 1935 statt; in den folgenden Monaten hörte ich nichts mehr von dem Erfinder. Immerhin konnte ich beobachten, daß er sich in späteren Unterhaltungen weitaus weniger dogmatisch über die modernen Theorien äußerte; einige Jahre darauf teilte er sogar mit, er sei im Begriff, eine Vorrichtung zu entwickeln, die endgültig Aufschluß über den Atomaufbau geben könne – zumal er davon ausgehe, daß sich vermittels seiner gebündelten Energiestrahlung atomare Energie wesentlich wirksamer freisetzen ließe, als mit den in der Atomphysik üblicherweise gebräuchlichen Geräten.

Nachdem er also schließlich doch anerkannt hatte, daß es möglich war, Atome zu zertrümmern, zu verändern oder gar neu zu erschaffen und einsah, daß hier eine unermeßliche Energiequelle bereitstand, fand Tesla sogar ausgesprochen poetische Töne für dieses Thema. Er sah vor sich, wie die Menschheit in kosmischem Maßstab Gewalt über Atome und Energie erringen und schließlich das gesamte Universum nach ihren Wünschen gestalten würde. In einem unveröffentlichten Artikel mit dem Titel »Die größte Errungenschaft der Menschheit« schrieb er:

> Das am höchsten entwickelte Lebewesen auf dieser Welt – der Mensch – wird von einem unergründlichen und unwiderstehlichen Wunsch beherrscht: Er will die Natur nachahmen, er will Schöpfer sein, will die gleichen Wunder wirken, die er allenthalben beobachten kann. Aus diesem Antrieb heraus forscht er, macht Entdeckungen und Erfindungen, Pläne und Entwürfe, errichtet auf seinem Heimatstern Monumente, die wahrhaft großartig, ehrfurchtgebietend und schön sind. Er steigt in die Abgründe des Planeten hinab und fördert dessen geheime Schätze zu Tage, er entfesselt die dort verborgenen Energien und bändigt sie zu seinem eigenen Nutzen. In die finsteren Tiefen des Meeres dringt er ebenso vor wie in das Azur des Himmels; seinem forschenden Blick enthüllen sich die innersten Verhältnisse der Moleküle und fremde Welten, die in unermeßlicher Ferne liegen. Die lodernde Flamme des Prometheus macht er sich untertan, die gigantischen Kräfte der Wasserfälle, der Gezeiten und des Windes stellt er in seinen Dienst. Er zähmt die gewaltigen Blitze des Zeus und überwindet Raum und Zeit. Selbst unser funkelndes Zentralgestirn, die Sonne, hat er sich zu seiner gehorsamen Dienerin gemacht. So groß ist seine Macht, daß die Himmel vom Klang seiner Stimme widerhallen und die Erde erzittert.
>
> Was hält die Zukunft für dieses seltsame Wesen noch bereit – für

dieses zerbrechliche und doch unsterbliche Wesen, das aus einem Atemhauch geboren wurde und mit furchtbaren und göttlichen Kräften begabt ist? Welche Wunder wird dieses Wesen noch wirken? Was wird seine größte Tat, die Krönung seiner Errungenschaften sein?

Vor langer Zeit erkannte der Mensch, daß alle sichtbare Materie von einer Ursubstanz abstammen mußte, die eine Feinheit jenseits allen Begriffsvermögens aufweist und den gesamten Weltraum ausfüllt. Auf diese Substanz – er nannte sie *Lichtäther* oder auch *Akasa* – wirkt die lebensspendende, schöpferische Kraft des *Prana* ein und bringt so den ewigen Kreislauf aller Gestalten und Erscheinungen hervor. Solange die Ursubstanz sich in unendlichen Wirbeln von unvorstellbarer Geschwindigkeit bewegt, entsteht feste Materie; läßt der Antrieb jedoch nach, kommt die Bewegung zum Stillstand, dann schwindet die Materie und aus ihr geht abermals die Ursubstanz hervor.

Wird es dem Menschen gelingen, auch dieses ehrfurchtgebietendste aller Naturgeschehen seinem Einfluß zu unterwerfen? Wird er dessen unerschöpfliche Energien zähmen und es auf seinen Befehl hin – und mehr noch: kraft seines bloßen Willens – hervorrufen können?

Sollte ihm dies gelingen, so stünden ihm damit beinahe unbegrenzte und geradezu übernatürliche Energien zu Verfügung. Es würde den Menschen dann nur eine geringe Mühe kosten, alte Welten zum Verschwinden zu bringen und neue, eigene Entwürfe an ihre Stelle treten zu lassen. Er wäre in der Lage, die flüchtigen Gestalten seiner Vorstellung, die strömenden Visionen seiner Traumwelt zu bewahren und ihnen feste Form zu geben. Er könnte den Schöpfungen seines Geistes in jeder beliebigen Größenordnung unvergängliche materielle Wirklichkeit verleihen. Er könnte die Größe dieses Planeten verändern, den Ablauf seiner Jahreszeiten steuern und ihn zu jedem Ort in der Tiefe des Universums lenken, der ihm angemessen scheint. Er könnte andere Himmelskörper zur Kollision bringen und sich so seine eigenen Sonnen und Sterne, seine eigenen Wärme- und Lichtquellen erschaffen. Er könnte sogar das Leben selbst in seiner unermeßlichen Vielfalt entwerfen und hervorbringen.

Materie zu erschaffen und zu vernichten, sie nach Wunsch Gestalt

> annehmen zu lassen – das wäre der erhabenste Ausdruck des menschlichen Geistes und seiner Macht, der letzte Triumph des Menschen über die materielle Welt, die Krönung all seiner Errungenschaften. Damit würde er sich seinem eigenen Schöpfer als ebenbürtig erweisen und könnte es in die Hand nehmen, das ihm vorherbestimmte Schicksal zu erfüllen.

Der achtzigjährige Tesla wurde in seinem Denken in weitaus höherem Maße von der Vorstellung des »Übermenschen« beherrscht als der zwanzigjährige Erfinder. In seinen jungen Jahren hatten sich seine Träume auf die Erde begrenzt, doch nun wollte er in ihnen den gesamten Kosmos umfassen.

Doch selbst hier bediente sich Tesla noch des Begriffspaares Materie und Energie. Diese beiden Größen reichten seiner Ansicht nach vollkommen aus, sämtliche wahrnehmbaren Erscheinungen zu erklären – was ihn notgedrungen dazu bringen mußte, neu entdeckte Kräfte rundheraus abzulehnen.

Den Kulturen der alten Welt waren Elektrizität und Magnetismus unbekannt; die Fähigkeit, diese beiden Erscheinungsformen einer einheitlichen Kraft zu beherrschen, hat uns in die Lage versetzt, unsere Welt weitgehend umzugestalten und uns einen tieferen Einblick in das Leben gestattet. Warum sollten wir uns also nicht auf die Suche nach anderen Kräften machen, die von der Elektrizität so verschieden sind wie sich die Elektrizität von der Kraft des Windes und der Kraft der Wellen in den Meeren unterscheidet? Wenn wir uns mit unzureichenden Erklärungen für die Erscheinungen dieser Welt zufriedengeben und es dabei belassen, sie als ungewöhnliche Auswirkungen bereits bekannter Kräfte darzustellen, ist uns der Weg zu neuen Entdeckungen versperrt und wir werden kaum neue Wissensgebiete erschließen können. Doch mit eben diesen Vorstellungen hatte sich die Wissenschaft im letzen Viertel des vergangenen Jahrhunderts selbst eingeengt, und Teslas Philosophie war ein Produkt dieser Zeit. Es fiel ihm sichtlich schwer, dieses Denken in einem vorgerückten Lebensalter noch zu durchbrechen.

Das Erinnerungsvermögen der meisten Menschen funktioniert wie ein großer Aktenschrank. Was immer uns begegnet, läßt sich abheften und dort unterbringen. Es fällt uns nur schwer, bei Bedarf die richtige Akte schnell wiederzufinden. Tesla dagegen besaß ein fast unglaubliches Erinnerungsvermögen. Er brauchte eine Buchseite nur mit den Augen zu überfliegen, um sie seinem Gedächtnis zuverlässig einzuverleiben; er war jederzeit in der Lage, sie wie eine Photographie vor sein inneres Auge zu rufen und konnte sie dann in aller Ruhe eingehend studieren. Dieser Prozeß geistiger Arbeit war bei Tesla grundlegend anders beschaffen als bei den meisten Menschen. Er benötigte dabei niemals eine Handbibliothek, denn alles, was er jemals gelesen hatte, konnte er Seite für Seite, Formel für Formel, Gleichung für Gleichung aus seinem Gedächtnis abrufen. Selbst eine Logarithmentafel hatte er auf diese Weise stets »zur Hand« und konnte unzählige Werke Wort für Wort auswendig rezitieren. All dies bedeutete natürlich für seine Forschungsarbeit eine beträchtliche Zeitersparnis.

Diese seltsame Fähigkeit war zwar ungewöhnlich, aber im Grunde vollkommen natürlich. Ihre Ursache dürfte in einer besonderen Struktur seines Gehirns gelegen haben, bei dem offenbar eine ausgeprägte Verbindung zwischen den für die Erinnerung und für das Sehen zuständigen Bereichen gab.

Das menschliche Gehirn besteht aus einer linken und einer rechten Hemisphäre, deren jede in mancherlei Hinsicht die Eigenschaften eines vollständigen Gehirns aufweist und die in ihren Funktionen eng miteinander verknüpft sind. Zudem ist es aus verschiedenen Schichten aufgebaut, die jeweils parallel zur Hirnrinde verlaufen und von komplexen Nervenfasern miteinander verbunden werden. Die äußerste dieser Schichten scheint der Ort unseres Bewußtseins zu sein; sie läßt sich ihrerseits in unterschiedliche Bereiche mit speziellen Funktionen unterteilen. Die für die Sinneswahrnehmung – Sehen, Hören, Riechen, Schmecken – zuständigen Hirnbereiche liegen entlang einer Bahn, die in der Mitte beider Hemisphären etwa von Ohr zu Ohr quer über den Scheitel verläuft; in ihrer unmittelbaren Nachbarschaft finden sich jene Bereiche, von denen die verschiedenen Muskeln unseres Körpers gesteuert werden. Das Gedächtnis scheint im hinteren Hirnlappen angesiedelt zu sein, während im Stirnlappen offenbar übergeordnete zusammenfassende Prozesse ablaufen, deren Natur wir bislang noch nicht verstehen.

Beim normalen Sehvorgang entsteht auf der Netzhaut – sozusagen einer Filmleinwand im hinteren Augapfel – ein Abbild des wahrgenommenen Objektes. Die Netzhaut ist mit Tausenden von Nervenenden überzogen, die wie die einzelnen Stangen in einem Bund Spargel zu Nervenbündeln zusammengepackt sind. Die Enden dieser Nerven sind lichtempfindlich; werden sie von einem Lichtstrahl getroffen, dann entsteht ein Impuls, der über den Sehnerv zum Sehzentrum des Gehirns weitergeleitet wird. Durch die Zusammenarbeit sämtlicher Netzhautnerven wird so ein vollständiges Abbild des wahrgenommenen Objektes übermittelt. Der eigentliche Wahrnehmungsprozeß findet allerdings nicht im Auge selbst, sondern im Gehirn statt. Vom Sehzentrum aus wird das Abbild eines Objektes zum Gedächtniszentrum im hinteren Hirnbereich weitergeleitet und dort abgelegt; auch die Meldungen der anderen Sinnesorgane werden hier archiviert. In der Regel handelt es sich bei diesem Prozeß um eine Art Einbahnstraße: es werden ausschließlich Reize von den jeweiligen Wahrnehmungszentren zum Gedächtniszentrum, nicht aber in umgekehrter Richtung übermittelt. Wäre dem nicht so, dann wären unsere Wahrnehmungszentren beständig mit der Aufarbeitung bereits abgelegter Reize beschäftigt und würden diese mit neu aufgenommenen Erfahrungen durcheinanderbringen; die Folge wäre ein höchst unangenehmer Zustand der Verwirrung.

Unser Gedächtniszentrum enthält also die vollständige Aufzeichnung sämtlicher jemals gemachten Sinneswahrnehmungen. Beim Denkprozeß stellen wir vermittels bislang noch wenig erforschter Mechanismen bestimmte Verknüpfungen zwischen diesen einzelnen Aufzeichnungen her; dabei entstehen sinnvolle Kombinationen mehrerer Wahrnehmungen – oder anders ausgedrückt: neue Ideen. Nun gehören die Gedächtnisfunktionen wohl grundsätzlich dem Bereich des Unterbewußtseins an, aber es sieht so aus, als seien wir trotzdem in der Lage, gezielt Nervenbahnen zu aktivieren, die genau zu den gewünschten »Fundorten« führen und so eine Verbindung zwischen Gedächtnis und dem Bereich des Bewußtseins herzustellen. Auf diese Weise können wir uns an frühere Erfahrungen, Erlebnisse und Wahrnehmungen erinnern, aber diese Erinnerungen sind eben nur Aufzeichnungen; sie unterscheiden sich deutlich von der ursprünglichen Sinneswahrnehmung, die zum Archivieren einer derartigen Aufzeichnung führte.

Wäre es jedoch möglich, im Rahmen dieses Erinnerungsprozesses die Nervenbahnen zu aktivieren, die etwa das Gedächniszentrum und das Sehzentrum miteinander verbinden, dann könnten wir ein präzises Abbild des Gegenstandes, an den wir uns zu erinnern versuchen, vor uns sehen.

Beim Akt des schöpferischen Denkens handelt es sich nun offenbar darum, zwei oder mehr solcher Erinnerungen an Sinnseswahrnehmungen dergestalt miteinander zu verknüpfen, daß diese Kombination vollkommen neue Eigenschaften aufweist, die in den Einzelbestandteilen noch nicht vorhanden waren. Käme hier noch die soeben erwähnte umgekehrte Nervenverbindung zwischen Gedächtnis- und Sehzentrum hinzu, dann wären wir in der Lage, eine Schöpfung unseres Geistes wie ein reales Objekt der Außenwelt vor uns zu sehen – obgleich dieser Prozeß sich ausschließlich im Gehirn abspielt.

Genau dies fand offenbar in Teslas Gehirn statt und befähigte ihn damit zu schöpferischen Leistungen, die weit über das Maß eines Durchschnittsmenschen hinausgingen. Hatte die Natur hier vielleicht eine neue Möglichkeit erschlossen und an Teslas Person erprobt?

Tesla selbst hatte niemals eine Vorstellung davon, welche neurologischen oder physiologischen Prozesse seiner seltsamen Fähigkeit zugrundelagen. Für ihn handelte es sich einfach um eine vollkommen reale Erfahrung, wenn er die Inhalte seiner schöpferischen Gedanken in Form materieller Gegenstände vor sich sah. Er nahm an, daß sein Gehirn über den Sehnerv ein Bild des wahrgenommenen Gegenstandes zum Auge sandte, wo dann wie beim normalen Sehprozeß ein Abbild auf der Netzhaut entstand. Er glaubte, dieses Abbild ließe sich mit Hilfe einer geeigneten Vorrichtung – etwa in der Art eines Fernsehapparates – vergrößern und auf eine Leinwand projizieren, wo es dann von anderen Menschen betrachtet werden könne.*

Das *American Magazine* brachte in seiner Ausgabe vom April 1921 unter dem Titel »Lassen Sie Ihre Vorstellungskraft für sich arbeiten« ein Interview, in dem Tesla dem Journalisten M. K. Wisehart über seine ungewöhnliche Fähigkeit Rede und Antwort gestanden hatte. Dort heißt es:

> Während meiner Kindheit wurde ich von einem seltsamen Leiden heimgesucht, welches sich darin äußerte, daß vor mir – zumeist in Begleitung heftiger Lichtblitze – Bilder erschienen. Sobald ein Wort ausgesprochen wurde, sah ich den bezeichneten Gegenstand mit einer solchen Deutlichkeit vor mir, daß ich unmöglich unterscheiden konnte, ob er der Realität entstammte oder nicht. [...] Selbst wenn ich meine Hände ausstreckte und nach dem Bild zu greifen suchte, blieb es vollkommen erhalten und bewegte sich nicht von der Stelle. Bei dem Versuch, mich von diesen peinigenden Erscheinungen zu befreien, bemühte ich mich, meine Gedanken, auf friedvolle, beruhigende Erinnerungen zu konzentrieren. Dies brachte mir in der Tat vorübergehend Erleichterung, doch nach zwei oder drei Wiederholungen verlor das Heilmittel an Kraft. Da begab ich mich statt dessen im Geiste auf Streifzüge, die mich über die engen Grenzen hinausführten, die meinen Kenntnissen damals gesetzt waren. Tag und Nacht machte ich nun vermittels meiner Vorstellungskraft Reisen, die mich an unbekannte Orte, in unbekannte Städte und Länder

* Dieser offensichtliche Trugschluß erklärt sich aus Teslas Fehldeutung seines ungewöhnlichen Wahrnehmungsprozesses. Er ging davon aus, daß die realistischen Visionen wirklich ein Produkt des Auges wären, obwohl sie ausschließlich im Gehirn entstanden; die rückläufigen Nervenimpulse gelangten zwar zum Sehzentrum, wurden aber entgegen seiner Annahme von dort aus nicht über den Sehnerv zur Netzhaut weitergeleitet.

führten, und bemühte mich währenddessen, deren Eigenarten im Geiste so scharf wie eben möglich hervortreten zu lassen. Ich stellte mir vor, ich würde in jenen Ländern leben, die ich noch nie gesehen hatte, und in meiner Vorstellung fand ich dort Freunde, die wirklich lebendig schienen und mir sehr teuer waren.

Mit solchen Reisen befaßte ich mich bis zum Alter von siebzehn Jahren; dann wandte ich meine Gedanken ernsthaft dem weiten Feld der Erfindung zu. Zu meiner großen Freude stellte ich nun fest, daß ich mit Leichtigkeit die verschiedenartigsten Dinge *visualisieren* konnte. Ich benötigte weder Modelle, noch Entwurfszeichnungen oder Experimente – all dies konnte ich im Geiste klar vor mir sehen.

[...]

Diese Fähigkeit der Visualisierung hatte ich mir bei meinen kindlichen Versuchen angeeignet, mich der Heimsuchung durch die peinigenden Bilder zu entledigen; meiner Auffassung nach habe ich damit ein neuartiges Verfahren entwickelt, schöpferischen Ideen und Plänen materielle Gestalt zu verleihen. Dieses Verfahren dürfte für alle mit Vorstellungskraft begabten Menschen – ob es sich nun um Erfinder, Geschäftsleute oder Künstler handelt – von großem Nutzen sein.

Nicht wenige Menschen schreiten ohne angemessene Vorbereitung zur Tat, wenn sie etwa ein Gerät zu entwickeln oder eine bestimmte Arbeit durchzuführen haben. Schon bald verlieren sie sich dann in einer Fülle von Details, anstatt der zentralen Idee zu folgen; wenn ihre Anstrengung auch Ergebnisse zeitigen mag, so sind diese doch zumeist von minderer Qualität.

Doch nun möchte ich mein eigenes Verfahren knapp umreißen: Wenn ich den Wunsch verspüre, ein bestimmtes Ding zu entwickeln, dann trage ich diese Idee oft für Monate oder gar für Jahre im Geiste mit mir herum. Wann immer mir danach zumute ist, mache ich einen Streifzug durch meine Vorstellungswelt und denke ohne bewußte Anstrengung über das Problem nach. Dies ist sozusagen die Brutzeit eines Gedankens.

Dieser Phase folgt eine Zeit unmittelbarer Beschäftigung, in der ich sorgfältig verschiedene Lösungsmöglichkeiten für das Problem in Betracht ziehe; indem ich sie erwäge, konzentriere ich meinen Geist allmählich auf ein begrenzteres Forschungsgebiet. Wenn ich mich

> nun dem Problem bewußt in allen seinen Einzelheiten widme, dann habe ich nicht selten an diesem Punkt schon das Gefühl, daß ich mich auf dem Weg zu einer Lösung befinde. Und das wunderbare an diesem Gefühl ist: *Wenn es mich überkommt, weiß ich genau, daß ich das Problem im Grunde gelöst habe und mein Ziel erreichen werde.*
>
> Das Gefühl ist für mich so überzeugend, als ob ich mein Problem wirklich schon gelöst hätte. Ich bin zu dem Schluß gekommen, daß die Lösung zu diesem Zeitpunkt in der Tat in meinem *Unterbewußtsein* bereits vorhanden sein muß, auch wenn es von hier aus noch einige Zeit dauern mag, bis ich ihrer im *Bewußtsein* gewahr werde.
>
> Ehe ich einen Entwurf zu Papier bringe, habe ich die Idee im Geiste vollständig ausgearbeitet. Ich kann im Geiste Veränderungen an einem Gerät vornehmen, Verbesserungen anbringen, ich kann es sogar im Geiste in Betrieb setzen. Ohne jemals eine Konstruktionszeichnung angefertigt zu haben, kann ich meinen Mitarbeitern die genauen Abmessungen jedes einzelnen Bauteils nennen, und wenn diese Einzelteile zusammengesetzt werden, haben sie eine derartige Paßgenauigkeit, als ob man ihre Maße einer Zeichnung entnommen hätte. Es ist für mich vollkommen nebensächlich, ob ich ein Gerät im Geiste einem Testlauf unterziehe oder diesen Testlauf in meiner Werkstätte durchführe.
>
> Die Erfindungen, die ich auf diese Weise gemacht habe, haben sich durchweg als funktionstüchtig erwiesen; im Verlauf von dreißig Jahren hat es hier auch nicht eine Ausnahme gegeben. Mein erster Elektromotor, die kabellose Vakuum-Leuchtröhre, meine Turbine und viele weitere Geräte sind so entstanden.

Daß Tesla tatsächlich überzeugt war, bei seinen geistigen Visualisierungen würden Bilder vom Gehirn auf die Netzhaut projiziert, läßt sich aus einem Abschnitt jenes berühmten Vortrages schließen, mit dem er im März des Jahres 1893 vor der National Electric Light Association in St. Louis seine Erfindung des Rundfunks bekanntgab. Der fragliche Abschnitt steht in keinem Zusammenhang mit dem eigentlichen Thema des Vortrages; Tesla hatte ihn demnach wohl deshalb in den Text aufgenommen, weil seine Denkweise als Erfinder offenbar nachhaltig von den Erfahrungen mit jener seltsamen Fähigkeit geprägt war. Dort heißt es:

> Die Erforschung des Sehvorganges hat nachgewiesen, daß bei jedem äußeren Eindruck ein Abbild des Objektes auf die Netzhaut projiziert wird; dadurch wird in den Enden der für die Übermittlung des Eindruckes in den Geist zuständigen Sehnerven ein Reiz ausgelöst, der diese wiederum in einen gewissen Schwingungszustand versetzt. Nun scheint es nicht ausgeschlossen, daß ein Bild, welches durch die Vorstellungskraft des Geistes hervorgerufen wird, gleichfalls eine Art von Reflex – wie schwach er auch immer sein mag – auf bestimmte Sehnerven und damit folglich auch auf die Netzhaut ausübt. Werden wir jemals in der Lage sein, vermittels geeigneter optischer Geräte oder vergleichbarer Vorrichtungen von ausreichender Empfindlichkeit ein genaues Bild vom Zustand der durch solche Gedankenreflexe angeregten Netzhaut zu erhalten? Wenn dies gelänge, dann läge es durchaus im Bereich der Möglichkeit, dort Gedanken mit der Präzision abzulesen, mit der wir die Buchstaben eines gedruckten Textes erkennen. Dieses Problem wäre dann in der Tat weitaus einfacher zu lösen als eine Vielzahl anderer Probleme der strengen Naturwissenschaft, von deren Lösbarkeit viele Wissenschaftler – wenn nicht gar deren Mehrheit – ohne weiters überzeugt sind.
>
> Helmholtz hat den Beweis erbracht, daß der Augenhintergrund mit einer eigenständigen Leuchtkraft ausgestattet ist; er war in der Lage, dank dieser Leuchtkraft Bewegungen seines Armes selbst bei vollständiger Dunkelheit noch zu sehen. Sein Experiment zählt zu den bemerkenswertesten Versuchen, die in der Geschichte der Wissenschaft unternommen wurden, doch nur wenige Menschen dürften fähig sein, jenes Experiment mit befriedigenden Ergebnissen zu wiederholen, da die Leuchtkraft der Augen vermutlich nur mit einer ungewöhnlich ausgeprägten Gehirntätigkeit und Vorstellungskraft einhergeht. Wir können hier sozusagen von einer durch die Hirntätigkeit ausgelösten Fluoreszenzerscheinung reden.
>
> Einen weiteren Sachverhalt mit einiger Bedeutung für dieses Thema dürften Sie in Ihrer Mehrzahl schon selbst beobachtet haben, zumal

> er sogar Anlaß zu sprichwörtlichen Redewendungen gegeben hat; ich kann mich allerdings nicht erinnern, in der wissenschaftlichen Literatur jemals einen Hinweis darauf gefunden zu haben. Ich meine damit den Umstand, daß plötzlich vom Geiste empfangene Ideen oder Bilder gelegentlich mit einer schmerzhaften Lichterscheinung einhergehen, die im Auge entsteht und sogar am hellen Tage sichtbar ist.

Vierzig Jahre nach diesem Vortrag zeigte Tesla ein unvermindertes Interesse an der Möglichkeit der Gedankenphotographie. Falls seine Theorie über die Abbildung von Gedanken auf der Netzhaut richtig sei – so erklärte er mehrfach in Interviews –, müsse es auch möglich sein, das dort vorhandene Bild aufzunehmen und in vergrößerter Form auf einen Sichtschirm zu projizieren.

So merkwürdig sich Teslas Überlegungen zu seiner seltsamen Fähigkeit der Visualisierung und der Abbildung von Gedanken auf der Netzhaut auch ausnehmen müssen – unlogisch sind sie keinesfalls. Wenn es auch recht unwahrscheinlich scheint, so ist doch nicht völlig von der Hand zu weisen, daß sich in extremen Fällen (zu denen er sicherlich zählte) ein Reflexbogen ausbilden kann, der sich vom Gehirn bis zur Netzhaut erstreckt. Wäre Tesla bereit gewesen, andere Menschen bei seinen Experimenten ins Vertrauen zu ziehen, so hätte er sich ohne weiteres in einem augenkundlichen Laboratorium einigen einfachen Tests unterziehen können, die ihm Aufschluß über die Gültigkeit seiner Theorie gegeben hätten.

Um das Jahr 1920 hatte Tesla eine Nachricht über eine »erstaunliche Entdeckung« vorbereitet, die er jedoch nie veröffentlichen ließ. Es handelte sich hier um Zusammenhänge, die Tesla selbst als »kosmisch« bezeichnete, aber es war hier auch von Umständen die Rede, mit denen er bei Anhängern des haitianischen Voodoo-Kultes und anderen wenig zivilisierten Bevölkerungsgruppen auf vollkommenes Verständnis gestoßen wäre. Doch wenn Tesla – immerhin einer der gebildetsten und kultiviertesten Menschen seiner Zeit – derartige

Gedanken entwickeln konnte, dann war es keineswegs auszuschließen, daß auch andere Menschen oder Personengruppen auf einem vergleichbaren Niveau in der Lage wären, solche Ideen mit ihren eigenen Vorstellungen und Erfahrungen zu vereinbaren.

Tesla beschreibt hier einen Zustand, der den »seelenlosen Automaten aus Materie und Energie« – als solchen hatte er den Menschen einmal bezeichnet – befähigt, sittliche Werturteile zu treffen und deren Übertretung zu bestrafen.

Doch nun diese »erstaunliche Entdeckung« in Teslas eigenen Worten:

> Ohne mich auf die Seite der Psychologen oder der Spiritualisten zu schlagen, ist es mir zu meiner größten Zufriedenheit gelungen, die Automatismen des Lebens durch stetige Beobachtung einzelner Handlungen, vor allem aber durch gewisse Verallgemeinerungen dieser Beobachtungen, schlüssig nachzuweisen. Dabei stieß ich auf einen Umstand, der für die menschliche Gesellschaft von allergrößter Bedeutung sein dürfte und mit dem ich mich im folgenden kurz befassen will.
>
> Meine ersten Erfahrungen mit dieser erstaunlichen Tatsache machte ich bereits in meiner Jugend, doch über Jahre hin pflegte ich dies dem Wirken des Zufalls zuzuschreiben. Wenn ich nämlich erlebte, daß meiner Person, einem mir nahestehenden Menschen oder einer Sache, die mir viel bedeutete, von anderen großes Unrecht angetan wurde, dann verspürte ich einen einzigartigen und doch unbestimmbaren Schmerz, den ich in Ermangelung eines genaueren Begriffs als »kosmisch« bezeichnete; die Urheber jenes Unrechts hatten daraufhin regelmäßig Kummer zu erleiden. Nachdem ich dies mehrfach erlebt hatte, zog ich einige Freunde ins Vertrauen; sie konnten sich von der Richtigkeit der Theorie überzeugen, die ich allmählich herausgebildet hatte und hier nun erläutern will.
>
> Unsere Körper sind durchweg äußerst ähnlich aufgebaut und im Grunde den gleichen äußeren Einflüssen ausgesetzt. Deshalb reagieren wir auf vergleichbare Weise auf Reize, und es besteht eine allgemeine Übereinstimmung zwischen unseren Verhaltensformen, die wiederum die Grundlage unserer sozialen Regeln und Gesetze bildet. Wir sind Automaten, deren Verhalten allein von den in unserer Um-

gebung wirkenden Kräften abhängt; das Spiel dieser Kräfte treibt uns umher wie einen Kork auf den Wellen, doch wir gestehen uns diese Wirkung nicht ein und beanspruchen für uns fälschlich einen freien Willen.

Unsere Bewegungen und Handlungen dienen stets dem Erhalt des Lebens, und obwohl wir voneinander unabhängig zu handeln scheinen, bestehen doch unsichtbare Verbindungen zwischen uns. Solange mit einem Organismus alles zum besten steht, reagiert er in exakt angemessener Weise auf diese Reize, doch wenn er gewissen Störungen zum Opfer fällt, ist damit auch seine Selbsterhaltungskraft geschwächt.

Jedermann wird einsehen, daß sich die Lebenschancen eines Menschen verringern, wenn er ertaubt, erblindet oder Gliedmaßen verliert. Und dies gilt gleichfalls – womöglich sogar in noch höherem Maße – für bestimmte Defekte des Gehirns, die den Automaten ganz oder teilweise seiner vitalen Fähigkeiten berauben und ihn in den Untergang reißen.

Ein höchst empfindlich reagierendes und aufmerksames Wesen, dessen hochentwickelte Mechanismen sämtlich intakt sind und das sich präzise den wechselnden Anforderungen seiner Umgebung anzupassen vermag, ist mit einem transzendenten mechanischen Sinn ausgestattet, der es dazu befähigt, auch solche Gefahren zu vermeiden, die sich einer direkten Wahrnehmung entziehen. Wenn es mit Wesen in Berührung kommt, deren Steuerungsorgane in hohem Maße defekt sind, nimmt es vermittels dieses Sinnes jenen »kosmischen« Schmerz wahr.

Die Gültigkeit meiner Theorie hat sich in Hunderten von Fällen bewiesen, und ich möchte alle interessierten Naturforscher dazu aufrufen, diesem Thema ihre Aufmerksamkeit zu schenken. Ich bin davon überzeugt, daß wir hier mit vereinten und planvollen Anstrengungen Ergebnisse erzielen können, deren Bedeutung für die Welt sich noch gar nicht absehen läßt.

Da Tesla hinsichtlich seiner persönlichsten Erfahrungen und Erlebnisse stets von wenig mitteilsamer Natur war, dürfte er der Welt eine Fülle höchst interessanter Geschichten vorenthalten haben. Er war zweifellos ein ungewöhnlicher Mensch und gehörte zu denjenigen, denen übersinnliche Erfahrungen nicht fremd sind. Doch obwohl er gelegentlich von Vorfällen berichtete, die sich eindeutig dieser Rubrik zuordnen lassen, verneinte er stets energisch, jemals übersinnliche Erfahrungen gemacht zu haben. Offenbar war er hier beinahe ängstlich darauf bedacht, nicht als Befürworter des Spiritismus angesehen zu werden oder das Mißverständnis zu befördern, er habe neben Materie und Energie noch weitere lebensbestimmende Kräfte anerkannt.

Nach seinen philosophischen Ansichten über das Leben befragt, entwickelte er immer wieder die Theorie, daß der menschliche Körper eine fleischliche Maschine sei, die ausschließlich auf die Einwirkung äußerer Kräfte reagiert.

Eines Abends saßen der Erfinder und der Autor dieses Buches in New York im Hotel Gouvernor Clinton beisammen und diskutierten diese Theorie der fleischlichen Maschine – eine Theorie, wie sie typisch für die materialistische Philosophie des viktorianischen Zeitalters war. Wir bestehen – so sagte Tesla – einzig aus solchen Substanzen, die wir im Labor bestimmen und wägen können. Sämtliche Eigenschaften und Fähigkeiten beziehen wir aus den Atomen, aus denen unser Körper aufgebaut ist. Unsere Erfahrungen und Erlebnisse – alles, was wir »Leben« nennen – resultieren auf komplexe Weise aus den Reaktionen jener Atome auf die Kräfte, mit denen die Außenwelt auf uns einwirkt.

Solch eine Philosophie zeichnet sich freilich durch Kürze und Einfachheit aus und läßt sich mit großer Bestimmtheit vertreten. Dies führt allerdings dazu, daß ihre Anhänger gar zu leicht eine dogmatische Haltung annehmen, bei der die eigentlichen Fakten gegenüber der energisch vorgetragenen eigenen Meinung allmählich ins Hintertreffen geraten.

»Ich glaube nicht ein Wort von Ihrer Theorie«, entgegnete ich Tesla, »und bin gottlob fest davon überzeugt, daß Sie selbst ebenfalls nicht daran glauben. Mein stärkstes Gegenargument liegt in dem Umstand, daß es überhaupt einen Tesla gibt. Ihrer Theorie zufolge könnte dem gar nicht so sein. Tesla ist mit einem schöpferischen Geist begabt und hat mit seinen Errungenschaften alle anderen Menschen weit übertroffen. Wäre Ihre Theorie richtig, dann wären wir alle entweder ebensolche Genies wie Tesla, oder wir wären allesamt mittelmäßige Geister, die in Ihre fleischlichen Maschinen eingesperrt sind und in identischer Weise auf die gleichförmigen, unbeseelten und unschöpferischen äußeren Reize reagieren.«

»Aber wir *sind* solche fleischlichen Maschinen«, beharrte Tesla. »Es verhält sich nur so, daß ich eine empfindlichere Maschine bin als meine Mitmenschen; ich kann Reize wahrnehmen, für die sie unempfindlich sind, und ich bin in der Lage, diese Eindrücke zu verstehen und zu deuten. Ich bin einfach nur ein besser funktionierender Automat als die anderen.«

»Daß Sie diesen Unterschied einräumen, Dr. Tesla, widerspricht vollkommen ihrer eigenen Theorie«, antwortete ich ihm. »Ihre höhere Empfindlichkeit würde demnach allein ein Werk des Zufalls sein. Und wenn wir diesen Zufall als solchen anerkennen, müßte sich auch bei allen anderen Menschen mehr oder minder häufig die geniale Begabung zeigen, die Sie nun schon Ihr ganzes Leben lang besitzen. Und selbst wenn diese Genialität nur gelegentlich auftreten sollte, würden wir alle doch permanent im Rufe eines Genies stehen. Doch niemand von uns wird – nicht einmal vorübergehend – von derartigen genialischen Anwandlungen heimgesucht. Ihre Theorie von der fleischlichen Maschine scheint mir aus diesem Grunde unhaltbar. Wären Sie wirklich offen mit mir, dann würden Sie mir sicherlich über eine ganze Reihe seltsamer Erfahrungen berichten, die Sie sich nicht erklären konnten, die den Rahmen Ihrer Theorie sprengen und über die Sie bislang mit keinem Menschen reden wollten, weil Sie befürchteten, mißverstanden oder gar ausgelacht zu werden. Ich persönlich halte derartige Erfahrungen weder für seltsam noch für unverständlich, und ich bin mir sicher, daß Sie mir früher oder später davon erzählen werden.«

Wenn ich mit Tesla in irgend einem Punkt nicht einer Meinung war, geschah es regelmäßig, daß wir uns anschließend für einige Zeit nicht trafen. So auch hier. Doch wenig später telephonierte ich recht häufig mit ihm und hatte den Eindruck, daß unser Gespräch ihn doch dazu gebracht hatte, seine Haltung mir gegenüber zu überdenken. Bei unserer nächsten Begegnung hatte er offenbar Vertrauen zu mir gefaßt und äußerte: »Mr. O'Neill, Sie verstehen mich besser als sonst jemand.« Ich erwähne dies lediglich um zu zeigen, daß meine Vermutung richtig war und daß in dem synthetischen Individuum, dem »Übermenschen«, als der Tesla vor der Öffentlichkeit aufzutreten pflegte, noch ein ganz anderer Tesla verborgen war.

Zu jener Zeit wußte ich allerdings weder etwas von seiner »erstaunlichen Entdeckung« noch von seinen Erlebnissen und Erfahrungen, über die er mir erst später berichtete. Wäre mir all dies damals schon bekannt gewesen, dann hätte ich unser Gespräch viel besser auf diese Themen lenken können.

17

Obwohl Tesla durchaus nicht an übersinnliche Phänomene glauben wollte, hatte er bereits viele Erfahrungen gemacht, die wir diesem Bereich zuordnen müssen und deren Realität er keineswegs abstritt oder verleugnete. Solch ein widersprüchliches Verhalten war eben typisch für ihn.

So lehnte er beispielsweise die Telepathie als paranormales Phänomen ab, war aber gleichzeitig davon überzeugt, daß Menschen vermittels ihres Geistes auf direktem Wege miteinander kommunizieren konnten. Als Tesla in den neunziger Jahren von einem Reporter zu diesem Thema befragt wurde, entgegnete er: »Bei den Erscheinungen, die üblicherweise als Beweis für die Existenz von Telepathie herangezogen werden, handelt es sich um bloße Koinzidenz. Gleichwohl hat es mich stets interessiert, die Funktionsweise des menschlichen Geistes auf vernünftige Weise zu beobachten und zu untersuchen. Stellen Sie sich einmal vor, ich würde plötzlich beabsichtigen, Sie umzubringen. Sie würden diese Absicht augenblicklich registrieren. Ist das nicht wunderbar genug? Welcher Prozeß vermittelt dem Geist diese Information?«

Der Tenor dieses Interviews lautete etwa folgendermaßen: Eine paranormale Telepathie gibt es nicht, aber die direkte Übertragung eines Gedankens ist ein wunderbares Phänomen, das es verdient, wissenschaftlich untersucht zu werden.

Der vermeintliche Widerspruch erklärt sich aus dem Umstand, daß man alle paranormalen Phänomene damals der Wirkung von Geisterwesen oder der Seelen von Verstorbenen zuschrieb. Solche Erklärungen hatten keinen Platz in Teslas Philosophie, zumal er nicht an die Unsterblichkeit glaubte und sich sicher war, alle Phänomene auf der Grundlage von Materie und Energie erklären zu können; spirituelle Kräfte lagen jenseits dieses Bereiches. Denkprozesse entstanden seiner Ansicht nach aus den Wechselwirkungen von Materie und Energie im menschlichen Gehirn; es war nicht von der Hand zu weisen, daß dabei möglicherweise bestimmte Wellen in den Äther übertragen wurden. Und wenn ein menschlicher Geist Ätherwellen aussandte – warum sollte ein anderer diese Wellen nicht empfangen und wieder in Gedanken umsetzen können?

Außerhalb des Kreises seiner engsten Vertrauten weigerte sich Tesla jedoch, über seine paranormalen Erlebnisse zu reden. Bei einer Gelegenheit dürfte er allerdings aufgrund einer Vorahnung das Leben eines Freundes gerettet haben – davon berichtet zumindest sein Neffe Sava N. Kosanovich, dem er diese Geschichte anvertraut hatte:

»Tesla erzählte mir, das er Vorahnungen hatte. Er erklärte sich dieses Phänomen auf mechanische Weise und sagte, er sei eben ein besonders empfindlicher Empfänger und würde jede Störung registrieren. Außerdem behauptete er, jeder Mensch sei eine Art Automat, der auf äußere Reize reagiert.

In diesem Zusammenhang berichtete er mir von einer großen Gesellschaft, die er in New York für einige Freunde gegeben hatte, die mit einem bestimmten Zug nach Philadelphia abreisen wollten. Dabei drängte ihn ein starkes Gefühl, seine Freunde nicht wie geplant abreisen zu lassen; er hielt sie mit Gewalt zurück, so daß sie ihren Zug verpaßten. Später stellte sich heraus, daß genau dieser Zug in ein Unglück verwickelt wurde, bei dem es eine große Zahl von Verletzten gab. Diese Sache ereignete sich in den neunziger Jahren.

Auch als seine Schwester Angelina erkrankte und schließlich starb, sandte er uns ein Telegramm, in dem es hieß: ›Ich sah vor mir, wie Angelina sich erhob und fortging. Ich fühlte, daß es nicht gut um sie steht.‹«

In einem unveröffentlichten Manuskript berichtet Tesla selber über zwei bemerkenswerte paranormale Ereignisse. Es geht dabei um eine Lebenssituation, in der seine eigenartige Visualisierungsfähigkeit aufgrund von Überarbeitung schwand und nach einiger Zeit wiederkehrte. Während diese Fähigkeit wieder zurückkehrte, sah er zunächst beständig Ereignisse aus seiner frühesten Kindheit vor sich; dann wiederholte er allmählich immer jüngere Erinnerungen, bis er schließlich an den Punkt kam, an dem er ein Ereignis vor sich sah, das noch nicht stattgefunden hatte.

Tesla selbst erzählt diese Geschichte folgendermaßen:

> Ich möchte hier über eine außergewöhnliche Erfahrung berichten, die für Psychologen von großem Interesse sein dürfte. Es war mir gelungen, mit meinem geerdeten Sender ein bemerkenswertes Phänomen hervorzurufen, und ich war nun bemüht, dessen genaue Bedeutung hinsichtlich der Fortpflanzung von Elektrizität durch die Erde zu erforschen. Es schien ein aussichtsloses Unterfangen, und ich arbeitete über ein Jahr ununterbrochen an dem Problem, ohne jedoch einen Erfolg zu erzielen. Die Forschung nahm mich derartig in Anspruch, daß ich alles andere um mich her vergaß und nicht einmal an meine angegriffene Gesundheit dachte. Schließlich brach ich vor Erschöpfung zusammen; die Natur wandte ihr Heilmittel an und ließ mich in einen todesähnlichen Schlaf sinken.

Als ich der Sinne wieder mächtig war, mußte ich zu meiner Bestürzung feststellen, daß es mir nahezu unmöglich war, mir Szenen aus meinem Leben vor Augen zu rufen; lediglich die frühesten Kindheitserinnerungen – jene Erfahrungen, die als erste Einzug in mein Bewußtsein genommen hatten – waren mir zugänglich. Und seltsam genug: Diese Erinnerungen erschienen mir mit überraschender Genauigkeit und brachten mir eine höchst willkommene Erleichterung. Nacht für Nacht mußte ich an diese Dinge denken, sobald ich mich zur Ruhe begab, und die Erinnerungen enthüllten mir immer mehr Einzelheiten über meine frühe Jugend. Das Bild meiner Mutter spielte stets die Hauptrolle in den Szenen, die sich da allmählich vor mir entfalteten, und mit der Zeit erfüllte mich das brennende Verlangen, sie wiederzusehen.

Dieses Gefühl nahm eine derartige Intensität an, daß ich beschloß, alle Arbeiten ruhen zu lassen und meinem Wunsch nachzugeben. Zuvor war allerdings im Laboratorium noch vieles zu erledigen, und so vergingen noch einige Monate, in deren Verlauf ich die Erinnerungsfähigkeit an mein früheres Leben nach und nach so weit zurückgewann, daß sie bis zum Frühling des Jahres 1892 reichte.

Im nächsten Bild, das nun aus dem Nebel des Vergessens auftauchte, sah ich mich selbst, wie ich im Pariser Hotel de la Paix aus einem jener Schlafanfälle erwachte, die von meiner fortgesetzten übermäßigen Anstrengung des Gehirns herrührten. Stellen Sie sich nur den Schmerz und die Verzweiflung vor, als ich vor mir sah, wie mir hier eine Nachricht ausgehändigt wurde, aus der hervorging, daß meine Mutter im Sterben lag.

Besonders bemerkenswert dürfte hier der Umstand sein, daß ich mich während der Zeit meines teilweisen Gedächtnisverlustes lebhaften Zugang zu jenen Dingen hatte, die im Zusammenhang mit meinen Forschungen standen. Ich konnte mich selbst an die kleinsten Einzelheiten und unbedeutende Beobachtungen erinnern und sogar ganze Seiten aus Büchern sowie komplizierte mathematische Formeln auswendig hersagen.

Was Tesla hier vorhergesehen hatte, war der Vorfall, der sich unmittelbar nach seinem Pariser Vortrag ereignete; wir haben in einem früheren Kapitel gesehen, daß er daraufhin sofort in seine Heimat aufbrach und noch kurz vor dem Tod seiner Mutter dort eintraf.

Über das zweite Erlebnis – es steht ebenfalls im Zusammenhang mit dem Tode seiner Mutter – berichtet Tesla im selben Manuskript an anderer Stelle:

> Seit vielen Jahren habe ich mich bemüht, das Rätsel des Todes zu lösen und dabei mit Spannung nach spirituellen Anzeichen Ausschau gehalten. Doch es war mir im Verlaufe meines Lebens nur einmal gegeben, eine Erfahrung zu machen, die mir zumindest vorübergehend den Eindruck einer übernatürlichen Kraft vermittelte. Dies geschah zur Zeit des Todes meiner Mutter.
>
> Der Schmerz und die langen Wachen an ihrem Sterbebett hatten mich vollkommen erschöpft, so daß man mich eines Abends in ein Haus brachte, das etwa zwei Straßen von unserer Wohnung entfernt war. In meiner Hilflosigkeit dachte ich daran, daß meine Mutter mir sicherlich ein Zeichen geben würde, wenn sie während meiner Abwesenheit stürbe.
>
> Zwei oder drei Monate zuvor hatte ich mich in London mit meinem inzwischen verstorbenen Freund Sir William Crookes eingehend über Spiritualismus unterhalten und stand noch sehr unter dem Eindruck derartiger Gedanken. Wären sie von anderen Menschen an mich herangetragen worden, so hätte ich sie womöglich kaum beachtet; seinen Argumenten gegenüber war ich jedoch höchst aufgeschlossen, zumal die Lektüre seiner epochalen Arbeit über strahlende Materie mir als jungem Mann ein entscheidender Anstoß zur Beschäftigung mit der Elektrizität war.
>
> Ich ging nun davon aus, daß hier die besten Voraussetzungen zu einem Blick in die jenseitige Welt gegeben waren, da meine Mutter als vielseitig begabte Frau eine überragender Intuitionskraft besaß. Die ganze Nacht über verharrte ich mit jeder Faser meines Gehirns in angestrengter Erwartung, doch erst als ich am frühen Morgen einschlummerte – vielleicht fiel ich auch in eine Ohnmacht –, sah ich engelgleiche Gestalten vor mir, die von einer Wolke getragen wurden. Eine dieser Gestalten blickte liebevoll auf mich herab und nahm dabei allmählich die Züge meiner Mutter an. Die Erscheinung schwebte langsam durch den Raum und verschwand dann; ein unbeschreiblich schöner Gesang vieler Stimmen ließ mich erwachen. In jenem Augenblick überkam mich mit einer Sicherheit, die sich nicht mit Worten ausdrücken läßt, die Gewißheit,

daß meine Mutter gestorben war. Und genau so verhielt es sich wirklich.

Ich konnte die ungeheure Bedeutung dieser schmerzlichen Vorahnung nicht begreifen, und obgleich ich mich nach wie vor in schlechter körperlicher Verfassung befand, schrieb ich unter dem Eindruck dieses Erlebnisses einen Brief an Sir William Crookes.

Als ich mich wieder erholt hatte, suchte ich lange Zeit nach einem äußeren Anlaß für diese seltsame Erscheinung, den ich dann zu meiner großen Erleichterung nach einigen Monaten auch finden konnte: Ich erinnerte mich, einmal ein Gemälde von der Hand eines berühmten Meisters gesehen zu haben, auf dem eine der Jahreszeiten in allegorischer Weise durch eine Wolke mit einer Gruppe von Engeln dargestellt wurde, die tatsächlich zu schweben schien. Mit Ausnahme des Gesichtes meiner Mutter glich meine Traumerscheinung genau diesem Gemälde; bei der wunderbaren Musik hatte es sich um den Chor einer nahegelegenen Kirche gehandelt, in der gerade die Ostermesse zelebriert wurde. Diese Erkenntnisse erklärten mir das Erlebnis in völliger Übereinstimmung mit den wissenschaftlichen Sachverhalten.

Teslas »wissenschaftliche« Erklärung ist freilich vollkommen unwissenschaftlich, da sie drei wesentliche Faktoren unberücksichtigt läßt: Erstens handelte es sich hier um ein paranormales Erlebnis, das ihm nach seiner eigenen Aussage eine mit Worten nicht auszudrückende Sicherheit vermittelte; zweitens handelte es sich – und Tesla hatte dies auch so verstanden – bei diesem Erlebnis wirklich um die Offenbarung des Todes seiner Mutter; drittens fand das Ereignis genau zum Zeitpunkt ihres Todes statt. Der Mechanismus, der jenes Phänomen hervorbrachte, dürfte sich dabei der im Gedächtnis abgelegten Erinnerungen (etwa an das Gemälde) bedient haben, um die Information auf eine verständliche, wenn auch symbolische Weise zu übermitteln. Und darüber hinaus hatte Tesla schließlich schon einige Monate zuvor auf dem Höhepunkt einer Reihe von Erscheinungen, in deren Zentrum seine Mutter stand, eine Vorahnung von ihrem Tode empfangen.

Er versuchte immer wieder, jedwede paranormalen oder spirituellen Erfahrungen auf »wissenschaftliche« Weise wegzuargumentieren.

Die vollkommen unzureichenden Erklärungen, mit denen er sich in diesem Zusammenhang zufriedengab, deuten auf einen inneren Konflikt hin: den Konflikt zwischen dem materialistisch ausgerichteten »Übermenschen«, zu dem er sich selbst stilisiert hatte und der außer Materie und Energie nichts gelten lassen wollte und dem Menschen, der von Geburt an mit der Fähigkeit zu tiefen spirituellen Einsichten in das Leben begabt war, diese Fähigkeit aber zu unterdrücken suchte.

Eine der seltsamsten Partys, zu denen Tesla jemals geladen hatte, war das Essen, das er für den Preisboxer Fritzie Zivic ausrichtete; es fand in den vierziger Jahren im privaten Speisesaal des Hotel New Yorker statt. Fritzie Zivic sollte am Abend des gleichen Tages im Madison Square Garden zu einem Kampf um die Meisterschaft im Weltergewicht antreten.

Er war einer von sechs Brüdern, die sich durchweg dem Berufsboxen und dem Ringen verschrieben hatten. Sie lebten in Pittsburgh, wo ihr Vater einen Bierausschank betrieb. Dort waren sie auch als Kinder jugoslawischer Einwanderer zur Welt gekommen; in späteren Jahren hatten sie ihren für amerikanische Zungen kaum aussprechbaren Familiennamen aus beruflichen Überlegungen zu »Zivic« abgekürzt.

Tesla hatte alle sechs Brüder zu dem Essen eingeladen. Außer ihnen waren nur noch der Wissenschaftsjournalist der *New York Times* William L. Laurence und der Autor dieses Buches zugegen.

Damit waren drei höchst unterschiedliche Menschentypen um den Tisch versammelt. Die Zivic-Brüder waren allesamt ausgesprochen physische Erscheinungen. Obgleich von durchschnittlicher Größe, wirkten sie mit ihren stämmigen Körpern, mächtigen Brustkästen und breiten Schultern doch eher gedrungen. Ihre Augen waren hell, sie hatten klare, scharfe Gesichtszüge; sie waren eher konservativ gekleidet und trugen weißleinerne Kragen. Die beiden Journalisten standen in starkem Gegensatz zu ihrer Erscheinung – Laurence wirkte mit seinem dichten, nach hinten gekämmten rabenschwarzen

Haarschopf eher wie ein Musiker –, und von diesen beiden Gruppen hob sich Tesla wiederum deutlich ab.

Tesla hatte seinen Platz am Kopf des Tisches eingenommen. Zu seiner Rechten saß Fritzie mit dreien seiner Brüder; ihnen gegenüber Laurence und die übrigen beiden Zivic-Brüder. Der Autor selbst saß dem Erfinder gegenüber am anderen Ende des Tisches.

Tesla hatte zu diesem Anlaß keinen seiner berühmten Entenbraten auftragen lassen – er hatte anderes im Sinn. Sobald die Tischgesellschaft Platz genommen hatte, erhob er sich. Der breitschultrige, stämmige Fritzie wirkte neben ihm fast zwergenhaft. Der Erfinder war in einen leichten, eng geschnittenen schwarzen Anzug gekleidet, der ihn noch schlanker als gewöhnlich wirken ließ. Zudem hatte er im vorhergehenden Jahr deutlich an Gewicht verloren, und die scharfen, knochigen Züge, die sein Gesicht im Alter angenommen hatte, traten deshalb noch deutlicher hervor. Sein asketischer Kopf trug eine Krone von silberweißen Locken, die freilich nicht mehr so dicht wuchsen wie noch einige Jahre zuvor. Mit seinen schmalen, eleganten Händen wies er auf den Preisboxer, der zu der seltsamen Gestalt emporlächelte, die ihn da turmhoch überragte.

»Ich werde für Sie ein schönes, kräftiges Beefsteak bestellen. Mindestens zwei Zoll dick soll es sein, damit Sie heute abend genug Kraft haben, die Meisterschaft ...«

Hier erhob der Preisboxer beide Hände, um den mit lebhaften Gesten redenden Wissenschaftler zu unterbrechen.

»Nein«, protestierte er. »Ich bin im Training und darf heute kein Fleisch essen.«

»Hören Sie mir gut zu«, rief Tesla aus, der mit seiner weit ausholenden Gestik nicht von ungefähr an die Cheerleader bei einem Footballspiel erinnerte. »Nun werde ich Ihnen sagen, wie ein Training auszusehen hat. Sie werden hier und jetzt mit einem Beefsteak trainieren. Ich werde ihnen eins bestellen, das mindestens zwei Zoll dick ist und von Blut nur so tropft, damit Sie ...«

Die fünf anderen Brüder schlossen sich Fritzies Protest an.

»Er darf heute wirklich kein Beefsteak essen, Dr. Tesla. Er würde sonst den Kampf verlieren«, riefen sie wie aus einem Munde.

»Ach was, er würde den Kampf nicht verlieren«, entgegnete Tesla scharf. »Denkt doch nur an die Helden aus unserer serbischen Volksdichtung. Die waren allesamt rotblütige Männer und großer Kämpfer. Nein, Sie werden heute abend zum Ruhme Serbiens antreten, und dazu brauchen Sie ein schönes, blutiges Beefsteak.«

Tesla hatte sich mittlerweile in eine richtiggehende Erregung hineingeredet und gestikulierte dabei, als ob er bei einem spannenden Kampf direkt neben dem Ring stehen würde. Doch auf Fritzie und seine Brüder machte dieses Verhalten keinen Eindruck. Fritzie sagte nur:

»Ich will siegen, Dr. Tesla. Ich werde zum Ruhme Jugoslawiens antreten, und wenn ich siege und der Ringrichter mich ins Mikrophon sprechen läßt, werde ich sagen, daß ich auch für Dr. Tesla gekämpft habe. Aber bitte, Dr. Tesla – kein Beefsteak.«

»Gut, Fritzie«, lenkte Tesla ein, »Sie können essen, was immer Sie wollen. Aber Ihre Brüder werden ihr Beefsteak bekommen.«

»Nein, Dr. Tesla«, erwiderte da der älteste Bruder. »Wenn Fritzie kein Beefsteak essen kann, wollen wir auch keins haben. Wir werden das gleiche essen wie er.«

Fritzie bestellte sich Rührei mit Schinken auf Toast, dazu ein Glas Milch. Die fünf Brüder und die beiden Journalisten schlossen sich dem an.

Tesla lachte herzlich. »Das nennt man also heutzutage ›kämpfen‹«, sagte er kichernd.

Für sich selbst bestellte der blutrünstige dreiundachtzigjährige Wissenschaftler »eine heiße Milchspeise« die ihn offenbar mit erstaunlich viel Energie versorgte; zumindest drängte er Fritzie während der gesamten Mahlzeit, es seinem Gegner »richtig zu zeigen« und ihn »in der ersten Runde K. o. zu schlagen.«

Es war ein sehr merkwürdiges Essen. Trotz der zahlenmäßigen Überlegenheit der kämpferischen Brüder mit ihren harten Gesichtszügen und ihrem gedrungenen, kräftigen Körperbau war es dem hageren, knochigen, beinahe ausgemergelten Erfinder mit dem dünnen silbernen Haar und den tiefliegenden Augen ein leichtes, die Szene zu beherrschen. Und obwohl den Brüdern die Anspannung wegen des bevorstehenden Kampfes deutlich anzumerken war und durch Teslas Begeisterung noch angefacht wurde, ging es recht ungezwungen zu. Doch ungeachtet aller Gelöstheit waren die Anwesenden durch eine fast unheimliche Spannung miteinander verbunden. Als ich mir dieser Situation bewußt wurde, beobachtete ich interessiert, wie sie sich weiterhin entwickeln würde. Ich hatte schon mehrfach vergleichbare Situationen erlebt, doch niemals unter Umständen wie diesen.

William Laurence saß zu meiner Rechten. Während die Mahlzeit noch in vollem Gange war, wurde er ein wenig unruhig. Er schaute einige Male unter den Tisch und rieb sich Fußgelenk und Waden. Dann wechselte er seine Sitzhaltung, kratzte sich nun am Ellenbogen und am Unterarm. Ich warf ihm einen Blick zu.

»Stimmt etwas nicht, Bill?«, fragte ich ihn, obwohl ich sehr genau wußte, was hier gerade geschah.

»Hier passiert gerade etwas sehr Seltsames«, entgegnete er.

Ein paar Minuten später rieb er sich wieder das Bein und schaute unter den Tisch.

»Spürst du etwas?« fragte ich.

»Ja«, antwortete er. »Etwas Heißes berührt mich an verschiedenen Stellen. Ich kann die Hitze sehr genau spüren, aber ich kann es nicht sehen. Fühlst du es auch?«

»Mach dir darum keine Sorgen«, beruhigte ich ihn. »Ich weiß, was das ist, und ich werde es dir später erzählen. Vorläufig solltest du nur alles so genau wie möglich beobachten.«

Das Phänomen dauerte an, bis die Tischgesellschaft sich auflöste. Auf dem Rückweg zum Büro klärte ich meinen Kollegen auf.

»Du hast dich oft genug über mich lustig gemacht, wenn ich von dem gesprochen habe, was man gemeinhin als paranormale Erlebnisse bezeichnet. Und nun hast du selbst so ein Erlebnis gehabt. Sobald das

Essen endlich seinen Lauf nahm – nachdem sich Dr. Teslas Ausbruch gelegt hatte – konnte ich in der Luft um mich herum eine eigenartige Spannung spüren. Gelegentlich wurde diese Atmosphäre so dicht, daß es sich in meinem Gesicht und auf meinen Händen anfühlte, als ob mich Spinnweben streifen würde. Deshalb nahm ich an, daß hier etwas Ungewöhnliches vor sich gehen würde.

Unsere Tischgesellschaft brachte die allerbesten Voraussetzungen für eine Séance mit sich, und ich weiß nicht, was wir alles gesehen hätten, wenn es um uns herum dunkel gewesen wäre. Da waren sechs kräftige Männer, die in einer engen Verbindung miteinander standen; jeder von ihnen war bis zum Bersten mit vitaler Energie aufgeladen, und es war nur eine Frage der Zeit, wann es zu einer emotionellen Entladung kommen würde. Und dann war da noch Dr. Tesla, der sich heute vermutlich den heftigsten Gefühlsausbruch seines gesamten Lebens geleistet hat; er war mit einer – freilich anders gearteten – vitalen Energie förmlich überladen. Stelle dir einfach vor, daß er gewissermaßen als Medium fungiert und diese Kräfte auf eine uns unbekannte Art organisiert hat. Er hat sozusagen die Kanäle bereitgestellt, durch die diese vitale Energie von einem hohen Potential zu einem niederen Potential hinüberströmen konnte.

Die Personen mit dem niederen Energiepotential waren wir beide, denn ich habe genau die gleichen Phänomene gespürt wie du. Die Energiekanäle müssen mich an verschiedenen Stellen des Körpers berührt haben und führten dort zu dem intensiven Wärmegefühl.

Du kennst doch die Berichte von Séancen, nach denen die Teilnehmer berichteten, sie hätten so etwas wie einen kalten Luftzug gespürt. In diesen Fällen ist genau der entgegengesetzte Prozeß abgelaufen: Hier wurde von den Teilnehmern der Séancen die Energie abgezogen, die das sogenannte Medium zur Herbeiführung der jeweiligen Phänomene benötigte.

Wir haben heute erlebt, wie von den Körpern der Boxer ein feinstoffliches, energiegeladenes Fluidum in unsere Körper hinüberströmte. Bei Séancen verhält es sich üblicherweise so, daß dieses Fluidum von den Anwesenden aus dem Medium oder einfach einem zentralen Punkt zuströmt. Ich habe selbst einmal einen Bericht über Séancen verfaßt und diesen Energiestrom dort als mediales Fluidum bezeichnet.

Nach unserem heutigen Erlebnis wirst du bestimmt besser verstehen, warum ich vor einigen Jahren das Risiko eingegangen bin, einen heftigen Zornesausbruch von Dr. Tesla auf mich herabzubeschwören: Damals sagte ich ihm, daß er mit seiner Theorie vom Menschen als fleischlicher Maschine doch nur eine ganze Reihe seltsamer Erfahrungen zu verbergen suche, über die er nicht zu reden wage ...«

Einige Tage vor seinem Tode hatte Tesla ebenfalls ein paranormales Erlebnis, obwohl alles darauf hindeutet, daß er sich der Ungewöhnlichkeit dieser Situation keineswegs bewußt war.

Am frühen Morgen ließ er den Botenjungen Kerrigan zu sich kommen, der schon oft Aufträge für ihn ausgeführt hatte. Er überreichte ihm einen verschlossenen Umschlag und trug ihm auf, diesen so schnell wie möglich auszuliefern. Als Empfänger war auf dem Umschlag »Mr. Samuel Clemens, 35 South Fifth Avenue, New York City« angegeben.

Kerrigan fand sich schon nach kurzer Zeit wieder bei Tesla ein und erklärte, er könne den Brief nicht zustellen, da die Adresse nicht richtig sei. Es gebe weder eine South Fifth Avenue, noch könne er in der Nachbarschaft der angegebenen Hausnummer in der Fifth Avenue einen Mr. Clemens ausfindig machen.

Tesla war ungehalten. Er bedeutete Kerrigan: »Mr. Clemens ist ein sehr berühmter Schriftsteller, der seine Bücher unter dem Namen Mark Twain veröffentlicht, und es sollte dir wirklich nicht schwerfallen, ihn unter der angegebenen Adresse zu finden, weil er dort wohnt.«

Kerrigan kehrte nun zur Zentrale des Botendienstes zurück und berichtete seinem Vorgesetzten von dem Problem. Der sagte nur:

»Kein Wunder, daß du die South Fifth Avenue nicht finden konntest. Die Straße wurde schon vor einigen Jahren in West Broadway umbenannt. Und du kannst auch unmöglich einen Brief an Mark Twain ausliefern, weil der bereits seit fünfundzwanzig Jahren tot ist.«

Als er Tesla diese Information überbrachte, geschah etwas, das ihn noch weit mehr in Staunen versetzte.

»Du willst mir doch jetzt wohl nicht erzählen, daß Mark Twain gestorben ist?« sagte Tesla. »Letzte Nacht noch war er hier in meinem Zimmer. Er saß dort auf dem Stuhl, und wir haben uns eine Stunde lang unterhalten. Im Augenblick ist er in Geldnöten und braucht dringend meine Hilfe. Du gehst jetzt also auf der Stelle zu ihm und bringst ihm den Umschlag – und wage bloß nicht, wieder hierher zu kommen, ehe du den Auftrag erledigt hast.« (Bei der Adresse auf dem Umschlag handelte es sich um die Anschrift von Teslas erstem Laboratorium!)

Kerrigan kehrte abermals ratlos zu seiner Zentrale zurück. Der Umschlag war nicht besonders gut verschlossen; man öffnete ihn in der Hoffnung, noch einen möglichen Hinweis darauf zu finden, wie mit dem Brief zu verfahren sei. Aber er enthielt nichts als ein unbeschriebenes Blatt Papier, in das gut zwanzig Fünf-Dollar-Noten eingeschlagen waren. Als Kerrigan das Geld wieder bei Tesla abliefern wollte, erklärte ihm dieser ärgerlich, er solle die Summe entweder zustellen oder für sich behalten.

Im Laufe der vergangenen zwanzig Jahre war Tesla wegen unbezahlter Hotelrechnungen immer wieder in unangenehme Situationen geraten, und es scheint, als habe er seine eigene Lage hier in gewisser Weise auf Mark Twain übertragen.

Angesichts Teslas hochausgebildeter Fähigkeit, Gedanken in Form räumlicher Objekte wahrzunehmen, liegt die Vermutung nahe, daß es sich auch hier um solch eine gedankliche Visualisierung gehandelt haben dürfte. Tesla und Mark Twain waren eng miteinander befreundet, und wir dürfen kaum annehmen, daß der Erfinder nichts von dessen Tod gewußt haben sollte. Doch wie konnte es dann zu dieser seltsamen »Vergeßlichkeit« kommen? Vielleicht vermag die folgende Theorie diesen Sachverhalt zu erhellen:

Teslas Gedächtnis war mit sehr vielen Erinnerungen an Mark Twain angefüllt; sie reichten zurück bis in die Zeit, in der die Lektüre eines seiner Bücher dem todkranken jungen Mann über den kritischen Zustand hinweggeholfen hatte. Als er dem Schriftsteller zwanzig Jahre später davon berichtete, war dieser zu Tränen gerührt. Im Laufe der folgenden Jahre entwickelte sich zwischen beiden Männern eine enge Freundschaft mit vielen angenehmen Erlebnissen. Jedes dieser Erlebnisse hatte Tesla in seinem Gedächtnis abgelegt. Wir haben zwar keine genaueren Kenntnisse darüber, wie dieser Prozeß des Ablegens von Erinnerungen im Gehirn von statten geht, aber für den Augenblick wird es genügen, wenn wir davon ausgehen, daß es sich hier um ein systematisches Verfahren handelt, bei dem die jüngeren Erinnerungen gleichsam auf die älteren gestapelt werden. Als Tesla nun in seinem Zimmer saß und an Mark Twain dachte (was sich vermutlich eher im Unterbewußtsein abgespielt haben dürfte), ging er in seinen Erinnerungen so weit zurück, bis er einen Punkt erreichte, der ihm angenehm war. Bei der Konzentration auf diese Erinnerung und ihrer Visualisierung vermittels des Sehzentrums regte er dann einen dermaßen starken Strom vitaler Energie an, daß alle oberhalb dieser Schicht abgelegten Erinnerungen sozusagen »ausbrannten« oder vielleicht auch nur vorübergehend »narkotisiert« wurden. Nach jener Visualisierung waren jedenfalls sämtliche Erinnerungsspuren hinsichtlich des Schriftstellers, die nach dem ungemein lebhaft erinnerten Erlebnis lagen, wie ausgelöscht. Von Mark Twains Tod konnte er folglich auch nicht mehr wissen; es war nur logisch, wenn er nun annahm, daß dieser immer noch unter den Lebenden weilte.

Über diese Geschichte sind verschiedene Varianten im Umlauf. Allen ist jedoch gemein, daß Tesla fest davon überzeugt war, Mark Twain sei noch am Leben, habe ihn kürzlich besucht und dabei um etwas Geld zur Überbrückung einer schwierigen Situation gebeten.

Teslas Erfindungen wurden von profitgierigen Geschäftsleuten auf verbrecherische Weise ausgebeutet, über ihn selbst wurden Lügen verbreitet, schließlich ignorierte man ihn gar vollends.* Auch in seinen letzten Lebensjahrzehnten führte Tesla seine Arbeiten fort und gab dabei niemals die Hoffnung auf, er werde eines Tages die notwendigen Mittel besitzen, um den reichen Schatz an Erfindungen, die er allein seinem Gedächtnis anvertraut hatte, doch noch in die Praxis umzusetzen. Sein Stolz verbot es ihm, seine mißliche finanzielle Situation offen einzugestehen. Er sah sich sogar mehrfach dazu gezwungen, sich wegen unbezahlter Hotelrechnungen eine neue Bleibe zu suchen. Einige Unterstützung wurde ihm hier von seinem Freund B. A. Behrend zuteil, der Teslas Theorien mit dem Buch *Der Induktionsmotor* einstmals der Ingenieurswelt erschlossen hatte. Wenn Behrend bei einem seiner regelmäßigen Besuche in New York erfuhr, daß der Erfinder wieder einmal das Hotel hatte wechseln müssen, dann beglich er stets dessen offene Rechnungen und sorgte dafür, daß ihm das zurückgehaltene Gepäck an die neue Adresse nachgeschickt wurde.

Als es zu Beginn der dreißiger Jahre so aussah, als habe die allgemeine wirtschaftliche Depression Tesla endgültig zu Boden gezwungen, blieb dieser jedoch seinem Optimismus treu. Er sagte damals: »Niemand vermag sich vorzustellen, in welch einem Maße ich Anregungen aus denjenigen meiner Erfindungen ziehe, die nun schon Geschichte geworden sind, und welch ein Antriebskraft zu neuen und weit größeren Errungenschaften mir daraus erwächst. Das Wissen, daß mein Mehrphasen-Wechselstrom heute in aller Welt angewandt wird und dazu beiträgt, der Menschheit einen Teil ihrer

* In einem Nachruf in der Londoner Zeitschrift *Nature* kommt Dr. W. Eccles am 13. Februar 1943 zu dem Schluß: »Im Verlauf seines 85 Jahre währenden Lebens war Tesla kaum je auf persönlichen Erfolg bedacht. Er widerrief niemals, was er einst veröffentlicht hatte und beanspruchte nur selten sein Vorrecht an Erfindungen, obwohl diese beständig von anderen ausgebeutet wurden. Angesichts eines derartig schöpferischen Geistes, eines Mannes, dem wir eine Unzahl praktischer Errungenschaften verdanken, ist diese äußerste Zurückhaltung höchst bemerkenswert.«

Last abzunehmen und das Leben angenehmer zu machen, erfüllt mich in jedem Augenblick mit tiefster Befriedigung. Ebensoviel Befriedigung beziehe ich aus dem Umstand, daß mein Rundfunksystem mit allen seinen grundlegenden Eigenschaften den Menschen in aller Welt Freude bereitet.«

Wenn die Rede auf sein System zur kabellosen Übertragung von Energie kam, zeigte Tesla keine Bitterkeit über das Scheitern des Projektes, sondern bewahrte eine ausgesprochen philosophische Haltung: »Vielleicht war die Zeit noch nicht ganz reif dafür. Wir können auch ohne dieses System auskommen, solange meine Wechselstromanlagen unsere Bedürfnisse in ausreichendem Maße befriedigen. Sobald der Bedarf danach besteht, wird mein System jedoch bereit sein und kann innerhalb kürzester Zeit mit Erfolg betrieben werden.«

Anläßlich seines achtzigsten Geburtstages wurde ihm die Frage gestellt, ob er damit rechne, einige seiner jüngst angekündigten Erfindungen noch zu verwirklichen und in Betrieb zu nehmen, antwortete er darauf mit einem Zitat aus Goethes *Faust* in der Originalsprache:

Der Gott, der mir im Busen wohnt,
Kann tief mein Innerstes erregen;
Der über allen meinen Kräften thront,
Er kann nach außen nichts bewegen.

Es war stets Teslas Wunsch, eine Autobiographie zu schreiben. Er beabsichtigte, die Geschichte seiner Arbeiten mit äußerster Genauigkeit aufzuzeichnen; er war sich vollkommen sicher, daß niemand außer ihm selbst diese Aufgabe bewältigen konnte. Aber er erklärte, daß er sich diesem Vorhaben erst dann widmen wolle, wenn er seine wichtigsten Erfindungen bis zur Einsatzreife weiterentwickelt hätte. Aus diesem Grunde hatte er schon mehrere Autoren abgewiesen, die mit dem Plan einer Tesla-Biographie an ihm herangetreten waren, und ihnen die notwendige Unterstützung verweigert. Der Wissenschaftsautor Kenneth Swezey pflegte über mehrere Jahre hin enge Kontakte mit Tesla, und deshalb erwartete man allgemein, daß er mit ihm bei einem solchen Projekt zusammenarbeiten würde. Anläßlich des fünfundsiebzigsten Geburtstags des Erfinders hatte Swezey siebzig Briefe der weltweit führenden Wissenschaftler und Ingenieure zusammengetragen, die er ihm in schön gebundener Form als Geburtstagsgeschenk überreichte; ein Nachdruck jenes Briefbandes sollte später in Jugoslawien zur Gründung des dortigen Tesla-Institutes führen. Swezey hätte die Arbeit an der Biographie aller Wahrscheinlichkeit nach wirklich in Angriff genommen; leider hatte er jedoch im Kriege andere Aufgaben zu erfüllen und mußte deshalb etwa zum Zeitpunkt von Teslas Tod in die Navy eintreten. Tesla selbst rechnete hingegen bis zu seinem vierundachtzigsten Lebensjahr fest damit, daß ihm eine robuste Gesundheit ein über hundertjähriges Leben bescheren würde; aus diesem Grunde ging er wohl davon aus, die Arbeit an seiner Autobiographie immer noch hinausschieben zu können. Zum gegenwärtigen Zeitpunkt ist leider nicht zu klären, ob diese Autobiographie nicht vielleicht doch zumindest teilweise fertiggestellt wurde, denn sämtliche Papiere aus Teslas Besitz wurden nach seinem Tode von der Ausländerbehörde beschlagnahmt – und dies, obwohl der Erfinder ein Bürger der Vereinigten Staaten war.

Während der letzten sechs Jahre seines Lebens brauchte sich Tesla glücklicherweise keine Sorgen mehr um die Mittel machen, mit denen er seine unmittelbaren Lebenskosten bestreiten konnte. Nachdem in Belgrad das Tesla-Institut gegründet worden war, hatte die jugoslawische Regierung als dessen Schirmherrin dem Erfinder eine jährliche Ehrenrente in Höhe von 7200 Dollar zuerkannt.* Doch trotz dieser Rente und eines inzwischen sehr eingeschränkten Lebens-

* Die Gesellschaft, die die Gründung dieses Institutes betrieben hatte, hatte sich zusammengefunden, als Tesla sich dem achtzigsten Lebensjahr näherte; man hatte Wissenschaftler, Geschäftsleute, die Regierung sowie das gesamte jugoslawische Volk zur Förderung des Projektes aufgerufen. Mit staatlicher und privater Unterstützung hatte man so eine Stiftung ins Leben gerufen, von der die notwendigen Mittel zur Einrichtung eines Institutes samt angeschlossenem Forschungslaboratorium bereitgestellt wurden. Das Belgrader

kreises (er verließ nur noch selten sein Hotelzimmer) sollte er wegen seiner grenzenlosen Freigebigkeit in den letzten beiden Lebensjahren immer wieder mit den Rechnungen in Verzug geraten. Wer ihm den kleinsten Dienst erwies, wurde mit einem großzügigen Trinkgeld bedacht; wo immer er das leiseste Anzeichen von Hilfsbedürftigkeit vermutete, spendete er gern.

Gegen Ende des Jahres 1942 erlaubte ihm ein körperlicher Schwächezustand – der seine geistige Regheit freilich keineswegs beeinträchtigte – nur noch selten, das Bett zu verlassen. Er empfing keine Besucher mehr und verwehrte den Zutritt zu seinem Zimmer selbst denjenigen, mit denen er im Laufe der letzten Jahre recht enge Kontakte gepflegt hatte. Den Hotelangestellten gegenüber bestand er darauf, daß sein Gesundheitszustand nicht im geringsten die Konsultation eines Arztes erforderlich machen würde. Selbst die Hotelangestellten durften sein Zimmer nicht betreten, solange er nicht ausdrücklich die Anweisung dazu gegeben hatte.

Am Morgen des 5. Januars gestattete er dem Zimmermädchen, die notwendigen Arbeiten auszuführen und gab dann die Anweisung, man möge doch dafür sorgen, daß niemand zu ihm vorgelassen werde, weil er nicht gestört werden wolle. Das Personal hielt sich strikt an den Auftrag; er erschien keineswegs ungewöhnlich, da Tesla sich immer wieder auch über längere Zeiträume hin absolute Ruhe ausgebeten hatte. Am frühen Morgen des 8. Januars setzte sich ein besorgtes Zimmermädchen über Teslas Anweisung hinweg. Sie betrat sein Zimmer auf die Gefahr hin, den Unmut des Erfinders auf sich zu ziehen, und fand ihn dort tot vor. Sein hageres, knochiges Antlitz wirkte so friedlich, als ob er schlafen würde; um seine Lippen spielte der Anflug eines Lächelns. Der Übermensch war so gestorben, wie er seit jeher gelebt hatte – allein.

Tesla-Institut wurde im Jahr 1936 zu Ehren des achtzigsten Geburtstags des Erfinders feierlich eröffnet; im gleichen Jahr fanden vom 26. bis zum 28. Mai in Belgrad, am 30. Mai in Zagreb sowie am 2. Juni und am 12. Juli in Teslas Geburtsort Smiljan Gedenkfeierlichkeiten statt.

Man benachrichtigte die Polizei und teilte ihr mit, daß Tesla allein und ohne ärztlichen Beistand verstorben sei. Der zuständige Beamte erklärte, der Tod sei in der Nacht des 7. Januars 1943 auf natürliche Weise infolge von Altersschwäche eingetreten. Wenig später erschienen einige Mitarbeiter des FBI, öffneten den Safe in Teslas Hotelzimmer und entnahmen ihm sämtliche Papiere, um sie auf Hinweise zu einer vermuteten geheimen Erfindung von kriegswichtiger Bedeutung zu untersuchen. Dann wurde der Leichnam Campbell's Funeral Parlors an der Kreuzung Madison Avenue/81th Street übergeben.

Die Begräbnisfeierlichkeiten fanden am Dienstag, dem 12. Januar um vier Uhr nachmittags in der Cathedral of St. John the Divine statt; das Traueramt und das letzte Gebet wurden von Bischof Mannig gehalten. Nach der Andacht wurden die sterblichen Überreste des Erfinders zum Friedhof von Ferncliff im Staate New York überstellt und dort später eingeäschert.

FÜNFTER TEIL

NACHKLANG

18

Ungeachtet seines zölibatären Lebens und seiner nahezu einsiedlerischen Existenz in einer eigenen intellektuellen Sphäre war Tesla im gesellschaftlichen Umgang ein Mann mit großem Charme. Das Jahr, in dem er mit jeder noch so harten Arbeit vorlieb nehmen mußte, hinsichtlich seines Quartiers nicht wählerisch sein konnte und essen mußte, was er gerade bekam, hatte in ihm zweifellos einen tiefen und nachhaltigen Eindruck hinterlassen. Darauf deutet schon allein der Umstand hin, daß er selbst in späteren Jahren niemals zu einem Gespräch über diese Zeit bewegt werden konnte. Und doch dürfte all das, was er im Verlauf jenes Jahres hatte durchmachen müssen, einen mildernden Einfluß auf seinen Charakter gehabt haben. Er hatte schwer darunter leiden müssen, allein nach dem Maße nackter Muskelkraft beurteilt zu werden, und diese Situation sollte er niemals vergessen.

Nachdem er durch die Gründung des Laboratoriums und den Verkauf seiner Patente an Westinghouse einige Mittel beisammen hatte, war er stets um ein nahezu fürstliches Auftreten bemüht. Er wußte genau, wie er vermittels der richtigen Kleidung den Eindruck, den seine Erscheinung ohnehin schon machte, noch beträchtlich steigern konnte. Seine Körpergröße verlieh ihm eine gewisse Überlegenheit über andere Menschen; der Umstand, daß er offenkundig mit großer körperlicher Kraft begabt war, trug ebenfalls zu dem Respekt bei, den man seinem Auftreten allgemein entgegenbrachte. Sein ausgezeichnetes Englisch, bei dem er stets um die korrekte Wortwahl bemüht war, sowie das gute halbe Dutzend weiterer Sprachen, die er außerdem beherrschte, ließen ihn schon als Gelehrten erscheinen. Und die erste Gruppe seiner Wechselstrompatente brachte ihm in der öffentlichen Meinung den Ruf eines außerordentlich befähigten Wissenschaftlers ein. Daß er sich zudem niemals des Wertes seiner eigenen Errungenschaften rühmte, sondern stets deren Bedeutung für die Menschheit betonte, brachte ihm die Zuneigung all jener ein, die ihm jemals begegnet waren.

Als Tesla sich in den neunziger Jahren auf dem Höhepunkt seines Ruhmes befand, neigte er eher dazu, sich von der Öffentlichkeit fernzuhalten. Trotzdem gelang es einer Reihe von Journalisten immer wieder, diese Barrieren zu überwinden und sich das Material für interessante Reportagen zu sichern. Eine hervorragende Darstellung seiner Persönlichkeit – ganz im Geschmack der neunziger Jahre gehalten – findet sich in einem Artikel, den Franklin Chester am 22. August 1897 im *Citizen* veröffentlichte. Er charakterisierte den Erfinder dort mit den folgenden Worten:

> Was seine Erscheinung betrifft, kann niemand zu ihm emporblicken, ohne seine Macht zu fühlen. Weit über sechs Fuß groß ist er und dabei sehr schlank. Und doch besitzt er enorme körperliche Kraft. Seine Hände sind sehr groß; seine Daumen ungewöhnlich lang – was immer auf eine hohe Intelligenz hindeutet. Das glatte schwarze Haar – ein tieferes, glänzenderes Schwarz ist kaum vorstellbar – trägt er scharf nach hinten gekämmt, was die Kantigkeit seines Gesichtes noch betont.
>
> Die Wangenknochen sind – ein Charakteristikum der Slawen – hoch und ausgeprägt. Die Haut hat den Ton von Marmor, der mit den Jahren den ersten Anflug von Gelb aufweist. Seine tiefliegenden Augen sind blau und brennen wie ein Feuer. Es scheint, als funkelten in ihnen die gleichen unheimlichen Blitze, die er auch aus seinen Geräten schleudert. Sein energischer Kopf läuft spitz zu; das Kinn ist fast nur ein Punkt.
>
> Niemals war ein Mann von hochfliegenderen Idealen erfüllt. Niemals hat ein Mann so beständig, so ernsthaft, so selbstlos für das Wohlergehen des gesamten Menschengeschlechtes gearbeitet. Geld hat für ihn kaum Bedeutung. Hätte er beschlossen, es Edison gleichzutun, so wäre er heute wohl der reichste Mann dieser Welt – und dabei ist er gerade erst vierzig Jahre alt.
>
> Was am meisten an ihm besticht, ist seine Ernsthaftigkeit. Tesla ist zweifellos der ernsthafteste Mensch in New York. Und doch hat er einen scharfen Sinn für Humor und zudem die wunderbarsten Manieren. An wahrhafter Bescheidenheit kann ihn niemand über-

treffen. Jegliche Eifersucht ist ihm fremd. Niemals hat er die Errungenschaften anderer für gering erklärt, niemals mit Anerkennung gespart.

Wenn er redet, kann man nur lauschen. Auch wer nicht weiß, worüber er spricht, muß begeistert zuhören. Auch wer die Tragweite seiner Worte nicht versteht, muß ihre Bedeutung spüren. Er spricht das Englisch eines hochgebildeten Ausländers; akzentlos und fehlerfrei. Zudem beherrscht er noch acht weitere Sprachen.

Seit dieser Mann in New York eingetroffen ist, hat sich an seinem Tagesablauf praktisch nichts geändert. Er wohnt im Gerlach, einem sehr ruhigen kleineren Hotel an der 27th Street, zwischen Broadway und Sixth Avenue. Jeden Morgen um neun bricht er zu seinem Laboratorium auf, verbringt dort den Tag in seiner unheimlichen, geheimnisvollen Welt mit der Suche nach neuen Erkenntnissen und neuen Energien.

Bei seiner Arbeit duldet er keine Zuschauer. Über seine Assistenten weiß man nichts. Von Zeit zu Zeit veranstaltet er eine öffentliche Vorführung seiner Experimente, und nicht wenige Menschen würden wohl jedes Opfer bringen, um bei einer solchen Gelegenheit dabeisein zu dürfen.

Für gewöhnlich arbeitet er bis sechs Uhr; doch es kann sein, daß er sich noch länger im Laboratorium aufhält. Dunkelheit ist für ihn kein Hindernis. Er stellt sich sein eigenes Tageslicht her.

Um Punkt acht trifft er in tadelloser Abendgarderobe im Waldorf ein. Im Winter trägt er statt des Abendjacketts stets einen Rock mit Schwalbenschwänzen.

Um Punkt zehn erhebt er sich vom Tisch und begibt sich entweder in sein Hotel, wo er seine Studien vertieft, oder er sucht wieder das Laboratorium auf, um dort die Nacht über weiterzuarbeiten.

Arthur Brisbane, der in späteren Jahren zum berühmtesten Publizisten der Hearst-Gruppe wurde, veröffentlichte am 22. August 1894 nach einem Interview mit Tesla in *The World* den längsten Artikel, den er jemals einer berühmten Persönlichkeit gewidmet hat. Darin erklärt er Tesla zu »unserem überragenden Mann auf dem Gebiet der Elektrizität – weit wichtiger als Edison«. Er beschreibt den Erfinder folgendermaßen:

> Seine Augen liegen sehr tief. Sie sind von recht heller Farbe. Ich fragte ihn einmal, warum er als Slawe denn dermaßen helle Augen habe. Er entgegnete mir, sie seien einst wesentlich dunkler gewesen, hätten sich aber durch häufige geistige Anstrengung aufgehellt. Mir ist schon des öfteren zu Ohren gekommen, daß wiederholtes intensives Denken die Augenfarbe heller werden läßt. Es dürfte also nicht ohne Bedeutung sein, wenn Tesla diese Theorie aus seiner eigenen Erfahrung heraus bestätigt.
>
> Er ist sehr schlank, dabei über sechs Fuß groß und wiegt nicht einmal hundertvierzig Pfund. Er hat sehr große Hände mit bemerkenswert ausgeprägten Daumen. Ein gutes Zeichen: große Daumen weisen auf einen starken Intellekt hin. Affen haben etwa ausgesprochen kleine Daumen. Achten Sie bei Ihrem nächsten Besuch im Zoo nur einmal darauf.
>
> Die obere Partie von Teslas Kopf ist besonders stark ausgebildet; nach vorn läuft er fast keilförmig zu. Das Kinn ist spitz; der Mund zu klein. Obwohl das Kinn deutlich hervortritt, wirkt es nicht stark genug. Aber Teslas Gesicht läßt sich nicht wie die Gesichter anderer Menschen studieren und beurteilen, weil dieser Mann in völlig anderen Bereichen zuhause ist. Er lebt sein Leben beständig mit dem Kopf; dort werden seine Ideen geboren, und dort ist ausreichend Raum für sehr viele Ideen. Sein Haar ist pechschwarz und gewellt. Sein Gang ist leicht gebeugt – wie der vieler Männer, die frei von Eitelkeit sind. Er lebt vollkommen in sich selbst. Selbstachtung und Selbstbewußtsein – die sich gemeinhin mit dem Erfolg einstellen – besitzt er genug. Doch zwischen ihm und den meisten anderen Menschen, über die viel geredet oder geschrieben wird, gibt es einen grundlegenden Unterschied: Er hat wirklich etwas zu sagen.

Tesla hatte ganz ohne Frage Sinn für Humor und war einem feinsinnigen Scherz niemals abgeneigt. Ehe er zu einem Stammgast des Waldorf-Astoria wurde, pflegte er sein Abendessen regelmäßig bei Delmonico's einzunehmen; dieses Restaurant war damals eine der besten Adressen in New York und ein Treffpunkt der High Society. Unter der berühmten Kundschaft dieses berühmten Lokals war er zweifellos die illusterste Gestalt, doch er nahm seine Mahlzeiten dort stets allein ein. Er war nicht dazu zu bewegen, sich einer der anderen

Gruppen zuzugesellen oder selber Gäste an seinen Tisch zu laden. Nach dem Diner kehrte er grundsätzlich in sein Laboratorium zurück.

Eines Abends überredeten ihn einige Freunde, die der Ansicht waren, er würde zu hart arbeiten und benötige dringend etwas Entspannung, zu einer Partie Billard. Sie waren fest davon überzeugt, daß er in diesem Spiel nicht die geringsten Erfahrungen hatte und erklärten ihm zunächst einmal ausführlich, wie der Queue zu handhaben sei, wie gestoßen wurde und nach welchen Regeln man spielte. Tesla hatte in der Tat schon seit Dutzenden von Jahren nicht mehr am Billardtisch gestanden, aber als er sich seinerzeit in Graz einen Studienvorsprung von einem Jahr erarbeitet hatte, hatte er sein Talent als professioneller Spieler bewiesen. Während die alten Hasen ihn nun bei Delmonico's in die Grundzüge des Spiels einwiesen, stellte er absichtlich ein paar dumme Fragen und machte genauso absichtlich ein paar schlechte Stöße. Dann trat er gegen einen der erfahrenen Spieler an, stellte weiterhin alberne Fragen, handhabte den Queue auf die denkbar komplizierteste Weise, um seine Laienhaftigkeit zu demonstrieren – und zur allgemeinen Verwunderung gelang ihm jeder Stoß. Daß er an jenem Abend auch gegen andere Billardexperten haushohe Gewinne verbuchen konnte, erklärte er mit dem Umstand, das Spiel gebe ihm die Gelegenheit, höchst abstrakte mathematische Theorien praktisch zu erproben. Die Billard Asse von Delmonico's brachten daraufhin das Gerücht in Umlauf, Tesla habe im Verlauf eines einzigen Abends so meisterhafte Fertigkeiten im Billard erworben, daß er die allerbesten Spieler der ganzen Stadt schlagen konnte. Die Geschichte ging sogar durch die Presse. Tesla weigerte sich jedoch, den Queue ein zweites Mal zur Hand zu nehmen und versteckte sich hinter der Behauptung, er fürchte, daß seine Begeisterung für das Billard anderenfalls seine Forschungsarbeiten gefährden könne.

Der Mann von Welt, die Zierde von Delmonico's und des Waldorf-Astoria, scheute sich allerdings auch keineswegs vor einem gelegentlichen Ausflug in die Bowery, die in der unmittelbaren Nachbarschaft seines Laboratoriums in der Houston Street lag. Als Steve Brodie – ein waschechter Junge aus der Bronx – einen Sprung von der Brooklyn Bridge unbeschadet überstanden hatte (zumindest rühmte er sich dessen), war seine Tat natürlich dort das Tagesgespräch. Kurz nach jenem Ereignis kehrte Tesla dort in eine Kneipe ein, bestellte einen Whisky und trank das Glas mit den Worten »Wie sagte doch Steve Brodie, ehe er von der Brücke sprang? ›Runter damit!‹« in einem Zug leer. Sein schon mäßig angetrunkener Tresennachbar hatte diese Bemerkung mitbekommen und aufgrund seiner getrübten Wahrnehmung vollkommen mißverstanden; er glaubte, Steve Brodie persönlich würde dem Barkeeper gerade vom Höhepunkt seiner Großtat berichten. Er wollte dem vermeintlichen Steve einen Drink ausgeben und wurde auf der Stelle von seinen Freunden umringt. Tesla schüttelte die Männer mit einem Lachen ab und verließ das Lokal, während der irritierte Trinker hinter ihm herlief und rief: »Haltet ihn, 's ist Steve!« Da der Mann naturgemäß seiner Zunge nicht mehr mächtig war, kam es nun zu einem weiteren Mißverständnis: Einige Passanten glaubten, jemand habe »Haltet den Dieb!« gerufen und nahmen sofort die Verfolgung auf. Dank seiner langen Beine war es für Tesla kein Problem, in der anschließenden Verfolgungsjagd die Spitzenposition zu behaupten; er bog blitzschnell in eine Seitenstraße ein, sprang über einen Zaun und stieg über die Feuerleiter in eines der rückwärtigen Fenster seines Laborgebäudes ein. Dort warf er sich sicherheitshalber sofort einen schweren Schmiedeschurz um und machte sich daran, auf ein Stück Eisen einzuhämmern; aber seine Verfolger hatten nicht mit ihm mithalten können.

Für die in New York ansässigen Serben war Tesla ein Idol. Nicht wenige von ihnen konnten behaupten, mit dem Tesla- oder dem Mandich-Zweig seiner Familie entfernt verwandt zu sein, und selbst wer keinen Verwandtschaftsgrad nachweisen konnte, bewunderte ihn, obwohl er sich stets weigerte, die eine oder andere Rolle in der serbischen Gemeinschaft zu übernehmen.

Eines Tages wurde er in seinem Appartement im Waldorf-Astoria von einem serbischen Arbeiter aufgesucht. Der Mann war sehr aufgeregt und brauchte dringend Rat, denn er hatte einen seiner Landsleute bei einem Streit verprügelt, woraufhin dieser ein Kopfgeld für seine Verhaftung ausgesetzt hatte. Der Besucher war völlig mittellos, aber er wollte nach Chicago fahren, um sich der Verhaftung zu entziehen. Ob Tesla ihm wohl das Geld für die Fahrkarte vorstrecken könnte?

»Du hast einem Mann übel zugesetzt, und nun willst du vor der gerechten Strafe weglaufen« entgegnete ihm Tesla. »Vielleicht kannst du vor dem Gesetz fliehen, aber deiner Strafe entgehst du nicht. Die wirst du nämlich auf der Stelle bekommen!« Er griff zu einem Rohrstock, packte den Mann am Kragen, zerrte ihn quer durch den Raum und prügelte dabei den Staub aus seinem Hosenboden, bis er um Gnade wimmerte. »Glaubst du wirklich, du könntest in Chicago zu einem besseren Menschen werden und Schlägereien künftig aus dem Wege gehen?« fragte er ihn dann. Der Mann bejahte, bekam das Geld für die Fahrkarte und noch ein paar Dollar dazu.

In den neunziger Jahren war Teslas Ruhm so groß, daß viele Gäste allein deshalb im Palm Room des Waldorf speisten, um dort einen Blick auf den Erfinder zu erhaschen. Ehe dieser allabendlich um sechs sein Büro verließ, teilte er dem dortigen Oberkellner telephonisch seine Anordnungen zur Speisefolge mit; er bestand stets darauf, daß sein Essen von keinem geringeren Hotelbediensteten aufgetragen wurde. Um acht hatte das Diner bereit zu sein; die verbleibende Zeit verwandte Tesla darauf, seine formelle Abendgarderobe – einen weißen Frack mit einer weißen Fliege – anzulegen. Mit Ausnahme der wenigen Gelegenheiten, bei denen er gesellschaftlichen Verpflichtungen nachzukommen hatte und Gäste zu Tisch lud, speiste er grundsätzlich allein.

Geldangelegenheiten hatte Tesla seit jeher als lästige Nebensachen betrachtet. Nach 1888 war er gut fünfzehn Jahre lang mit allen Mitteln versehen, um seinen Verpflichtungen nachzukommen, und er führte dabei ein sehr gutes Leben. Als seine finanzielle Situation um das Jahr

1902 allmählich kritisch wurde, war sein Ruhm noch im Wachsen begriffen – und damit gleichfalls die Notwendigkeit, schon um der Zukunft seiner Projekte willen diesen Lebensstandard aufrechtzuerhalten. Er veranstaltete auch weiterhin häufig große Dinnerpartys im Waldorf, um seinem gesellschaftlichen Ansehen gerecht zu werden, und konnte sich nur schwer daran gewöhnen, daß seine Mittel dazu eigentlich nicht mehr ausreichten. Bei einer dieser Gelegenheiten geschah es, daß eine große Tischgesellschaft bereits in einem der privaten Speisesäle versammelt war, als der Oberkellner Tesla zuflüsterte, das exquisite Menü sei ganz nach seinen Wünschen vorbereitet und könne serviert werden, aber die Buchhaltung bestehe leider auf einer Bezahlung im voraus. Tesla war außer sich. »Teilen Sie dem Geschäftsführer mit, er möge doch Mr. Morgan anrufen, und ich werde mich gleich in seinem Büro einfinden.« Innerhalb kürzester Zeit überbrachte ein Bote einen mehr als ausreichenden Scheck. Es sollte noch öfter zu solchen und ähnlichen Zwischenfällen kommen, aber die Unstimmigkeiten konnten in allen Fällen – für gewöhnlich ohne äußere Einmischung – im Büro des Geschäftsführers bereinigt werden.

In den Genuß einer Art Familienleben kam Tesla allein durch die Bekanntschaft mit dem Diplomaten, Dichter und Mitherausgeber des *Century-Magazine* Robert Underwood Johnson. Johnson wohnte im vornehmen Murray-Hill-Viertel der Madison Avenue; er und Tesla waren sehr eng miteinander befreundet. Einer ihrer vielen Berührungspunkte war die Hingezogenheit zur Dichtkunst. Im April des Jahres 1895 hatte Johnson im *Century* ein Gedicht über einen Besuch in Teslas Laboratorium veröffentlicht; dieses Gedicht sollte den Auftakt zu einem gemeinschaftlichen Unternehmen bilden, in dessen Verlauf Johnson serbische Poesie auf Grundlage der wörtlichen Übersetzungen Teslas – der Tausende von Versen auswendig hersagen konnte – im Englischen nachdichtete; etwa vierzig dieser Stücke veröffentlichte Johnson nebst einem Geleitwort Teslas in Buchform.

Berühmtheiten aller Gebiete gingen bei Johnson ein und aus, und er veranstaltete häufig festliche Diners, bei denen eine glänzende Tischgesellschaft zusammenkam. Auch Tesla war mitunter als geladener Gast zugegen, obwohl er derartige Diners so weit wie möglich zu meiden suchte. Formlose Besuche stattete er Johnson jedoch sehr oft ab; meist kam er unangemeldet und nicht selten zu ungewöhnlichen Zeiten. So war es etwa nicht außergewöhnlich, daß er noch um Mitternacht erschien, wenn sich die Familie eigentlich schon zurückgezogen hatte; dann saß er noch stundenlang mit »Bob« und »Nick« – Johnson und »Willie« K. Vanderbilt waren die einzigen Männer, die er mit Vornamen anredete – beisammen und genoß den Austausch hochfliegender Gedanken.

Teslas Besuche bei Johnson währten stets viele Stunden. Er fuhr bei diesen Gelegenheiten immer in einem Einspänner vor, der vor dem Haus zu warten hatte, bis er wieder in sein nur wenige Blocks entferntes Hotel zurückkehren wollte. Die Johnson-Kinder wußten bald, sich diesen Umstand zunutze zu machen, denn wenn solch ein Besuch auf die frühen Morgenstunden fiel, durften sie normalerweise während dieser Zeit mit der Kutsche eine Spritztour durch den nahegelegenen Central Park machen.

Tesla fand großes Gefallen an der Oper und besuchte eine Zeitlang die Aufführungen recht regelmäßig. Die Logen von William K. Vanderbilt und vieler weiterer betuchter Abonnenten des Metropolitan Opera House standen ihm stets offen. Gelegentlich besuchte er auch das Theater. Seine Lieblingsschauspielerin war Elsie Ferguson, die – wie er sagte – sich wirklich zu kleiden wußte und überdies von allen Frauen, die er jemals auf der Bühne gesehen hatte, am meisten mit Grazie begabt war. Mit der Zeit ließ sein Interesse an Oper und Schauspiel zugunsten des Films nach, obwohl er eher selten ein Kino aufsuchte; Komödien und leichte Unterhaltung zog er dabei den tragischen Stoffen vor.

Einer seiner engsten Freunde war Konteradmiral Richmond Pearson Hobson, der Held des spanisch-amerikanischen Krieges. In späteren Jahren sollte Hobson der einzige Mensch sein, der Tesla gelegentlich dazu bringen konnte, eine seiner der intellektuellen Arbeit gewidmeten Nachtwachen für einen Kinobesuch zu unterbrechen.

Tesla hatte sich keiner Religion verschrieben. Er löste sehr früh in seinem Leben die Beziehungen zur Kirche; ihre Doktrin akzeptierte er nie. Auf dem Diner zu seinem 75. Geburtstag erklärte er, daß das, was wir Seele nennen, nur eine Funktion des Körpers sei und folglich mit dem Ende der Aktivitäten des Körpers auch die Existenz der Seele aufhöre.

Üblicherweise erscheint ein Chef seiner Sekretärin wohl kaum je als Held, doch für Miss Dorothy F. Skerritt, die diesen Posten für lange Jahre bei Tesla innehatte, bis er mit siebzig Jahren sein Büro auflöste, blieb er der »Übermensch« mit dem Wesen eines Heiligen. In ihrer Schilderung des siebzigjährigen Erfinders schreibt sie ihm die gleiche faszinierende Persönlichkeit zu, von der die Beobachter bereits dreißig Jahre zuvor beeindruckt waren:

> Mr. Tesla war ein großgewachsener, hagerer Mann. Er hatte fast etwas von einer göttlichen Erscheinung an sich. Noch mit siebzig hatte er eine vollkommen aufrechte Haltung; er kleidete sich stets in schlichte, makellose Anzüge, wobei er gedämpfte Farben bevorzugte. Einen Ring oder eine Krawattennadel sah man bei ihm nie. Das dichte schwarze Haar trug er in der Mitte gescheitelt und scharf nach hinten gekämmt; seine mächtige Stirn war von tiefen Furchen durchzogen, die von der ungeheuren Konzentration zeugten, mit der er über wissenschaftliche Fragen nachsann. Seine sanften, grauen und doch stechenden Augen lagen tief unter ausgeprägten Brauen; sie vermittelten jedem Menschen den Eindruck, als könne er damit dessen geheimste Gedanken erfassen. Wenn er über neue Forschungsgebiete oder Errungenschaften in Begeisterung geriet, ging von seinem Gesicht ein nahezu ätherisches Strahlen aus, und er konnte seine Zuhörer dann weit von ihren alltäglichen Belangen entfernt in die phantastischen Reiche der Zukunft versetzen. Sein angenehmes Lächeln und sein tadelloses Betragen waren der äußere Widerschein jenes feinsinnigen Charakters, der ihm tief in die Seele geprägt war.

Bis zum Ende war Tesla peinlich auf seine Kleidung bedacht. Er wußte sich gut zu kleiden und tat dies auch stets. Im Jahre 1910 erklärte er einer Sekretärin gegenüber, daß er der bestgekleidete Mann der Fifth Avenue sei und dies auch weiterhin bleiben wolle. Dabei hatte es nichts mit persönlicher Eitelkeit zu tun, wenn er seine Kleidung sorgfältig auswählte: Dieser Zug Teslas fügte sich vollkommen harmonisch in seine sonstige Persönlichkeit ein. Einen zum Bersten gefüllten Kleiderschrank besaß Tesla genausowenig wie jede Art von Schmuck; sein Kleidungsstil war einfach ein Bestandteil seiner angenehmen Manieren. Gleichwohl hatte er die Beobachtung gemacht, daß ein Mensch in der Welt nach seinem äußeren Erscheinungsbild eingeschätzt wird und sich auf diese Weise die Verwirklichung einmal gesteckter Ziele erheblich erleichtern kann.

Tesla hatte eine Schwäche für taillierte Jacketts, doch was immer er auch trug, vermittelte ihm einen Zug zurückhaltender Eleganz. Erforderte ein Anlaß einen Hut, dann mußte es unbedingt ein steifer Bowler-Hut sein. Außerdem führte er einen Rohrstock mit sich und trug für gewöhnlich graue Wildlederhandschuhe.

Ein Paar dieser Handschuhe kostete zweieinhalb Dollar; Tesla trug sie eine Woche lang und warf sie danach weg, obwohl sie nach dieser kurzen Zeit immer noch aussahen, als hatten sie gerade erst die Werkstatt des Handschuhmachers verlassen. Außerdem kaufte er jede Woche eine neue Krawatte für einen Dollar; das Muster spielte dabei keine wichtige Rolle, solange es außer Rot und Schwarz keine weiteren Farben enthielt.

Er trug ausschließlich weiße Seidenhemden. Wie auch bei anderen Kleidungsstücken aus seinem Besitz – etwa seinen Pyjamas – sorgte er dafür, daß sie auf der linken Brust mit seinen Initialen versehen wurden.

Handtücher kaufte er ständig und in großer Zahl, da er sie niemals in die Wäscherei gab; nach einmaligem Gebrauch wurden sie weggeworfen. Tesla bevorzugte eine gute Leinenqualität, war aber mit den handelsüblichen Marken durchaus zufrieden. Auch seine Kragen wurden niemals in die Wäscherei gegeben, da er sie stets nur einmal trug.

Außer bei feierlichen Anlässen trug Tesla grundsätzlich hoch geschnürte Schuhe. Er brauchte einen langen, schmalen Schuh und bestand auf einer Form, die sich zu den Zehen hin leicht verjüngte. Diese Schuhe – sie reichten ihm bis an die Waden – mußte er eigens anfertigen lassen, denn derartige Modelle fanden sich seinerzeit in keinem Schuhgeschäft; vermutlich war eine zusätzliche Stütze des Fußgelenks angesichts seiner Größe durchaus angebracht.

Neben Handtüchern und Kragen zählten bei ihm auch Servietten zu den nur jeweils einmal verwendeten Artikeln. Tesla litt unter einer ausgesprochenen Bakterienphobie, was ihm den gesellschaftlichen Umgang nicht gerade erleichterte. Aus diesem Grunde bestand er auch darauf, daß ihm im Speisesaal ein Tisch reserviert wurde, den außer ihm niemand sonst benutzen durfte. Vor jeder Mahlzeit mußte ein frisches Tischtuch aufgelegt werden; zusätzlich hatte zu seiner Linken ein Stoß von gut zwei Dutzend Servietten bereitzuliegen. Wenn dann das Besteck aufgetragen wurde – und er bestand darauf, daß das Tafelsilber unmittelbar vorher in der Küche sterilisiert wurde – faßte er vor dem Essen jedes einzelne Stück mit einer neuen Serviette und wischte es mit einer zweiten nochmals ab. Die gebrauchten Servietten ließ er anschließend auf den Boden fallen; selbst bei einer einfachen Mahlzeit verbrauchte er auf diese Weise für gewöhnlich seinen kompletten Serviettenvorrat. Besonderen Abscheu zeigte er vor Fliegen. Suchte eine Fliege seinen Tisch als Landeplatz aus, dann mußten sämtliche Speise abgetragen und durch frische ersetzt werden, ehe die Mahlzeit ihren Fortgang nehmen konnte.

Zu Teslas großem Glück wechselte der Oberkellner, der ihn im Waldorf-Astoria immer bedient hatte, später zum Pensylvania über, wo Tesla anschließend für einige Jahre lebte. Derselbe Oberkellner dementierte nebenbei entschieden das Gerücht, dem zufolge sowohl das Waldorf wie auch das Pensylvania angeblich eigens für den Erfinder einen Koch beschäftigt hätten.

In seinen jüngeren Jahren waren mächtige Steaks eine der Leibspeisen Teslas. Am liebsten aß er Filet Mignon, und davon konnte er während einer Mahlzeit gut und gerne drei Stück verspeisen. Nach dieser Zeit entwickelte er eine Vorliebe für gebratenen Lammrücken. Ein solcher Lammbraten reichte normalerweise für eine Tischgesellschaft von mehreren Personen hin, und Tesla beanspruchte dabei für sich grundsätzlich nur das zarte Filetstück. Auch Lammkoteletts aß er sehr gern; ein weiteres Leibgericht des Erfinders waren damals gebratene Jungtauben mit Nußfüllung. Doch sein Lieblingsgeflügel war ohne Frage Ente vom Rost, die auf seine Anweisung hin mit reichlich Staudensellerie gebraten werden mußte – eine Zubereitung, die er sich selbst ausgedacht hatte. Wenn er Freunden ein Diner gab, bildete dieses Gericht oft das Hauptstück des Menüs, und er überwachte in der Küche die Zubereitung des köstlichen Entenbratens persönlich. Tesla selbst aß von der Ente ausschließlich die Bruststücke.

Mit den Jahren aß Tesla freilich immer seltener Fleisch. Eine Zeitlang stand recht häufig Fisch – es mußte stets Kochfisch sein – auf seinem Speiseplan; schließlich wurde er vollends zum Vegetarier. Sein Hauptnahrungsmittel war nun warme Milch, und so sollte es bis an sein Lebensende bleiben.

Als junger Mann war Tesla ein starker Kaffeetrinker, und obwohl er allmählich begreifen mußte, daß der viele Kaffee ihm nicht guttat, fiel es ihm zunächst recht schwer, mit dieser Angewohnheit zu brechen. Als er sich endlich dazu durchgerungen hatte, auf den Kaffee vollkommen zu verzichten, gelang es ihm zwar, seinem Vorsatz treu zu bleiben, doch er litt sehr unter diesem Verzicht. Er konnte sein Verlangen nur bezwingen, indem er sich zu jeder Mahlzeit eine Tasse seines Lieblingskaffees einschenken ließ, so daß er sich beim Essen wenigstens am Kaffeeduft erfreuen konnte; es dauerte zehn Jahre, bis er endlich ohne dieses Ritual auskam. Tee und Kakao erachtete er nebenbei für genauso schädlich wie Kaffee.

In seiner Jugend war Tesla auch ein starker Zigarrenraucher. Als er etwa Anfang Zwanzig war, erkrankte eine seiner Schwestern; ihr Zustand wirkte besorgniserregend, und als sie ihrem Bruder mitteilte, sie wolle versuchen, wieder gesund zu werden, wenn er seinerseits das Rauchen aufgäbe, konnte sich Tesla dieser Bitte nicht verweigern. Die Genesung der Schwester machte tatsächlich gute Fortschritte, und er mied den Tabak auch weiterhin.

Tesla trank gern Whisky, denn er betrachtete ihn als wohltuende Energiequelle und sah darin ein unschätzbares Mittel zur Verlängerung des Lebens. Dem Branntwein – davon war er überzeugt – verdankten schon seine Vorfahren ihr durchweg hohes Lebensalter; zu Beginn dieses Jahrhunderts erklärte er sogar, der Whisky würde ihm eine Lebensspanne von hundertfünfzig Jahren gewähren. Als dann nach dem Ersten Weltkrieg die Prohibition verhängt wurde, bezeichnete er diese als unerträglichen Eingriff in die Bürgerrechte, verzichtete aber gleichwohl als gesetzestreuer Amerikaner auf seinen Whisky und trank fortan nur noch Wasser und Milch. Dies hielt ihn allerdings nicht davon ab zu behaupten, daß der Verzicht auf Whisky seine Lebenserwartung auf allerhöchstens hundertdreißig Jahre herabsetzen würde.

Tesla sagte, daß er zum Denken niemals irgendwelcher Anregungsmittel bedurft hätte. Ein Spaziergang erschien ihm weitaus geeigneter zur Beförderung seiner Konzentration. Auf solchen Spaziergängen wirkte er wie in einen Traum versunken; selbst ihm durchaus wohlbekannte Menschen, die zufällig in seiner unmittelbaren Nähe vorüberkamen, erkannte er nicht, obwohl er ihnen geradewegs ins Gesicht zu blicken schien. In seinen Gedanken war er bei diesen Gelegenheiten eben an meilenweit entfernten Orten. Wegen dieser Angewohnheit dürfte Tesla wohl auch im Jahre 1937 einen Verkehrsunfall verursacht haben, bei dem er von einem vorüberfahrenden Taxi erfaßt und ernstlich verletzt wurde. Zwei Jahre zuvor hatte er in der Tat in einem Interview eingestanden, daß er vermutlich einmal bei einer seiner unbesonnenen Straßenüberquerungen von einem Taxi oder einem Lastwagen überrollt werden würde.

Teslas Körpergewicht betrug 142 Pfund; von 1888 bis 1926 blieb es – abgesehen von zwischenzeitlichen krankheitsbedingten Schwankungen – nahezu konstant, bis er im Jahre 1926 beschloß, sechs Pfund abzunehmen.

Einer der wenigen Genüsse, die Tesla sich über viele Jahre hin gönnte, waren Kopfmassagen. Er suchte dreimal wöchentlich einen Friseursalon auf und ließ sich dort eine halbe Stunde lang die Kopfhaut massieren. Obwohl er stets darauf bestand, daß der Friseur ein frisches Handtuch auf seinen Stuhl legte, hatte er seltsamerweise nichts dagegen einzuwenden, daß man ihn aus der gleichen Seifenschale und mit dem gleichen Rasierpinsel bediente, der auch für alle anderen Kunden benutzt wurde.

Tesla hatte seit jeher behauptet, keine Nacht mehr als zwei Stunden Schlaf zu brauchen. Er würde sich – so sagte er immer – um fünf Uhr früh zur Ruhe legen und um zehn wieder aufstehen, von dieser Zeit aber nur zwei Stunden wirklich schlafen; drei Stunden Schlaf seien schon zuviel für ihn. Er räumte jedoch ein, sich einmal im Jahr fünf Stunden Schlaf zu gönnen, aus denen er dann ungeheure Kraftreserven beziehen würde. Doch selbst im Schlaf – so sagte er – würde er die Arbeit niemals unterbrechen. Tesla machte sich immer über Edisons Behauptung lustig, mit vier Stunden Schlaf auszukommen. Er sagte, daß er ihn wiederholt dabei beobachtet habe, wie er sich ein- oder zweimal täglich in seinem Laboratorium in einen ruhigen Winkel zurückzog, um dort für drei Stunden vor sich hin zu dösen. Es ist allerdings nicht auszuschließen, daß Tesla sich – ohne sich dessen bewußt zu sein – möglicherweise einer ähnlichen »Schlaftechnik« bediente. Hotelangestellte wußten jedenfalls zu berichten, sie hätten den Erfinder nicht selten für mehrere Stunden wie festgenagelt in seinem Zimmer stehen sehen; in diesem Zustand habe er keinerlei Reaktion auf seine Umgebung gezeigt, so daß man sein Zimmer ohne weiteres aufräumen konnte, ohne daß er davon Notiz genommen habe.

Tesla war stets darauf bedacht, daß ihm in seinem Büro eine separate Toilette zur Verfügung stand, die außer ihm niemand benutzen durfte. Beim geringsten Anlaß hielt er es schon für notwendig, sich die Hände zu waschen; er hatte angeordnet, daß das benutzte Handtuch anschließend grundsätzlich gegen ein frisches ausgetauscht wurde.

Bei seinen Versuchen, der Gepflogenheit des Händeschüttelns zu entgehen, entwickelte er recht extreme Verhaltensweisen. Für gewöhnlich hielt er die Hände hinter dem Rücken verschränkt, sobald sich ihm jemand näherte, der ihn möglicherweise per Handschlag begrüßen wollte, und produzierte damit nicht selten peinliche Situationen. Wenn es einem Besucher trotzdem einmal gelang, ihm die Hand zu drücken, war Tesla regelmäßig dermaßen aufgebracht, daß er dessen Anliegen kaum anhörte und ihn abwies, noch ehe er es richtig vorgebracht hatte; anschließend eilte er unverzüglich zur Toilette und wusch sich die Hände. Wenn er mitbekam, wie einer seiner Arbeiter das Mittagessen mit schmutzigen Händen verzehrte, mußte er sich fast übergeben.

Ein weiterer Gegenstand seiner Phobien waren Perlen. Wenn er zu einem Diner geladen war, bei dem auch nur eine der anwesenden Damen Perlenschmuck trug, bekam er keinen Bissen herunter. Er hatte ganz allgemein einen ausgesprochenen Abscheu vor allen glatten, runden Oberflächen; es hatte sogar Jahre gedauert, bis er den Anblick von Billardbällen ertragen konnte.

Kopfschmerzen waren Tesla vollkommen unbekannt. Obwohl er in den Jahren seiner Selbständigkeit einige ernsthafte Erkrankungen durchzumachen hatte, mied er während dieser Zeit jeden Arztbesuch.

Für jede seiner Phobien lassen sich gewisse Ursachen finden, wenn auch nicht alle davon bekannt sind. So liegt es etwa nahe, seine Bakterienphobie auf die beiden schweren Erkrankungen in seiner frühen Jugend zurückzuführen: In beiden Fällen hatte es sich vermutlich um die Cholera gehandelt – eine Seuche, mit der sein Heimatland beständig zu kämpfen hatte und die von verunreinigtem Trinkwasser sowie durch den Kontakt mit bereits infizierten Personen ausgelöst wird.

Tesla selbst war sich dieser Züge durchaus nicht unbewußt; es war ihm vollkommen klar, zu welchen Spannungen und Reibungen sie im alltäglichen Leben führen konnten. Doch er wußte auch, daß diese Aversionen ein Teil seiner selbst waren und daß er sich ihrer genausowenig entledigen konnte wie seines rechten Armes. Möglicherweise handelte es sich bei diesen Zügen um Folgen seines einsiedlerischen Lebenswandels; es ist umgekehrt aber auch nicht auszuschließen, daß gerade diese Züge einen wesentlichen Anstoß zu seinem Lebenswandel gegeben hatten.

19

Teslas Geist schien beständig unter einem geradezu explosiven Druck zu stehen. In jedem Augenblick drängte eine wahre Lawine neuer Ideen darauf, befreit zu werden. Es machte den Eindruck, als wäre der Erfinder selbst kaum in der Lage, mit dem geschwinden Strom seiner Gedanken Schritt zu halten; es war ihm einfach nicht möglich, all seine Projekte tatsächlich zu verwirklichen. Selbst wenn ihm eine ganze Armee gut ausgebildeter Hilfskräfte zur Verfügung gestanden hätte, wäre dies bei weitem nicht genug gewesen. Es ist also nicht weiter verwunderlich, wenn seine Mitarbeiter in seiner Umgebung immer eine Art von »Druck« empfanden. Dabei war Tesla sowohl hinsichtlich der Löhne als auch der Arbeitszeiten ein großzügiger Arbeitgeber; wenn er auch gelegentlich Überstunden erwartete, so war er niemals kleinlich, sobald es um deren Bezahlung ging.

Ein unproblematischer Arbeitgeber war er jedoch keineswegs. So wie er in seinen Privatangelegenheiten stets auf äußerste Sorgfalt bedacht war, erwartete er diese Haltung auch von seinen Mitarbeitern. Er war ein ausgezeichneter Mechaniker und hatte mit seinen eigenen Arbeiten sehr hohe Standards für die Leistung seiner Werkstätten gesetzt. Geschickte und mitdenkende Mitarbeiter wußte er sehr zu schätzen und zahlte ihnen nicht selten Prämien für die gute Ausführung schwieriger Aufgaben, doch angesichts von Dummheit oder Nachlässigkeit kannte er keine Nachsicht.

Obwohl Tesla einen ganzen Stab technischer Zeichner beschäftigte, betraute er sie niemals mit der Entwicklung neuer Maschinen; das Zeichenbüro war ihm lediglich ein notwendiges Übel, das sich aus der Zusammenarbeit mit anderen Firmen ergeben hatte. Wenn Apparate für den eigenen Bedarf gebaut werden sollten, gab Tesla zur Ausführung jedes einzelnen Teils seine persönlichen Anweisungen. Dazu ließ er den jeweiligen Mitarbeiter an seinen Tisch kommen und entwarf in seiner Gegenwart auf einem großen Bogen Papier eine fast mikroskopisch kleine Skizze des geplanten Werkstücks. Wie fein dessen Details auch immer sein mochten – Teslas Skizzen waren fast nie größer als ein Zoll; wenn ihm beim Zeichnen der Bleistift ein wenig ausglitt, griff er nicht zum Radiergummi, sondern begann die Skizze auf einem frischen Bogen von vorn. Die Abmessungen gab er dabei stets mündlich an. Nach erfolgter Anweisung vernichtete Tesla die Skizze; er ließ niemals zu, daß der Mitarbeiter sich dieser Zeichnung als Konstruktionshilfe bediente, sondern bestand darauf, daß er allein aus dem Gedächtnis arbeitete. Tesla selbst verließ sich in allen Einzelheiten eines Entwurfes auf sein Gedächtnis; für seinen eigenen Bedarf fertigte er niemals ein papierenes Gegenstück zu seinem geistigen Plan an – und er war fest davon überzeugt, daß jedermann mit etwas Übung gleichfalls diese Fähigkeit erlangen könnte. Allein aus diesem Grunde bestand er immer darauf, daß seine Mitarbeiter sich ohne Entwurfszeichnung ans Werk machten.

Wer jemals für Tesla gearbeitet hatte, war voller Bewunderung für dessen unglaubliche Fähigkeit, ohne schriftliche Aufzeichnungen über die feinsten Einzelheiten einer jeden Entwicklungsstufe der vielen Projekte, die er gleichzeitig betrieb, jederzeit im Bilde zu sein. Kein Mitarbeiter erhielt jemals mehr Informationen, als er zur Ausführung seiner Aufgabe benötigte; niemand erfuhr jemals, welchen

Zweck eine Maschine oder ein Bauteil am Ende erfüllen sollte. Tesla behauptete stets, daß Edison von seinen Mitarbeitern weit mehr Ideen empfangen als an sie weitergegeben habe; deshalb tat er sein möglichstes, um für sich selbst die umgekehrte Situation zu verhindern. Er war davon überzeugt, in weit höherem Maße als jeder andere Mensch mit Ideen begabt zu sein und hier folglich auch keines anderen Menschen zu bedürfen; zudem wollte er unbedingt verhindern, daß seine Ideen vor der Zeit in unberufene Hände fielen.

In diesem Punkt war Teslas Urteil über Edison vermutlich einigermaßen ungerecht. Die beiden Männer konnten ihrem Wesen nach kaum unterschiedlicher sein: Einen universitären Forschungsgeist – eben die Fähigkeit, Wissen mit anderen auszutauschen und Forschungsarbeiten gemeinsam in Angriff zu nehmen – besaß er nicht im geringsten. Er konnte hier weder geben noch empfangen, sondern war in dieser Hinsicht vollkommen selbstgenügsam. Edison hingegen war eher kooperativ veranlagt und ein echtes Organisationstalent. Er besaß die Fähigkeit, hervorragende Mitarbeiter um sich zu versammeln und diese mit einem bedeutenden Anteil an seinen Forschungsvorhaben zu betrauen. Er war gleichsam ein geistiger Katalysator, der auf die schöpferischen Fähigkeiten anderer anregend wirkte und auf diese Weise seine eigenen schöpferischen Fähigkeiten zu vervielfachen wußte. Wäre dies auch Tesla gegeben gewesen, so hätte die Liste seiner Errungenschaften wohl weitaus länger ausfallen können.

Die Unfähigkeit, mit anderen zusammenzuarbeiten, die Unfähigkeit, andere in seine Pläne einzuweihen, war eines der größten Hemmnisse, unter denen Tesla zu leiden hatte. Durch diese Situation hatte er sich selbst vom intellektuellen Leben seiner Zeit abgeschottet, und wir müssen annehmen, daß der Welt dadurch eine bedeutende Menge schöpferischer Ideen verlorenging, die er allein nicht weiter auszuarbeiten imstande war. Eine der vornehmsten Aufgaben eines Meisters besteht darin, sich Schüler zu suchen, die sein Werk einst fortführen – doch Telsa lehnte diese Verantwortung für sich selbst ab. Hätte er sich in seinen aktivsten Jahren mit nur einem halben Dutzend junger, brillanter Wissenschaftler zusammengetan, dann wären diese vermutlich in der Lage gewesen, Verbindungen zwischen ihm und der restlichen Wissenschafts- und Ingenieurswelt zu knüpfen, in der er trotz seiner überragenden Bedeutung und all seiner Errungenschaften aufgrund seines eigenartigen Charakters vollkommen isoliert dastand. Sein Ruhm war dermaßen unantastbar, daß dem auch mögliche Erfolge seiner Mitarbeiter keinen Abbruch getan hätten – ganz im Gegenteil: die Errungenschaften der Schüler hätten den Meister nur in einem noch strahlenderen Licht erscheinen lassen. Er hätte demnach gut einige talentierte junge Männer um sich scharen können, die ihm dann die Last der Weiterentwicklung kleinerer, aber keineswegs bedeutungsloser Erfindungen abgenommen hätten; aus den Lizenzen für derartige Erfindungen hätten sich überdies die laufenden Kosten für das Laboratorium bestreiten lassen. Allein wegen des intellektuellen Einsiedlertums, das Tesla pflegte, ist der Welt also ohne Frage eine große Zahl bedeutender Erfindungen verlorengegangen. Es ist allerdings kaum zu bezweifeln, daß Teslas Vorbild trotz allem viele junge Männer indirekt dazu angeregt haben dürfte, selber die Laufbahn des Erfinders einzuschlagen.

Auf die persönlichen Eigenarten der Menschen, mit denen er im Zuge seiner Arbeit zusammenkam, konnte Tesla ausgesprochen heftig reagieren; wer ihm einmal mißfallen war, den konnte er in seiner Umgebung nicht mehr ertragen. So wird es sicherlich nicht gerade zu seiner Beliebtheit beigetragen haben, daß er im Zuge der Turbinenarbeiten bei Allis Chalmers in Milwaukee etwa einige der Arbeiter aus der ihm zugeteilten Mannschaft entfernen ließ, nur weil ihm deren Aussehen nicht behagte. Weil die Betriebsingenieure ohnehin schon gegen ihn aufgebracht waren, da er sie bei einigen Entscheidungen kurzerhand übergangen hatte, können wir annehmen, daß diese Arbeiten in einer wenig kooperativen Atmosphäre vonstatten gingen.

In Geldangelegenheiten bewies Tesla nicht das allergeringste Geschick. Als er für die Union Sulphur Company an dem Turbinenprojekt arbeitete, hatte man ihm während der üblichen Arbeitszeiten ein Schiff zur kostenlosen Benutzung bereitgestellt; nach sechs Uhr abends mußte jedoch auch er dort einen Preis von 20 Dollar pro Stunde entrichten. Es gelang ihm natürlich niemals, seine Zeit so einzurichten, daß er vor sechs an Bord ging. Darüber hinaus hatte er allabendlich der Schiffsbesatzung 10 Dollar für deren Abendessen zu zahlen; im Laufe des Jahres kam auf diese Weise eine Summe von 12000 Dollar zusammen, die seine Bezüge empfindlich geschmälert haben dürfte. Aber damit waren seine Sonderausgaben keineswegs abgetan. Fast jeden Abend gab er den Besatzungsmitgliedern, die ihm bei seiner Arbeit besonders zur Hand gingen, ein Trinkgeld in Höhe von fünf Dollar; einmal pro Woche erhielt die gesamte Besatzung ein solches Trinkgeld. Immerhin war diese Großzügigkeit alles andere als reine Verschwendung; angesichts der diktatorischen Art, in der Tesla seine Helfer mitunter herumkommandierte, wird es sich hier eher um einen unverzichtbaren Ausgleich gehandelt haben.

Angestellte der Hotels, in denen Tesla gelebt hatte, gaben später an, er habe sich dem Personal gegenüber immer äußerst freigebig verhalten. Zwar habe er sie nicht selten ziemlich harsch herumkommandiert, ihnen anschließend aber regelmäßig ein reichliches Trinkgeld zugesteckt.

Den Mitarbeiterinnen – selbst den Mitarbeitern – seines Büros gegenüber war er jedoch immer sehr zuvorkommend. Wenn jemand hier eine Arbeit besonders gut erledigt hatte, wurden alle anderen umgehend darüber in Kenntnis gesetzt. Kritik hingegen äußerte Tesla hier grundsätzlich nur den jeweils Betroffenen gegenüber.

Der Erfinder hatte es sich zur festen Regel gemacht, jedem Botenjungen, der etwas in seinem Büro anlieferte, ein Trinkgeld von 25 Cent zu geben; zu diesem Zweck hatte er eigens eine Kasse eingerichtet, die er allwöchentlich mit zehn Dollar versah.

Machte es die Gelegenheit einmal erforderlich, daß seine jungen Sekretärinnen und Stenotypistinnen längere Überstunden leisten mußten, so spendierte er ihnen anschließend regelmäßig ein Abendessen bei Delmonico's. Er bestellte dann jeweils ein Taxi für sich selbst und für die Damen, nahm aber nicht an dem Diner teil, sondern brach gleich wieder auf, nachdem er die Rechnung im voraus beglichen und ein Trinkgeld hinterlegt hatte.

Tesla traf jeden Tag um Schlag zwölf im Büro ein. Er erwartete, daß seine Sekretärin sich sofort an der Tür bereithielt, um ihm Hut, Stock und Handschuhe abzunehmen. Da das Büro bereits um neun öffnete, konnten alle Routinearbeiten vor Teslas Ankunft erledigt werden. Er hatte angeordnet, daß vor seiner Ankunft alle Rolläden zu schließen seien, so daß kein Tageslicht in die Räumlichkeiten eindringen konnte und dort gleichsam eine künstliche Nacht herrschte. Der Erfinder – dies wurde bereits festgestellt – war »lichtscheu«; er schien des Nachts wesentlich leistungsfähiger zu sein als tagsüber und zog die Nacht in der Tat als Arbeitszeit vor.

Von dieser eisernen Regel gab es nur eine einzige Ausnahme: Wenn draußen ein Gewitter tobte, wurden die Rolläden geöffnet. Alle Büros, die Tesla jemals bezogen hatte, lagen einer unbebauten Fläche gegenüber; so auch die Räume in der West 40th Street Nummer 8. Sie befanden sich in einem Gebäude auf der Südseite des Bryant Park, an dessen östlichem Ende sich das niedrige Bauwerk der New York Public Library anschloß. Von seinem Fenster im zwanzigsten Stock konnte Tesla die vor ihm liegende Stadt überschauen und hatte eine freie Sicht auf den Himmel.

Sobald ein fernes Donnergrollen das Herannahen des himmlischen Feuerwerkes ankündigte, war es nicht nur gestattet, die Rolläden hochzuziehen – es war geradezu eine Pflicht. Tesla liebte es, den Blitzen zuzuschauen. Sein Sofa wurde dann eigens zu diesem Zweck ans Fenster gerückt, damit er dort vollkommen entspannt liegen konnte und einen ungehinderten Blick auf den Himmel hatte. Er neigte ohnehin zu Selbstgesprächen, aber während eines Gewitters entwickelte er eine ungeahnte Beredtsamkeit. Leider ist niemals eines der Gespräche, die er bei solchen Gelegenheiten führte, aufgezeichnet worden. Er hatte darum gebeten, das himmlische Spektakel allein und ungestört zu betrachten, und seine Sekretärinnen kamen diesem

Wunsch nur gar zu gerne nach. Indem er die Sekunden zählte und die Blitze über den Daumen abschätzte, war er in der Lage, deren Entfernung, Größe und Ladung zu bestimmen.

Wie begeistert muß der Erfinder von diesen ungeheuren Entladungen gewesen sein, die um ein Vielfaches länger waren als die Blitze, die er einst in seinem Laboratorium in Colorado Springs selbst erzeugt hatte! Es war ihm zwar gelungen, die Natur nachzuahmen – aber übertreffen hatte er sie nicht können.

Die alten Römer hatten ihre Furcht vor den Naturkräften gemeistert, indem sie das Bild des mächtigsten ihrer Götter erschufen: das Bild des blitzeschleudernden Jupiter. Wenn Tesla sich auch stets geweigert hatte, eine vergleichbare Furcht für sich selbst einzugestehen, so hatte er es den Römern doch in einem Punkt gleichgetan. Auch er hatte sich ein Bild erschaffen, das dem antiken Götterherrscher in nichts nachstand: das Bild des »Übermenschen«, der die Kräfte der Natur zu beherrschen vermag. Ja, Tesla genoß die Gewitter in vollen Zügen. Von seinem Sofa aus spendete er den Blitzen Beifall. Er erkannte die Leistung der Natur an. Und vielleicht war er sogar ein klein wenig eifersüchtig.

Tesla hat niemals geheiratet; mit Ausnahme seiner Mutter und seiner Schwestern hatte keine Frau auch nur den geringsten Anteil an seinem Leben. Er vergötterte seine Mutter und bewunderte seine Schwestern wegen ihrer geistigen Fähigkeiten. Seine Schwester Marcia etwa war mathematisch ungewöhnlich talentiert und konnte noch weit besser als er umfangreiche Passagen aus Büchern aus dem Gedächtnis hersagen. Tesla äußerte immer wieder, daß er einen Großteil seiner erfinderischen Begabung von seiner Mutter geerbt habe; er fand hohes Lob für ihre Fähigkeit, vollkommen selbständig nützliche Vorrichtungen für den Haushalt zu ersinnen und bedauerte zutiefst, daß sie nicht in eine Welt hineingeboren wurde, in der sie die Fülle ihrer schöpferischen Begabung in größerem Umfang hätte beweisen können. Tesla war keineswegs blind für den wertvollen Beitrag, den eine Frau zum Leben eines Mannes beisteuern kann, denn er wußte sehr wohl, in wie vielen Dingen seine Mutter für das Wohlergehen und die Zufriedenheit seines Vaters gesorgt hatte. Aber er selbst lebte nun einmal sein durchgeplantes Leben; er hielt sich streng an die Blaupause, die er schon in seiner Jugend entworfen hatte und die einzig dazu bestimmt war, seine gesamte Energie auf neue Erfindungen zu konzentrieren und sie nicht von Anstrengungen der Gefühle zerstreuen zu lassen.

Dabei war Tesla als junger Mann keineswegs eine unattraktive Erscheinung. Wenn er auch vielleicht zu hochaufgeschossen und zu schlank gewesen sein mag, um als ein Adonis zu posieren, so konnte er diesen Makel doch mit einer ganzen Reihe anderer Vorzüge wieder wettmachen. Er hatte ein angenehmes Gesicht und eine anziehende Persönlichkeit, war aber auch ein sehr stiller, fast schüchterner Mensch. Er sprach stets leise, war umfassend gebildet und legte trotz seiner knappen Mittel großen Wert auf eine tadellose Garderobe. Aber er vermied romantische Begegnungen und jegliche Situationen, aus denen sich ein Tête à Tête hätte ergeben können, mit dem gleichen Nachdruck, mit dem andere junge Männer danach suchten. Er wollte seinen Gedanken einfach nicht gestatten, auf romantische Gefilde abzuschweifen, und als er die Gedanken erst einmal im Griff hatte, fiel es ihm nicht weiter schwer, auch seine Handlungen entsprechend zu kontrollieren. Dabei entwickelte er keineswegs eine Abneigung gegenüber den Frauen: Er hatte dieses Problem für sich eben gelöst, indem er sie idealisierte.

Ein typisches Beispiel für dieses Fluchtverhalten ist ein kleiner Vorfall, der sich in Paris ereignete, als er aus Anlaß seines Wechselstrom-Vortrages dorthin zurückgekehrt war. Teslas wunderbare Entdeckungen waren das wichtigste Gesprächsthema; er selbst stand überall im Mittelpunkt des Interesses und genoß diese Situation sehr. Es war nicht einmal zehn Jahre her, daß die Geschäftsführung der Continental Edison Company sein Wechselstromsystem hier verächtlich abgewiesen und ihn obendrein noch um seinen gerechten

Lohn betrogen hatte. Nun, da er es in den Vereinigten Staaten zu Ansehen und Wohlstand und in aller Welt zu Ruhm gebracht hatte, war er wieder in diese Stadt zurückgekehrt. Bei seinem Eintreffen hatte man ihn als Helden gefeiert, und die Welt lag ihm zu Füßen.

Als er eines Tages inmitten einer schwatzenden, modisch gekleideten Menge mit einem Freund in einem Straßencafé saß, ging eine elegante, rothaarige Frau in einem hinreißenden Kleid vorüber, die er sofort als die weltberühmte französische Schauspielerin Sarah Bernard erkannte. Die »göttliche Sarah« kam zielsicher auf seinen Tisch zu, ging dann weiter und ließ dabei wie zufällig ein glückverheißendes, winziges Taschentuch aus Spitze fallen.

Tesla sprang sofort auf, bückte sich nach dem Tuch, zog den Hut und überreichte es mit einer tiefen Verbeugung der schönen Tragödin: »Mademoiselle, Ihr Tuch.« Ohne ihr gewinnendes Lächeln weiter zu beachten, nahm er daraufhin wieder neben seinem Freund Platz und setzte das Gespräch über seine Experimente zur weltweiten drahtlosen Übertragung von Energie fort.

Auf die Frage eines Reporters, warum er denn niemals geheiratet habe, gab Tesla einmal die folgende Antwort:

> Ich beabsichtige seit jeher, mein ganzes Leben allein meiner Arbeit zu widmen; aus diesem Grunde ist es für mich unerläßlich, auf die Liebe, die Gemeinschaft mit einer guten Frau und vieles mehr zu verzichten.
>
> Ich denke allerdings, daß etwa ein Schriftsteller oder ein Musiker durchaus heiraten sollte. Wer einer solchen Arbeit nachgeht, wird aus der Ehe eine gewisse Inspiration erfahren, die ihm zur Vervollkommnung seiner Fähigkeiten verhilft.
>
> Bei einem Erfinder hingegen sieht dies anders aus; seine ganze Natur wird von einer ungestümen Leidenschaft beherrscht, die dazu führen müßte, daß er über die Hinwendung zu einer Frau alles andere aufgeben würde und auf seinem eigentlichen Gebiet nichts mehr leisten könnte. Dies ist freilich auch bedauerlich, denn mitunter fühlen sich Menschen meines Schlages sehr einsam.
>
> In meiner Studentenzeit habe ich erfahren, was es bedeutet, achtund-

vierzig Stunden ohne Unterbrechung am Spieltisch zu verbringen und dabei heftige Aufwühlungen des Gefühls zu erleben. Manche Menschen glauben, daß es keine heftigeren Gefühle geben kann, doch verglichen mit jenem erhabenen Augenblick, in dem sich eine Theorie nach wochenlanger Arbeit in einem gelungenen Experiment als korrekt erweist, sind diese Gefühle ausgesprochen zahm.

»Nikola Tesla hat diese höchste Glückseligkeit viele Male erlebt«, fährt der Reporter in seinem Artikel fort, »und er wird sie wohl auch zukünftig noch oft erfahren. Es ist einfach unvorstellbar, daß sein Lebenswerk mit vierzig Jahren abgeschlossen sein könnte. Alles deutet darauf hin, daß seine Kräfte immer noch ihrer letzten Reife harren.«

Trotz alledem war Tesla der Damenwelt gegenüber keineswegs unaufgeschlossen. Dies galt in besonderem Maße für jene Frauen, die ein ernsthaftes Interesse an seinem Wohlergehen zeigten und sich bemühten, das ganz offenkundig nicht besonders ausgeglichene Leben des Erfinders, der die Gesellschaft nur gar zu gern geflohen wäre, so erträglich und angenehm wie möglich zu machen. So sprach er etwa stets begeistert von der ersten Mrs. Clarence Mackay (einer geborenen Duer), von Mrs. Jordan L. Mott und von Lady Ribblesdale (der früheren Mrs. John Jacob Astor). Er bewunderte auch den tatkräftigen Idealismus von Miss Anne Morgan, doch in seinen Beziehungen zu diesen Frauen findet sich nicht die geringste Spur einer Liebesaffäre.

Von der großgewachsenen, eleganten und bezaubernden Miss Marguerite Merrington – einer begabten Pianistin und Musikautorin, die häufig im Hause der Johnsons zu Gast war – war er gleichfalls beeindruckt.

»Warum tragen Sie eigentlich keine Diamanten oder Schmuck wie die anderen Damen?«, fragte er sie eines Abends ganz undiplomatisch.

»Nun, das kann ich mir kaum leisten«, gab sie zurück. »Doch selbst wenn ich es mir leisten könnte, wüßte ich mit dem Geld etwas besseres anzufangen.«

»Worauf würden Sie das Geld denn verwenden?«, hakte der Erfinder nach.

»Ich würde mir ein Haus auf dem Land kaufen«, sagte sie. »Obwohl die viele Fahrerei in die Stadt dann wohl gar nicht nach meinem Geschmack sein dürfte.«

»Ach, Miss Merrington! Wenn ich erst einmal meine Millionen verdiene, werde ich ihr Problem lösen. Ich werde Ihnen dann einen ganzen Häuserblock mitten in New York kaufen, und mitten in diesem Block werde ich Ihnen eine Villa erbauen und ringsherum Bäume pflanzen. Dann hätten Sie ihr Landhaus und bräuchten die Stadt trotzdem nicht zu verlassen.«

Bei der Verteilung seiner immer noch ausstehenden Millionen war Tesla stets ausgesprochen großzügig; hätten Tesla allerdings wirklich genügend Mittel zur Verfügung gestanden, dann hätte er seinen Freunden gewiß jeden Wunsch erfüllt. Doch in Anbetracht seiner finanziellen Situation mußte er seine Versprechen eben immer mit dem Nachsatz »wenn ich erst einmal meine Millionen verdiene« versehen.

Wie es kaum anders zu erwarten ist, hatte Tesla sehr klare Vorstellungen davon, wie Frauen sich kleiden sollten. Außerdem machte er kein Hehl daraus, welchen weiblichen Typ er bevorzugte. [illegible] Frauen mochte er nicht gern leiden, Fettleibigkeit war ihm vollends ein Greuel; die recht beleibten und dabei noch pompös gekleideten Damen, die sich vorzugsweise in den Hotellobbys herumtrieben, konnte er nicht im geringsten ausstehen. Er hatte eben ein deutliches Faible für den sportlichen, schlanken, eleganten Typus.

Eine seiner Sekretärinnen – eine wohlproportionierte Blondine – erschien eines Tages in einem Kleid nach der neuesten Mode zur Arbeit. Beim damals aktuellen Schnitt war die Taille ziemlich tief angesetzt, so daß sie bis weit zu den Hüften hinunterrutschte; der eigentliche Rock fiel deswegen ziemlich kurz aus, während das Oberteil nahezu zylindrisch geschnitten war. Kleider dieser Art waren gerade der letzte Schrei und erfreuten sich für kurze Zeit einer großen

Beliebtheit. Da die Sekretärin gut mit Nadel und Faden umzugehen wußte, hatte sie sich das Kleid selbst genäht und war auch zu Recht stolz auf ihre Arbeit.

Tesla beorderte sie zu sich. Sie kam in sein Allerheiligstes geweht und hoffte dabei insgeheim, daß er etwas nettes über ihr neues Kleid sagen würde.

»Miss«, fragt er, »was tragen Sie da nur? Ich hätte gern, daß Sie einen Botengang für mich erledigen, aber in dieser Aufmachung wird das kaum möglich sein. Ich wollte Sie eigentlich mit einer Nachricht zu einem sehr wichtigen Bankier schicken, aber was würde der Mann wohl sagen, wenn eine meiner Mitarbeiterinnen in einer derartigen Monströsität von Kleid bei ihm erscheint? Wie können Sie sich nur zu einer solchen Sklavin der Mode machen? Tragen Sie wirklich alles, was die Modemacher zum letzten Schrei erklären? Miss, Sie haben doch sonst einen guten Geschmack – wie konnten Sie sich im Geschäft nur zu diesem Kleid überreden lassen? Wenn Sie so geschickt wie meine Schwester wären, die sich Ihre Kleider grundsätzlich selbst näht, dann wären Sie dem Diktat der Mode nicht unterworfen und könnten sich jederzeit vernünftig kleiden. Der Schnitt unserer Kleidung sollte sich doch stets an die Natur halten. Lassen Sie bitte nicht zu, daß ein Modemacher mit seinen Ideen Ihre natürliche Erscheinung zerstört und Sie nicht attraktiver, sondern häßlicher aussehen läßt. So, Miss, und nun nehmen Sie sich bitte ein Taxi, damit Sie nicht so vielen Leuten auffallen, fahren heim und ziehen sich ein vernünftiges Kleid an. Dann kommen Sie wieder zum Büro zurück und besorgen diesen Brief hier für mich.«

Tesla redete seine weiblichen Angestellten grundsätzlich niemals mit Vor- oder Nachnamen an. Seine einzige Anredeform lautete »Miss«; bei ihm klang dieses Wort wie »Miiss« und konnte in dieser Aussprache sehr nachdrücklich wirken. Als er seiner Sekretärin wegen des Kleides ins Gewissen redete, hörte es sich wie »Miiiiiiss« an. Aber bei anderen Gelegenheiten brachte er es auch fertig, dieses Wort fast wie einen Kraftausdruck hervorzustoßen.

Als einmal eine besonders junge Mitarbeiterin gekündigt hatte, weil sie heiraten wollte, hielt Tesla den verbleibenden Sekretärinnen die folgende Predigt:

»Heiraten Sie nicht zu jung. Wenn Sie zu jung heiraten, sind die Männer vor allem an Ihrer Schönheit interessiert. Und wenn Ihre Schönheit dann zehn Jahre später geschwunden ist, ist der Mann Ihrer müde und wendet sich einer jüngeren Frau zu.«

Teslas Haltung gegenüber den Frauen war durchaus widersprüchlich: einerseits idealisierte er sie und vergötterte sie mitunter geradezu – andererseits betrachtete er sie aus einem objektiven, materialistischen Gesichtswinkel, der ihnen jegliche spirituellen Züge absprach. Dieser Widerspruch spiegelt zweifellos seine innere Zerrissenheit zwischen einer gesunden Haltung gegenüber weiblicher Gesellschaft und seiner Lebensplanung wieder, in der er den Frauen nicht den geringsten Anteil an seinem Dasein zugestand.

Nur den hervorragendsten Frauen konnte es gelingen, zu Tesla so etwas wie eine freundschaftliche Beziehung aufzubauen, und ihm fiel es umgekehrt sehr leicht, diese Frauen völlig zu idealisieren. In seinem Geiste verloren sie dann jegliche Attribute ihrer Geschlechtlichkeit, und er stand nicht weiter in Gefahr, ihrer Anziehung zu erliegen.

Gleichwohl hatte er die Vision, daß sich aus dem Durcheinander der menschlichen Angelegenheiten dereinst ein neues Menschengeschlecht erheben würde. Die Angehörigen dieses Geschlechts würden seiner Ansicht nach dem Rest der Menschheit zwar zahlenmäßig weit unterlegen, an intellektueller Größe hingegen haushoch überlegen sein; den normalen Menschen kämen dann lediglich die Aufgaben der Arbeit und der Fortpflanzung zu – was im Vergleich mit den derzeitigen Bedingungen immerhin eine erhebliche Verbesserung darstellen sollte. Diese Vorstellung entstammte noch Teslas alter, materialistischer und agnostischer Weltsicht, die zu seiner Jugendzeit in wissenschaftlichen Kreisen weithin vertreten wurde. Es war in späteren Jahren bei Gesprächen mit dem alternden Erfinder zwar grundsätzlich kein Problem, diese Ansichten zu durchbrechen, doch wenn es um die Lösung von Menschheitsproblemen ging, hielt er beharrlich an dem materialistisch-technischen Ansatz fest, obwohl er zu jener Zeit für derartige Überlegungen ebenfalls die Bedeutung spiritueller Aspekte einräumte.

Teslas Ansichten über Frauen wurden nur ein einziges Mal in gedruckter Form veröffentlicht; es handelt sich dabei um einen Artikel, den John B. Kennedy im Jahre 1924 auf der Grundlager eines Interviews für *Collier's* verfaßte. Bei dieser Gelegenheit hatte der Erfinder geäußert:

> Der Kampf der Frauen um völlige geschlechtliche Gleichberechtigung wird eines Tages zu einer neuen Geschlechterordnung führen, in der die Frauen die vorherrschende Position einnehmen werden. Die moderne Frau, die den Fortschritt ihres Geschlechtes derzeit noch in lediglich künstlichen Formen zum Ausdruck bringt, ist gleichsam ein Oberflächensymptom eines machtvollen Gärungsprozesses, der sich tief im Busen der Rasse vollzieht.
>
> Es ist keinesfalls eine geistlose Nachahmung der männlichen Physis, in der die Frauen sich zunächst als ebenbürtig, später als überlegen erweisen werden – es geht um weit mehr: um das Erwachen des weiblichen Intellekts.
>
> Der weibliche Geist hat bewiesen, daß er alle Errungenschaften der Männer aufzunehmen imstande ist; in den folgenden Generationen wird sich diese Kapazität noch beträchtlich erweitern. Die durchschnittliche Frau wird dann ebenso gebildet sein wie der durchschnittliche Mann – vielleicht sogar noch gebildeter, denn die bisher schlummernden Bereiche ihres Gehirns werden nach der Jahrhunderte währenden Untätigkeit eine beträchtliche Aktivität entwickeln, wenn sie erst einmal erwacht sind.
>
> Die Frauen werden sich über alles bisher Dagewesene hinwegsetzen und die gesamte Kultur mit ihren Fortschritten in Erstaunen versetzen.
>
> Mit der Hinwendung zu neuen Tätigkeitsfeldern, mit der allmählichen Übernahme der Macht durch die Frauen wird deren weibliche Empfindlichkeit mehr und mehr schwinden. Der Mutterinstinkt

wird dann in den Hintergrund treten, Ehe und Mutterschaft werden ihre herkömmliche Bedeutung verlieren, die menschliche Gesellschaft wird sich immer mehr der vollkommenen Ordnung des Bienenstaates annähern.

Was bedeutet dies? Das alles beherrschende Prinzip des Bienenstaates – des wohlgeordnetsten und intelligentesten Systems, das die nicht-rationale Tierwelt hervorgebracht hat – ist der überragende Instinkt für die Unsterblichkeit, der der Mutterschaft eine göttliche Funktion einräumt.

Das Zentrum des Bienenstaates ist die Königin. Sie ist die Herrscherin des Bienenstockes – und dies nicht durch ein ererbtes Recht, denn aus jedem beliebigen Ei ließe sich eine Königin züchten. Sie ist die Herrscherin, weil sie den gesamten Stamm hervorgebracht hat.

Außer ihr gibt es zunächst einmal ungeheure Armeen nahezu geschlechtsloser Arbeiterinnen, deren einziges Ziel und Geschäft unablässige, emsige Tätigkeit ist. Der Bienenstaat ist die Vervollkommnung des Kommunismus, das Ideal eines gemeinschaftlichen, kooperativen Lebens, dem alles – selbst die Jungtiere – Gemeineigentum ist.

Dann gibt es noch die Prinzessinnen – weibliche Bienen, die aus der Nachkommenschaft der Königin ausgesondert wurden und eine besondere Pflege erfahren; aus ihnen können jederzeit auch Königinnen werden, falls sich die eigentliche Königin einmal als unfruchtbar erweisen sollte. Und zuletzt sind da noch die Drohnen – ihre Zahl ist gering, ihr Verhalten unsozial; sie werden nur geduldet, bis sie sich mit der Königin gepaart haben [...].

Wenn die Königin befruchtet zum Bienenstock zurückkehrt, trägt sie Zehntausende von Eiern – einen zukünftigen Bienenstaat – in ihrem Leib. Der Kreislauf der Regeneration beginnt aufs neue; im Stock setzt abermals das wimmelnde Leben, die unablässige Arbeit an der Aufzucht einer neuen Generation ein.

Die Vorstellungskraft mag angesichts eines menschlichen Gegenstücks zum geheimnisvollen und aufs beste eingerichteten Bienenstaates ins Stocken geraten. Wenn wir aber bedenken, in welchem Maße auch der menschliche Instinkt zur Erhaltung der Art unser Leben in all seinen normalen, extremen und gar pervertierten Erscheinungsformen beherrscht, müssen wir anerkennen, daß sich

> schon eine gewisse ironische Gerechtigkeit in der wahrscheinlichen Entwicklung der Dinge verbirgt: Mit dem fortschreitenden intellektuellen Erwachen der Frauen dürfte sich gerade dieser Instinkt am Ende nach dem Muster des Bienenstaates ausprägen, obwohl es noch einige Jahrhunderte dauern dürfte, bis alle Sitten und Gewohnheiten überwunden sind, die bislang noch einer dermaßen einfachen und nach wissenschaftlichen Prinzipien eingerichteten Gesellschaft entgegenstehen.

Wäre Tesla über biologische Sachverhalte nur halb so gut im Bilde gewesen wie über die physikalischen Wissenschaften, dann hätte er in der Übernahme der Organisationsform eines Insektenstaates wohl keine Lösung für die Probleme der Menschheit gesehen. Schließlich handelt es sich hier um eine äußerst begrenzte Lebensform; Insekten werden niemals in der Lage sein, Werkzeuge zu benutzen oder gar ihr künftiges Schicksal zu beeinflussen, indem sie die ungeheuren Energiequellen der Natur ausbeuten, die ihre eigenen Kräfte bei weitem übertreffen. Bei einer besseren Kenntnis der biologischen Sachverhalte wäre er vielleicht auch darauf gestoßen, daß die Körperprozesse, die das Überleben des Individuums sicherstellen, unauflösbar mit jenen Prozessen verbunden sind, die das Überleben der Art garantieren. Hätte er auf seinen Entwurf des »Übermenschen« ebensoviel biologisches Wissen und spirituelle Einsicht wie streng materialistische Prinzipien verwandt, dann wäre der »Übermensch« Tesla vielleicht zu einem wirklich umfassenden und machtvollen »Übermenschen« geworden, der die Fähigkeit besessen hätte, seine geistigen Schöpfungen aufgrund eines tiefergehenden Verständnisses der menschlichen Bedürfnisse mit dem ewigen Strom des Lebens zu vermischen.

Tesla hatte versucht, der Welt zu beweisen, daß er die Frauen und die Liebe erfolgreich aus seinem Leben verbannt hatte. Doch diesen Beweis konnte er nicht wirklich erbringen; dieses Scheitern (aber vielleicht war es in einem höheren Sinne ja doch ein Erfolg) ist das geheime Kapitel in der Geschichte seines Lebens.

20

Die wohl auffälligste Eigenart Teslas dürfte seine Gewohnheit gewesen sein, auf öffentlichen Plätzen die Tauben zu füttern. Seine Freunde wußten zwar darum, aber sie hatten nicht die geringste Ahnung, warum er dies tat. Den Passanten auf der Fifth Avenue war die Gestalt wohlbekannt, die regelmäßig auf den Plätzen zwischen der New York Public Library an der 42nd Street und St. Patricks Cathedral an der 50th Street zu sehen war. Sobald Tesla erschien und einen leisen Pfiff ausstieß, schwärmten die Tauben aus allen Richtungen herbei, bildeten vor ihm einen dichten Teppich und ließen sich auf seinen Schultern nieder, während er Vogelfutter ausstreute. Einige Tiere wagten es sogar, ihm aus der Hand zu fressen.

Wir können annehmen, daß während Teslas letzten dreißig Lebensjahren nur zehn von tausend Passanten wußten, wer dieser Mann war. Sein Ruhm war verblaßt; die Generation, die ihn gekannt hatte, war weggestorben. Selbst wenn er einmal im Jahr mit seinen neuesten Vorhersagen über wissenschaftliche Wunderdinge Schlagzeilen machte, wird kaum jemand den Namen »Tesla« mit jenem großgewachsenen, schlanken Mann verbunden haben, der nach der Mode einer vergangenen Zeit gekleidet war und beinahe täglich erschien, um seine gefiederten Freunde zu füttern. Er war eben nur einer der vielen seltsamen Menschen, die sich nun einmal unter der Bevölkerung einer Großstadt finden.

Als er sich das Taubenfüttern zur Gewohnheit gemacht hatte – niemand weiß genau, zu welcher Zeit dies war – war er noch nach der neuesten Mode gekleidet, und man konnte nicht selten sehen, wie Berühmtheiten der damaligen Zeit ihm dabei Gesellschaft leisteten. Doch mit den Jahren achtete er weniger streng auf seine Kleidung, und mittlerweile wirkte er doch recht altmodisch.

Nach Mitternacht hat die Fifth Avenue nur noch wenig mit der geschäftigen Hauptstraße zu tun, die sie tagsüber ist. Sie liegt dann nahezu verlassen da; man kann ein paar Blocks weit laufen, ohne einer Menschenseele zu begegnen – von Polizisten einmal abgesehen. Der Autor dieses Buches traf Tesla jedoch mehrmals um diese Nachtzeit auf seinem Weg zur Public Library an. Normalerweise hatte Tesla nie etwas gegen ein wenig Begleitung und einen kleinen Plausch über die Ereignisse des Tages einzuwenden, doch bei diesen Gelegenheiten wollte er allein sein. »Gehen Sie jetzt bitte«, sagte er dann und brach jedes Gespräch ab, noch ehe es richtig begonnen hatte. Selbstverständlich lag hier immer die Vermutung nahe, daß der Erfinder einem bestimmten Gedanken nachhing und bei seinen Überlegungen zu einem vertrackten wissenschaftlichen Problem nicht gestört werden wollte. Doch weit gefehlt! Erst sehr viel später wurde mir klar, welch beinahe heilige Handlung dieser mitternächtliche Pilgergang für ihn war, was es ihm bedeutete, wenn die Tauben sich um diese Zeit von ihren Schlafplätzen erhoben und um ihn versammelten.

Daß ausgerechnet Tesla, der immer mit den neuesten wissenschaftlichen Entwicklungen befaßt war, der sich jeden Tag die doppelte Arbeitszeit eines Durchschnittsmenschen aufbürdete, sich die Zeit nahm Vogelfutter auszustreuen, konnte kaum jemand begreifen. So war in einem Leitartikel der *Herald Tribune* denn auch einmal zu lesen: »Dann und wann läßt er seine Experimente für eine gewisse Zeit hinter sich, um die belanglosen, albernen Tauben auf dem Herald Square zu füttern.«

In seinem Büro gehörte es jedoch zur festen Routine, daß eine seiner Sekretärinnen allwöchentlich an einem bestimmten Tag jeweils drei Pfund Raps-, Hanf- und Kanariensamen einkaufte. Diese Samen wurden dann im Büro vermischt, und der Erfinder füllte jeden Tag etwas davon in eine kleine Papiertüte ab, ehe er zu seiner Runde aufbrach.

War ihm dies einmal nicht möglich, dann ließ er einen Botenjungen von der Western Union kommen, zahlte ihm den Lohn, gab ihm einen Dollar Trinkgeld, und schickte ihn stattdessen zum Taubenfüttern.

Doch Tesla fütterte nicht nur die Tauben auf den Plätzen von New York, er beherbergte auch stets einige dieser Tiere in seinem jeweiligen Hotelzimmer. Zu diesem Zweck hatte er dort einige Nistkörbe aufgestellt, in denen bis zu vier Tauben Platz fanden; auch im Hotel hatte er jederzeit einen Vorrat seiner Vogelfuttermischung. Die Fenster des Zimmers mit den Nistkörben durften aus diesem Grunde nie geschlossen werden.

Im Jahre 1921 wurde Tesla eines Tages recht krank, als er sich gerade in seinem Büro in der 40th Street aufhielt. Er war nicht mehr in der Lage zu arbeiten und mußte sich auf dem Sofa ausruhen. Als die Anzeichen der Krankheit immer mehr zunahmen und er vermuten mußte, an diesem Abend nicht in sein Zimmer im Hotel St. Regis zurückkehren zu können, rief er eine der Sekretärinnen herbei und vertraute ihr eine »äußerst wichtige« Botschaft an. Während seine Angestellte die Nachricht niederschrieb, bestand er darauf, daß sie jedes einzelne Wort noch einmal wiederholte, um wirklich jeden Irrtum zu vermeiden. Ein derartiges Verfahren war bei ihm zwar durchaus üblich, aber diesmal war er von der Krankheit so mitgenommen, daß er kaum in der Lage war, die Nachricht an einem Stück zu diktieren.

»Miss«, flüsterte er, »rufen Sie im Hotel St. Regis an –«

»Ja, Sir«, wiederholte sie, » Rufen Sie im Hotel St. Regis an –«

»Lassen Sie sich mit dem Zimmermädchen vom vierzehnten Stock verbinden –«

»Lassen Sie sich mit dem Zimmermädchen vom vierzehnten Stock verbinden –«

»Sagen Sie ihr, sie soll in Mr. Teslas Zimmer gehen –«

»Sagen Sie ihr, sie soll in Mr. Teslas Zimmer gehen –«

»Und dort heute die Taube füttern –«

»Und dort heute die Taube füttern –«

»Das weiße Weibchen mit den grauen Tupfen auf dem Gefieder –«

»Das weiße Weibchen mit den grauen Tupfen auf dem Gefieder –«

»Und sie soll sich um das Tier kümmern –«

»Und sie soll sich um das Tier kümmern –«

»Bis sie weitere Order von mir erhält –«

»Bis sie weitere Order von mir erhält –«

»Sie wird in dem Zimmer genügend Vogelfutter vorfinden.«

»Sie wird in dem Zimmer genügend Vogelfutter vorfinden.«

»Miss«, bat er dann, »es ist wirklich wichtig. Würden Sie bitte die gesamte Nachricht noch einmal wiederholen, damit ich mir sicher sein kann, daß Sie auch alles richtig aufgenommen haben?«

»Rufen Sie im Hotel St. Regis an; lassen Sie sich mit dem Zimmermädchen vom vierzehnten Stock verbinden. Sagen Sie ihr, sie soll in Mr. Teslas Zimmer gehen und dort heute die Taube füttern; das weiße Weibchen mit den grauen Tupfen auf dem Gefieder. Und sie soll sich um das Tier kümmern, bis sie weitere Order von mir erhält. Sie wird in dem Zimmer genügend Vogelfutter vorfinden.«

»Oh ja«, setzte Tesla noch hinzu, und seine Augen leuchteten dabei auf. »Die weiße mit den grauen Tupfen auf dem Gefieder. Und falls ich morgen nicht hier sein sollte, geben Sie diese Nachricht bitte wieder zum Hotel durch. Tun Sie das jeden Tag, bis Sie wieder von mir hören. Rufen Sie bitte gleich an, Miss, es ist wirklich wichtig.«

Teslas Anweisungen wurden ohnehin immer exakt ausgeführt; für diese galt das ganz besonders, zumal er sie mit derartig viel Nachdruck erteilt hatte. Die Sekretärin und ihre Kolleginnen hatten den Eindruck, daß die Krankheit wohl doch ernster sein mußte als es zunächst ausgesehen hatte. Schließlich gab es im Moment wesentlich wichtigere Dinge zu tun, und wenn die Krankheit wirklich dazu führte, daß Tesla all dies hintan stellte und ausschließlich an eine Taube dachte, mußte er wohl im Fieber reden.

Ein paar Monate später erschien Tesla eines Tages nicht im Büro, und als die Sekretärin sich im Hotel nach seinem Verbleib erkundigte, teilte ihr der Erfinder mit, daß es ihm gut ginge, aber daß seine Taube krank sei. Er wage es nicht, das Zimmer zu verlassen – so sagte er –, weil das Tier ihn nun brauche. In der Tat blieb er für einige Tage auf seinem Zimmer und kümmerte sich um den Vogel.

Etwa ein Jahr später kam Tesla eines Tages früher als gewöhnlich ins Büro. Unter dem Arm trug er behutsam ein kleines Bündel und machte einen sehr mitgenommenen Eindruck. Er rief auf der Stelle den Mechaniker Julius Czito an, der in einem Vorort von New York wohnte und schon des öfteren ungewöhnliche Aufgaben für ihn erfüllt hatte, und bat ihn zu sich. Im Büro teilte er ihm nur kurz mit, daß eine seiner Tauben in der vergangenen Nacht gestorben sei und bat ihn, das Tier doch auf seinem Grundstück beizusetzen und sich um die Pflege des Grabes zu kümmern. Als Czito nach vielen Jahren von diesem Vorfall berichtete, sagte er, er habe zunächst nicht wenig Lust gehabt, das Tier draußen in die nächstbeste Mülltonne zu werfen, doch irgend etwas habe ihn davon abgehalten. Und noch ehe er das Tier in seinem Garten beerdigen konnte, habe Tesla sich wieder bei ihm gemeldet und ihn gebeten, es am nächsten Morgen doch zum Büro zurückzubringen. Was Tesla am Ende mit dem Bündel machte, ist weiter nicht bekannt.

Um das Jahr 1924 erreichte Teslas finanzielle Situation einen Tiefpunkt. Er war vollkommen bankrott. Er konnte seine Miete nicht mehr zahlen, und einige Gläubiger hatten bereits Klagen gegen ihn angestrengt. Eines Nachmittags erschien der Gerichtsvollzieher in seinem Büro und wollte die komplette Einrichtung beschlagnahmen, um aus deren Erlös die offenen Forderungen zu begleichen. Tesla konnte ihn gerade noch dazu überreden, mit der Pfändung noch ein wenig zu warten. Nachdem der Mann gegangen war, setzte er sich hin und zog Bilanz. Schon seit zwei Wochen hatte er seinen Angestellten keinen Lohn mehr gezahlt; die gerade angebrochene Woche kam noch hinzu. Sein Bankkonto war in einem trostlosen Zustand. Bei einem Blick in den Safe stellte er fest, daß der einzige Gegenstand von einigem Wert die goldene Edison-Medaille war, die ihm das American Institute of Electrical Engineers im Jahre 1917 verliehen hatte.

An seine Sekretärinnen gewandt sagte er: »Meine Damen, diese Medaille hat einen Goldwert von gut hundert Dollar. Wir können nun so verfahren, daß ich sie entzwei teilen lasse und jede von Ihnen eine Hälfte bekommt. Wir können es auch so regeln, daß eine von Ihnen die ganze Medaille nimmt und ich versuchen werde, die andere so bald wie möglich auszuzahlen.«

Die beiden jungen Frauen – Miss Dorothy F. Skerritt und Miss Muriel Arbus – lehnten dies entschieden ab. Weder sollte die Medaille beschädigt werden, noch sollte Tesla sich von dem Stück trennen. Sie boten ihm im Gegenteil sogar an, ihm mit dem wenigen Bargeld auszuhelfen, über das sie im Moment verfügten – was Tesla seinerseits dankend ablehnte. (Wenige Wochen später sollten die Frauen tatsächlich den ausstehenden Lohn in Höhe von 35 Dollar pro Woche erhalten; als Dank für ihre Loyalität zahlte Tesla ihnen obendrein zwei zusätzliche Wochenlöhne aus.)

In der Kasse fanden sich noch ganze fünf Dollar – Teslas gesamte Barschaft.

»Ah, Miss«, sagte er daraufhin erleichtert, »das wird genügen, um Vogelfutter zu kaufen. Meine Vorräte sind vollkommen aufgebraucht. Würden Sie also bitte morgen früh als erstes in die Stadt gehen, die Samen kaufen und dann in meinem Hotel abgeben?«

Anschließend rief er seinen alten Vertrauten Czito an (dem er auch noch die Summe von 1000 Dollar schuldete) und teilte ihm mit, daß er sein Büro dringend räumen müsse. Innerhalb weniger Stunden war die gesamte Einrichtung in einem nahegelegenen Bürogebäude untergebracht.

Einige Zeit später mußte Tesla auch seine Zimmer im Hotel St. Regis räumen. Er hatte auch dort schon seit einiger Zeit nicht mehr die Rechnungen zahlen können, aber den eigentlichen Hintergrund des Umzuges bildeten die Tauben. Seit Tesla das Büro aufgelöst hatte, arbeitete er ausschließlich im Hotel, und je mehr Zeit er in seinen Zimmern verbrachte, um so mehr Zeit fand er auch, die Tauben zu füttern. Mittlerweile flogen so große Schwärme bei ihm ein und aus, daß der Taubendreck auf der Fassade und im Zimmer die Geschäftsführung vor eine echte Geduldsprobe stellte. Tesla versuchte zunächst das Problem zu lösen, indem er die Vögel in einem Käfig zu George

Scherff bringen ließ, der bei seinem Haus in Westchester genügend Platz hatte. Doch als dieser drei Wochen später die ersten Tiere freiließ, flogen sie innerhalb einer halben Stunde wieder zum Hotel zurück. Tesla stand nun vor der Wahl, entweder das Taubenfüttern aufzugeben oder das Hotel zu wechseln. Er entschied sich für letzteres.

Sein nächstes Domizil war das Hotel Pennsylvania, wo er für einige Jahre wohnte, bis sich auch hier hinsichtlich der Tauben und der Rechnungen die gleiche Lage entwickelt hatte. Danach zog er ins Hotel Gouvernor Clinton um, doch auch dort stellte sich nach einem knappen Jahr die altbekannte Situation ein. Seine letzte Adresse war das Hotel New Yorker, wo er von 1933 bis zu seinem Tod im Jahre 1943 wohnte.

In einer Nacht des Jahres 1937 brach er von dort aus wie gewohnt auf, um an den üblichen Plätzen die Tauben zu füttern. Nur wenige Häuserblocks vom Hotel entfernt wurde er dann beim Überqueren der Straße in einen Unfall verwickelt, über dessen genauen Hergang wir nichts wissen. Trotz der in Anbetracht seines Alters ungewöhnlichen Gewandtheit war er offenbar nicht in der Lage gewesen, einem herannahenden Taxi auszuweichen; er wurde erfaßt und zu Boden geschleudert. Der Erfinder stellte keine Frage nach dem Schuldigen, verweigerte jegliche ärztliche Hilfe und bat lediglich darum, von einem anderen Taxi ins Hotel zurückgefahren zu werden.

Dort angekommen legte er sich zu Bett, bestellte noch von dort aus telephonisch den von ihm seit jeher bevorzugten Botenjungen Kerrigan aus der nahegelegenen Niederlassung der Western Union zu sich und erteilte ihm den Auftrag, das weiterzuführen, woran ihn der Unfall so plötzlich gehindert hatte.

Als am folgenden Tag klar wurde, daß Tesla für geraume Zeit auf seine nächtlichen Gänge würde verzichten müssen, stellte er Kerrigan für ganze sechs Monate zum Taubenfüttern ein. Soviel wir wissen, hatte Tesla sich bei dem Unfall neben einer schweren Verzerrung des Rückens drei Rippenbrüche zugezogen, doch das volle Ausmaß seiner Verletzungen wurde niemals bekannt, da er seiner alten

Gewohnheit treu blieb und auch diesmal keinen Arzt kommen ließ. Selbst als sich infolge der langen Bettlägerigkeit eine Lungenentzündung einstellte, lehnte er noch jede ärztliche Hilfe ab. Da er für einige Monate das Bett nicht verlassen konnte, fand er auch keine Gelegenheit, von seinem Fenster aus die Tauben zu füttern; es dauerte nicht lange, bis sie sich dort nicht mehr einstellten.

Im Frühling des Jahres 1938 konnte Tesla wieder aufstehen. Er nahm sofort seine alte Gewohnheit der nächtlichen Gänge zu den Tauben – wenn auch in begrenztem Umfang – wieder auf, ließ sich allerdings dabei auch recht häufig von einem Botenjungen vertreten.

Teslas hingebungsvolle Erfüllung dieser selbstauferlegten Pflicht mag vielen Menschen seines Umfeldes lediglich als das seltsame Steckenpferd eines exzentrischen Erfinders erschienen sein. Hätten sie jedoch in sein Herz blicken oder seine Gedanken lesen können, so hätten sie wohl verstanden, daß sie hier zu Zeugen einer höchst ungewöhnlichen, doch zugleich zärtlichen und leidenschaftlichen Liebesgeschichte wurden.

Der selbsterschaffene »Übermensch« Tesla hatte unter der Unvollkommenheit seines eigenen Schöpfers zu leiden. Tesla war in jeder Hinsicht mit einer überdurchschnittlichen Intelligenz begabt und besaß obendrein noch eine Reihe übersinnlicher Fähigkeiten; all dies hatte ihm ermöglicht, einen »Übermenschen« zu erschaffen, der ihn selbst noch weit überragte. Doch diese überragende Größe konnte er nur erreichen, indem er andere Bereiche des Lebens opferte – und daraus entstand ein empfindlicher Mangel.

Als Tesla in seiner Jugend noch einen formbaren Geist besaß, hatte er – wie wir gesehen haben – die seinerzeit vorherrschende materialistische, agnostische Weltsicht übernommen. Mittlerweile ist es der Wissenschaft gelungen, sich aus den Fesseln des Materialismus wie auch aus denen des Mystizismus zu befreien; sie hat den scheinbar unauflöslichen Widerspruch zwischen diesen Auffassungen überwunden und ist nunmehr bereit, sie als unverzichtbare Aspekte eines umfassenden Verständnisses der Natur zu betrachten, die einander durchaus harmonisch ergänzen. Gleichwohl ist sie sich des Umstandes bewußt, daß sie bislang noch nicht in der Lage ist, jene kaum greifbaren Faktoren zu beherrschen, die im mystischen Wissen seit jeher eine bedeutende Rolle spielen. Zu allen Zeiten haben Wissenschaftler unermeßlich großen Bereichen menschlicher Erfahrung ihre Anerkennung verweigert, weil diese sich nicht der Logik ihrer unzureichenden und oftmals zu schlichten Naturphilosophie fügen wollten. Doch wenn sie auch jegliche Beschäftigung mit Phänomenen ablehnten, die jenseits ihrer eigenen Auffassungsfähigkeit lagen, so konnten Wissenschaftler und Philosophen die Phänomene selbst damit natürlich keineswegs unterbinden. Die solcherart von der Wissenschaft abgewiesenen Phänomene fanden ihre Heimstatt in der Theologie, wo man sie annahm, auch ohne sie zu verstehen und ohne zu hoffen, sie jemals begreifen zu können. Nunmehr fest in die Fundamente religiöser Mysterien eingemauert, fristeten sie dort ein in den Augen der Theologen nützliches Dasein, denn auf der Grundlage von etwas Geheimnisvollem läßt sich leicht noch weit Geheimnisvolleres errichten.

Doch die mystischen Erfahrungen der Heiligen aller Religionen sind nichts anderes als ein Beweis für die Existenz jener Kräfte, die vollkommen natürliche Bestandteile des umfassenden Phänomens »Leben« bilden. Wie sie im Einzelfall in Erscheinung treten, hängt ganz allein davon ab, in welchem Maße das jeweilige Individuum in seiner evolutionären Entfaltung fortgeschritten ist.

Tesla war ein Mensch, der hier bereits ein äußerst fortgeschrittenes Stadium erreicht hatte. Als er nun derartige Erfahrungen machte, weigerte er sich allerdings, sie als Experimente der Evolution zu begreifen; er erkannte zwar, daß für ihn in diesen Erfahrungen einiger Nutzen lag, doch er wollte nicht anerkennen, was diesen Nutzen hervorgerufen hatte. Dies galt etwa für sein Erlebnis in Budapest, bei dem sich ihm während eines Spazierganges im Park schlagartig unzählige äußerst bedeutende Erfindungen enthüllt hatten. Was Tesla hier geschehen war, ist im Grunde eine Erleuchtungserfahrung; sein Erlebnis unterscheidet sich nur hinsichtlich der Heftigkeit und des Inhaltes von dem blendenden Licht, das Saulus auf dem Wege nach Damaskus schaute oder vergleichbaren Berichten über Erkenntnis, die aus einer unvermittelten Erleuchtung herrührt.

Das materialistische Verständnis der Welt hatte Teslas Intellekt zwar blind gemacht für das seltsame Phänomen der Erleuchtung, das ihm hier widerfahren war, zugleich ließ es ihn aber deutlich erkennen, welcher Wert den Dingen zukam, die sich ihm da enthüllt hatten. Wir dürfen dies allerdings keineswegs so verstehen, daß ihm diese schlagartige Erkenntnis aus purem Zufall überkam: Schließlich besaß Tesla von Natur aus einen Intellekt, der Zusammenhänge blitzartig zu erkennen vermochte und hatte außerdem zuvor mit nahezu übermenschlicher Anstrengung an den Problemen gearbeitet, deren Lösung in Budapest plötzlich vor ihm aufschien; beide Umstände dürften wesentlich zu dem Ergebnis beigetragen haben.

Doch Tesla war nicht nur auf eine eigenartige Weise blind für spirituelle Phänomene, durch die planmäßige Auslöschung der Liebe aus seinen Gedanken und seinen Erfahrungen hatte er auch einen bedeutenden Aspekt seines Lebens unterdrückt. In dem gleichen Maße, in dem seine Bemühungen um die Erkenntnis der physikalischen Naturgeheimnisse Kräfte entstehen ließen, die sich in einer spontanen Offenbarung freisetzten, brachte auch die Unterdrückung der Liebe in ihm Kräfte hervor, die er nicht zu beeinflussen vermochte und die sich auf ihre Weise ein Ventil suchten. Und mit der gleichen Vehemenz, mit der er die Liebe aus seinem Leben verdrängte, negierte er in seiner Naturphilosophie sämtliche spirituellen Aspekte und beschränkte sich auf einen reinen Materialismus.

Beide Kräfte – die Macht der Liebe und die Macht der Spiritualität – hatte er in einen Kerker in der Tiefe seiner Persönlichkeit gesperrt, aus dem sie notwendig einen Fluchtweg in das Paradies der Ausdruckswelt suchen mußten. Und diesen Weg fanden sie auch, doch Tesla war unfähig, die Erscheinungsformen zu erkennen, in denen sie ihre wahre Natur zeigten. Tesla hatte sich der Liebe zur Frau verweigert und war überzeugt, das Problem der Liebe mit Hilfe vernunftgemäßer Planungen überhaupt aus seinem Leben verbannt zu haben. Doch dies war ihm freilich nicht gelungen; der grundsätzlichen Liebesfähigkeit, die seiner Natur zu eigen war, konnte er nichts anhaben, und als diese Fähigkeit sich eine Ausdrucksmöglichkeit suchte, strömte ihre Energie in einen Kanal, dem Tesla bei seinem Entwurf eines »Übermenschen« keine Beachtung geschenkt hatte.

Der Ausbruch jener vereinten Kräfte der Liebe und der Spiritualität ließen eine nahezu unglaubliche Situation entstehen, wie sie auf diese Weise in der Geschichte der Menschheit vielleicht nie zuvor aufgetreten war. Das nun folgende hat mir Tesla persönlich berichtet, doch wenn bei diesem Gespräch nicht ein Zeuge zugegen gewesen wäre, der Wort für Wort das gleiche wie ich vernommen hatte – ich hätte an der Richtigkeit meiner Wahrnehmung gezweifelt und die Sache im Nachhinein für einen Traum gehalten. Tesla hatte uns in der Tat die große Liebe seines Lebens eingestanden. Und diese seltsame Liebesgeschichte ließ mich auf der Stelle begreifen, wo die wahre Ursache für die langjährige tägliche Gewohnheit des Taubenfütterns, für die einsamen nächtlichen Spaziergänge lag. Plötzlich fielen mir all die Gelegenheiten wieder ein, bei denen ich ihn nach Mitternacht auf der verlassenen Fifth Avenue angetroffen hatte und bei denen er jeden Versuch einer Unterhaltung mit den Worten »Gehen Sie jetzt bitte« abgewehrt hatte. Er erzählte diese Geschichte in einfachen, schlichten Worten, schmückte sie an keiner Stelle aus – und doch war die starke Bewegung in seiner Stimme unverkennbar.

»Ich habe immer die Tauben gefüttert, Tausende von Tauben. Über die Jahre hin müssen es wirklich Tausende gewesen sein – denn wer weiß . . .

Aber da gab es eine Taube – einen wunderschönen weißen Vogel mit hellgrauen Tupfen auf dem Gefieder –, die war wirklich etwas Besonderes. Es war ein Weibchen. Ich hätte das Tier unter Hunderten wiedererkannt.

Wo ich mich auch gerade aufhielt – diese Taube fand stets zu mir. Wenn ich sie sehen wollte, mußte ich es mir nur wünschen und sie rufen, und sie kam herbeigeflogen. Sie verstand mich vollkommen und ich verstand sie vollkommen.

Ich liebte diese Taube.«

»Ja«, setzte er hinzu, als ob er auf eine nicht ausgesprochene Frage antworten wollte, »ich liebte diese Taube. Ich habe sie geliebt, wie ein Mann seine Frau liebt, und sie hat mich auch geliebt. Wenn sie krank war, wußte ich das sofort; sie kam dann zu mir ins Zimmer, und ich blieb tagelang bei ihr. Ich pflegte sie solange, bis es ihr wieder besser ging. Diese Taube war die Freude meines Lebens. Wenn sie mich brauchte, war mir alles andere unwichtig. Und solange ich sie bei mir hatte, gab es einen Sinn in meinem Leben.

Eines Nachts, als ich im Bett lag und wie gewöhnlich in der Dunkelheit über ungelöste Probleme nachdachte, kam sie zum offenen Fenster hereingeflogen und ließ sich auf dem Tisch nieder. Ich wußte, daß sie mich brauchte; sie wollte mir etwas wichtiges berichten, und ich stand auf und ging zu ihr.

Als ich sie ansah, begriff ich sofort, was sie mir sagen wollte – sie würde bald sterben. Und dann, als ich dies verstanden hatte, erstrahlte ein Licht in ihren Augen – ein unbeschreibliches Licht.«

»Ja«, setzte er abermals wie als Antwort auf eine unausgesprochene Frage hinzu, »es war ein wirkliches Licht. Ein mächtiges, überwältigendes, blendendes Licht. Weit heller als alles, was ich jemals mit den stärksten Lampen in meinem Laboratorium erzeugt hatte.

Als diese Taube starb, ging etwas in meinem Leben verloren. Bis zu jenem Tag hatte ich die Gewißheit, daß ich meine Arbeit vollenden könnte – wie hoch die Ziele auch sein mochten, die ich mir dabei setzen würde. Doch als dieses Etwas aus meinem Leben entschwunden war, wußte ich, daß mein Lebenswerk abgeschlossen war.

Ja, ich habe über die Jahre hin Tauben gefüttert; ich füttere sie auch heute noch. Es müssen Tausende gewesen sein – den schließlich: wer weiß . . .«

Hier gab es nichts mehr zu sagen. Wir verabschiedeten uns schweigend. Jenes Gespräch fand im Hotel New Yorker in einer ruhigen Ecke der Empore statt; mein Begleiter war der Wissenschaftsredakteur der *New York Times* William L. Laurence. Erst nachdem wir ein gutes Stück die Seventh Avenue hinabgegangen waren, wagten wir, das Schweigen zu brechen.

Das Geheimnis um Teslas nächtliche Spaziergänge war gelüftet. Wir verstanden nun, warum er die Tauben aus ihren Nischen im gotischen Maßwerk der St. Patricks Cathedral, von den Gesimsen des griechischen Tempelbauwerks der New York Public Library zu sich herabgerufen hatte, unter Tausenden von Tauben immer wieder auf der Suche nach ... »Denn schließlich – wer weiß ...?«

Erscheinungen, wie sie Tesla zuteil geworden waren, haben die tiefsten Mysterien sämtlicher Religionen begründet – Erscheinungen wie die Taube, die aus dem mitternächtlichen Dunkel in die Finsternis seines Zimmers geflogen kam und sie mit einem blendenden Licht erfüllte; Erscheinungen wie jene Offenbarung, die ihm in dem Park in Budapest bei der Betrachtung der strahlenden Sonne zuteil wurde. Doch er hatte es nicht begreifen wollen. Hätte er das reiche mystische Erbe seiner Vorfahren, das ihm die Augen für diese Erscheinungen hätte öffnen können, nicht mit aller Gewalt in sich unterdrückt – er hätte die tiefe Symbolik der Taube verstanden.

DANKSAGUNGEN

Bei den Vorarbeiten zu diesem Buch ist mir aus vielen Quellen wertvolle Hilfe zuteil geworden. Mein Dank für diese großzügige Unterstützung gilt:

– dem jugoslawischen Staatsminister und Neffen Teslas, Sava N. Kosanovic, der mir Bücher und Aufzeichnungen und Bilder aus dem Besitz der Familie zur Verfügung gestellt und einige Kapitel meines Manuskriptes durchgesehen hat, sowie seiner Sekretärin Miss Charlotte Muzar;

– Teslas Sekretärinnen Miss Dorothy Skerritt und Miss Muriel Arbus sowie seinen Mitarbeitern George Scherff und Julius C. Czito;

– Mrs. Margaret C. Behrend, die mir freundlicherweise einen Einblick in die Korrespondenz zwischen ihrem Gatten und Tesla gewährte, sowie dem Dekan der ingenieurwissenschaftlichen Fakultät des Clemson Agricultural College, Dr. W. B. Earle, der mir Bilder und andere Materialien aus der Behrend Collection der Hochschulbibliothek zugänglich machte;

– Mrs. Agnes Holden, der Tochter des verstorbenen Botschafters und Herausgebers des *Century Magazine* Robert Underwood Johnson;

– Mrs. Grizelda Hobson, der Witwe des Konteradmirals Hobson;

– Miss Marguerite Merrington; dem Wissenschaftsredakteur der *New York Times* Waldemar Kaempffert; dem emeritierten Professor Charles F. Scott von der elektrotechnischen Fakultät der Yale University; Hans Dahlstrand von der Allis Chalmers Manufacturing Co.; Leo Maloney, dem Geschäftsführer des Hotel New Yorker; dem Architekten des Wardencliff-Turms W. D. Crow für wertvolle Berichte über ihre Begegnungen mit Tesla sowie auch sonstige Materialien und Angaben;

– der Leiterin der bibliographischen Abteilung der Library of Congress Florence S. Hellmann; Olive E. Kennedy von der Abteilung für Öffentlichkeitsarbeit der National Electric Manufacturers Association; dem geschäftsführenden Herausgeber des *Scientific American* A. P. Peck sowie auch Myrta L. Mason und Charles F. Pflaging für ihre bibliographische Unterstützung;

– G. Edward Pendray und Partner von der Westinghouse Electric and Manufacturing Co. und C. D. Wagoner und Partner von der General Electric Co. für die Durchsicht vieler Kapitel sowie für wertvolle Hinweise;

– dem Wissenschaftsredakteur der *New York Times* William L. Laurence sowie Bloyce Fitzgerald für die Überlassung eigener Materialien;

– Randall Warden; dem Präsidenten der Bowen Research Corp. William Spencer Bowen; G. H. Clark von der Radio Corporation of America; Kenneth M. Sweezey von *Popular Science*; Mrs. Mabel Fleischer und Carl Payne Tobey für eine Vielzahl von Hilfestellungen;

– *Colliers – The National Weekly*; dem *American Magazine*; dem *New York World-Telegram* sowie der General Electric Co. für die Erlaubnis, aus urheberrechtlich geschütztem Material zitieren zu dürfen (die Quellen sind an den jeweiligen Stellen angegeben);

– meiner Tochter Peggy O'Neill Grayson, die mich bei den Schreibarbeiten unermüdlich unterstützt hat.

All jenen Personen und Institutionen bin ich zu tiefem Dank verpflichtet.

John J. O'Neill

Freeport, Long Island, New York,
am 15. Juli 1944

ANHANG

AUSZUG AUS DER LISTE VON TESLAS US-AMERIKANISCHEN PATENTEN

Gleichstrom, Kontrolleinrichtungen für Motoren und Generatoren, Bogenlampen usw.:

334,823/335,786/335,787/336,961/336,962/350,954
382,845

Mehrphasige Wechselströme, Energieübertragung, Generatoren, Motoren, Transformatoren usw.:

395,748/381,968/381,969/381,970/382,279/382,280
382,281/382,282/390,413/390,414/390,415/390,721
390,820/401,520/405,858/405,859/406,968/413,353
413,702/413,703/416,191/416,192/416,193/416,194
416,195/417,794/418,248/424,036/433,700/433,70
445,207/455,067/459,772/464,666/478,796/511,559
511,560/511,915/512,340/524,426/555,190

Hochfrequente Ströme hoher Spannung – Generatoren, Kontrollgeräte, Systeme und Schaltungen, Isolation, Anwendungen:

314,167/314,168/447,920/447,921/454,622/455,069
462,418/464,667/511,916/514,170/567,818/568,176
568,177/568,178/568,179/568,180/568,671/577,670
583,953/609,246/609,246/609,247/609,248/609,229
609,250/609,251/611,719/613,735

Funk und Radio – mechanische Aspekte, Abstimmungsverfahren, Detektoren usw.:

568,178/593,138/613,809/645,576/649,621/655,838
685,012/685,953/685,954/685,955/685,956/685,957
685,958/723,188/725,605/787,412/1,119,73

Diverse Patente – Dampfturbinen, Pumpen, Tachometer, Flugzeuge, mechanische Schwingungsgeneratoren, thermomagnetische Motoren usw.:

396,121/428,057/455,068/514,169/517,900
524,972/524,973/1,061,142/1,113,716/1,209,359
1,266,175,1,274,816/1,314,718/1,329,559/1,365,547
1,402,025/1,655,114

BEGRIFFSERKLÄRUNGEN

Es werden hier solche Begriffe erläutert, die nicht als allgemein bekannt vorausgesetzt werden können bzw. die sich nicht aus dem Text selbst erklären. Für weitergehende Informationen sei auf allgemeine und Fachlexika verwiesen.

Amplitude. Maximalwert einer sich periodisch ändernden (schwingenden) Größe. Bei einem Pendel ist diese Größe z. B. seine Auslenkung, im Fall des Wechselstromes sind dies Strom und Spannung.

Äther. Ursprünglich ein Terminus der antiken Naturphilosophie, der vor allem bei Aristoteles als fünftes Element Bedeutung erlangte. Theorien, die Äther als leichten, feinverteilten Stoff mit zusätzlichen, von irdischer Materie unterschiedenen Eigenschaften betrachteten, wurden bis zum Beginn der Neuzeit in zahlreichen Abwandlungen entworfen. Mit Descartes und Huygens beginnt die Äthertheorie der neuzeitlichen Physik, der Äther ist das hypothetische Medium zur Vermittlung von Fernwirkungen (z. B. Gravitation, Lichtausbreitung). In der Optik konnten mit dieser, der Schallausbreitung analogen Vorstellung der Lichtausbreitung viele Phänomene befriedigend erklärt werden. Die Entdeckung des Zusammenhangs von Optik und Elektrodynamik (u. a. gleiche Ausbreitungsgeschwindigkeit von Licht und elektromagnetischen *Wellen*) führte zur Vorstellung eines alle festen Stoffe durchdringenden, ruhenden einzigen Äthers für elektrische, magnetische und optische Phänomene. Der berühmte Versuch von Michelson erwies dann die Analogie zwischen Schall- und Lichtausbreitung als unangemessen. Durch andere Deutungsvorschläge (z. B. das Zusammenziehen von Körpern in Bewegungsrichtung bei Bewegung gegenüber dem ruhenden Äther) wurde in Übereinstimmung mit allen bekannten Experimenten die Beobachtung einer Bewegung gegenüber dem Äther als unmöglich begründet. Durch Einsteins Alternativvorschlag, das klassische Relativitätsprinzip auf die Optik auszudehnen (spezielle Relativitätstheorie), konnten alle bekannten Erscheinungen auch ohne Äther erklärt werden. Das führte schließlich zur Aufgabe der Äthervorstellung in den Naturwissenschaften. Für die Gravitation konnte mit Einsteins allgemeiner Relativitätstheorie anstelle des hypothetischen Äthers eine von der Verteilung der Massen abhängige hypothetische Struktur von Raum und Zeit gesetzt werden.

dynamo-elektrische Geräte. Geräte (Generatoren), die auf dem von W. v. Siemens 1866 entdeckten dynamoelektrischen Prinzip beruhen. Der im Eisenkreis des Generators vorhandene Restmagnetismus induziert eine geringe Spannung, die zu einem Strom durch Anker und parallelgeschalteter Erregerwicklung führt. Das magnetische Feld dieses Stromes verstärkt das Restfeld und die im Anker induzierte Spannung wird größer. Dadurch steigt wieder der Erregerstrom und die Spannung der Maschine wächst schließlich bis zur Arbeitsspannung an.

Elektronenmikroskop. Gerät zur Vergrößerung von Abbildungen, das statt mit Licht mit Elektronenstrahlen arbeitet. Da das Auflösungsvermögen eines Mikroskops von der Wellenlänge der abbildenden Strahlung abhängt, hat das Elektronenmikroskop wegen der kürzeren Elektronenwellenlänge ein um zwei bis drei Zehnerpotenzen besseres Auflösungsvermögen als Lichtmikroskope und erreicht damit entsprechend bessere Vergrößerungswerte.

Feldelektronenmikroskop. Hochvergrößerndes, elektronenoptisches Gerät, welches die Oberfläche kleinster Proben dadurch abbildet, daß die aufgrund eines enorm starken Feldes zwischen Probenspitze (Kathode) und gebogenem Bildschirm (Anode) aus der Probe herausgelösten Elektronen ein entsprechend vergrößertes Schattenbild auf dem Bildschirm erzeugen.

Frequenz. Auch Schwingungszahl, die Anzahl der vollen Schwingungen während einer geeigneten Zeiteinheit, normalerweise einer Sekunde. Die Maßeinheit ist das Hertz (Hz), nach dem deutschen Physiker Heinrich Hertz.

Gyroskop, Kreisel. Ein Kreisel ist ein an einem Punkt festgehaltener, rotierender starrer Körper. Wirken auf einen symmetrischen Kreisel äußere Kräfte ein, so versucht dieser, seine Drehachse so einzustellen, daß die Richtung seiner Winkelgeschwindigkeit mit der Richtung des durch die einwirkende Kraft erzeugten Drehmomentes übereinstimmt. Man kann dies beim Kreiselkompaß ausnutzen. Dieser ist so gelagert, daß die Schwerkraft der Erde ihn nicht beeinflussen kann. Somit kann nur das durch die Erdrotation erzeugte Drehmoment auf ihn wirken. Da durch diese Konstruktion Dreh- und Figurenachse identisch sind, stellt sich die Figurenachse des Kreisels in Richtung der Erdachse ein und man hat einen unabhängig von magnetischen Einflüssen die Nord-Süd-Richtung anzeigenden Kompaß. Umgekehrt kann man natürlich auch versuchen, mittels eines an die (ebenfalls als Kreisel) rotierende Erde gekoppelten Kreisels durch Resonanzeffekte die Rotation der Erde zu beeinflussen. Dies schwebte Tesla bei seinen Überlegungen vor.

Induktion. Erzeugung einer elektrischen Spannung in einem Leiter durch Änderung des ihn durchsetzenden magnetischen Flusses. Dies kann entweder durch Bewegung des Leiters im Magnetfeld (z. B. beim Generator) oder durch Änderung des Magnetfeldes (z. B. beim Transformator) erreicht werden.

Kommutator. Stromwender, verbindet die rotierenden Spulen einer elektrischen Maschine mit den feststehenden Kontakten über Schleifbürsten. Er ist so gestaltet, daß der Strom des Läufers eines Generators als (pulsierender) Gleichstrom entnommen werden kann (Gleichstrommaschine).

Mehrphasen-Wechselstrom-System (Drei-Phasen-Strom). System aus drei miteinander verketteten Wechselströmen, deren *Phasen* genau um ein Drittel der Periode gegeneinander verschoben sind (Drehstrom). Aufgrund der rascher aufeinander folgenden *Amplituden* erreichen mehrphasige Wechselströme gegenüber den einfachen Wechselströmen eine weit größere Leistung.

Oszillator. Schwinger, einfachstes schwingungsfähiges System. Der einfachste mechanische Oszillator ist ein Federschwinger (eine an einer Spiralfeder schwingende Masse). Ein elektrischer Oszillator erzeugt elektromagnetische Schwingungen, die über eine Antenne als elektromagnetische Wellen abgestrahlt werden können. Ein elektrischer Schwingkreis besteht im einfachsten Fall aus einer Spule und einem Kondensator. Zur Verstärkung bzw. zur Anregung der Schwingung wird der Schwingkreis mit einer Elektronenröhre oder einem Transistor verbunden.

Phase. Bei Schwingungen der zeitliche Abstand eines Schwingungszustandes vom festgelegten Nullpunkt. Wenn zwei *Wellen* »in Phase schwingen«, dann haben gleiche Schwingungszustände beider Schwingungen gleiche Abstände vom Nullpunkt. Die Phasenverschiebung zwischen zwei Schwingungen gibt an, welchen Abstand gleiche Schwingungszustände beider Schwingungen voneinander haben. Zwei Wechselströme gleicher *Amplitude* mit einer Phasenverschiebung ihrer halben Schwingungsperiode heben sich gegenseitig auf. Bei Drehstrom sind drei Wechselströme genau um 1/3 ihrer Schwingungsperiode gegeneinander phasenverschoben.

photoelektrischer Effekt. Durch Einwirken von Lichtstrahlen auf eine negativ geladene Metallplatte werden Elektronen herausgelöst. In Photodioden nutzt man diesen Effekt aus, indem die aus der Kathode herausgelösten Elektronen zur Anode wandern und somit ein sogenannter Photostrom fließt. Dieser Effekt ist u. a. die Grundlage für die Video- und Fernsehkameras. Auch einfache Lichtschranken nutzen diesen Effekt, indem eine Photodiode als Empfänger bei Lichteinfall durch den erzeugten Stromfluß einen Schaltvorgang (z. B. über ein Relais oder auch über eine elektronische Schaltung) auslöst.

Polarisation des Lichtes. Die Auswahl einer Schwingungsrichtung (Schwingungsebene) des Lichtes. Dieser Effekt war wesentlich für die Erkenntnis, daß Licht eine Transversalwelle ist (Schwingung senkrecht zur Ausbreitungsrichtung des Lichtstrahls). Bei natürlichem Licht erfolgt diese Schwingung in allen möglichen senkrecht zur Ausbreitungsrichtung stehenden Richtungen. Durch Polarisatoren kann man eine Schwingungsrichtung herausfiltern. Trifft dieses Licht dann auf einen anders auswählenden Polarisator, kann es diesen nicht passieren. Dies wird zu Analysezwecken genutzt, da bestimmte Substanzen (wie z. B. Zucker) in Abhängigkeit ihrer Konzentration die Schwingungsebene des Lichtes drehen – also gleichfalls als Polarisatoren wirken.

Resonanz. Mitschwingen eines schwingungsfähigen Systems bei äußeren periodischen Einwirkungen, deren Frequenz gleich der Eigenfrequenz (Resonanzfrequenz) des Systems ist. Zum Beispiel ändert man bei einem Radioempfänger die Resonanzfrequenz des Empfangs*schwingkreises* so lange, bis er als Resonanzfrequenz die Frequenz des gesuchten Senders hat und dann durch diesen zum Mitschwingen angeregt wird.

Schwingkreis (elektrischer). Geschlossener elektrischer Stromkreis mit Kondensator und Spule. Nach Aufladen des Kondensators entlädt dieser sich über die Spule, was dort durch den Stromfluß ein Magnetfeld aufbaut. Läßt der Entladestrom nach, bricht das Magnetfeld zusammen, was einen Induktionsstrom erzeugt, der den Kondensator entgegengesetzt auflädt. Dieser Vorgang der ständigen Umwandlung von elektrischer in magnetische Energie setzt sich immer weiter fort. Durch die Wärmeverluste infolge des elektrischen Widerstandes der Leiter wird die Schwingung gedämpft und kommt schließlich zum Erliegen. Durch äußere Energiezufuhr in *Resonanz* mit der Eigenfrequenz des Schwingkreises kann die Schwingung aufrecht erhalten werden. Diese Schwingungen können entweder als elektromagnetische Wellen von einer Antenne abgestrahlt werden

(Sender), oder elektromagnetische Wellen können über eine Antenne von einem Schwingkreis aufgefangen werden und diesen im Resonanzfall zu eigenen Schwingungen anregen (Empfänger). Die Resonanzfrequenz eines elektrischen Schwingkreises hängt von der Kapazität seines Kondensators und der Induktivität seiner Spule ab.

Transformator. Gerät, welches durch elektromagnetische *Induktion* die Spannung von Wechselströmen erhöhen oder vermindern kann. Zwei Spulen sitzen auf einem Eisenkern. Eine Wechselspannung in der einen (Primärspule) induziert ein magnetisches Wechselfeld im Eisenkern, welches in der anderen Spule (Sekundärspule) wiederum eine Wechselspannung induziert. Das Verhältnis beider Spannungen wird durch das Verhältnis der Windungszahlen beider Spulen bestimmt. Um die magnetische Sättigung des Eisenkerns zu verhindern, erhält dieser oft einen Luftspalt. Bei hochfrequenten Spannungen arbeitet man zumeist mit Luftspulen (d. h. ohne Eisenkern). Da die Leistung der Primärspule annähernd gleich der Leistung der Sekundärspule ist, sinkt bei Erhöhung der Spannung die Stromstärke im Sekundärstromkreis, bei Spannungserniedrigung steigt die Stromstärke entsprechend.

Welle. Eine sich räumlich ausbreitende Schwingung; je nach der Schwingungsrichtung unterscheidet man Transversalwellen (Schwingung senkrecht zur Ausbreitungsrichtung) und Longitudinalwellen (Schwingung in Ausbreitungsrichtung – z. B. Schallwellen). Die elektromagnetischen Wellen sind Transversalwellen. Die Wellenfront ist die zusammenhängende Fläche aller Punkte des Raumes, die sich im gleichen Schwingungszustand befinden, d. h. in Phase schwingen. Die Wellenlänge ist der Abstand zweier Wellenfronten mit gleichem Schwingungszustand in Ausbreitungsrichtung zu einem festen Zeitpunkt. Die Stellen maximaler positiver Auslenkung werden Wellenberg, die maximaler negativer Auslenkung Wellental genannt. Beim Wellenknoten ist die Auslenkung null. Bei stehenden (oder stationären) Wellen behalten die Schwingungs- oder Wellenbäuche und die

Schwingungs- oder Wellenknoten ihre räumliche Lage im Gegensatz zu den fortschreitenden Wellen bei. Sie entstehen, wenn sich zwei in Frequenz und Amplitude gleiche Wellen mit entgegengesetzter Ausbreitungsrichtung überlagern. Die Schwingungsknoten bleiben dann in Ruhe, während die Schwingungsbäuche maximale Änderung erfahren. Am einfachsten kann man sich stationäre Wellen mit einem Seil veranschaulichen, dessen eine Ende an einer Wand befestigt ist und das am anderen Ende in gleichmäßige Schwingungen versetzt wird. Erfolgen diese Schwingungen mit den Resonanzfrequenzen des Seils, kann man stehende Wellen beobachten.

UMRECHNUNGEN VON MASSEINHEITEN

Zoll (alte Einheit der Länge, engl. inch)
1 Zoll = 25,4 mm

Fuß (foot – englische Einheit der Länge, Kurzzeichen ft)
1 ft = 30,48 cm (= 12 inches)

Meile (mile – Längeneinheit, amerikanisches Kurzzeichen mi)[1]
1 mi = 1,609344 km (= 1760 Yard)

Pfund (pound – englische und amerikanische Einheit der Masse, Kurzzeichen lb)
1 lb = 0,45359237 kg

Pfund pro Quadratzoll (pound per square inch – englische Druckeinheit, Kurzzeichen lbf/in^2)
$1\ lbf/in^2 = 1\ psi = 6{,}896 \times 10^3\ N/m^2$

Pferdestärke (alte Einheit der Leistung, Kurzzeichen PS)
1 PS = 735,498 W

BTU (British thermal unit – englische Einheit für Energie, Arbeit, Wärmemenge)
1 BTU = 1055,06 J

[1] Man beachte den Unterschied zur deutschen Meile (ab 1868 einheitlich festgelegt): 1 Meile = 7,5 km

WEITERE INFORMATIONS-MÖGLICHKEITEN

Nachfolgend sei für den interessierten Leser eine Auswahl weiterführender Informationsmöglichkeiten gegeben (Stand Juli 1996). Dabei sind auch die Möglichkeiten moderner Datenkommunikation einbezogen (aufgrund des sich dort sehr schnell vollziehenden Wandels sei hier nochmals darauf verwiesen, daß dies der Stand von Juli 1996 ist; für den Leser kann sich die Situation aktuell schon anders darstellen).

1. Literatur

Deutschsprachige Veröffentlichungen

Cheney, Margaret: Nikola Tesla. Erfinder, Magier, Prophet. Über ein außergewöhnliches Genie und seine revolutionären Entdeckungen. Herausgegeben und aus dem Amerikanischen von Bongart, Gisela/Meier, Martin. Düsseldorf: Omega, 1995 (hier auch weitere bibliographische Hinweise)

Ferzak, Franz: Nikola Tesla. Entdecker des Drehfeldes und der Hochfrequenzströme, Erfinder des Radios, des Perpetuum mobile und der Todesstrahlen. Ferzak, 1986.

Manning, Jeane; Begich, Nick: Löcher im Himmel. Der geheime Ökokrieg mit dem Ionosphärenheizer HAARP. Frankfurt am Main: Zweitausendeins, 1996

Nikola Tesla – Das Genie unserer Zukunft. Freie Energie statt Blut und Öl. Verlag für Aussergewöhnliche Perspektiven, 1991

Tesla, Nikola: Meine Erfindungen. Eine Autobiographie. Herausgegeben und aus dem Amerikanischen von Fedeli, Daniel. Sternthaler. 1995. (Beitr. zur Nikola-Tesla-Forschung 1)

Tesla, Nikola: Versuche mit Wechselströmen von sehr hoher Frequenz und deren Anwendung auf Methoden der künstlichen Beleuchtung. Vortrag, gehalten vor dem American Institute of Electrical Engineers, am 20. Mai 1891. Hrsg. und bearbeitet von Fedeli, Daniel. Übersetzt von Maser, H. Sternthaler, 1996. (Beitr. zur Nikola-Tesla-Forschung 2)

Englischsprachige Veröffentlichungen

Pond, Dale and Walter Baumgartner: Nikola Tesla's Earthquake Machine. With Tesla's Original Patents Plus New Blueprints to Build Your Own Working Model. The Message Company, 1995

Tesla: Nikola Tesla – Lectures, Patents, Articles. Tesla Book Company, 1992.

Tesla: Nikola Tesla on His Work with Alternating Currents & Their Application to Wireless Telegraphy, Telephony, & Transmission of Power. Edited by Leland I. Anderson, Sun Publishing, 1992

Tesla: Colorado Spring Notes, 1899–1900. Angriff Press, 1986

Tesla: Complete Patents. Edited by J. T. Ratzlaff. Gordon Press Publishers, 1986.

Tesla: Dr. Nikola Tesla – Selected Patent Wrappers from the National Archives. 4 vols. Edited by John T. Ratzlaff, Tesla Book Company, 1981.

Martin, Thomas C.: The Inventions, Researches & Writings of Nikola Tesla. Mokelumne Hill Press, 1970

Tesla: Nikola Tesla, 1856–1943: Lectures, Patents, Articles. 2 vols. Edited by Nikola Tesla Museum Staff, Mokelumne Hill Press, 1956.

Ratzlaff, John T. and Leland I. Anderson: Dr. Nikola Tesla Bibliography. San Carlos, Kalifornien, Ragusan Press, 1979

2. Neue Medien

Wer des Englischen mächtig ist und über einen Zugang zum Internet verfügt, kann sich dort eine Fülle neuerer (größtenteils US-amerikanischer) Informationen erschließen. So ergab etwa die Anfrage »NIKOLA TESLA« bei der Suchmaschine Lycos fast achttausend Referenzen, die naturgemäß nicht alle wirklich von Interesse sind. In der folgenden kurzen Aufstellung finden Sie einige World-Wide-Web-Seiten, die Sie als Ausgangspunkt für weitere Recherchen nutzen können.

Internet-Seiten

Phil Hamilton's Info Geek Gateway
(http://www.nashville.com/~phil.hamilton/index.html)
bringt neben einigen Links zu anderen Tesla-Seiten einen umfangreichen Auszug aus den FBI-Akten, die nach Teslas Tod angelegt wurden.

Bogdan Kosanovic's Homepage
(http://www.neuronet.pitt.edu/~bogdan/tesla/index.html)
enthält Bildmaterial, viele Texte über das Umfeld des Erfinders sowie eine gute Aufstellung von Links zu anderen WWW-Seiten.

International Tesla Society
(http://rmi.net/~its/).
Diese Seite informiert über Zielsetzung und Aktivitäten der Organisation und versammelt sehr viele Links zu weiteren Angeboten.

Angels Don't Play this H. A. A. R. P.
(http://www.throne.com/haarp/h_his.html).
Im Zentrum dieser Seiten steht die kritische Auseinandersetzung mit militärischen Projekten, die in den USA auf der Basis von Teslas Erfindungen durchgeführt werden. Das Angebot steht im Zusammenhang mit dem oben aufgeführten Buch von Jeane Manning und Nick Begich.

Newsgroups

Es gibt zwar keine eigene Tesla-Newsgroup (eine Recherche ergab, daß Mails zum Thema »Tesla« in den unterschiedlichsten Newsgroups gepostet werden), aber *die International Tesla Society* betreibt via Listserver eine sehr rege Diskussionsgruppe (leider scheint der zuständige Computer in jüngster Zeit öfter den Dienst zu versagen). Bei den Zuschriften geht es hauptsächlich um den Bau und Betrieb von Tesla-Spulen, doch es werden auch andere Fragen zu Leben und Werk des Erfinders behandelt. Sie können die Diskussionsgruppe (kostenlos) subskribieren, indem sie eine E-Mail mit dem Text *subscribe usa-tesla* an die Adresse *listserv@usa.net* senden. Dann erhalten Sie per E-Mail laufend die neuesten Beiträge und können auch selbst an der Diskussion teilnehmen oder Fragen stellen. Doch Vorsicht: pro Woche können sich in Ihrem Postkasten gut hundert Nachrichten ansammeln. Zum Aufheben der Subskription genügt eine E-Mail mit dem Text *unsubscribe usa-tesla*.

3. Adressen

Tesla Memorial Society, Inc.,
453 Martin Road, Lackawanna, New York, 14218,
Telefon: (716) 822-0281, e-mail: miroslav@uic.edu

International Tesla Society,
P.O. Box 5636, Colorado Springs, Colorado, 80951
Telefon: 719-475-0918, Telefax: 719-475-0582

Tesla-Museum
Proleterskih Brigada 51, 11000 Belgrad
Museumsleiter: Prof. Dr. Aleksandar Marincic
e-mail: emarinci@etf.bg.ac.yu

Tesla Engine Builders Association
5464 N. Port Washington Ave. Suite 293, Milwaukee WI 53217
e-mail: teba@execpc.com

Dieses Buch, einschließlich Vorsatzpapier
und Einband, wurde auf Recyclingpapier gedruckt,
das zu 100% aus Altpapier besteht. Das Kapitalband
und das Leseband wurden aus ungefärbter und
ungebleichter Baumwolle gefertigt.